新电脑互动课堂

网页制作三剑客 CS3版

马军龙　等编著

机械工业出版社
CHINA MACHINE PRESS

本书详细介绍了 Adobe 网页制作三剑客（Dreamweaver、Fireworks、Flash）的使用方法，在介绍基本知识的同时，通过对一些操作内容的讲解，配合丰富的实例，使读者可以快速地理解和掌握。读者可以通过本书学习使用这些工具编辑网页、设计网页图片以及创建 Flash 动画等，并可以综合使用网页制作三剑客来创建个人网站。

随书附赠多媒体教学光盘，内含视频讲解及实例素材，为方便教学还配有 PPT 电子教案。

本书实例丰富，内容通俗易懂，适合初学网页、网站、多媒体作品设计与制作的读者自学，也可作为各类院校相关专业及培训班教材。

图书在版编目（CIP）数据

网页制作三剑客：CS3 版 / 马军龙等编著．—北京：机械工业出版社，2009.5

（新电脑互动课堂）

ISBN 978-7-111-26951-9

Ⅰ．网…　Ⅱ．马…　Ⅲ．主页制作　Ⅳ．TP393.092

中国版本图书馆 CIP 数据核字（2009）第 065790 号

机械工业出版社（北京市百万庄大街 22 号　邮政编码 100037）

责任编辑：孙　业

责任印制：李　妍

2009 年 5 月第 1 版 • 第 1 次印刷

184mm×260mm • 20.25 印张 • 499 千字

0001-4000 册

标准书号：ISBN 978-7-111-26951-9

ISBN 978-7-89451-077-8（光盘）

定价：43.00 元（含1CD）

凡购本图书，如有缺页、倒页、脱页，由本社发行部调换

销售服务热线电话：（010）68326294　68993821

购书热线电话（010）88379639　88379641　88379643

编辑热线电话（010）88379753　88379739

前　言

Adobe Design Premium CS3 系列产品自推出以来，一直广为专业 Web 开发人员及设计师所喜爱，成为创建网站及编写网络应用程序的专业首选。Adobe Design Premium CS3 在原版本的基础上，进一步扩展功能，丰富内容，为用户提供一套全面的设计及开发工具，让设计师及开发人员可以创作出效能卓越的网站及应用程序。

本书是专为初学者策划、编写的使用 Adobe Design Premium CS3 进行网站设计制作的入门教材。

全书使用 Adobe Design Premium CS3 的网页制作三剑客作为讲解对象，详细讲解了这些软件的操作技巧及使用这些软件创建网页、网站的方法。

本书实例丰富，涉及面较广，循序渐进地讲解三剑客的使用方法。首先是 Dreamweaver 的使用方法，在这里详细介绍了 Dreamweaver 程序的各种功能；接下来，采用同样的思路，介绍了 Fireworks 的使用方法及其功能；之后，还介绍了著名的 Flash 制作工具，利用简单的实例讲解了 Flash 程序的使用方法，以及 Flash 动画的制作；最后，介绍了三剑客的综合使用方法。

本书的特点之一是图文并茂，让读者可以通过书中的插图来了解具体的操作，对整个过程一目了然。对于每个软件使用方法的介绍也都从最简单、最初级的地方入手，首先介绍软件本身，在功能讲解过程中，把操作过程中的每一个细节都解释得很清楚，让读者跟着本书的介绍一步一步走，学会软件的用法和使用软件进行创作。本书还介绍了一些小技巧，让读者可以更熟练、更快速地使用各种软件。

全书实例讲解占 50%以上。主要内容包括：网站制作基础知识，Adobe Design Premium CS3 三剑客的安装使用，利用三剑客制作网页、图像和动画等。

本书各章自成一体，读者可以方便地挑选自己喜欢的内容，但各章之间却又相辅相成。鉴于 Adobe 程序有一些共同特点，学习时还应该融会贯通，在本书中发掘尽可能多的利用价值。

全书力求将计算机教育与实际应用及考试紧密结合。不仅涉及到目前计算机应用领域的不同层面，还突出了主流技术、主流软件与主流版本。因此，本书非常适合初学者自学，同时也是进行计算机专业和岗位技能培训的理想教材。

参加本书编写工作的有马军龙、陈建业、陈香、马凯、杜吉祥、安乐、安丛琪、李森、刘波、刘磊、李可、郭浩、蒋孝国、庄光磊、杨文、王林、宋平、孙长虹、陈辉、张耀坤、陈金刚、刘武、张慧等。由于作者水平有限，错漏之处在所难免，请广大读者批评指正。

编　者

目　录

第14章 利用Flash制作MTV

第15章 利用Flash制作交互式动画

第16章 综合实例

第1章 网页设计前的准备工作

网站的制作离不开设计时的充分准备。进行网站的最初设计时，可以使用纸和笔，进行网站结构的规划和网页界面的草图设计。在网页中可以使用丰富的元素，在设计制作之前还应构思网站中需要使用的元素，然后借助设计制作工具进行制作。

在网站的设计规划过程中，应当根据网站的主题和内容给网站设计一个标准的色彩和标准的字体，确定一下网站的整体风格，同时也要为网站准备充实的内容以便设计时使用。

第1节 Internet概述

Internet即日常所说的互联网。

从计算机网络的角度看，Internet是采用TCP/IP协议的、世界范围内的开放式互联网络系统。互联网起源于20世纪60年代美国国防部高级计划署研究设计的ARPA网（ARPAnet）。

我国互联网的发展经历了3个阶段：20世纪80～90年代初的准备阶段，90年代的发展阶段（在此期间建立了国内四大网络），以及目前着手开发的下一代高速互联网研究与实验阶段。

目前，以美国高级网络和服务公司（ANS，Advanced Network and Services）所建设的ANSNET作为Internet的主干网，其他国家和地区的主干网通过接入Internet主干网而连入Internet，从而构成了一个全球范围的互联网络。

从网络应用的角度来看，Internet是一个巨大的、覆盖全球的信息资源宝库，能够提供各种各样的服务。连接到Internet的主机可以是信息资源和服务的提供者，也可以是信息资源的消费者。Internet代表着全球范围内一种无限增长的信息资源，是人类所拥有的最大的知识宝库之一。随着Internet规模的扩大，网络和主机数量的增多，它所提供的信息资源及服务将更加丰富，其价值也将越来越高。

第2节 Web网页设计

Web网页是使用在WWW（World Wide Web的简称，翻译为万维网，Internet服务的一部分）上的一些特殊的文件，它们存放在世界任意一台计算机中，而这台计算机通过与互联网相连能够使网页被Internet的使用者访问到。

Web 网页可以使用网址（URL）来识别与存取，在网页浏览器输入网址后，经过特定的程序处理，网页文件会被传送到本地计算机，然后再通过网页浏览器解释网页的内容，并显示出来。URL（统一资源定位符）是 Internet 上特定页面或文件的地址。

网页的基本语言是 HTML 语言，这是一种纯文本的格式语言，通过各种标记对网页上的文本、图片、表格、声音等页面元素进行描述，例如文本的字体、颜色等。网页设计者应适当地了解 HTML 语言的基本原理，运用合适的网页编辑工具，如“所见即所得”的 Dreamweaver 等进行网页设计与制作。

HTML 是超文本标记语言（Hyper Text Markup Language）的简称，是一种标记描述语言。HTML 语言是 WWW 上用于创建超文本链接的基本语言，主要用于 WWW 上主页的创建和编辑，通过它可以定义格式化文本、图像、色彩与超文本链接等。HTML 使用方便，对促进 WWW 的迅速发展起到了重要作用，成为 WWW 的核心技术之一。

用 HTML 语言编写的超文本文档称为 HTML 文档，它能独立于各种操作系统平台（如 UNIX，Windows 等）。自 1990 年以来 HTML 语言就一直被用作 WWW 上的信息表示语言，用于描述网页（Homepage）的格式设计和它与 WWW 上其他 Homepage 的连接信息。

HTML 文档（网页的源文件）是一个放置了标记的 ASCII 文本文件，通常它带有“.html”或“.htm”的文件扩展名。

生成一个 HTML 文档主要有以下 3 种途径。

- 手工直接编写（例如用 ASCII 文本编辑器或其他 HTML 的编辑工具）。
- 通过某些格式转换工具将现有的其他格式文档（如 Word 文档）转换成 HTML 文档。
- 由 Web 服务器（或称 HTTP 服务器）实时动态地生成。

一个 HTML 文档包括了所有将在网页上显示的文字信息，其中还包括一些对浏览器的指示，如在何处显示文字，显示为什么样式等。对于图像、音乐、动画之类的网页元素，HTML 文档也会给出如何获取这些元素的指示。

HTML 语言通过利用各种标签（tags）来标识文档的结构以及标识超链接（Hyperlink）的信息。这些标签是一些字母或单词及单词的组合，它们被放置在一对尖括号“<>”中，用来指示不同的任务。例如粗体显示文字的标签“<b>”。

HTML 标签指示浏览器对于标签后面的内容做何种变化，如果只需要对部分内容进行变化，还需要在内容后使用终止标签。终止标签的格式与一般标签类似，只是对应地会使用斜杠“/”表示。如“</b>”。

虽然 HTML 语言描述了文档的结构格式，但并不能精确地定义文档信息必须如何显示和排列，而只是建议 Web 浏览器（如 Mosiac、Netscape 等）应该如何显示和排列这些信息，最终在用户面前的显示结果取决于 Web 浏览器本身的显示风格及其对标签的解释能力。这就是为什么同一文档在不同的浏览器中显示的效果会不一样的原因。

设计网页的目的在于介绍和展示某些信息，因此网页的设计需要通过一些组成部分来表达网页的内容。网页中包含文本、图像、声音、动画以及插件等，其中文本和图像是最基本的两个元素，它们表达了大部分网页的主要内容。在设计制作网页的时候应合理运用这些元素来达到宣传和提供信息的目的。

第3节　网站的规划

建立一个网站，首先要确定的是站点的目标和用途，要对站点应具有的功能和内容进行策划，好的网站不仅应该有美感，有创意，更要有质量。内容是网站定位的关键，目前网站的相关题材很多，新闻、体育、聊天、社区、娱乐等，对于普通个人网站，可以选择一个主题进行设计，例如专门介绍体育运动的网站；而对于建立较综合的网站，则必须建立网站内容的一个树形结构，其中包括大部分网站的主题；也可以有一些特殊的网站，例如企业网站，这类网站的内容应包括企业的文化、规模、营销和售后服务等。

选择适合的主题定位，根据自己的建站目的和服务的对象选择一个目标。对于个人网站，主题可以是自己擅长的项目或者是感兴趣的话题，有兴趣才会有创作的动力和灵感；可以选择小而精的主题，有针对性地介绍一些内容，同时还要参考自己的开发目标、开发能力来确定。

第4节　网站设计流程

网站设计的第一步就是确定网站的主题。网站的设计不同于网站的制作，设计的内容需要通过制作表达出来，但却可以有很多表达的方式。

设计网站的主题还有一个要注意的地方，这便是网站的名称。网站的名称是给访问者的第一印象，因此网站的名称首先必须合情合理。其次，网站的名称最好能便于记忆，这样才能让访问者易于接受，一般的访问者都不乐于去记忆一些复杂或生疏的名称。最后，网站的名称应当表达一定的含义或显示网站的内容，最好能使用4~6字的中文名称表达出网站的内涵。

在这里建立一个介绍校园BBS（电子公告板）的网站，网站的主题就是介绍这个BBS的内容和使用，使用BBS的名称为网站命名为“浪迹江南”。

1．根据网站主题组织网站内容

确定了网站的主题后便应该根据网站的主题组织网站的内容。

例如网站主题是让使用者能够通过网页了解这个BBS，吸引更多的人来参与讨论，网站的重点是要介绍这个BBS讨论的主题、讨论的精华以及讨论的热点问题。

根据这样的主题，可以简单分成3个部分来组织内容，即主题、精华和热点，再加上一些其他的普通网站必备的联系交流等内容，大致可以组织起整个网站的所有内容。

而对于前面提到的如企业宣传网站，则应将企业的实力、精神、规模、文化等作为主要内容。同样是企业网站，产品销售与售后服务网站则应将产品的型号、性能、使用范围和使用方法以及一些用户的反馈交流作为主要内容。

只有根据主题确定好内容，才能使访问者获得有用的信息，也可避免一些不必要的劳动。只有构思好网站的主要内容，才便于为网站安排栏目，勾画网站的结构。

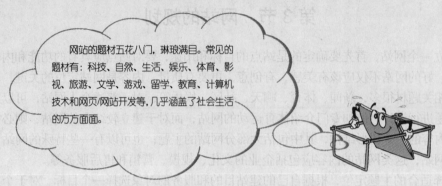

网站的题材五花八门，琳琅满目。常见的题材有：科技、自然、生活、娱乐、体育、影视、旅游、文学、游戏、留学、教育、计算机技术和网页/网站开发等，几乎涵盖了社会生活的方方面面。

2. 规划网站栏目和网站目录结构

根据网站内容的需要规划适合的栏目，这些栏目必须紧扣网站的主题，并且应该能够突出网站的主要内容。

此时可以利用 Windows 操作系统的资源管理器为网站建立一个可视化的目录结构。根据主题和内容组织，网站包含 4 个部分的主要内容，为此设计 4 个栏目：本站简介、精品点看、热门话题和联系交流。“本站简介”部分主要介绍 BBS 的发展情况及参与者的情况；在“精品点看”部分要突出介绍 BBS 讨论的精华内容，包含多个方面；使用“热门话题”栏目介绍 BBS 讨论的热点及大家关心的问题等；最后一个栏目“联系交流”则是用来提供一些联系信息，便于访问者和网站管理者联系交流。

在本地计算机中建立一个文件夹，为文件夹命名，例如使用网站的名称“浪迹江南”，在这个文件夹中再建立 4 个新文件夹，分别用栏目的名称命名，在这些栏目的文件夹中还可以再进行分类，建立各个分类的文件夹。

使用这种方法可以为网站建立一个纵向的链接结构，纵向结构的层次不宜过多，一般不超过 3 层。按照纵向结构，给网站安排由上而下的“一对多”链接结构。

在 Windows 资源管理器中可以查看到目录结构，如图 1-1 所示。

在建立网站的实际目录时，应该注意以下几点。

- 不能将文件全部放在根目录下，并且不宜使用本地计算机的分区作为根目录。
- 按照栏目建立子目录，子目录的名称不宜使用中文名称，也不宜过长，最好还能表达子目录的内容，可以使用拼音或英文单词。
- 为子目录建立各自独立的图像及其他元素的存放目录，如为每个子目录建立一个“images”文件夹。
- 实际目录的层次也不能太深，一般以 3～4 层为最佳。

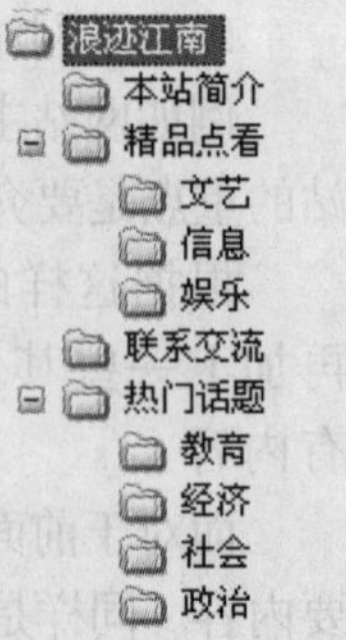

图 1-1 网站目录结构

试一试

规划一个个人图书销售网站，建立网站目录结构。

3. 确定网页版面布局

网页的版面布局应该照顾整个网站的风格，网站的风格由网站的标志、色彩、字体、标语、版面布局、浏览方式、交互性、文字、内容价值、存在意义、网站声誉等诸多因素决定。设计版面布局时应重点考虑适合网站的风格。

网页的版面布局包含以下几个部分。

（1）标志内容

网站的标志内容包括网站的标志（Logo）和广告（banner），一般的设计可以将 Logo 放置在页面的左上角，广告则可以放置在标志的右侧。Logo 的内容可以是图像也可以是文字，可以使用网站的英文名字或中文缩写等，也可以根据网站的内容和含义等创建一个图像。

网站的广告主要用于宣传网站，放置在网页的最上方，可以第一时间捕捉访问者的视线，在广告中可以使用动画等内容介绍这个网站。

（2）网站色彩

网站给人的第一印象来自视觉冲击，确定网站的标准色彩是相当重要的一步。不同的色彩搭配产生不同的效果，并可能影响访问者的情绪。网站的色彩可以体现网站的形象和延伸网站的内涵等，如可口可乐的网站使用其产品的标志色彩红色作为主色调。

网站的色彩可以选取几种特定色彩进行搭配，形成一种格式。可以使用一种颜色进行明暗或者透明度的调整，也可以选取 3 种色彩或同一色系的颜色。

（3）网站字体

和标准色彩一样，标准字体是指用于标志、标题、主菜单的特有字体。一般网页的默认字体是宋体。为了体现站点的特有风格，可以根据需要选择一些特殊的字体。

（4）页面结构

网站的页面结构也可以形成一种风格。

一般以左上角为 Logo，右上角部分为广告，在页面的左侧可以制作一些内容的链接，在右侧显示页面的主要内容。这种被称为“T”字布局。

还有其他几种常用的布局方法，如“口”字布局，以中间窗口显示内容，按钮和链接安排在两边；广告式布局，以一个整体的图片内容作为页面的设计中心，类似于一张宣传海报。

4. 收集制作网页的素材

网站的素材包括图片、文本、动画、声音等，这些内容将显示在网页上。

首先需要制作一个网站的 Logo，Logo 可以是一定大小的图像，如“80 × 60”像素。Logo 是一个网站的标志，在 Logo 中应该表达网站的特点和内涵。

网站的广告也是一个必备的内容，网站的广告可以使用 Flash 制作一个动画，一般的大小为“600 × 80”像素。

网站中的文本是表达信息的主要内容，在设计网页之前应编写这些文本，如果要在网页中插入其他动画和图像，也应该在设计网页前收集或制作。

5．添加网页特效

使用网页制作工具可以为网页设计一些特殊的效果，例如动态显示的文字、移动的广告、鼠标经过时改变图像、移动鼠标至按钮上时发出声音、鼠标特效等，这些特效可以借助脚本直接编辑，也可以在网页制作工具中使用特殊的功能。

6．测试和发布网站

网站制作完成后，可以选择在本地计算机中测试。网站测试的主要内容是链接和页面元素，测试时需要检查各链接是否失效，各页面元素是否能够正常显示。

将网页上传到 Web 服务器中，在 Web 服务器中设置与本地计算机上的站点结构相同的目录，可以在网络上发布网站。并且，可以直接在网络上对网站进行测试、修改，以保证网站能够正常运行。

第 5 节　网页基本要素

网页使用丰富的页面元素来表达设计的意图，向访问者展示信息，网页中还可以使用丰富的多媒体内容等。网页中包含多种页面元素，在设计网页时，通过使用统一的风格组织和制作页面元素，可以使网站获得一个整体的形象。

1．标志、导航栏、广告条和按钮

网站的标志可以是一个简单的图标，但是却需要体现网站的基本内容和主题。标志在网站中可以多次出现，使用统一的标志可以使访问者能够第一时间了解网站。

使用 Fireworks 等制图工具可以设计和制作网站的标志，网站标志的内容可以是文字、符号或是图像，如图 1-2 所示。

在这个标志中，使用了文字“浪迹江南”表达网站的主题；标志的其余部分是一个图像，图像使用了艺术的手法表达了网站主题的含义。

图 1-2　网站标志（Logo）

网站中常使用广告条表达一些信息，在广告条中可以介绍网站的一些基本内容或者可以采用一个好记的标语或口号等，使用动画制作的广告条能够表达更多的内容，并可以更直观地让访问者了解网站的内涵，如图 1-3 所示。

图 1-3　网站广告条

为了使访问者方便地访问网站的所有内容，很多网站都提供导航条。使用导航条可以使访问者了解网站的结构以及网站能够提供的内容。具有良好导航效果的网站可以吸引更多的人访问，因为访问者能够方便地获得自己想要的信息，如图 1-4 所示。

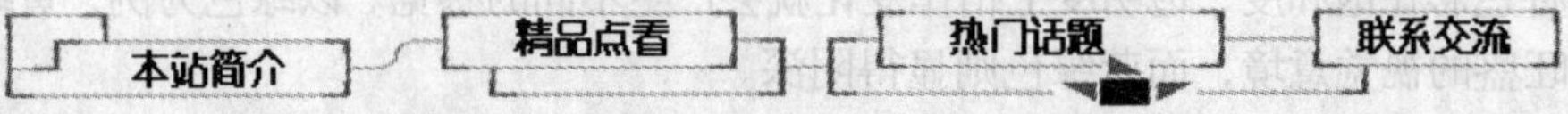

图 1-4　网站导航条

在 Dreamweaver 和 Fireworks 中都可以很方便地制作和设置导航条。

网站的按钮也应该尽量使用统一的风格，按钮作为网站的一部分，其自身的特点也要适合整个网站的风格。对于使用文字制作的按钮，文字的字体及颜色等设置应保持一致，在链接或未链接时显示的效果应与网站中其他按钮相同；对于图像制作的按钮，图像的色彩、色调、明暗以及动态效果也要保持一致，这样做的目的都是为了方便访问者使用网站。

利用 Fireworks 和 Flash 等工具可以制作各式各样的按钮。

2. 网页中的色彩

标志、广告条、导航条和按钮等的风格设计主要采用了色彩，在设计时应符合整个网站的要求，产生协调的效果。

色彩的构成包含 3 种基本颜色：红、黄和蓝。

利用这 3 种基本颜色的不同搭配，可以制作出几乎所有的颜色。在 HTML 中，色彩的表达也是利用这 3 种基本颜色。如红色（255，0，0）是 3 种颜色以不同值搭配的效果；使用十六进制表达色彩时也是使用 3 部分，如白色（#FFFFFF），其中十六进制数的 3 部分分别表示每种基本颜色的值。

颜色分为非彩色和彩色两种，非彩色包含黑、白和灰系统色，使用非彩色设计页面时，能够形成最基本也是最简单的色彩搭配。白纸黑字，对比明显，易于吸引访问者的注意；灰色是万能色，可以和任何彩色搭配，也可以帮助两种对立的色彩和谐过渡。

一般来说，使用彩色会比单纯的黑白页面更能够吸引访问者。彩色的搭配千变万化，将色彩按“红、黄、绿、蓝、红”依次过渡渐变，就可以得到一个色彩环。色环的两端是暖色和寒色，中间是中性色。

不同的色彩可以给访问者不同的心理感受。一般情况下，不同颜色具有不同的效果。

- 红色：一种激奋的色彩，有刺激效果，能使人产生冲动、愤怒、热情、活力等感觉。
- 绿色：介于冷暖两种色彩的中间，有和睦、宁静、健康、安全的感觉，当它和金黄、淡白搭配，还可以产生优雅、舒适的气氛。
- 橙色：也是一种激奋的色彩，具有轻快、欢欣、热烈、温馨、时尚的效果。
- 黄色：具有快乐、希望、智慧和轻快的个性，它的明度最高。
- 蓝色：最具凉爽、清新、专业的色彩，当它和白色混合时，还能体现柔顺、淡雅、浪漫的气氛。
- 白色：具有洁白、明快、纯真、清洁的感受。
- 黑色：具有深沉、神秘、寂静、悲哀、压抑的感受。

● 灰色：具有中庸、平凡、温和、谦让、中立和高雅的感觉。

每种色彩在饱和度、透明度上稍作变化就会产生不同的感觉。以绿色为例，黄绿色有青春、旺盛的视觉意境，而蓝绿色则显得阴深。

网页中色彩的运用一般只要掌握色彩鲜明性和独特性，色彩的运用首先要能够引人注目，同时还要具有一定的特色和变化。

搭配色彩时，使用的颜色应尽量少，最好能使用一种颜色不断变化来设计网页。也可以使用两种对比比较明显的颜色作为网页的主色。

3．网页中的文本

网页中的文本也是表达网页风格的主要元素，除了使用在按钮中的文本的格式外，网站还应该具有自己的标准字体。

网站的文本有很多属性，除了字体之外，还有颜色、样式、大小及特效等。

为自己的网站选择一种字体作为标准字体，在页面中应尽量减少使用其他字体；文本的颜色除了配合网站的整体色彩效果外，还应用来区分一些标题和内容；文本的样式和特效等为网页提供了更加丰富的内容，但应尽量减少使用闪烁的文本。

在网页中使用文本时，应尽量控制文本的大小，在满足访问者的视觉效果的前提下，网站的文本应尽量小，这样可以节约版面，用来表达更多的信息。

在网页中可以使用CSS样式表来定义文本的属性，包括链接属性和字体样式等。

4．网页中的图片

网页中使用的图片除了在视觉上符合网站的风格外，还应该注意文件大小对于访问者下载页面的影响。一般情况下，图片应越小越好。

网页中经常使用GIF和JPEG格式的图片。

GIF即图形交换格式，是一种很流行的网页图形格式。GIF最多包含256种颜色。GIF还可以包含一块透明区域和多个动画帧。GIF通常适合于卡通、徽标、包含透明区域的图形以及动画。

JPEG由联合图像专家组专门为照片或增强色图像开发的一种图形格式。JPEG格式能支持数百万种24位的颜色。JPEG格式最适合于扫描的照片、使用纹理的图像、具有渐变颜色过渡的图像等。

5．网页中的动画

在网页中最常用的动画有“GIF动画”和“Flash Swf”文件。

“GIF动画”可以使剪贴画和卡通图形达到最佳效果。通常这种文件的大小较小，适合网页的下载，在很多时候都可以使用。

“Flash Swf”文件是Flash格式的动画。

Flash是一个创作工具，从简单的动画到复杂的交互式Web应用程序，它可以创建任何作品。通过添加图片、声音和视频，可以使Flash的应用更加丰富多彩。Flash可以将动作脚本添加到文档的内置行为中，也可以添加到对象的特殊效果中。

6. 多媒体和其他插件

网页中使用的多媒体元素是指多媒体应用中可以显示内容的媒体部分，主要包括文本、图像、声音、视频等。在网页中可以播放视频和音频及对一些音效进行设置。

网页中还含有不同的插件，能够产生不同的特殊功能。

第6节 实战演练——网站结构和网站栏目设计

本章的实战演练，将进行网站结构和网站栏目设计。

1）首先，可以利用 Windows 自带的资源管理器进行网站的结构设计，用鼠标右键单击“开始”菜单，选择“资源管理器”命令，可以打开资源管理器，如图 1-5 所示。

图 1-5 打开资源管理器

2）在计算机中建立目录，确定网站的栏目。网站栏目可以参考一些网站获得，例如一些门户网站。运行 Web 浏览器，在地址栏中输入“www.sina.com.cn”，打开网页。在网页中查看网站的基本结构和栏目，如图 1-6 所示。

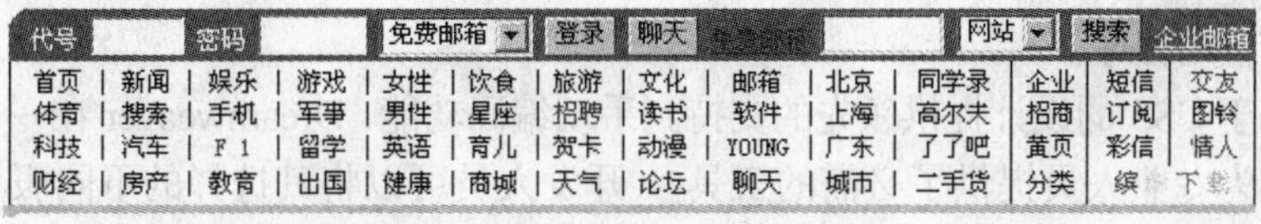

图 1-6 参考栏目

3）根据这些参考的栏目，选择一些适合自己的网站的内容，建立目录，并在资源管理器中观察网站的结构，如图 1-7 所示。

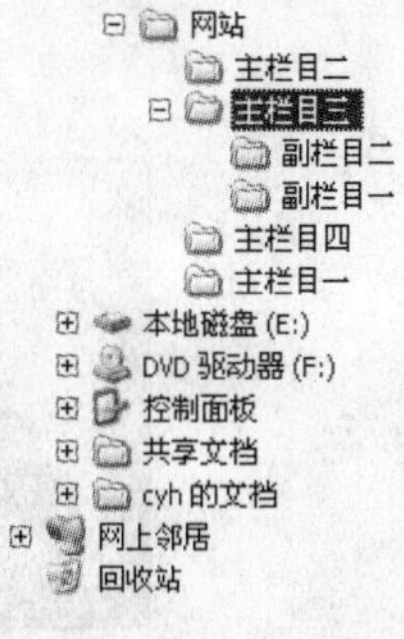

图 1-7 观察结构

第7节 练 一 练

1）构思一个网站，确定网站的主题和栏目，使用 Windows 资源管理器为网站在本地计算机中设计一个网站结构，不超过 3 层。

2）在 Internet 中访问多个网站，收集其中一个功能较齐全的门户网站的基本元素。

3）设计一套标准色彩，使用两到三种色彩进行搭配。

4）按照规划的流程，创建一个文本或手写记录自己规划的内容。

第2章 Dreamweaver CS3入门

Dreamweaver 是功能强大的网页制作工具，其“所见即所得”的设计理念帮助了众多网页制作者实现了制作网页的梦想。

第1节 Dreamweaver CS3 的基本功能

Adobe Dreamweaver 是建立 Web 站点和应用程序的专业工具。它将 3 部分组合为一个功能强大的工具，分别是可视布局工具、应用程序开发功能和代码编辑支持，这种设计理念能够使每个级别的开发人员和设计人员都可以利用它，快速创建吸引人的界面以及标准的站点和应用程序。

从对基于 CSS 的设计提供领先的支持到手动编码功能，Dreamweaver 在一个集成和高效的环境中为专业人员提供了必需的工具。开发人员可以将其选择的不同服务器技术与 Dreamweaver 配合使用，从而建立将用户连接到数据库、Web 服务和旧式系统的强大 Internet 应用程序。此次升级的版本不仅功能增强了很多，同时也更加强调了界面的美观。

图 2-1 显示的便是 Dreamweaver CS3 的启动画面。

图 2-1 Dreamweaver CS3 启动画面

最新升级的 Dreamweaver CS3 更是提供了更加强大、丰富的功能，它具有直观的面板式界面，在面板中可以编辑页面元素和使用 Dreamweaver 功能。Dreamweaver 工具的使用也非常方便，应用各种按钮及对应的菜单命令或快捷键等，使用者可以更方便地进行设计。

第 2 节　Dreamweaver CS3 的基本运用

初次运行 Dreamweaver CS3 可以单击“开始”菜单，选择 Adobe 程序组中的 Dreamweaver CS3 快捷方式，如图 2-2 所示。

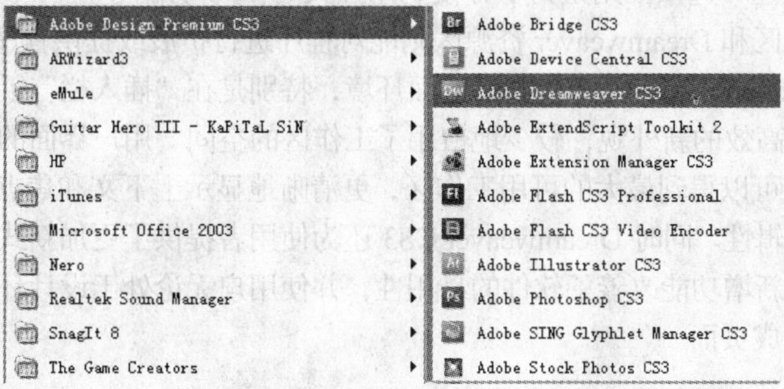

图 2-2　从“开始”菜单运行

Dreamweaver CS3 中包含“起始页”功能，在打开的程序界面中显示在“文档”窗口，如图 2-3 所示。“起始页”能够使用户方便地访问最近使用过的文件、创建新文件以及访问 Dreamweaver 资源。直接启动 Dreamweaver CS3 或者程序中没有打开的文档时，都会显示 Dreamweaver 起始页。用户可以在“首选参数”对话框中选择隐藏或显示起始页。当起始页被隐藏并且没有打开的文档时，“文档”窗口处于空白状态。

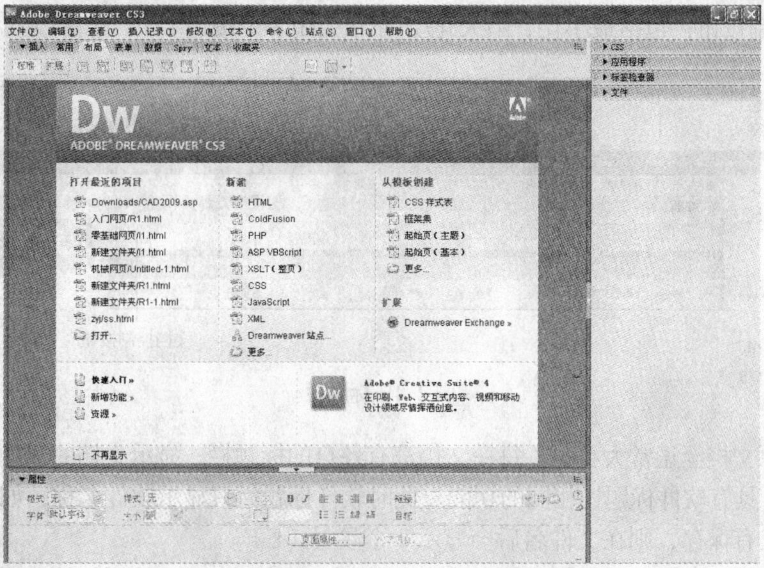

图 2-3　Dreamweaver 程序界面及起始页

“起始页”包括“打开最近的项目”、“新建”、“从模板创建”、“扩展”和 Dreamweaver 资源等部分，每一部分都集成了一些常用的文件操作功能。

在“打开最近的项目”选项区中显示的是最近编辑过的历史文件，可以从中选择要打开的文件，或者执行“文件”→“打开”命令的“打开”按钮。

“新建”选项区中显示 Dreamweaver 可以创建的各种文件类型、新建 Dreamweaver 站点按钮和打开“新建文档”对话框的“更多”按钮。

“从模板创建”选项区则是为了方便利用强大的 CSS 功能等。

在“扩展”区和 Dreamweaver 资源区则能对程序进行扩展或提供程序使用的帮助等。

Dreamweaver CS3 拥有一个崭新的界面环境，特别是在“插入栏”上有很大的改进，形成了一个简洁高效的新外观，较少地占用了工作区的空间。用户界面的改进使得新版本的 Dreamweaver 可以得到最大的可用工作区，更清晰地显示上下文和焦点，并使用户更易于使用和更具逻辑性。同时 Dreamweaver CS3 还为使用者提供了更加新式的页面布局和设计环境，众多的新增功能改善了软件的易用性，并使用户无论处于设计环境还是编码环境都可以方便地生成页面。

1. 标题栏

Dreamweaver CS3 标题栏有两种。一种是软件标题栏，另一种是文档标题栏，两者都包括 3 部分内容，分别为控制菜单图标、标题部分和控制按钮。

当文档最大化显示时，此时软件只有一个标题栏，但有两组控制按钮，分别为软件控制按钮和文档控制按钮，如图 2-4 所示。各部分功能如下。

- 控制菜单图标：单击控制菜单图标，出现窗口控制菜单。
- 标题部分：显示软件名称及当前文档的网页标题、文件目录和文件名。
- 控制按钮：包括最小化、最大化/还原和关闭 3 个按钮。

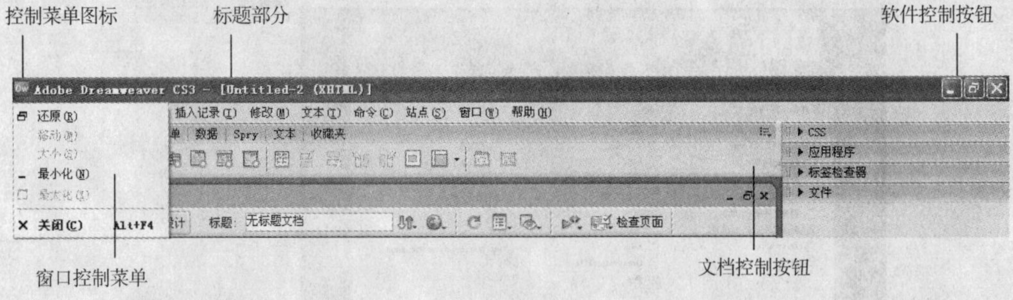

图 2-4　标题栏

当还原文档至正常大小时，每一文档都有各自的标题栏，显示文档的标题、文件目录和文件名，具有软件标题栏相同的功能。此时软件标题栏只显示软件名称，如果文档做了修改但还没有保存，则在文件名后会显示一个星号（*）。

当“文档”窗口处于最大化状态时，出现在“文档”窗口区域顶部的选项卡显示所有打开的文档的文件名。若要切换到某个文档，可直接单击它的选项卡，选项卡的标签显示文档名，同样用*表示未保存，如图 2-5 所示。

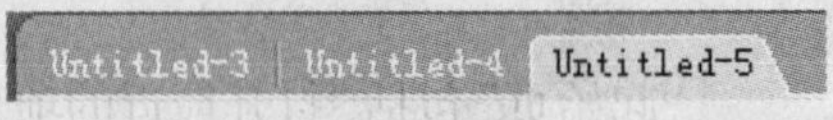

图 2-5　文档选项卡

2. 菜单栏

菜单的部分名称和使用说明如下。

- 下拉菜单中有些菜单命令显示黑色，表示当前可以使用。
- 有些命令显示暗灰色，表示当前操作中此命令不可以使用。
- 有些命令后面带有“…”，表示单击该命令会打开相应的对话框。
- 一些命令左侧带有“√”，表示该命令已选中，再次单击此命令可取消选中状态。
- 级联菜单：命令右侧带有▶，表示单击该命令有下一级子菜单。
- 访问键：后面( )中有带下划线的字母，打开菜单时按该键也能执行命令。
- 快捷键：命令后面列出的组合键，表示可以直接在键盘上按下这些键来执行该命令。（其中“+”表示前后两键同时按下。）

Dreamweaver CS3 的菜单栏分成 10 个组，提供了全面的 Dreamweaver 命令。这一部分简单介绍各部分菜单的功能。

- “文件”菜单包含“文件”菜单的标准菜单项，例如“新建”、“打开”、“保存”、“保存全部”等。“文件”菜单还包含各种其他命令，用于查看当前文档或对当前文档执行操作，例如“在浏览器中预览”和“打印代码”。
- “编辑”菜单中同样包含常用的“剪切”、“复制”、“粘贴”、“撤销”和“重做”等，还包含一些选择和搜索命令，例如“选择父标签”和“查找和替换”。“编辑”菜单还提供 Dreamweaver“首选参数”命令，可以打开“首选参数”对话框。
- “视图”菜单使用户可以看到文档的各种视图，例如“设计”视图和“代码”视图，并且可以显示或隐藏不同类型的页面元素和 Dreamweaver 工具及工具栏。
- “插入”菜单提供“插入”栏的替代项，用于将对象插入文档。
- “修改”菜单使用户可以更改选定页面元素或页面项的属性。使用此菜单可以编辑标签属性，更改表格和表格元素，并且为库项和模板执行不同的操作。
- “文本”菜单的使用可以轻松地设置文本的格式。
- “命令”菜单提供对各种特殊命令的访问，包括一个根据首选参数设置代码格式的命令、一个创建相册的命令，以及一个使用 Adobe Fireworks 优化图像的命令。
- “站点”菜单提供用于管理站点以及上传和下载文件的菜单项。
- “窗口”菜单提供对 Dreamweaver 中的所有面板、检查器和窗口的访问。要访问工具栏，请参见“视图”菜单。
- “帮助”菜单提供对 Dreamweaver 文档的访问，包括关于使用 Dreamweaver 以及创建 Dreamweaver 扩展功能的帮助系统，还包括各种语言的参考材料。

除了“菜单栏”的菜单外，Dreamweaver 还提供多种快捷菜单。用户可以利用快捷菜单方便地访问与当前选择或区域有关的有用命令，通过用鼠标右键单击当前选择区域或页面项等内容可以显示快捷菜单。

3. 工具栏

Dreamweaver 设计的工具栏集成了一些常用功能，可以方便使用者使用，提高工作效率。

Dreamweaver CS3 提供了 4 种不同的工具栏，分别为“插入”工具栏、“样式呈现”工具栏、“文档”工具栏和“标准”工具栏。

在菜单中打开“查看”→“工具栏”命令可以选择显示或隐藏各种工具栏，如图 2-6 所示。

首先，介绍在 Dreamweaver CS3 中功能有较大改动的“插入”栏。

图 2-6 选择工具栏

“插入”栏包含用于创建和插入对象（如表格、层和图像）的按钮。当鼠标指针移动到一个按钮上时，会出现一个工具提示，其中含有该按钮的名称。

Dreamweaver CS3 的“插入”栏中新增了一个“收藏夹”类别，使用者可以通过该类别对“插入”栏进行自定义，将最常使用的对象分组和组织放置在该栏上。

“插入”栏显示“收藏夹”类别且“收藏夹”为空时会提示“右键单击以自定义收藏夹对象”，也可在“插入”菜单中选择“自定义收藏夹”命令，如图 2-7 所示。

图 2-7 “收藏夹”类别

用鼠标右键单击“插入”栏空白区域，在弹出的快捷菜单中选择“自定义收藏夹”，此时显示“自定义收藏夹对象”对话框，如图 2-8 所示。

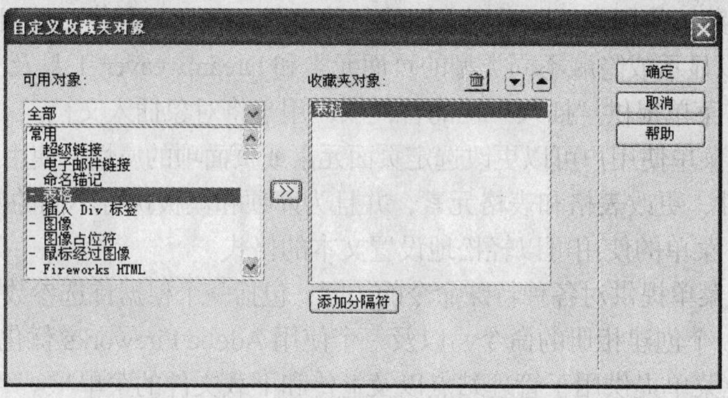

图 2-8 【自定义收藏夹对象】对话框

在对话框左侧的“可用对象”列表框中选择所需对象，“可用对象”列表框中列出了“插入”栏中所有类别的所有对象，使用者可以在使用中了解一些自己常用的对象，单击“»”按钮将它们添加到收藏夹。

添加到收藏夹中的对象可以通过▼和▲按钮移动位置，或者使用删除按钮从收藏夹中删除，收藏夹中还可以通过“添加分隔符”按钮添加分隔符，设置完成后单击“确定”按钮即可完成设置，如图 2-9 所示。

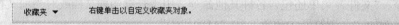

图 2-9 设置好的收藏夹

“插入”栏中除“收藏夹”外还含有以下一些类别。

- “常用”类别可以创建和插入最常用的对象，例如图像和表格。
- “布局”类别可以插入表格、div 标签、层和框架以及从“标准模式”（默认）、“扩展表格模式”和“布局模式”3 个表格视图中进行选择。选择“布局”模式后可以使用 Dreamweaver 布局工具：“绘制布局单元格”和“绘制布局表格”。
- “表单”类别包含用于创建表单和插入表单元素的按钮。
- “文本”类别可以插入各种文本格式设置标签和列表格式设置标签，例如 b、em 等。
- “HTML”类别可以用于插入水平线、头内容、表格、框架和脚本的 HTML 标签。
- “服务器代码”类别仅适用于使用特定服务器语言的页面，这些服务器语言包括 ASP、ASP.NET、CFML Basic、CFML Flow、CFML Advanced、JSP 和 PHP。这些类别中的每一个都提供了服务器代码对象，用户可以将它们插入到“代码”视图中。
- “应用程序”类别可以插入动态元素，例如记录集、显示区域以及记录插入等。
- “Flash 元素”类别可以插入 Flash 元素。

Dreamweaver CS3 的“插入”工具栏的另一个变化是显示模式，新的“插入”工具栏提供了两种显示模式：“菜单”模式和“制表符”模式，如图 2-10 和图 2-11 所示。

图 2-10　“菜单”模式

“菜单”模式将“插入”栏的各个类别列成菜单，通过单击带▼的类别按钮打开下拉菜单切换各个类别。下拉菜单中有“显示为制表符”命令可以切换到“制表符”模式。

图 2-11　“制表符”模式

“制表符”模式将“插入”栏的各个类别设置为标签，每一类别对应一张带有不同对象的选项卡。用鼠标右键单击标签区域，在弹出的菜单中选择“显示为菜单”切换到“菜单”模式。

在“插入”栏中有一类特殊的对象按钮，这是一类带箭头的按钮，单击箭头弹出菜单，在菜单中列出了同类或者类似的一组对象，使用时打开菜单选择某一对象，这个按钮的默认操作就变成单击后插入此对象，如图 2-12 所示。

当鼠标指针移至按钮上时，显示同组对象的总称和对象名，未选择过的按钮只显示总称。例如，从“图像”按钮的弹出菜单中单击选择“导航条”，移动鼠标指针到按钮上，显示文本“图像：导航条”，单击此按钮可以插入导航条，如图 2-12 所示。

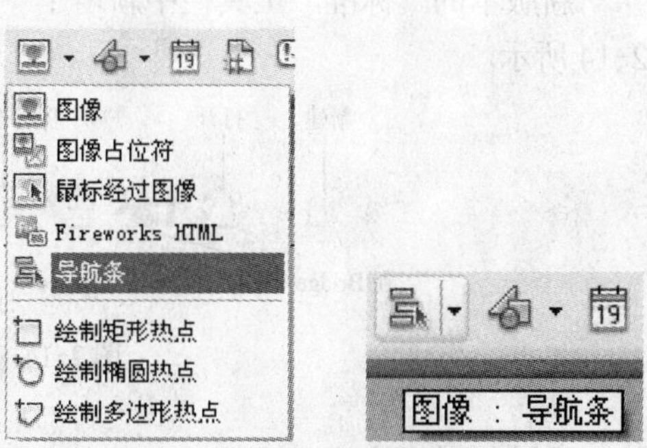

图 2-12　更改插入对象按钮属性

在“插入”栏中单击这些对象按钮都会出现一些设置或选择的对话框，其中一些功能的具体使用将在后面的内容中逐一介绍。

Dreamweaver CS3 的“文档”工具栏提供了在文档的不同视图间快速切换的按钮。

Dreamweaver 的文档可以显示 3 种不同的视图：“代码”视图、“设计”视图、同时显示“代码”视图和“设计”视图的“拆分”视图。

“设计”视图是一个用于可视化页面布局、可视化编辑和快速应用程序开发的设计环境。在该视图中，文档显示为完全可编辑的可视化表示形式，类似于在浏览器中查看页面时看到的内容，即 Adobe 一贯的“所见即所得”的设计理念。

“代码”视图是一个用于编写和编辑 HTML、JavaScript、服务器语言代码以及任何其他类型代码的手工编码环境。

“拆分”视图可以在单个窗口中同时看到同一文档的“代码”视图和“设计”视图。

“文档”工具栏还包含一些与查看文档、在本地和远程站点间传输文档有关的常用命令和选项。例如，“标题”文本框用于给文档输入一个标题，输入的内容将显示在浏览器的标题栏中。如果文档已经有了一个标题，则该标题将显示在该文本框中，使用者可以根据需要进行修改，如图 2-13 所示。

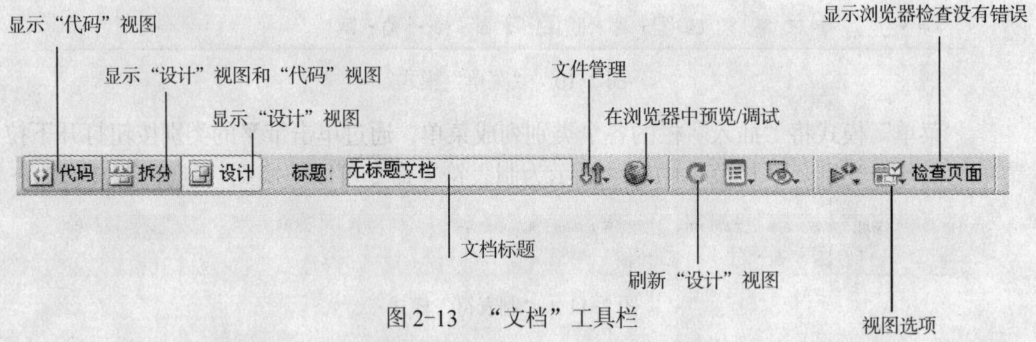

图 2-13　“文档”工具栏

与普通应用软件类似，Dreamweaver 也有“标准”工具栏，包含“文件”和“编辑”菜单中一般操作的按钮：“新建”、“打开”、“保存”、“保存全部”、“剪切”、“复制”、“粘贴”、“撤销”和“重做”，可像使用等效的菜单命令一样使用这些按钮。

新版本的“标准”工具栏中新增了“在 Bridge 中预览”和“打印代码”图标，如图 2-14 所示。

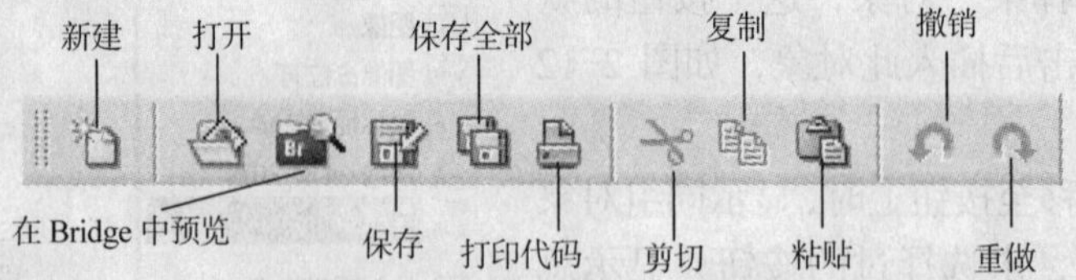

图 2-14　“标准”工具栏

4．属性检查器

Dreamweaver CS3 属性检查器可以查看和编辑当前选定页面元素（如文本和插入的对

象）的最常用属性。属性检查器中的内容根据选定的元素会有所不同。

默认情况下，“属性”面板中显示的是文本属性，如图 2-15 所示。

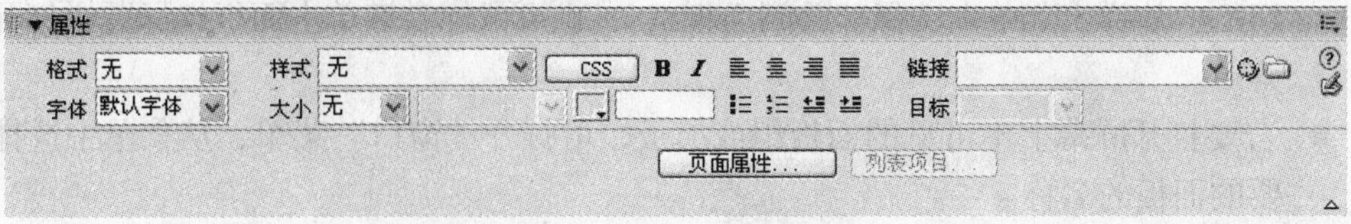

图 2-15 文本属性

当 Dreamweaver 中打开一个包含图像的 HTML 文档时，单击文档视图中的图像将其选中，此时“属性”面板显示此图像的属性，如图 2-16 所示。

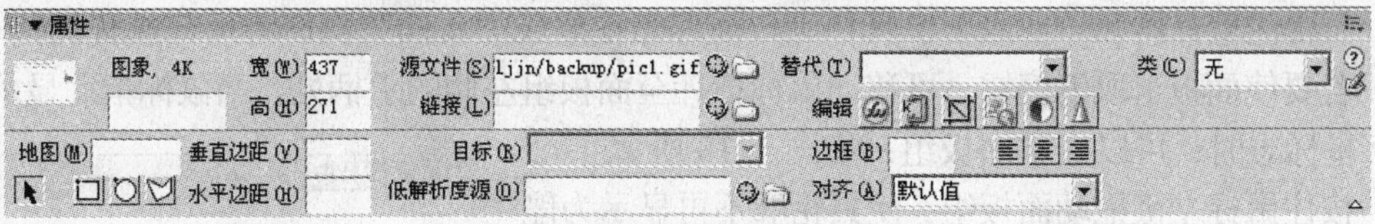

图 2-16 图像属性

当 Dreamweaver 中打开一个包含表格的 HTML 文件时，单击文档视图中的表格将其选中，此时“属性”面板显示此表格的属性，如图 2-17 所示。

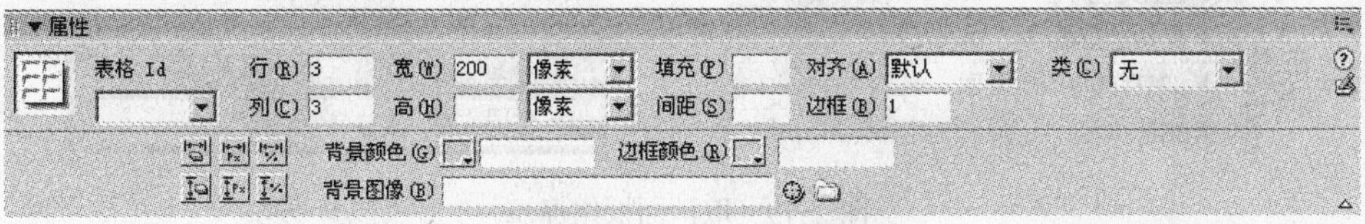

图 2-17 表格属性

若要改变页面元素的属性，可直接在“属性”面板中对应的选项区域修改，修改的内容会立即应用到文档窗口中的文档，没有立即应用到页面的修改可以通过按〈Enter〉键或按〈Tab〉键应用。

单击“属性”面板右侧的“帮助”按钮，可以查看当前所选页面元素的帮助信息。单击“快速标签编辑器”按钮可打开一个窗口，用于编辑所选页面元素的 HTML 代码。单击“属性”面板右下角的向上箭头或向下箭头可以关闭或打开属性面板的更多属性设置。显示或隐藏属性检查器可选择“窗口”→“属性”命令。“属性”面板中的更多具体设置将在后面的内容中详细介绍。

5. 功能面板组

Dreamweaver 中的面板被组织到面板组中，面板组中选定的面板显示为一个选项卡。每个面板组都可以展开或折叠，并且可以和其他面板组停靠在一起或取消停靠，这样能够很容易地访问所需的面板，而不会使工作区变得混乱。

工作区中的面板和面板组可以根据需要显示或隐藏。

- 若要展开或折叠一个面板组，可通过单击面板组标题栏左侧的展开箭头或或者单击面板组的标题。

- 若要关闭面板组使之在屏幕上不可见，可单击面板组标题栏中的“选项”菜单按钮，从弹出菜单中选择“关闭面板组”，也可鼠标右键单击面板组标题栏打开此菜单。
- 若要打开屏幕上不可见的面板组或面板，可打开“窗口”菜单，从菜单中选择需要的面板的名称。
- 若要在展开的面板组中选择一个面板，可单击该面板的名称。

“选项”菜单按钮仅当面板组展开时才可见。

如有需要，可以移动面板和面板组，并对它们进行排列，使之浮动或停靠在工作区中。

大多数面板仅能停靠在集成工作区中“文档”窗口区域的左侧或右侧，而另外一些面板，如属性检查器和“插入”工具栏则仅能停靠在集成“文档”窗口的顶部或底部。

若要使面板组取消停靠，可移动鼠标指针至面板组左侧的手柄处，当鼠标指针显示为十字星标志时，可以拖动面板组，如图2-18所示。

图2-18　拖动面板组

按住鼠标左键拖动面板组，使其轮廓不再显示为停靠状态为止，松开鼠标左键使面板组成为悬浮窗口，如图2-19所示。

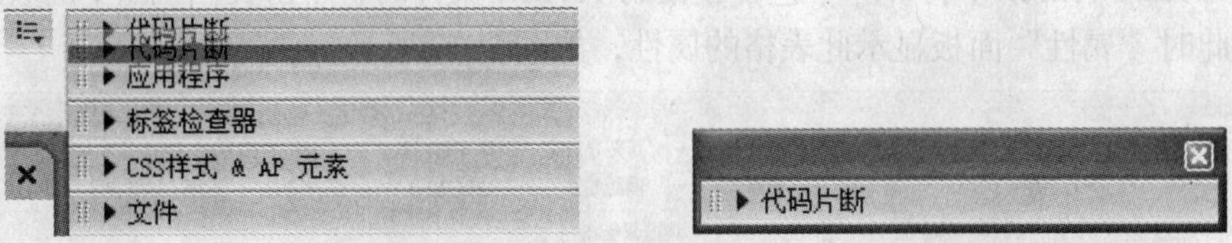

图2-19　取消面板组停靠

若要将一个面板组停靠到其他面板组（浮动工作区）或停靠到集成窗口，则拖动面板组使其轮廓显示为停靠为止，松开鼠标左键使面板组停靠。

在“选项”菜单中还有另外一些有关面板组的命令，如将面板组中的当前面板生成新的面板组的“新组合面板”命令，组合当前面板到某一面板组的“将文件组合在”菜单，还能根据需要对面板组进行重命名等，如图2-20所示。

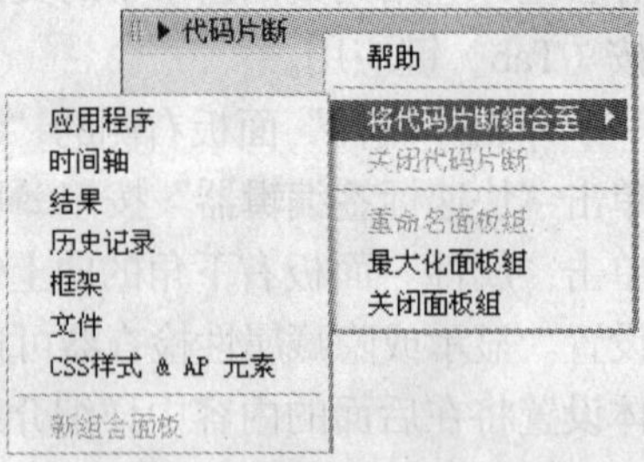

图2-20　组合面板组

通过“查看”和“窗口”菜单中的“隐藏面板”命令或快捷键〈F4〉可以关闭所有面板。

6. 状态栏

“文档”窗口底部的状态栏提供与正在编辑的文档有关的其他信息，如图2-21所示。

（1）标签选择器

显示环绕当前选定内容的标签的层次结构。单击该层次结构中的任何标签以选择该标签及其全部内容。单击<body>标签可以选择文档的整个正文。

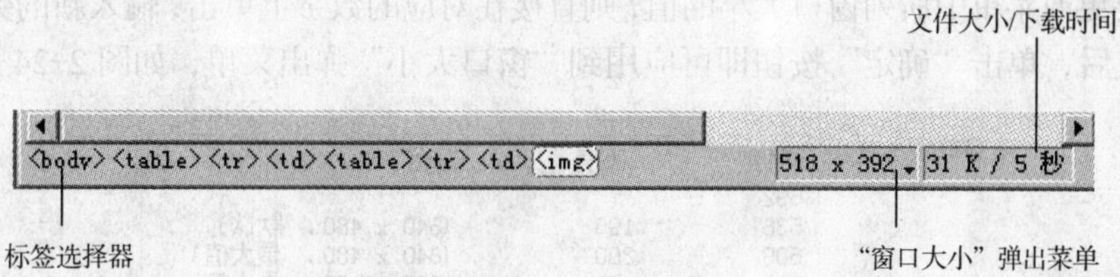

图 2-21　文档状态栏

（2）“窗口大小”弹出菜单

仅在“设计”视图中可见。显示“文档”窗口的大小，还可以用来将“文档”窗口的大小调整到预定义或自定义的尺寸。

（3）文件大小与下载时间

最右侧是整个页面，包括全部相关的文件，如图像和其他媒体文件的文档大小和估计需要的下载时间。

通过“窗口大小”弹出菜单可以改变窗口的大小。

若要将“文档”窗口调整为预定义的大小，可以单击“窗口大小”弹出菜单的向下箭头，从“窗口大小”弹出菜单中选择一种大小，文档最大化时不能调整大小，如图 2-22 所示。

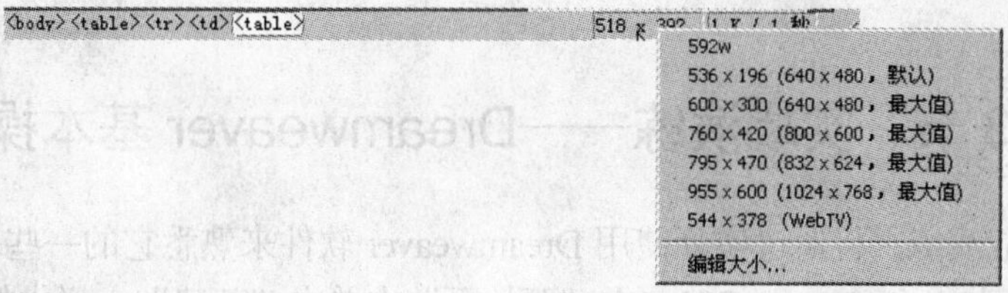

图 2-22　“窗口大小”弹出菜单

若要增加新的窗口大小，单击“编辑大小”命令，打开“首选参数”对话框，可以设置“状态栏”的首选参数，如图 2-23 所示。

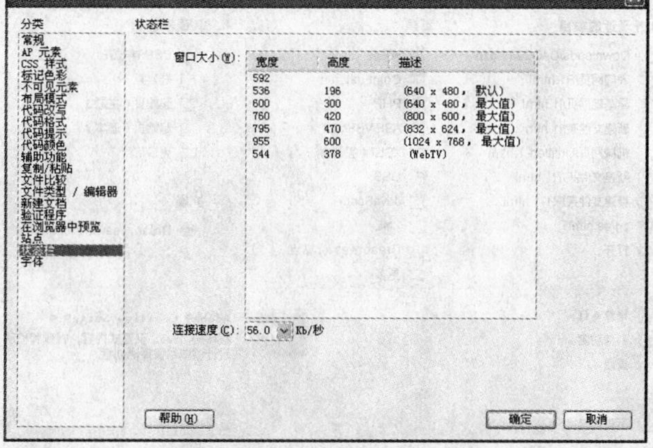

图 2-23　添加新的窗口大小

若要更改菜单中所列窗口大小的值，则直接在对应的数字上单击，输入新的数值即可。修改完成后，单击“确定”按钮即可应用到“窗口大小”弹出菜单，如图 2-24 所示。

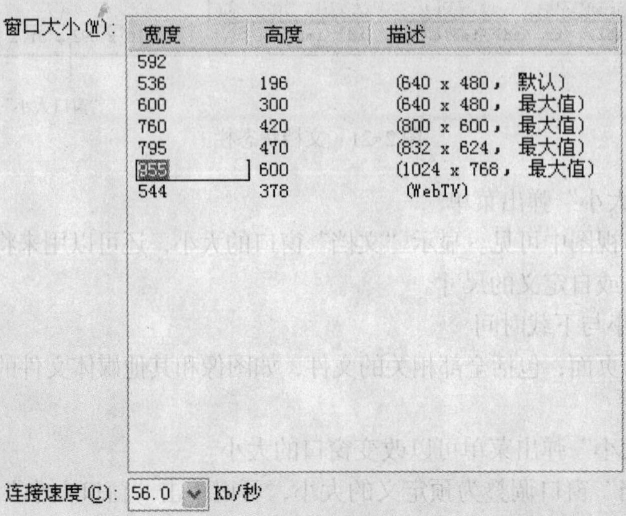

图 2-24　编辑窗口大小菜单命令

第 3 节　实战演练——Dreamweaver 基本操作

本章的实战演练，将通过实际使用 Dreamweaver 软件来熟悉它的一些基本操作。

首先，运行 Dreamweaver CS3，在“开始页”中单击“新建”一栏中的“HTML”按钮，新建一个 HTML 文件，如图 2-25 所示。

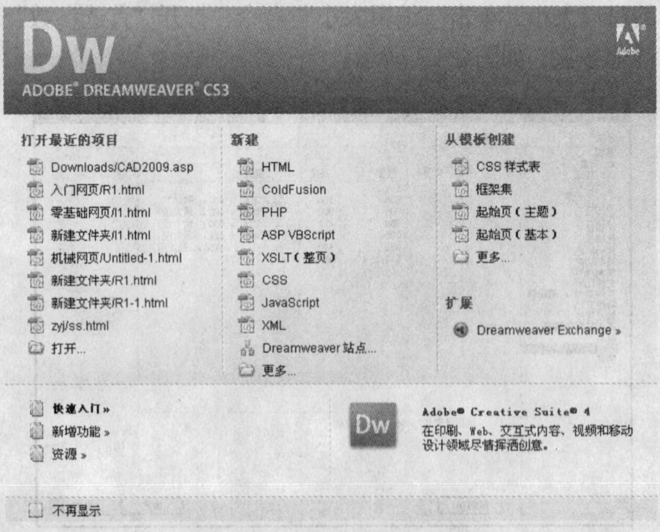

图 2-25　从“开始页”创建文档

单击“文档”工具栏中的“代码”视图按钮，将Dreamweaver切换到显示“代码”视图，然后在“文档”工具栏的“标题”文本框中输入新文档的标题，例如“上机操作”，如图2-26所示。

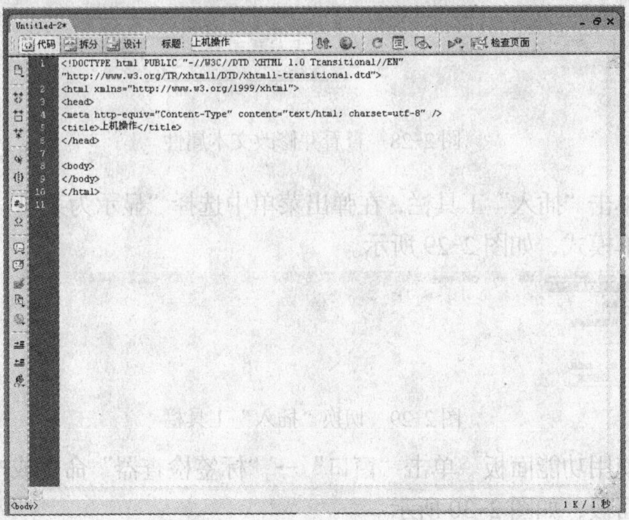

图2-26 “代码”视图与修改标题

单击“标准”工具栏上的“保存”按钮，打开“另存为”对话框，选择保存的路径，在“文件名”文本框中输入保存的文件名，单击“保存”按钮将文档保存到计算机上，如图2-27所示。

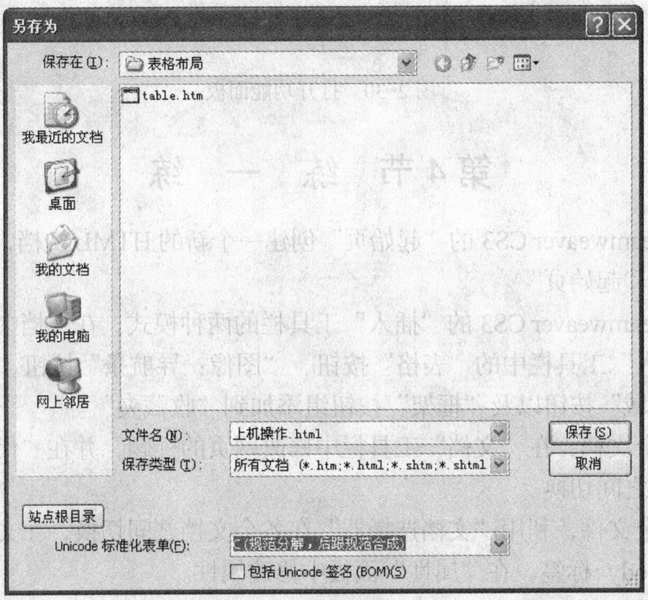

图2-27 保存文档

在“文档”工具栏中单击“设计”视图按钮，切换到“设计”视图。然后，在编辑窗口输入一段文本，例如“输入一段文本”，选择文本，在“属性”面板中查看并修改文本的属性，如图2-28所示。

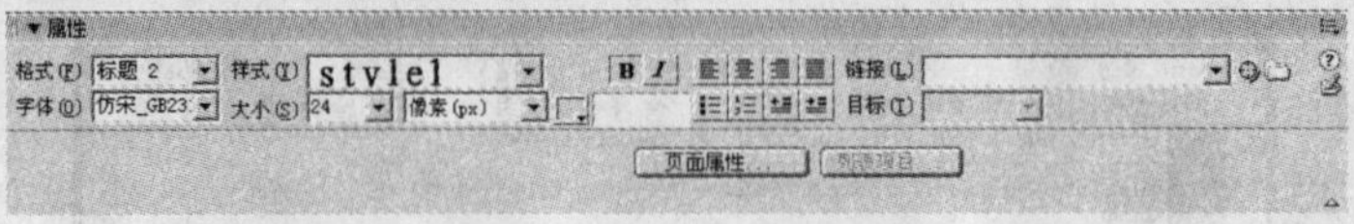

图2-28　查看并修改文本属性

用鼠标右键单击“插入”工具栏，在弹出菜单中选择“显示为菜单”命令，将“插入”工具栏切换为菜单模式，如图2-29所示。

图2-29　切换“插入”工具栏

最后，练习使用功能面板。单击“窗口”→“标签检查器”命令或按〈F9〉键，打开“标签检查器”面板，如图2-30所示。

图2-30　打开功能面板

第4节　练　一　练

1）使用Dreamweaver CS3的“起始页”创建一个新的HTML文档，然后在“首选参数”中关闭显示“起始页”。

2）切换Dreamweaver CS3的“插入”工具栏的两种模式，在文档中插入相同元素。

3）将“插入”工具栏中的“表格”按钮、“图像：导航条”按钮、“媒体：Flash”按钮、“文本区域”按钮以及“框架”按钮组添加到“收藏夹”。

4）打开一个文档，在“文档”工具栏中修改网页的标题，并在“代码”、“拆分”和“设计”视图之间切换。

5）打开多个文件，利用“文档选择器”在各个文档之间切换，在文档中使用“标签选择器”选定<body>标签，在“属性”面板中修改属性。

6）在主菜单的“查看”菜单中查找“标尺”和“网格”菜单，设置在文档窗口中显示网格和标尺。

第3章 创建与编辑网页

Adobe Dreamweaver CS3 提供了多种创建新网页的办法，可以使用它创建各种不同类型的文档，还可以为文档设置默认的页面属性，以及编辑其中的网页元素的属性。

本章重点介绍如何使用 Adobe Dreamweaver CS3 创建和编辑网页，学习使用多种方法创建新的文档，熟悉多种不同类型文档的使用。在学习创建文档的过程中，可以为文档设置页面属性，例如页面标题、背景图像和颜色及文本和超链接的颜色等。

使用 Dreamweaver CS3 中的可视化工具，可以向 Web 页面中添加各种内容，根据需要，可以添加网页元素并设置元素的属性。Dreamweaver 文档中可以插入文本、图像、颜色、影片、声音、超链接以及导航条等多种页面元素和媒体形式。

对于插入到网页中的文本，可以设置文本的段落属性，文本的字体、大小和样式等；对于插入到网页中的图像，可以进行多种简单编辑，例如对比度、锐度的调整等；在 Dreamweaver 文档中还可以插入很多其他特殊的符号或页面元素，例如在文档中插入注释或 Flash 动画等，同时还可以使用 Dreamweaver 对插入的内容进行编辑。

第1节 创建文档

Adobe Dreamweaver CS3 为处理各种 Web 设计和开发文档提供了灵活的环境。除了 HTML 文档以外，还可以创建和打开各种基于文本的文档，如 CFML、ASP、JavaScript 和 CSS。Dreamweaver 还支持源代码文件，如 Visual Basic、.NET、C#和 Java。

Dreamweaver 中可以在“设计”视图或“代码”视图中轻松定义文档属性，如 meta 标签、文档标题、背景颜色及其他页面属性。

1. 创建新文档

Dreamweaver CS3 为用户新建文档提供了若干选项，用户可以任意创建新的空白文档或模板、基于 Dreamweaver 附带的带有预定义页面布局的文档或者基于现有模板的文档。

Dreamweaver 中新建空白文档有很多方法。首先，可以在新增的“起始页”中使用“起始页”自带的创建文档模块。在“起始页”中，用户可以根据需要直接单击这些按钮，新建一个适合类型的空白文档。例如，直接单击“HTML”按钮可以新建一个空白的 HTML 文档，如图 3-1 所示。

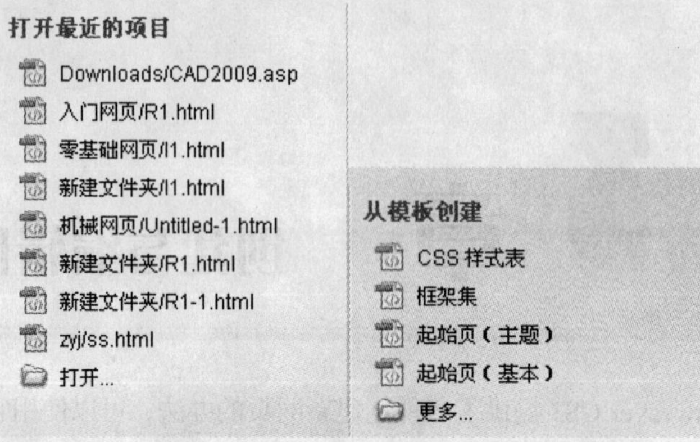

图 3-1　从“起始页”中创建新文档

单击“起始页”中的“更多”按钮，可以打开“新建文档”对话框，也可通过单击菜单“文件”→“新建”命令打开或者单击“标准”工具栏中的“新建”按钮。

“新建文档”对话框的左侧列表框中可以选择创建文档的类别，中间的列表框显示的是所选类别包含的文档类型。

在“页面类型”类别中选择“HTML”可以新建一个 HTML 文档，如图 3-2 所示。

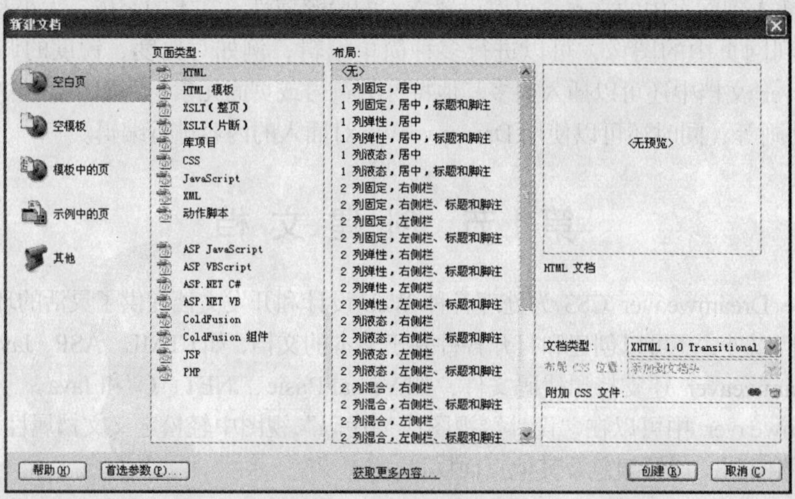

图 3-2　“新建文档”对话框

单击“创建”按钮即可新建一个空白的 HTML 文档，新的文档在“文档”窗口打开。以后还可以根据需要创建不同类型的文档。

在“模板中的页”选项卡中还可以创建网页的模板。

2. 设置页面属性

制作页面时，设置网页的页面属性相当重要。

页面属性指定了页面标题、页面的默认字体和字体大小、背景颜色、边距、链接样式及页面设计的许多其他方面。其中，页面标题定义和命名了网页，背景颜色和图像以及文本的颜色等显示了网页的基础外观。

默认情况下，Dreamweaver CS3 使用 CSS（层叠样式表）来设置文本格式。使用者可以打开“首选参数”对话框，更改 HTML 格式设置的页面格式。

使用 CSS 页面属性时，Dreamweaver 可以对在“页面属性”对话框的“外观”、“链接”和“标题”类别中定义的所有属性使用 CSS 标签。定义这些属性的 CSS 标签会嵌入到页面代码的<head>部分中。

如果要改用 HTML 标签，则必须在“首选参数”对话框的“常规”类别中单击复选框，取消对“使用 CSS 而不是 HTML 标签”选项的选择，如图 3-3 所示。

图 3-3 改用 HTML 标签

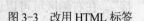

设置页面属性主要通过“页面属性”对话框完成。

“页面属性”对话框可以通过“修改”→“页面属性”命令打开，也可以单击“属性”面板中的“页面属性”按钮。或者在文档页面中单击鼠标右键打开快捷菜单，在菜单中选择“页面属性”命令，如图 3-4 所示。

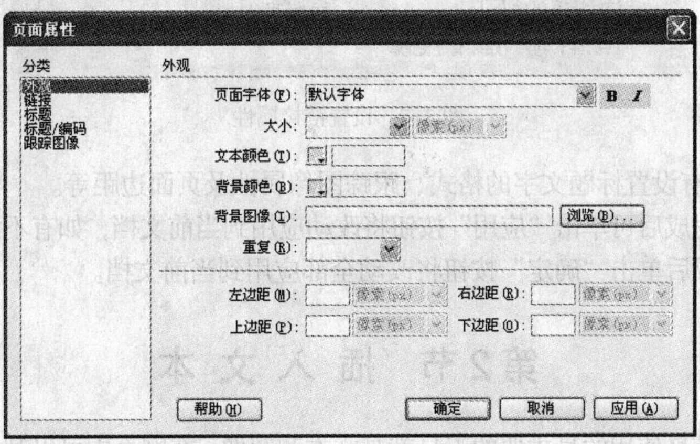

图 3-4 “页面属性”对话框

页面属性的部分设置如下。

- 设置或更改文档标题：在“分类”列表框中选择“标题/编码”，在右侧的“标题”文本框中输入要设置的页面标题内容，如图 3-5 所示。

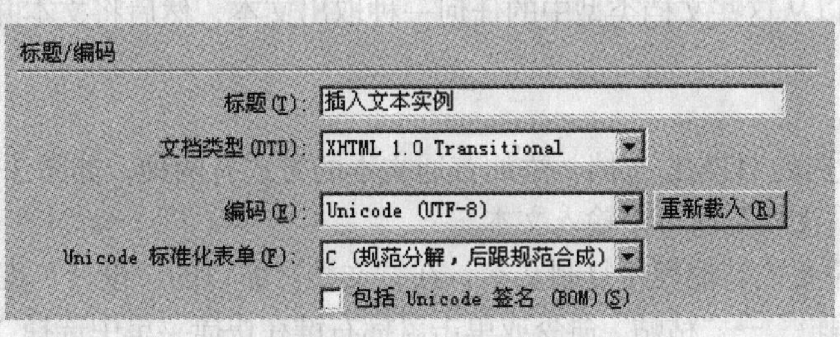

图 3-5 设置页面标题

● 设置文本颜色：在“分类”列表框中选择“外观”，在右侧的“文本颜色”文本框中输入十六进制的颜色代码（如“#FFFFFF”）或者单击颜色选取按钮在打开的颜色选择器中选取需要的颜色，如图3-6所示。

● 设置背景颜色或背景图像：在“分类”列表框中选择“外观”，设置“背景颜色”的方法和设置“文本颜色”的方法相同。在“背景图像”文本框中输入用来作为背景的图像的路径，也可单击文本框后面的“浏览”按钮从计算机中选择作为背景的图像。

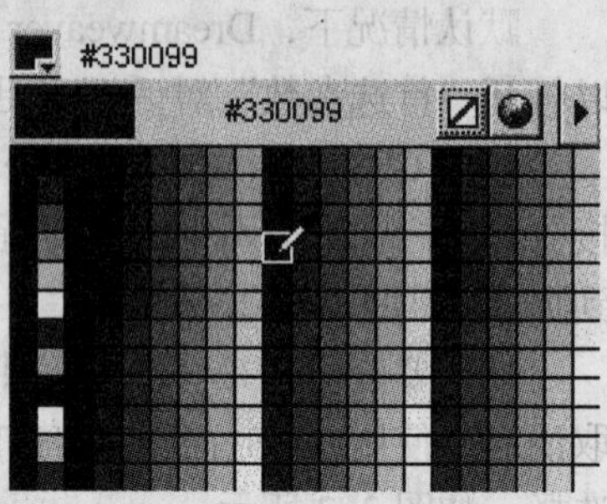

图3-6　颜色选择器

● 设置链接属性：在“分类”列表框中选择“链接”，在右侧区域可以设置“链接字体”、链接在不同情况下的颜色变化以及链接文字的“下划线样式”，如图3-7所示。

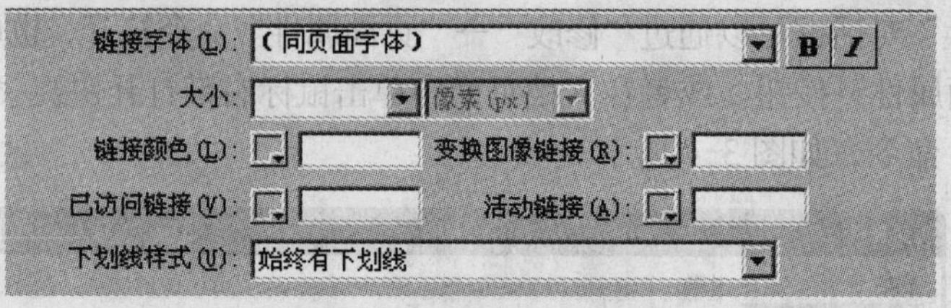

图3-7　设置链接属性

● 此外还有设置标题文字的格式、跟踪图像属性及页面边距等。

各个设置完成后可单击“应用”按钮将改动应用到当前文档，如有不满意的地方可以继续修改，完成后单击“确定”按钮将改动全部应用到当前文档。

第2节　插 入 文 本

网页展示信息使用的最主要的工具就是文本和图像，在网页中可以利用文本介绍信息给网页浏览者，因此在网页处理文本相当重要。

Dreamweaver允许通过以下方式在Web页中添加文本：直接将文本输入到文档中，从其他文档复制和粘贴文本，或从其他应用程序拖放文本。Web专业人员接受的、包含能够合并到Web页的文本内容，常见文档类型有ASCII文本文件、RTF文件和MS Office文档。Dreamweaver可以从这些文档类型中的任何一种取出文本，然后将文本并入Web页中。

1．添加文本

新建一个空白的HTML文档，添加普通文本的方式有两种，如图3-8所示。

● 直接在“文档”窗口中输入文本。

● 从其他位置或其他程序复制文本，在“文档”窗口的“设计”视图选择插入点，使用“编辑”→“粘贴”命令或单击鼠标右键在快捷菜单中选择“粘贴”命令粘贴文本。

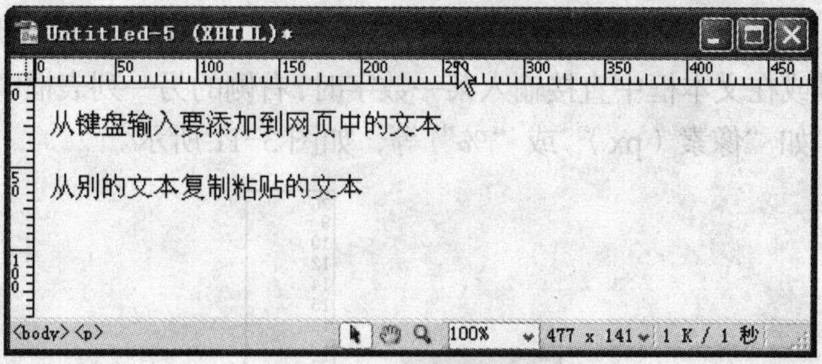

图3-8 插入普通文本

Dreamweaver 不保留在其他应用程序中应用的文本格式，但保留换行符。

2. 设置文本格式

Dreamweaver 文本格式可以应用于一个字母、整个站点段落或文字块等。在“页面属性”中设置默认的文本格式后，还可以通过“属性”面板修改格式，如图3-9所示。

设置时应选择文本，未选择文本时，所作设置应用于光标之后输入的文本。

图3-9 设置文本格式

● 设置文本字体：在“字体”下拉菜单中选择所需要的字体，一般对于简体中文环境直接选择默认字体。列表中没有的字体可以通过“编辑字体列表”命令添加。

在“格式”下拉菜单中选择“编辑字体列表”命令或打开“文本”→“字体”菜单选择“编辑字体列表”命令打开“编辑字体列表”对话框，如图3-10所示。

在“可用字体”中选择字体，单击“<<”按钮添加到字体列表中，按“+”按钮增加新的字体组。在“字体列表”中选择某一字体组，再选择其中某一字体，单击“>>”按钮删除。“字体列表”中的字体组可以单击“−”按钮删除，利用▲按钮和▼按钮可以改变字体组在列表中的位置。单击“确定”按钮完成设置。

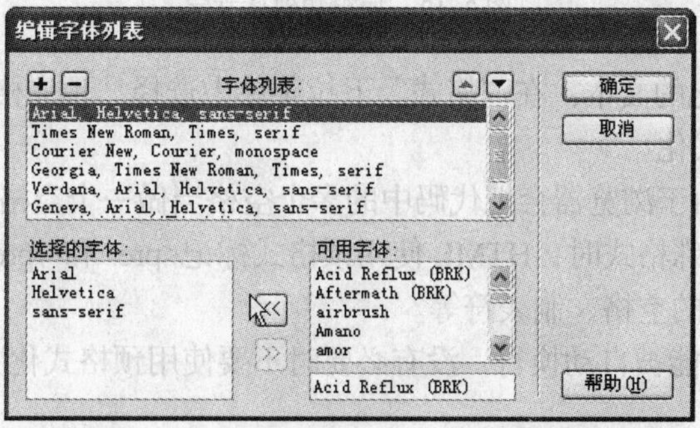

图3-10 “编辑字体列表”对话框

● 设置文本大小：在“大小”下拉菜单中可以选择需要的字号或者特殊的设置，如

“极小”、“极大”、“特大”等。当选择“无”时，表示使用的是默认大小；当选择某一字号或在文本框中直接输入某一数字时，右侧的另一列表框中还可以为数字选择单位，如“像素（px）”或“%”等，如图 3-11 所示。

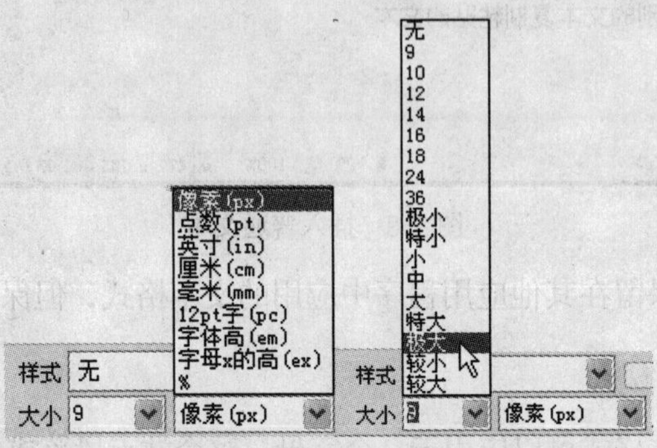

图 3-11　设置字体大小

- 设置文本颜色：颜色选取按钮和文本框用于设置文本颜色。
- 设置文本链接：在“链接”文本框中输入要链接的文件路径或地址，也可单击拖动“指向文件”按钮指向链接的文件或者单击“浏览文件”按钮在本地计算机中选择要链接的文件。
- 设置文本样式：直接使用“加粗”按钮和“斜体”按钮，或选中文本，单击鼠标右键，在快捷菜单中单击“样式”命令选择更多的样式，如图 3-12 所示。

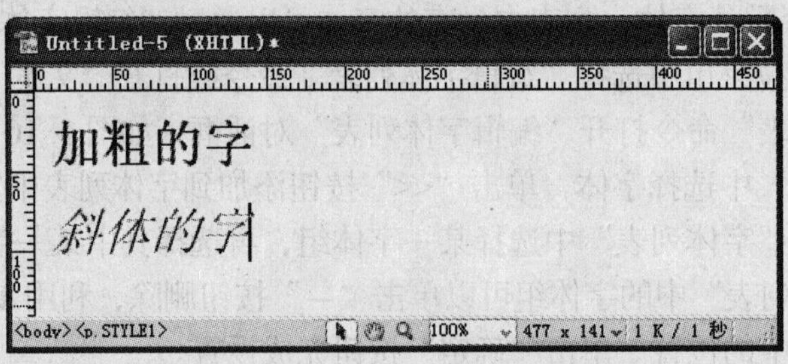

图 3-12　加粗和斜体文字

- 设置预格式化的文本：在“格式”下拉菜单中选择“预先格式化的”可将段落设置为预先格式化。

在 HTML 中，由于浏览器会把代码中的多个空格当做一个空格来处理，因此，当需要使用多个空格的特殊格式时，HTML 使用预格式标记<pre>和</pre>来解决，可以原封不动地保留标签之间的空格、制表符等。

预格式化文本不能被自动换行，没有必要时不要使用预格式化文本。

3．设置段落格式

段落是指一段格式上统一的文本，在文档中每输入一段文字后按〈Enter〉键就自动生成一个段落。段落也就是带有硬回车的文字组合。

- 设置一段文本为段落：在“格式”下拉菜单中选择“段落”选项，此时光标所在的文字块便被设置为段落，文字两端分别被添加<p>和</p>标记。在“格式”下拉菜单中还可以设置标题，选择要设为标题的文字设置，如图 3-13 所示。

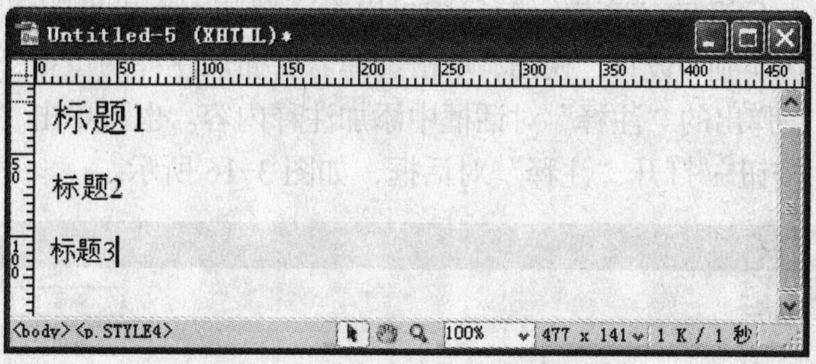

图 3-13 设置标题

- 设置列表按钮：使用“项目列表”按钮、“编号列表”按钮将选取的文本设置成项目列表或编号列表，如图 3-14 所示。

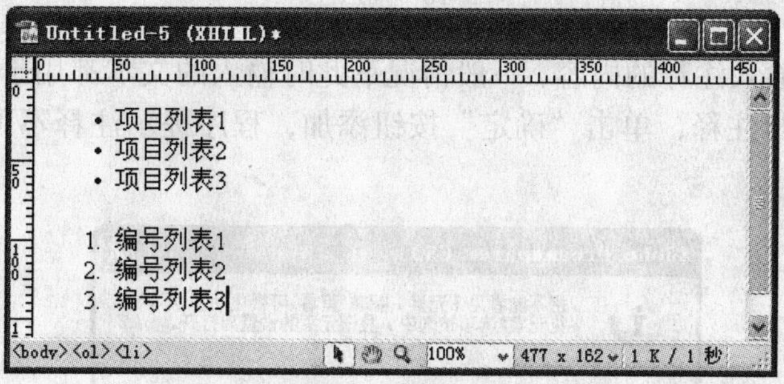

图 3-14 设置列表

- 设置段落对齐：“属性”面板有 4 种对齐按钮，“左对齐”按钮、“右对齐”按钮、“居中对齐”按钮和“两端对齐”按钮。另外，在“文本”→“对齐”菜单中也可打开这些命令，如图 3-15 所示。

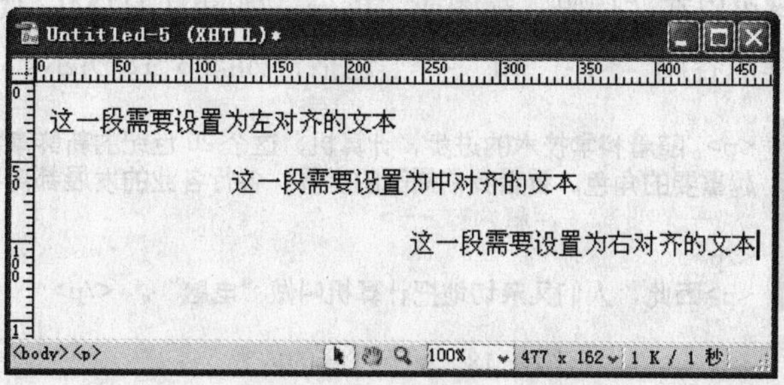

图 3-15 设置对齐

- 设置段落缩进：将光标放在要设置的段落中或选中多个需要设置缩进的段落，单击“文本缩进”按钮向右缩进一段距离，单击“文本凸出”按钮向左凸出一段距离。一般是两个字符的位置。

4．插入注释

在 Dreamweaver CS3 的“文档”窗口中可以为文档插入不可见的注释内容。

首先，将程序切换到“设计”视图，单击选择需要插入注释的位置，打开菜单“插入”→“注释”命令，在弹出的“注释”对话框中添加注释内容。也可单击“插入”栏“常用”类别中的“注释”按钮打开“注释”对话框，如图 3-16 所示。

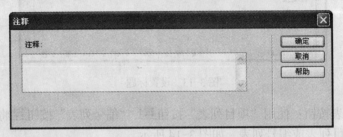

图 3-16　插入注释

在文本框中输入注释的内容，一般情况下此时输入的文本都用于对插入位置附近的元素或代码进行注释，单击“确定”按钮添加，程序提示注释不可见，如图 3-17 所示。

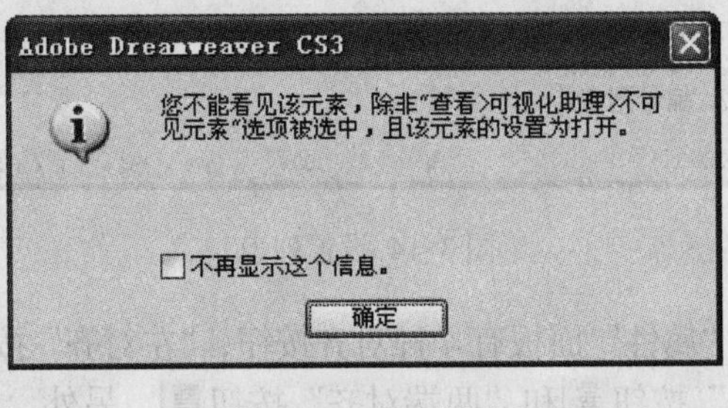

图 3-17　程序提示

输入的注释内容可以在“代码”视图或“拆分”视图的 HTML 代码窗口中查看。在 HTML 代码中，注释内容用“<!--”和“-->”包括，如图 3-18 所示。

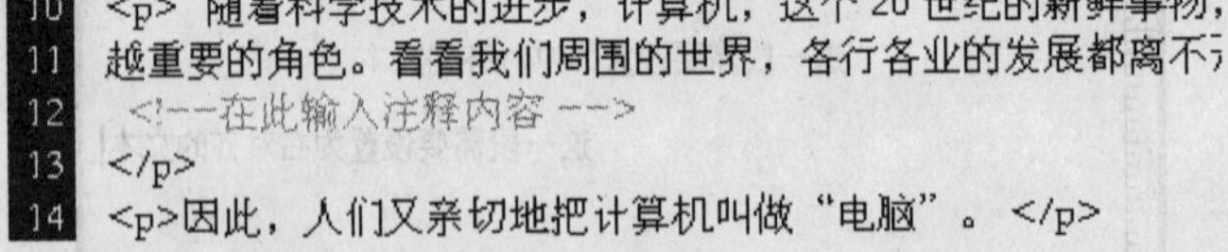

图 3-18　插入注释的内容

图中浅色部分的代码即为注释内容，注释内容有助于代码编写者对文档内容和元素进行注释标记，便于理解和记忆，也便于不同的网页制作人员对同一网页进行管理和编辑。

初学者可以尽量多地使用注释来帮助自己记忆和熟悉一些常用的功能。

5. 插入特殊符号

某些特殊字符在 HTML 中以名称或数字的形式表示，它们被称为实体。HTML 包含版权符号(©)、“与”符号 (&)、注册商标符号 (®) 等字符的实体名称。Dreamweaver“插入”栏的“文本”类别提供了一些特殊符号的输入，如图 3-19 所示。

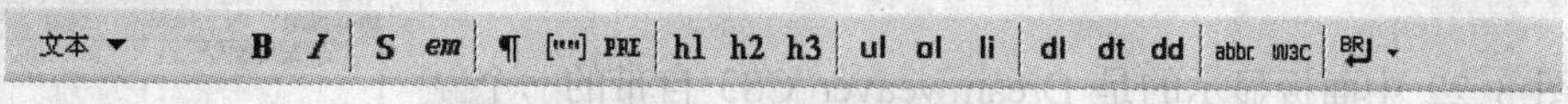

图 3-19　插入特殊符号的“插入”栏

“文本”类别有“字符”按钮组，可以插入“换行符”，即软回车，如图 3-20 所示。

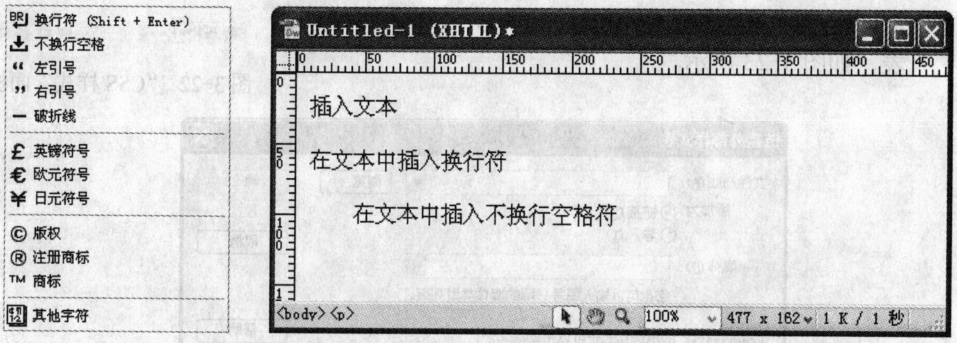

图 3-20　“字符”按钮组及换行符效果

选择“不换行空格”可以在文档中连续插入空格。

单击“其他字符”按钮可以打开更多特殊字符，如图 3-21 所示。

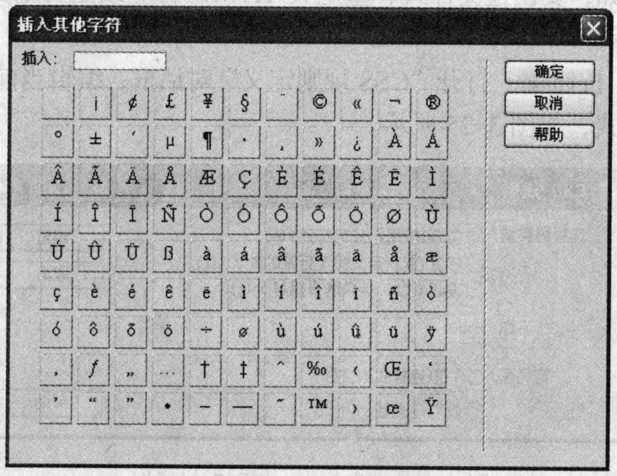

图 3-21　更多特殊字符

6. 用简单CSS样式表进行文本格式化

首先打开“CSS 样式”面板，可以选择“窗口”→“CSS 样式”命令或使用快捷键〈Shift+F11〉。

通过“CSS 样式”面板，可以查看到与当前文档相关联样式的样式定义以及样式的层次结构。“CSS 样式”面板显示自定义(class) CSS 样式、重定义的 HTML 标签和 CSS 选择器样式的样式定义，如图 3-22 所示。

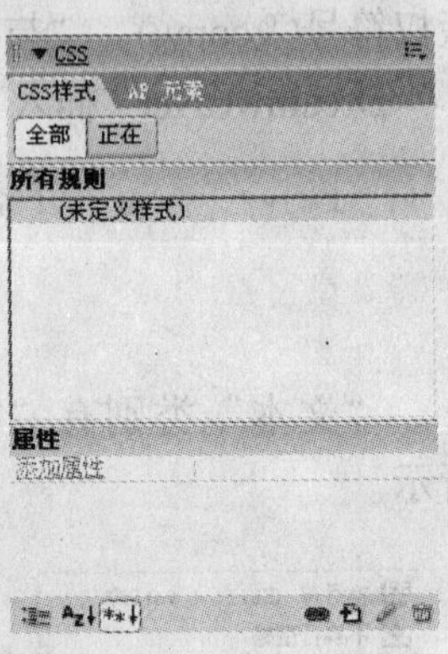

图 3-22 “CSS 样式”面板

图 3-22 中面板显示的是 Dreamweaver CS3 自带的一个 CSS 页面设计模板的所有样式。

面板右下方的 4 个按钮可用于对 CSS 样式表进行编辑修改等操作。

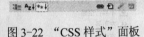

- “附加样式表”按钮：打开“链接外部样式表”对话框，选择要链接到或导入到当前文档中的外部样式表，如图 3-23 所示。

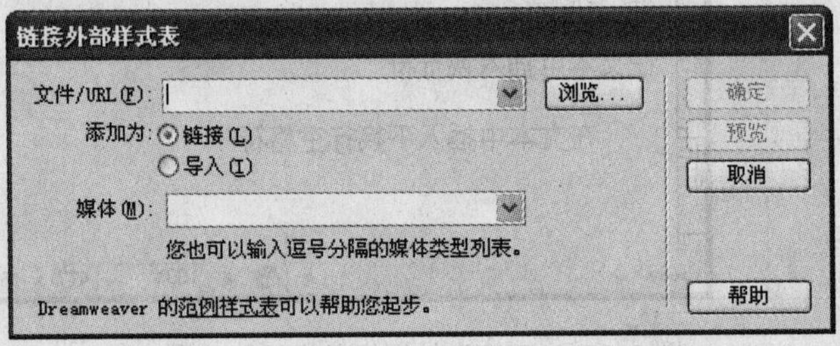

图 3-23 “链接外部样式表”对话框

- “新建 CSS 规则”按钮：打开“新建 CSS 规则”对话框，可以选择要创建的样式类型。例如，要创建类样式、重定义 HTML 标签或是要定义 CSS 选择器，如图 3-24 所示。
- “编辑样式”按钮：打开“CSS 规则定义”对话框，编辑当前文档或外部样式表中的任何样式，如图 3-25 所示。

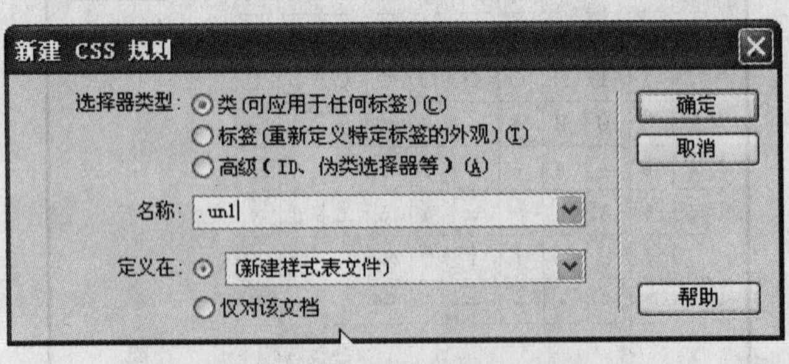

图 3-24 “新建 CSS 规则”对话框

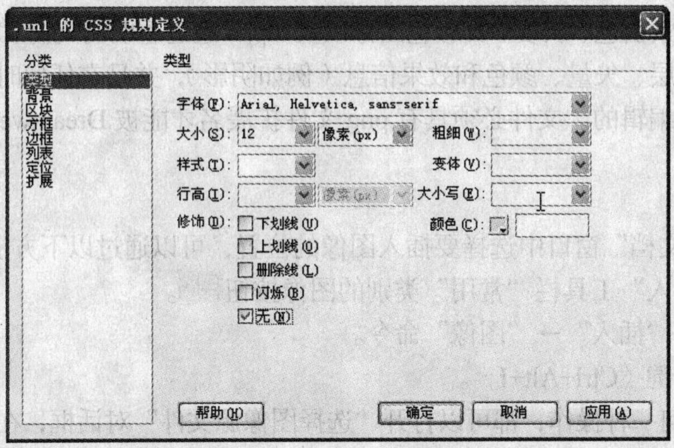

图 3-25 “CSS 规则定义”对话框

- “删除 CSS 属性”按钮：删除“CSS 样式”面板中的所选样式，并从应用该样式的所有元素中删除格式。

新建一个 CSS 样式应用到所选择的样式中，输入名称后单击“确定”按钮，此时也会打开“CSS 规则定义”对话框，用于对新的样式进行定义。

CSS 样式表的编辑选项中有 8 个不同分类，分别为“类型”、“背景”、“区块”、“方框”、“边框”、“列表”、“定位”和“扩展”。在这些分类中可以对文本的各种格式进行设置。

图 3-25 中的“un1”样式定义了文本的颜色为“#334d55”，字体为“Arial, Helvetica,sans-serif”，大小为默认字体的 120%，此时，在应用了此样式表的文档中，定义为“un1”的标题文本便显示为设定的格式。

第 3 节　在网页中插入图像

网页中的另一个主要元素是图像，利用图像可以表达文本所不能表达的信息。虽然存在很多种图形文件格式，但 Web 页面中通常使用的只有 3 种，即 GIF、JPEG 和 PNG。

目前，GIF 和 JPEG 文件格式的支持情况最好，大多数浏览器都可以查看它们。由于 PNG 文件具有较大的灵活性并且文件较小，所以它对于几乎任何类型的 Web 图形都是最适合的，但是大多数浏览器都只能部分支持 PNG 图像的显示。因此，除非为使用支持 PNG 格式的浏览器的特定用户进行设计，否则使用 GIF 或 JPEG 可以迎合更多人的需求。

- GIF（图形交换格式）文件：最多使用 256 种颜色，最适合显示色调不连续或具有大面积单一颜色的图像，例如导航条、按钮、图标、徽标或其他具有统一色彩和色调的图像。
- JPEG（联合图像专家组标准）文件格式：用于摄影或连续色调图像的高级格式，因为 JPEG 文件可以包含数百万种颜色。随着品质的提高，文件大小和下载时间也会随之增加。通常可以通过压缩在图像品质和文件大小之间达到良好的平衡。
- PNG（可移植网络图形）文件格式：一种替代 GIF 格式的无专利权限制的格式，

它包括对索引色、灰度、真彩色图像以及 alpha 通道透明的支持。PNG 文件可保留所有原始层、矢量、颜色和效果信息（例如阴影），并且在任何时候所有元素都是可以完全编辑的。文件必须具有.png 文件扩展名才能被 Dreamweaver 识别。

1. 插入图像

首先，在“文档”窗口中选择要插入图像的位置，可以通过以下方法插入图像。

- 单击“插入”工具栏“常用”类别的图像按钮。
- 打开菜单“插入”→“图像”命令。
- 使用快捷键〈Ctrl+Alt+I〉。

执行以上任何一种操作，都可以打开“选择图像源文件”对话框，在文件夹中选择要插入的图像，在对话框右侧可以预览要插入的图像，如图 3-26 所示。

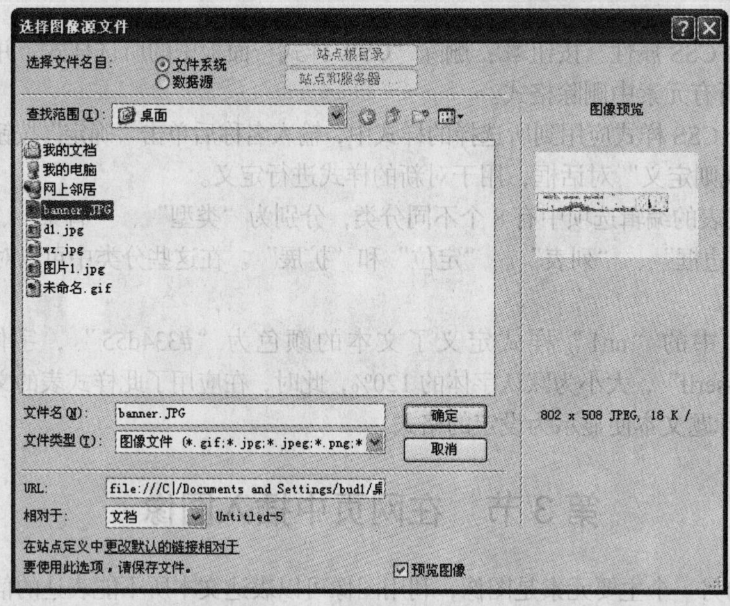

图 3-26　插入图像

单击“确定”按钮即可将所选图像插入到指定位置，如图 3-27 所示。

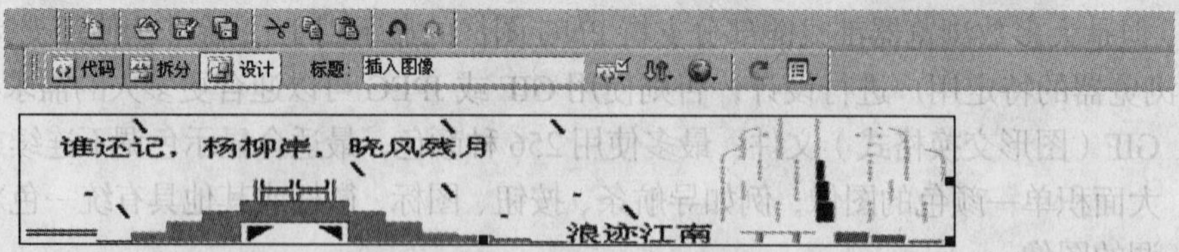

图 3-27　插入到页面中的图像

插入到网页中的图像显示其图像文件的原始属性，除非是专门为网页的一部分而设计的图像，一般情况下都要对插入的图像的属性进行进一步的设置。

2. 设置图像属性

设置图像属性大多数情况下可以在“属性”面板中完成。在“文档”窗口中单击选定图像，此时便可在“属性”面板中查看和编辑图像的属性，如图 3-28 所示。

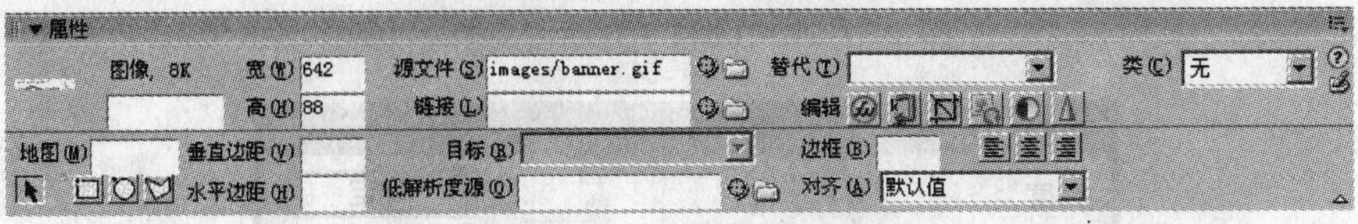

图 3-28　“属性”面板中的图像属性

主要属性设置在“属性”面板的上半部分，如图 3-29 所示。

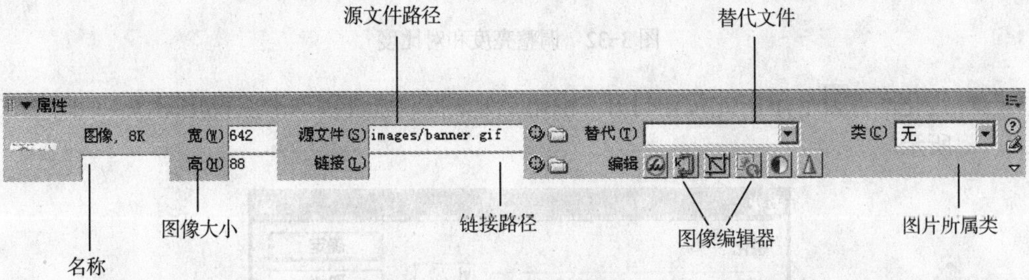

图 3-29　基本属性设置

- 名称：定义图像的独立名称，在 HTML 代码或样式表等文件中被引用。
- 图像大小：除拖动图像外围的边框可以改变图像大小外，在这里可以直接设置图像的宽和高。
- 源文件：图片来源，可使用文本框后面的“指向文件”按钮和“浏览文件”按钮更改图片来源。
- 链接：设置图片的超链接。
- 图像编辑器：Dreamweaver 内建的进行图像编辑的工具。

3. 图像编辑器

Dreamweaver CS3 中内建了图像编辑器，通过这些按钮可以对图像进行简单的加工，如裁剪、调节亮度和对比度等，如图 3-30 所示。

图 3-30　图像编辑器按钮

从左向右各图标功能如下。

- 编辑 编辑：打开 Adobe Fireworks 编辑此图像。
- 使用 Fireworks 最优化：使用内建图像优化工具进行优化。
- 裁剪：单击此按钮可以按一定区域裁剪图片，如图 3-31 所示。

裁剪区域可以拖动边框改变大小，或在图中鼠标指针确定的情况下移动位置。

- 重新取样：重新选取图像。
- 亮度和对比度：单击此按钮打开“亮度/对比度”对话框，通过移动滑块改变图像亮度和对比度，如图 3-32 所示。

图 3-31　图中亮区为裁剪后的图像

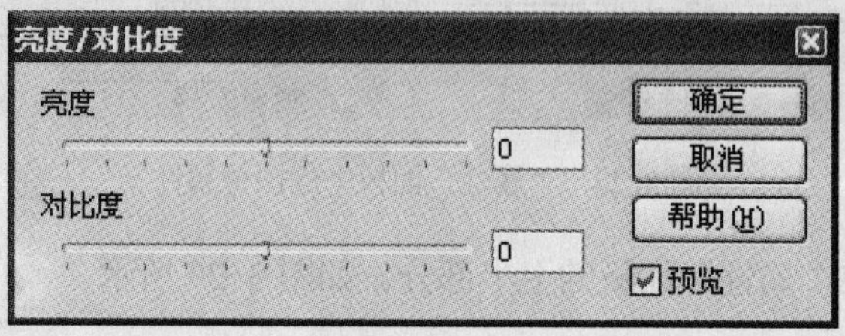

图 3-32　调整亮度和对比度

● 锐化图像：单击此按钮打开“锐化”对话框，通过移动滑块锐化图像，如图 3-33 所示。

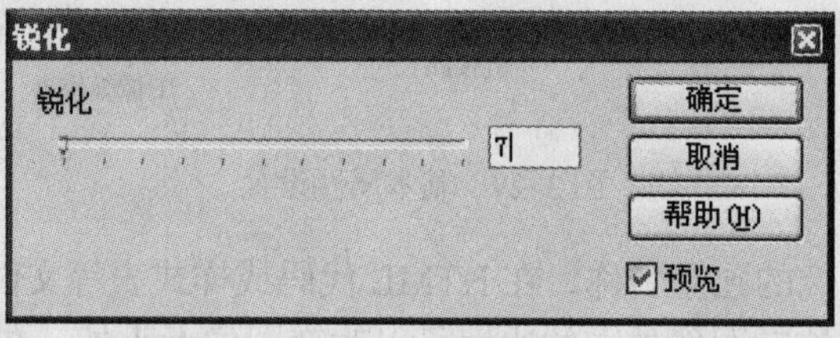

图 3-33　锐化图像

第 4 节　超文本链接

HTML 是用于创建超文本链接的语言。超文本链接简称超链接，是 Web 查看信息的基础。

Adobe Dreamweaver CS3 提供多种创建超文本链接的方法，可创建到文档、图像、多媒体文件或可下载软件的链接，可以建立到文档内任意位置的任何文本或图像（包括标题、列表、表、层或框架中的文本或图像）的链接。

1. 超链接文字、图像

在“属性”面板中的“文本属性”中可以设置文本作为超链接，如图 3-34 所示。

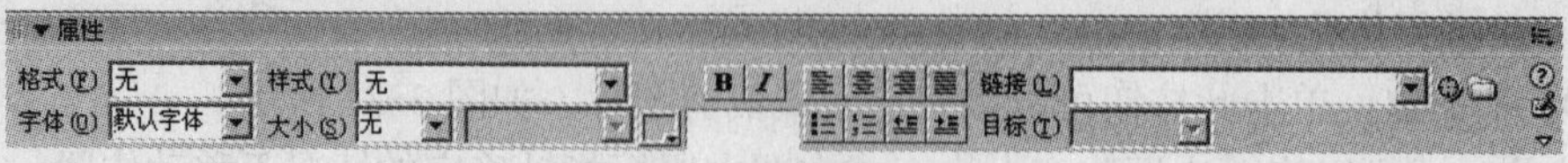

图 3-34　设置文本链接

设置文字超链接可以使文字链接到 Web 的 http 地址（即 URL），或者链接到本地计算机的文件。设置超链接的方法有多种，在“属性”面板中可以使用3种方法。

- 直接在文本框中输入URL地址或本地文件路径。
- 单击“指向文件”按钮，拖动指针指向“文档”窗口中的文档或“文件”面板里显示的目录中的文件。
- 单击“浏览文件”按钮，在“选择文件”对话框中选择计算机中的文件。

在“插入”栏的“常用”类别中，单击“超链接”按钮，在弹出的对话框中选择文件，也可以选定要设置超链接的文字，单击鼠标右键，在弹出的快捷菜单中选择“创建链接”命令打开“选择文件”对话框设置链接。

设置图像超链接的原理和设置文字超链接类似。

2．创建电子邮件链接

单击电子邮件链接时，该链接打开一个新的空白邮件窗口（使用的是与用户浏览器相关联的邮件程序）。在电子邮件消息窗口中，“收件人”文本框自动更新为显示电子邮件链接中指定的地址。

若要使用“插入电子邮件链接”命令创建电子邮件链接，可在“文档”窗口的“设计”视图中，将插入点放在希望出现电子邮件链接的位置，或者选择要作为电子邮件链接出现的文本或图像。

- 选择菜单“插入”→“电子邮件链接”命令。
- 在“插入”栏的“常用”类别中，单击“插入电子邮件链接”按钮，出现“电子邮件链接”对话框，如图3-35所示。

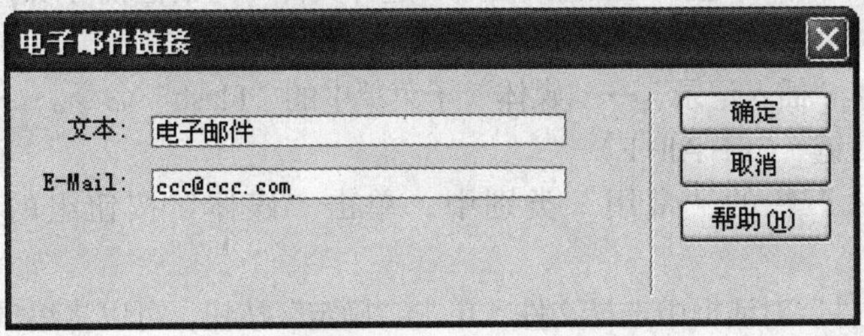

图3-35　创建指向ccc@ccc.com的电子邮件链接

第5节　插入其他对象

利用“插入”工具栏中的按钮，Dreamweaver CS3还能在文档中插入很多不同类型的对象。

下面介绍一下在Dreamweaver CS3中插入与Adobe公司的Fireworks和Flash相关的一些其他对象。

1．插入Fireworks图像

在“插入”栏的“常用”类别中，单击“图像”按钮组的“Fireworks HTML”按钮，打开“插入 Fireworks HTML”对话框，如图 3-36 所示。

图 3-36　插入 Fireworks 图像

单击“浏览”按钮，在本地计算机中选择使用 Adobe Fireworks 编辑的 Fireworks HTML 文件，单击“确定”按钮将 Fireworks HTML 插入到文档的指定位置。

单击复选框，选择“插入后删除文件”选项，程序将删除本地计算机中的 Fireworks HTML 源文件。

也可在菜单“插入记录”→“图像对象”菜单中选择“Fireworks HTML”命令，打开对话框选择文件插入。

Fireworks HTML 文件可以在 Adobe 的 Fireworks 软件中进行编辑，具体的使用将在后面的内容中介绍。

2．插入 Flash 电影

在文档中插入 Flash 电影只要直接使用“选择文件”对话框就可以。

“选择文件”对话框可以通过以下 3 种方法打开。

- 选择菜单“插入记录”→“媒体”子菜单中的“Flash”命令。
- 使用快捷键〈Ctrl+Alt+F〉。
- 在“插入”栏的“常用”类别中，单击“媒体”按钮组的“Flash”按钮 。

在“选择文件”对话框中选择文件，单击“确定”按钮，可以将编辑好的 Flash 电影插入到文档中。

当对 Flash 文件进行简单修改时，既可以在 Flash 应用程序中编辑，也可以在 Dreamweaver 中编辑。但在 Dreamweaver 中编辑更加便利。

3．插入 Flash 按钮和 Flash 文本

Dreamweaver CS3 中还可以直接插入带有样式的 Flash 按钮，插入 Flash 按钮和 Flash 文本的方法与插入 Flash 电影的方法相似。

插入 Flash 按钮使用“插入 Flash 按钮”对话框，可以执行以下操作。

- 选择菜单“插入记录”→“媒体”子菜单中的“Flash 按钮”命令。
- 在“插入”栏的“常用”类别中，单击“媒体”按钮组的“Flash 按钮”按钮。

打开“插入 Flash 按钮”对话框，如图 3-37 所示。

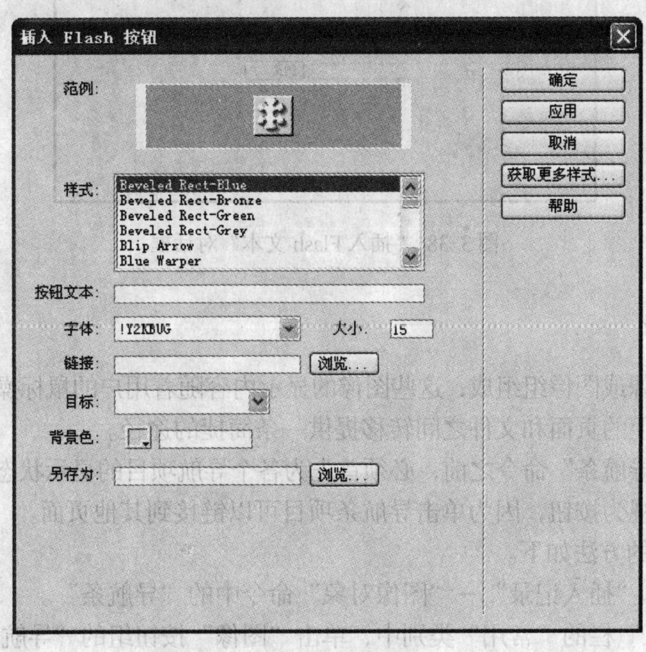

图 3-37 “插入 Flash 按钮”对话框

在“按钮文本”文本框中输入显示在按钮上的文字，在对话框中还可以设置文字的字体、大小、背景色以及按钮链接的对象等。

在“样式”列表框中有多种样式可供选择，在“范例”部分可以看到当前所选样式的预览效果。单击“确定”按钮生成一个 Flash 按钮 Flash按钮 。

插入 Flash 文本的方法与插入 Flash 按钮类似。

- 选择菜单“插入记录”→“媒体”命令中的“Flash 文本”。
- 在“插入”栏的“常用”类别中，单击“媒体”按钮组的“Flash 文本”按钮打开“插入 Flash 文本”对话框，如图 3-38 所示。

在“文本”框中输入要显示的 Flash 文本，根据对话框中含有的项目设置文本的属性，如字体、大小、颜色、加粗、斜体、对齐等。另外，还可以为 Flash 文字设置链接。

设置好的 Flash 文本显示为 Flash文本。

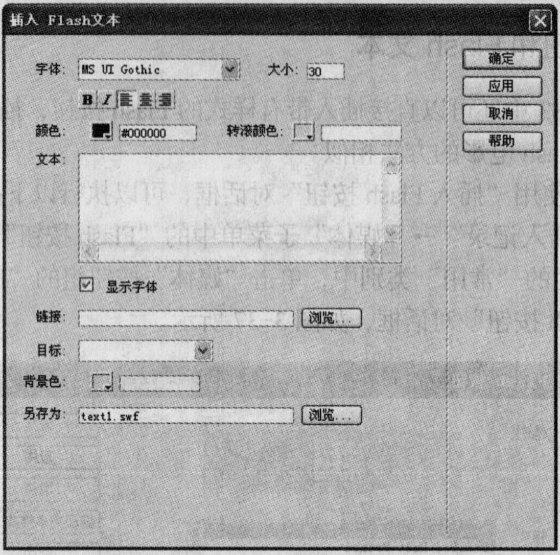

图 3-38 “插入 Flash 文本”对话框

4．插入导航条

导航条由图像或图像组组成，这些图像的显示内容随着用户的鼠标操作而变化。导航条通常为在站点上的页面和文件之间转移提供一条简捷的途径。

使用“插入导航条”命令之前，必须首先为各个导航项目的显示状态创建一组图像。可将导航条项目视为按钮，因为单击导航条项目可以链接到其他页面。

插入导航条的方法如下。

- 选择菜单“插入记录”→“图像对象”命令中的“导航条”。
- 在“插入”栏的“常用”类别中，单击“图像”按钮组的“导航条”按钮，打开“插入导航条”对话框，如图 3-39 所示。

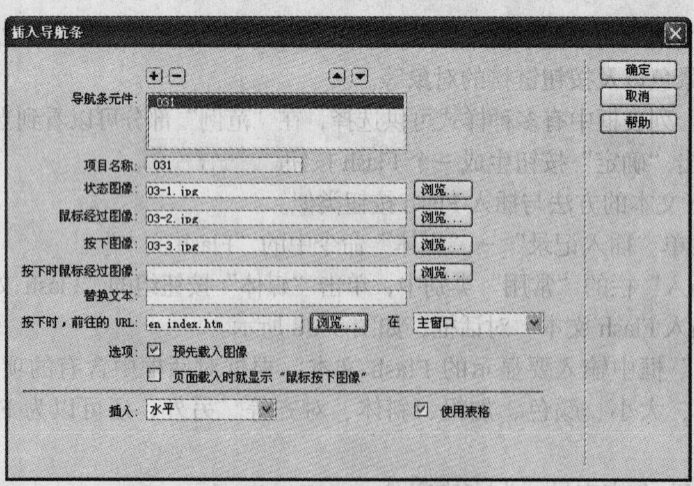

图 3-39 “插入导航条”对话框

为导航条项目准备了3张图片，分别作为“状态图像”、“鼠标经过图像”和“按下图像”，使用图片的颜色变化区别。

在“项目名称”文本框中，输入导航条项目的名称，显示在“导航条元件”列表框中。

在“导航条元件”列表框中可以单击“+”按钮增加一个新项目，或者单击“−”按钮删除所选项目。使用▲按钮和▼按钮可以移动导航条项目的相对位置。

单击“浏览”按钮分别为“状态图像”、“鼠标经过图像”、“按下图像”和“按下时鼠标经过图像”选择文件，显示为按钮的各种状态。

在“替换文本”文本框中输入图像不显示时的说明文字。

在“按下时，前往的URL”文本框中输入URL或单击“浏览”按钮选择文件，为导航条项目创建超链接，在后面的下拉菜单中选择链接页面显示的位置。

选中“预先载入图像”复选框，页面在打开时载入还未显示的图像，避免使用时因下载而延迟。

选中“页面载入时就显示‘鼠标按下图像’”复选框，页面在载入时该按钮就显示为“按下”状态。例如，当载入主页时，导航条上的“主页”项目应处于“按下”状态。

在“插入”下拉菜单中，可选择文档的导航条项目是垂直插入还是水平插入。

选中“使用表格”复选框，可以表格的形式插入导航条项目。

单击“确定”按钮插入导航条，在浏览器中预览的效果如图3-40所示。

图3-40 导航条

Dreamweaver中每个页面只能有一个导航条，因此在含有导航条的页面中单击“图像”按钮组的“导航条”按钮时，程序会提示是否修改导航条，如图3-41所示。

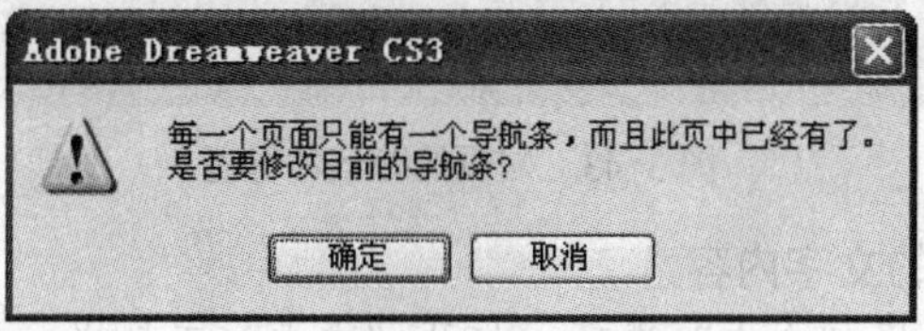

图3-41 提示是否修改导航条

单击“确定”按钮即可打开“插入导航条”对话框对原先的设置进行修改。

第6节 实战演练——编辑文档

本章的实战演练将通过编辑一个文档来熟悉Dreamweaver的一些基本功能。

步骤1：建立新文件并设置背景

1 首先，新建一个HTML文档，并保存到计算机上。

2 在“属性”面板中单击“页面属性”按钮，打开“页面属性”对话框，单击背景颜色后的色块，选择背景颜色，设置其他的页面属性参数，如图3-42所示。

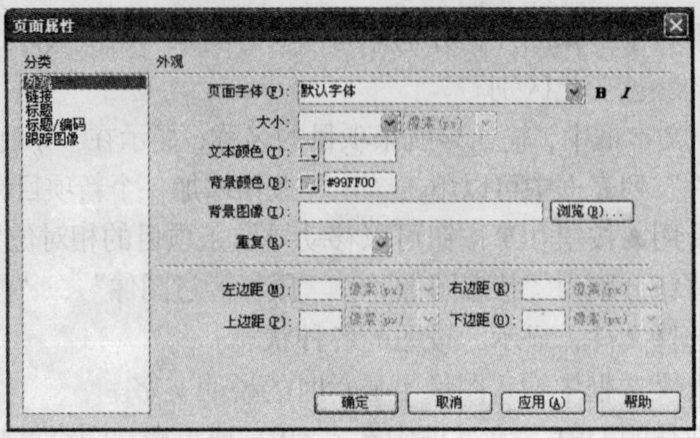

图 3-42　设置页面属性

3 单击“确定”按钮，就设置好了网页的背景。

4 在“标题”文本框中输入“我的网页”，就设置了网页的标题，如图 3-43 所示。

图 3-43　网页的背景和标题

步骤 2：建立网页的文字内容

1 从工具栏列表中选择“文本”选项，打开“文本”工具栏，如图 3-44 所示。

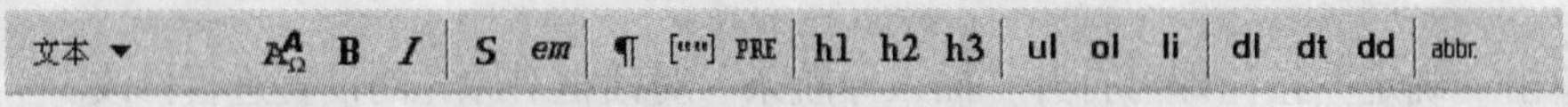
文本
B I S em ¶ PRE h1 h2 h3 ul ol li dl dt dd abbr.

图 3-44　“文本”工具栏

2 单击其中的 **h1**（标题 1）按钮，在页面中输入“我的第一个网页”，如图 3-45 所示。

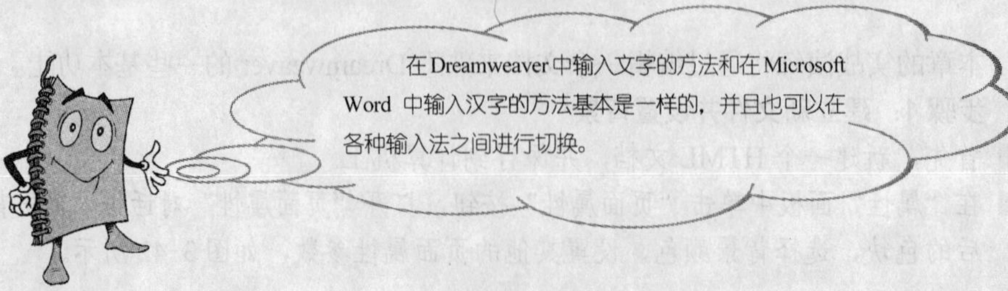
在 Dreamweaver 中输入文字的方法和在 Microsoft Word 中输入汉字的方法基本是一样的，并且也可以在各种输入法之间进行切换。

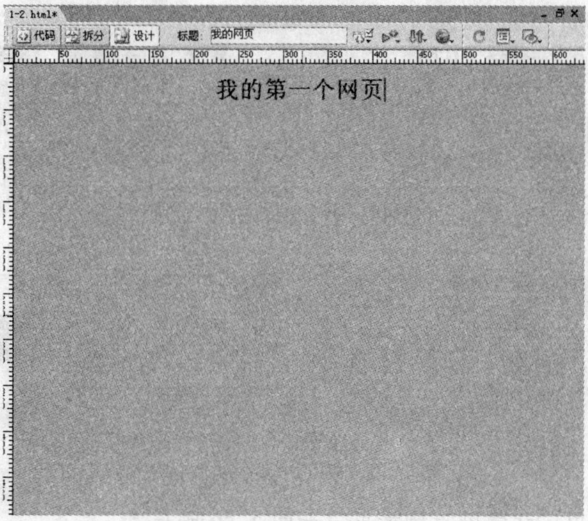

图 3-45　输入文字

3　选择这些文字，在“属性”面板中的“字体”下拉列表中选择“华文彩云”字体，设置其他参数如图 3-46 所示。

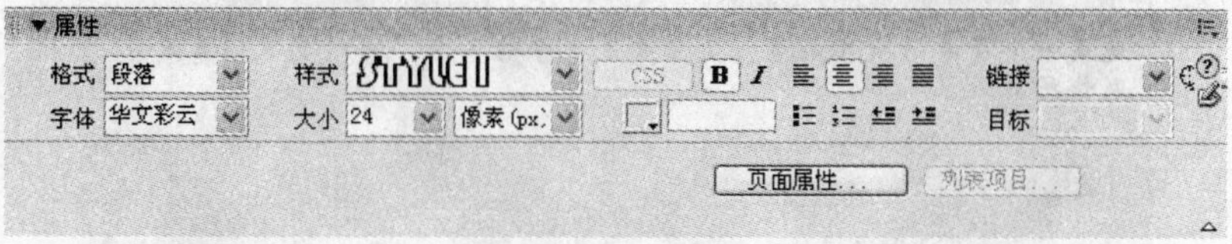

图 3-46　文字的“属性”面板

4　设置好文字的属性后，就制作出了网页中文字的标题，效果如图 3-47 所示。

图 3-47　制作的文字标题

5　再输入两行文字，分别进行属性设置，如图 3-48 和图 3-49 所示。

图 3-48　第 1 行文字属性参数

图 3-49　第 2 行文字属性参数

6 这样，就制作出了文字网页的效果，如图 3-50 所示。

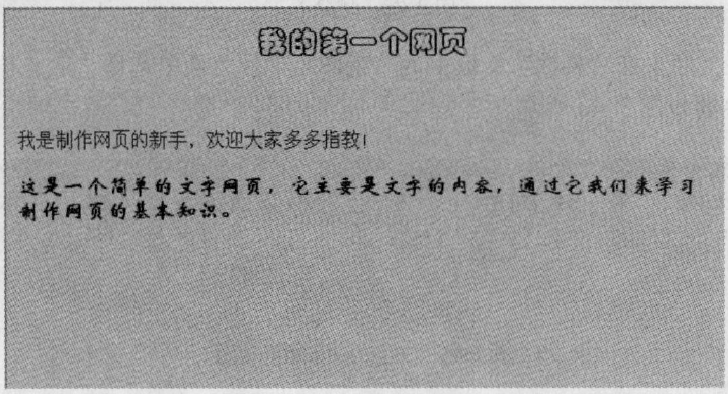

图 3-50　文字网页的效果

第 7 节　练　一　练

1）使用 3 种不同的方法新建一个 HTML 文档，然后将新建的文档保存在计算机中，以 test.htm 命名。

提示：分别从主菜单、“标准”工具栏和起始页创建。

2）设置新建 HTML 文档的页面属性中的链接属性。

3）在 HTML 文档中插入图像文件，使用图像编辑器对图像进行不同的调整。例如，裁剪、调整亮度或对比度等。

4）在 HTML 文档中插入不同的元素，如注释、Flash 文字等。

5）为文本或图像创建一个超链接或电子邮件链接。

第4章 网页排版与布局

使用 Dreamweaver CS3 中的可视化设计工具可以为网页创建复杂的页面布局。

表格在 Dreamweaver 中可以用来显示内容，也可以用来进行网页布局，同时还可以使用框架或层进行网页的布局工作。

使用表格布局时，Dreamweaver 提供了一种用于使用表格进行布局的“布局”模式，在“布局”模式中可以使用布局表格和布局单元格对网页进行布局。

使用框架也可以进行网页的布局，在各个框架划分的区域中显示不同的文档。

使用“层”进行布局的好处是，层在定位页面元素上具有很高的准确性，并且层和表格之间可以进行转换，优化设计。

Dreamweaver CS3 的模板是一种特殊类型的文档，用于设计“固定的”页面布局。使用者可以使用模板创建文档，使创建的文档继承模板的页面布局。设计模板时，可以在使用模板的文档中指定使用模板者可以编辑文档的区域。

第 1 节　表格基本操作

表格是在网页中对文本和图像进行布局的强有力工具，大多数网页设计者都是利用表格进行 Web 网页的布局。表格可以控制文本和图像在页面上的位置，提供了增加网页水平与垂直结构的功能。创建表格后，使用者能够方便地为表格添加内容，进行增加或删除单元格，修改表格、单元格、行、列属性等操作。

1. 插入表格

Dreamweaver CS3 提供了多种插入表格的方法，若要在文档中插入表格，则必须首先在“文档”窗口的“设计”视图中选择插入点，可以通过“文档”工具栏切换视图模式。如果要插入表格的文档是空白文档，则只能把插入点设置在文档开头。

在“插入”栏中选择“常用”类别选项卡，单击其中的“表格”按钮，此时程序打开“表格”对话框，如图 4-1 所示。

“表格”对话框共分成 3 个部分，第 1 部分用于设置要插入的表格的行数和列数、表格宽度以及单元格边距与间距等。图中设置插入的是一个 3 行 3 列，宽度为“200”像素的表格，边框宽度为“1”像素。

第 2 部分是页眉设置，用来在页眉位置设置单元格，起页眉作用，单元格内容默认为居中显示，共有 3 种不同设置，也可以选择“无”不设置页眉。

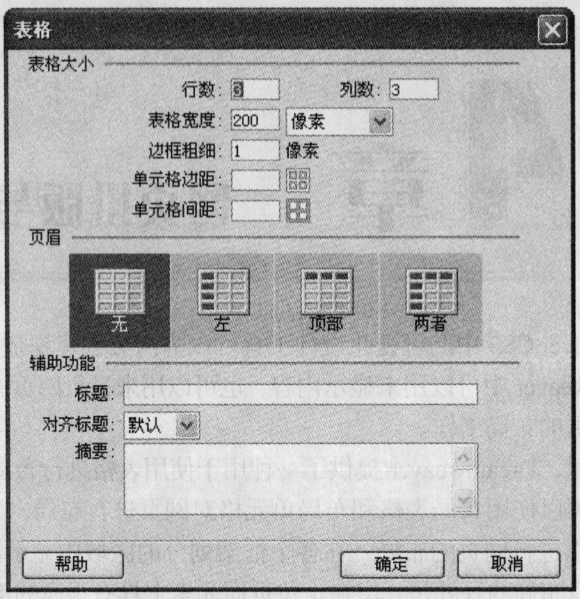

图 4-1　插入表格

第 3 部分是辅助设置，在这部分可以为表格设置一个标题，在“标题”文本框中输入标题内容，通过“对齐标题”下拉菜单可以选择标题相对于表格的位置。选择默认时，标题在表格正上方居中显示。

“表格”对话框还可以通过“插入记录”→“表格”命令或快捷键〈Ctrl+Alt+T〉打开。

嵌套表格是指在一个表格的单元格中的表格，可以像其他表格一样进行格式设置，只是在表格宽度上受所在单元格的影响。插入嵌套时，在要嵌套表格的单元格内选择插入点，执行“插入表格”操作，即可在这个单元格里嵌套一个表格。

2．编辑表格

编辑表格的属性首先要选择表格的元素，表格中的元素有行、列和单元格。在 HTML 中表格元素格式设置的优先顺序是：单元格、行和表格。例如设置单元格背景为红色，而整个表格设置为黑色，则单元格的红色优先于表格的黑色。

首先介绍单元格的编辑。如要选择某一单元格，单击此单元格，在标签选择器中选择“<td>”标签即可选定，如图 4-2 所示。

图 4-2　选择某一单元格

单击某单元格，拖动鼠标至另一单元格，松开鼠标，这样可以选取以这两个单元格为顶点的矩形区域内的所有单元格，如图 4-3 所示。

若要选取多个不相邻的单元格，或是单元格与行或列的组合，可以按住〈Ctrl〉键用鼠标依次单击要选取的单元格、行或列，即可选取，如图 4-4 所示。

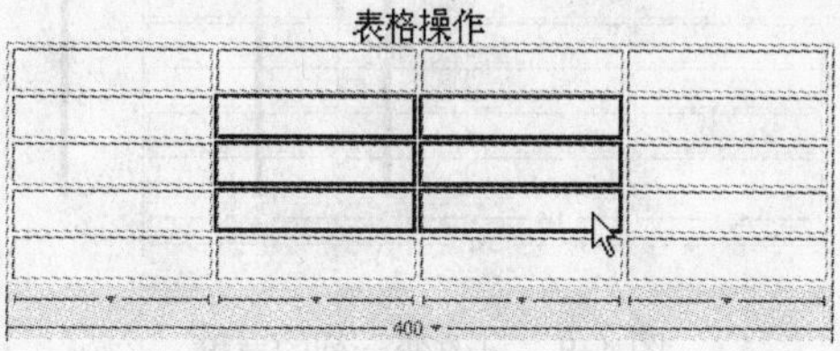

图 4-3　选取多个单元格

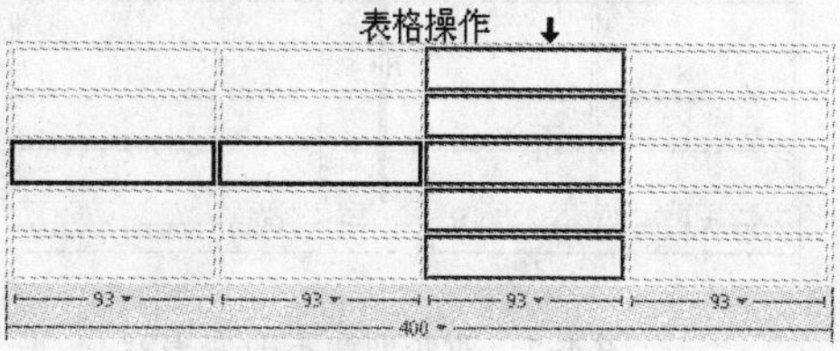

图 4-4　选取多个表格元素

在“属性”面板中可以对单元格的属性进行设置，单元格的属性显示在面板的扩展部分，可以设置单元格的水平或垂直对齐方式、宽和高以及背景和边框颜色等，如图 4-5 所示。

图 4-5　单元格属性设置

图 4-5 中左侧有两个图标按钮，“合并所选单元格，使用跨度”按钮，可以将所选的多个单元格合并为一个单元格，合并只能用于相邻的单元格；“拆分单元格为行或列”按钮“”，可以将单个单元格拆分成几行或几列。

选择行或列时，只要将鼠标指针移至表格的左边框或上边框，当出现黑色箭头时单击，即可选定对应的行或列，如图 4-6 所示。

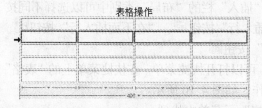

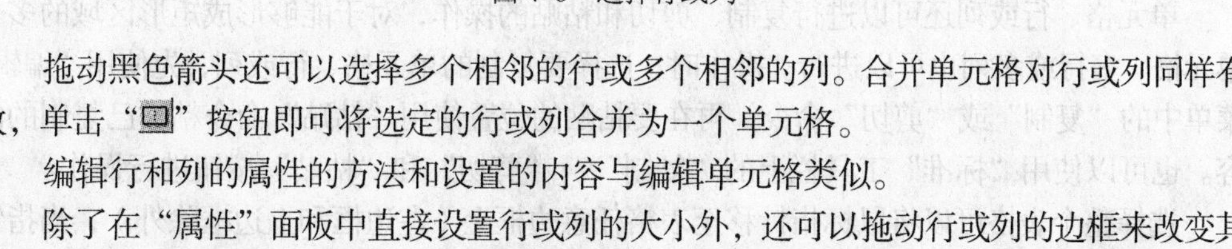

图 4-6　选择行或列

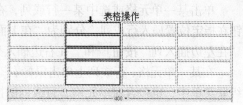

拖动黑色箭头还可以选择多个相邻的行或多个相邻的列。合并单元格对行或列同样有效，单击“”按钮即可将选定的行或列合并为一个单元格。

编辑行和列的属性的方法和设置的内容与编辑单元格类似。

除了在“属性”面板中直接设置行或列的大小外，还可以拖动行或列的边框来改变其大小。

（1）若要改变列宽度而保持整个表格的宽度不变

将鼠标指针移至要改变宽度的列的右边框，出现指向两边的箭头时拖动鼠标，改变列宽度。此时改变的是相邻两列的宽度，在表格下面的“表格宽度”菜单可以看见列宽度的变化，如图 4-7 所示。

（2）若要保持其他列宽度不变只改变一列的宽度

按住〈Shift〉键，拖动要改变宽度的列的右边框即可，如图 4-8 所示。

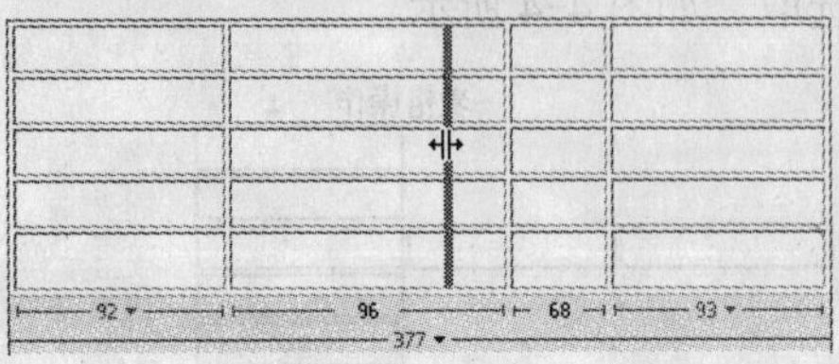

图 4-7　改变列宽不改变表宽

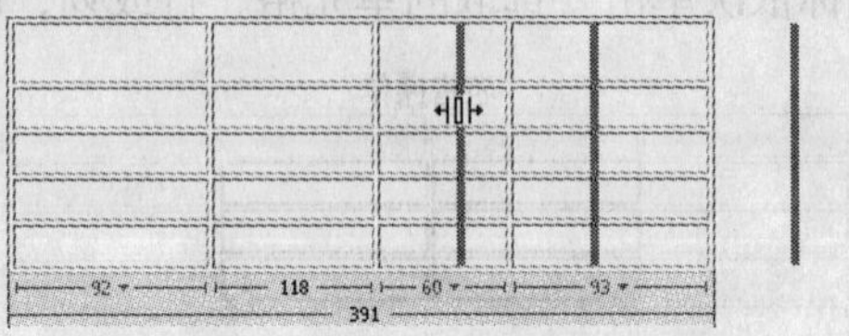

图 4-8　只改变一列的宽度

表格下面有显示列宽度的“表格宽度”菜单，单击小箭头即可使用，如图 4-9 所示。

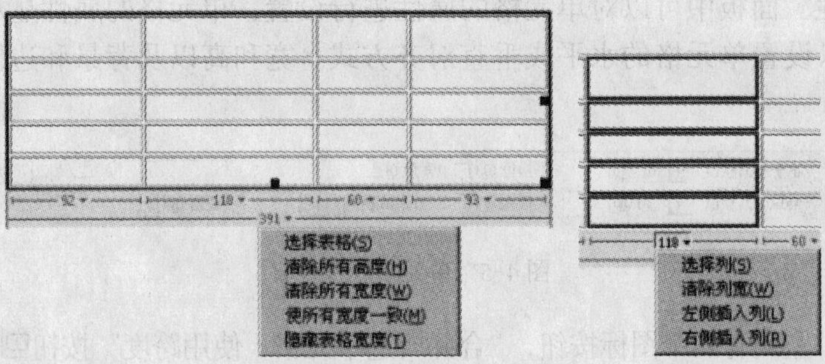

图 4-9　列宽度和列标题菜单

列宽度显示的内容可以选择“隐藏表格宽度”命令隐藏。

对行或列，还可以进行插入和删除的操作。

单击某一单元格或选中某一行或列，在“插入”栏的“布局”类别中可以选择不同按钮在指定位置插入行或列，分别为“在上面插入行”按钮、“在下面插入行”按钮、“在左边插入列”按钮和“在右边插入列”按钮。

在某一单元格、行或列上单击鼠标右键，可以打开快捷菜单。在快捷菜单上的“表格”级联菜单中，也包含对单元格、行或列的操作，如图 4-10 所示。

这些命令也可以在菜单“修改”→“表格”子菜单中找到。

单元格、行或列还可以进行复制、剪切和粘贴的操作，对于能够形成矩形区域的多个单元格、多行或多列也可以进行。操作时，选择要复制的单元格、行或列，先使用“编辑”菜单中的“复制”或“剪切”命令，再在要粘贴的位置使用“粘贴”命令粘贴已复制的内容。也可以使用“标准”工具栏上的“复制”、“剪切”和“粘贴”按钮进行操作。

选择整个表格可以将鼠标指针移至表格任意边框上（左边框和上边框除外），当指针变成指向上下或左右的箭头时，单击鼠标即可选择整个表格，此时表格周围出现黑色带小方块的选择框。也可以在表格内任意位置单击鼠标右键，在弹出的快捷菜单中选择“表格”→“选择表格”命令，或者在菜单中选择“修改”→“表格”→“选择表格”，如图 4-11 所示。

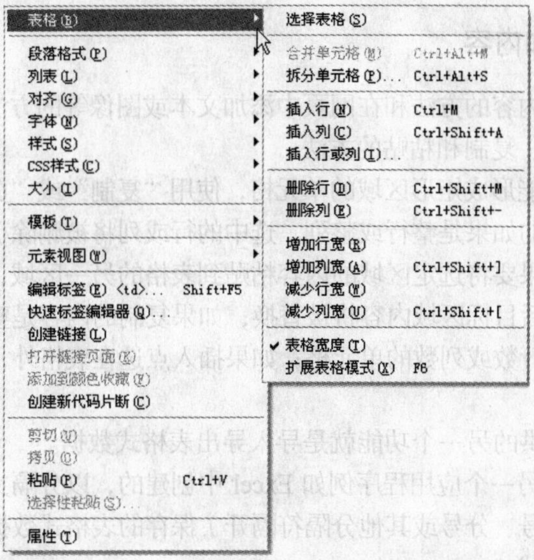

图 4-10　表格操作快捷菜单

图 4-11　选取整个表格

单击拖动黑色边框上的小方块，可以改变表格的宽、高或者同时改变宽和高。

在“属性”面板中可以修改表格的属性，如行数、列数、表格的宽和高等；面板的扩展部分还可以设置背景颜色和边框颜色，以及表格使用的背景图片，如图 4-12 所示。

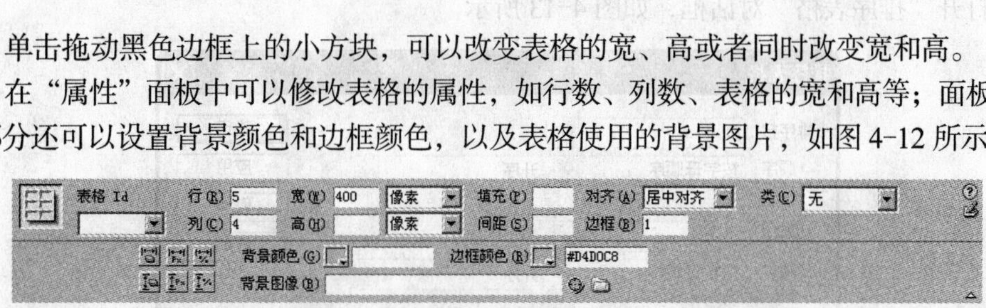

图 4-12　表格属性

在面板中可以根据需要修改表格的属性，扩展面板左侧有 6 个图标按钮。

上面一排 3 个按钮是对“宽”操作的，分别为“清除列宽”按钮、“将表格宽度转换成像素”按钮和“将表格宽度转换成百分比”按钮。

下面一排的按钮是对“高”操作的，分别为“清除行高”按钮、“将表高度转换成像素”按钮和“将表高度转换成百分比”按钮。它们能够分别实现“修改”→“表格”菜单中的可用命令。

3. 向单元格中添加内容

在单元格中添加内容的方法和在网页中添加文本或图像等的方法相同，添加单元格内容时还可以使用剪切、复制和粘贴的方法。

选择一个或多个能形成矩形区域的单元格，使用“复制”或“剪切”命令（使用“剪切”命令时，所选中的如果是整行或整列，选中的行或列将被删除）复制内容到剪贴板。

“粘贴”时，如果要将选定区域的内容粘贴到表格的另一区域，可将插入点选在目标区域的左上角，粘贴后目标区域内容将被替换；如果复制的内容是整行或整列，程序将在表格中自动增加相同行数或列数的单元格；如果插入点选在表格外，程序将在插入点创建一个新表格。

Dreamweaver 提供的另一个功能就是导入导出表格式数据。

使用者可以将在另一个应用程序例如 Excel 中创建的，以分隔文本的格式（其中的项以制表符、逗号、冒号、分号或其他分隔符隔开）保存的表格式数据导入到 Dreamweaver 中并设置为表格的格式。

当从 Dreamweaver 导出数据时，导出的数据被存储到文本文件中，相邻单元格的内容由分隔符隔开，可以使用逗号、冒号、分号或空格等作为分隔符。当导出表格时，将导出整个表格，不能选择导出部分表格。如果要导出部分表格的数据，可以使用复制粘贴的方法创建新的表格，将新的表格中的数据导出。

Dreamweaver 中还可以对表格式数据进行排序，可以根据单个列的内容对表格中的行进行排序，还可以根据两个列的内容执行更加复杂的表格排序，但是不能对包含合并单元格的表格进行排序。排序时可以选择“按字母顺序”或是“按数字顺序”，按照“升序”或是“降序”排列。

选择要排序的表格或单击其中任意一个单元格，选择菜单“命令”→“排序表格”命令，打开“排序表格”对话框，如图 4-13 所示。

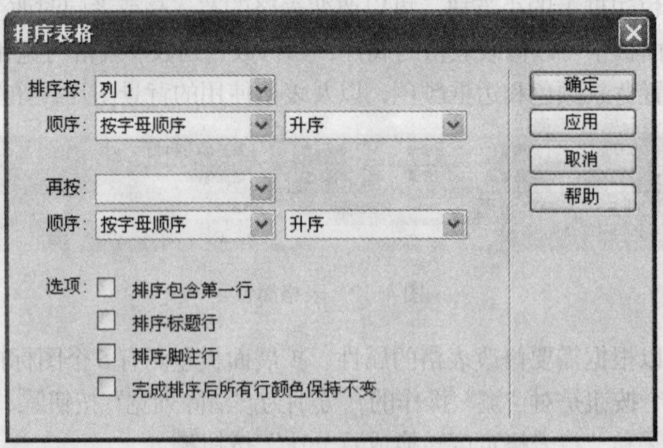

图 4-13 “排序表格”对话框

选择排序的要求，单击“应用”按钮可以查看表格排序的结果，没有达到满意的效果时可以继续修改要求。在工具栏中选择“撤销”按钮也可以取消操作。

第2节 框架的基本操作

框架可以将一个浏览器窗口划分为多个区域，每个区域都可以显示不同HTML文档。使用框架同样可以方便地进行网页的排版和布局，最常见的情况就是，一个框架显示包含导航条的文档，而另一个框架显示主体内容。

“框架”是浏览器窗口中的一个区域，它可以显示与浏览器窗口的其余部分中所显示内容无关的HTML文档。

“框架集”是HTML文件，它定义一组框架的布局和属性，包括框架的数目、框架的大小和位置以及在每个框架中初始显示的页面的URL。“框架集”文件本身不包含要在浏览器中显示的HTML内容（noframes部分除外），它只是向浏览器提供如何显示一组框架以及在这些框架中应显示哪些文档的有关信息。

1. 创建框架和框架集

在Dreamweaver中有两种创建框架集的方法：从若干预定义的框架集中选择或自己设计框架集。

选择预定义的框架集将自动设置布局所需的所有框架集和框架，它是迅速创建基于框架的最简单的布局方法。只能在“文档”窗口的“设计”视图中插入预定义的框架集。

首先，单击“文件”→“新建”命令或“标准”工具栏中的“新建”按钮，打开“新建文档”对话框。在“示例文件夹”列表中选择“框架集”，在“示例页”列表中选择一种框架集，如图4-14所示。

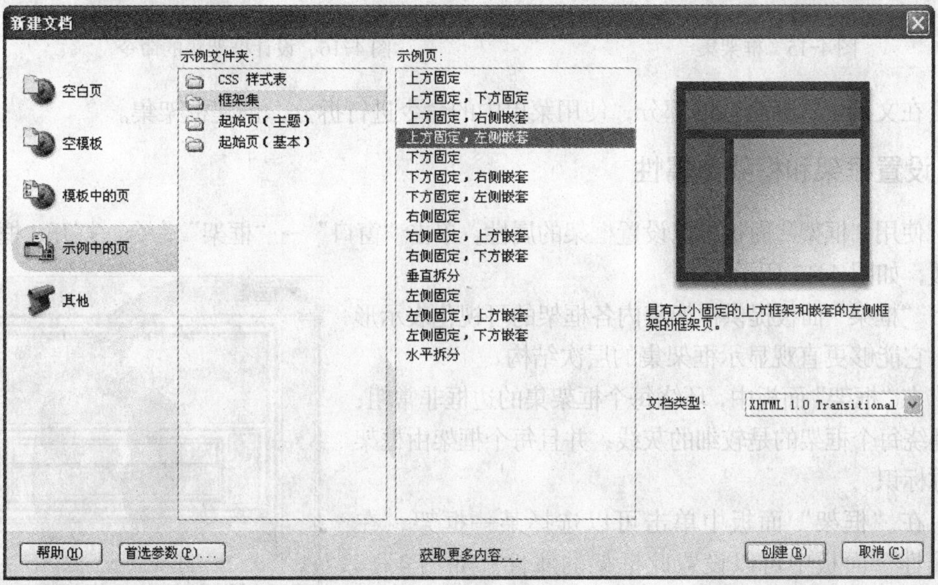

图4-14 新建框架集

根据在预览中看到的效果，选择一种合适的框架集，单击“创建”按钮即可创建一个预定义格式的框架集。

此时程序创建的是一个空框架集，还可以通过在文档中插入框架集的方法创建。

打开一个文档，在文档中选择插入点，选择“插入记录”→“HTML”→“框架”子菜单中的某一命令或打开“插入”工具栏中“布局”类别的“框架”按钮组选择一个按钮，创建一个新的框架集，并在某一个框架中显示当前文档。

框架集文件提供应用于当前文档的每个框架集的可视化表示形式，如图 4-15 所示。框架集按钮图标的蓝色区域表示当前文档，而白色区域表示将显示其他文档的框架。当前文档将显示在框架集中蓝色区域代表的框架中。

若要创建自己设计的框架集，打开“修改”→“框架集”子菜单，选择菜单中的命令进行设计，如图 4-16 所示。

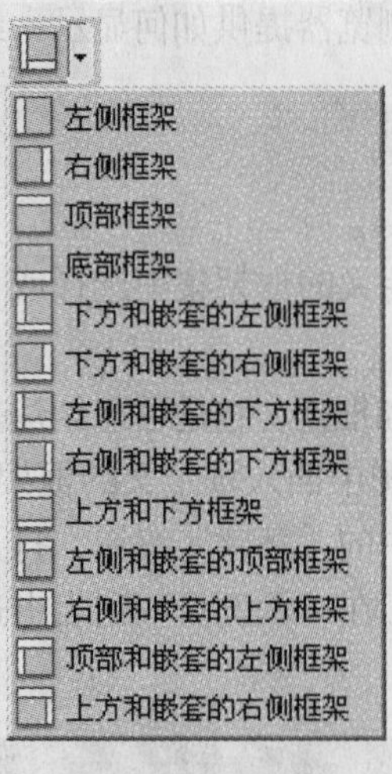

图 4-15　框架集

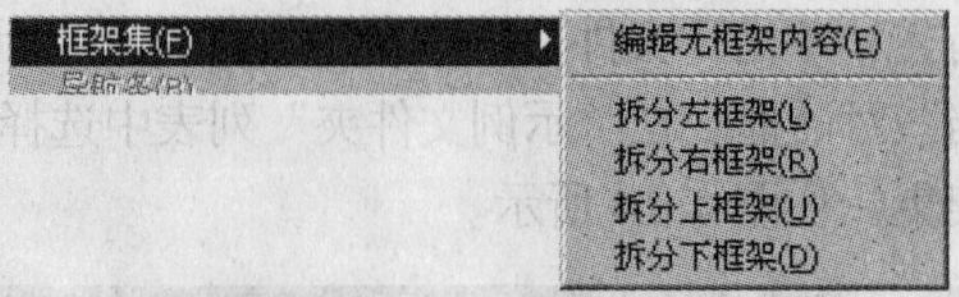

图 4-16　设计框架集的命令

在文档中选择合适的部分，使用菜单中的命令进行拆分，创建框架集。

2．设置框架和框架集属性

使用“框架”面板可以设置框架的属性，单击“窗口”→“框架”命令，打开“框架”面板，如图 4-17 所示。

“框架”面板提供框架集内各框架的可视化表示形式。它能够更直观显示框架集的层次结构。

在“框架”面板中，环绕每个框架集的边框非常粗；而环绕每个框架的是较细的灰线，并且每个框架由框架名称标识。

在“框架”面板中单击可以选择某一框架，在“属性”面板中可以设置此框架的属性，如图 4-18 所示。

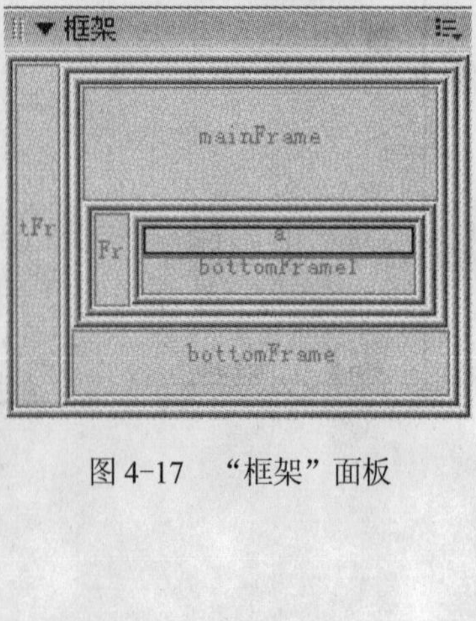

图 4-17　“框架”面板

图4-18　设置框架属性

框架的选择也可以使用标签选择器或按住〈Alt〉键单击某一框架。

在“属性”面板中，可以设置框架的边框和边框颜色以及框架的边界高度与宽度等。选中“不能调整大小”，则此框架不能使用滚动条查看内容。在“源文件”文本框中输入在此框架中显示的文件的地址，使用浏览或指针创建链接。

选择框架集，在“属性”面板中可以设置框架集的属性，如图4-19所示。

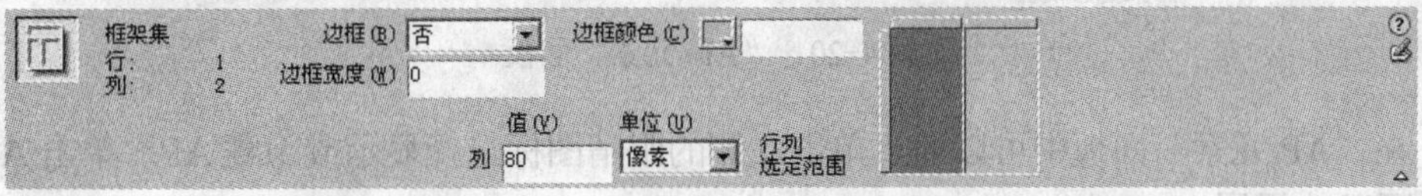

图4-19　设置框架集属性

在面板右侧选择一个框架，设置“行”或“列”的值并选择单位，设置边框属性。对框架集的修改将应用到各个框架中。

3. 保存框架和框架集

在浏览器中预览框架集前，必须保存框架集文件以及要在框架中显示的所有文档。可以单独保存每个框架集文件和带框架的文档，也可以同时保存框架集文件和框架中出现的所有文档。

使用Dreamweaver的可视工具创建一组框架时，框架中显示的每个新文档将获得一个默认文件名。例如，第1个框架集文件被命名为“UntitledFrameset-1”，而框架中第1个文档被命名为“UntitledFrame-1”。

保存的方法有3种。

（1）保存框架集文件

选择框架集，单击“文件”→“保存框架页”命令或“框架集另存为”命令保存；

（2）保存框架中显示的文档

在框架中单击，选择“文件”→“保存框架”或“框架另存为”命令保存。

（3）保存与一组框架关联的所有文件

单击“文件”→“保存全部”命令，保存在框架集中打开的所有文档，包括框架集文件和所有带框架的文档。对于尚未保存的每个框架的页面，在框架的周围都将显示粗边框，并且出现一个对话框，输入文件名后保存。

第3节　层的基本操作

层是一种HTML页面元素，可以定位在页面上的任意位置。

Dreamweaver 中的层是指具有绝对或相对位置的<div>标签，而不是<layer>标签。层可以包含文本、图像或其他任何可在 HTML 文档正文中插入的内容。

层提供了一种精确定位页面元素的方法，层之间可以重叠，在层中可以添加文本或图像等。使用者可以控制层的上下关系，隐藏或显示层等。

Dreamweaver CS3 在“AP 元素”面板中对“AP”进行控制，单击“窗口”→“AP 元素”命令或按〈F2〉键，打开“AP 元素”面板，如图 4-20 所示。

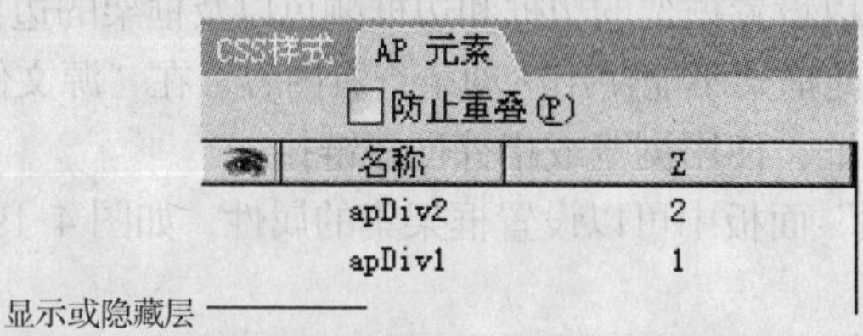

图 4-20 “AP 元素”面板

在“AP 元素”面板中可以通过单击左侧的眼睛图标选择显示或隐藏 AP，单击 AP 的名称可以选择层。

1. 创建层

创建一个新的 HTML 文档，在“文档”工具栏中选择“设计”视图。

单击“查看”→“表格模式”→“标准模式”命令或在“插入”工具栏的“布局”类别中单击“标准”按钮，将文档切换成“标准模式”。

在“标准模式”中，单击“插入”栏“布局”类别中的“描绘层”按钮，此时鼠标指针变成“+”形状，在文档窗口中单击拖动可以绘制一个层。在层中可以插入任何页面元素，如图 4-21 所示。

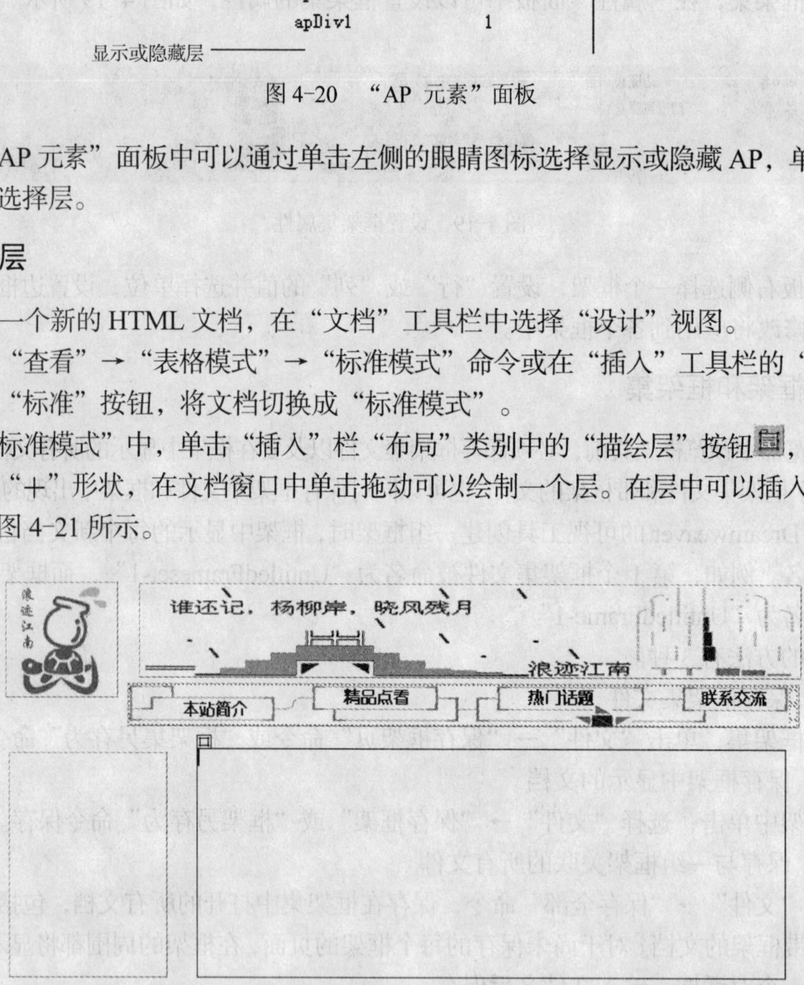

图 4-21 绘制层

按住〈Ctrl〉键，单击“绘制 AP Div”按钮，可以连续绘制多个层；单击菜单“插入记录”→“布局对象”→“AP Div”命令，可以在页面中插入一个层。

2. 嵌套层

层的嵌套与表格的嵌套类似，但与表格嵌套不同的是，表格只可以在内部嵌套，而层的嵌套则不必完全在内部，即子层可以在母层的外部。

在现有的层中创建嵌套层，按住〈Alt〉键，单击“绘制 AP Div”按钮，在层中绘制嵌套的层，如图 4-22 所示。

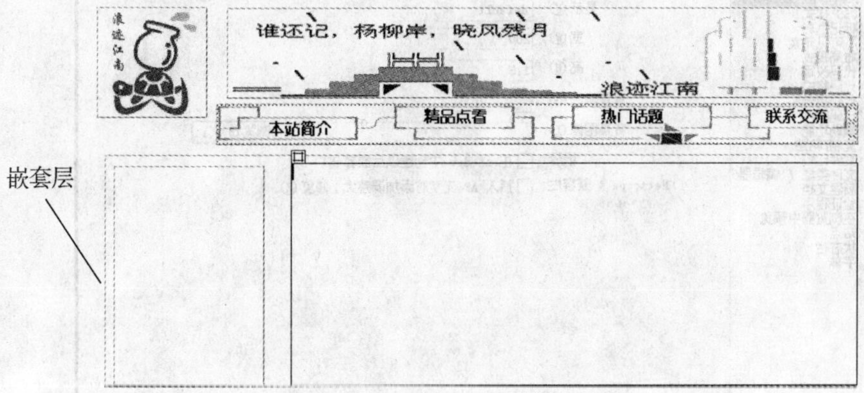

图 4-22　嵌套层

在“AP 元素”面板中显示了母层和子层的嵌套关系，如图 4-23 所示。

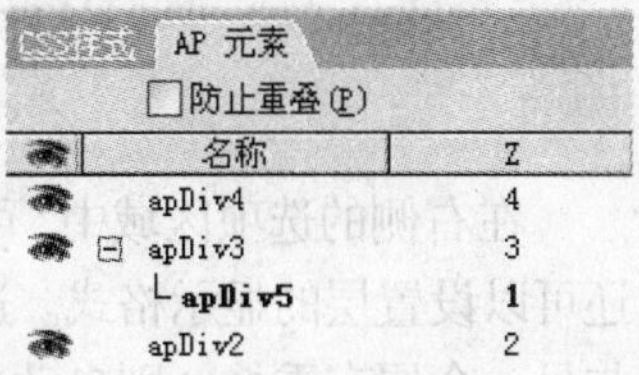

图 4-23　嵌套关系

在“AP 元素”面板中单击“AP”的名称或在文档窗口中单击“层”的边框，选定该“层”。移动鼠标到“层”的左上角，指针变成十字箭头时，单击拖动可以改变“层”的位置；拖动“层”边框的手柄可以改变层的大小，如图 4-24 所示。

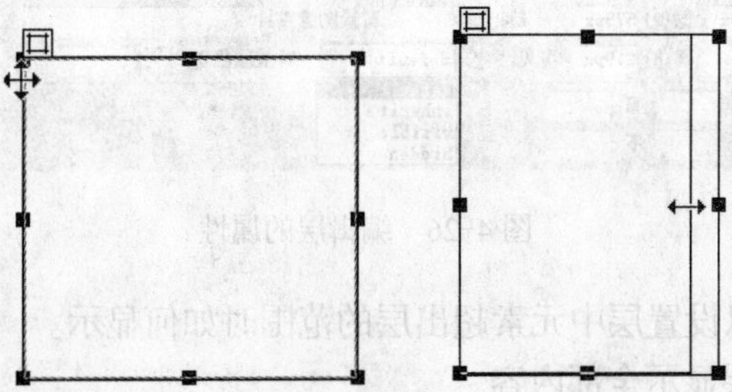

图 4-24　拖动层或改变层的大小

在“AP 元素”面板中选中“防止重叠”选项，则页面中所有的层都不能重叠，只能在页面空白区域绘制新的层或嵌套层。如果不拖动层或改变层的大小，就可以保持原有层之间的重叠关系。

3. 编辑层

在“首选参数”对话框中可以编辑层的默认属性，单击“编辑”→“首选参数”命令打开“首选参数”对话框，选择“分类”列表中的“AP 元素”，如图4-25所示。

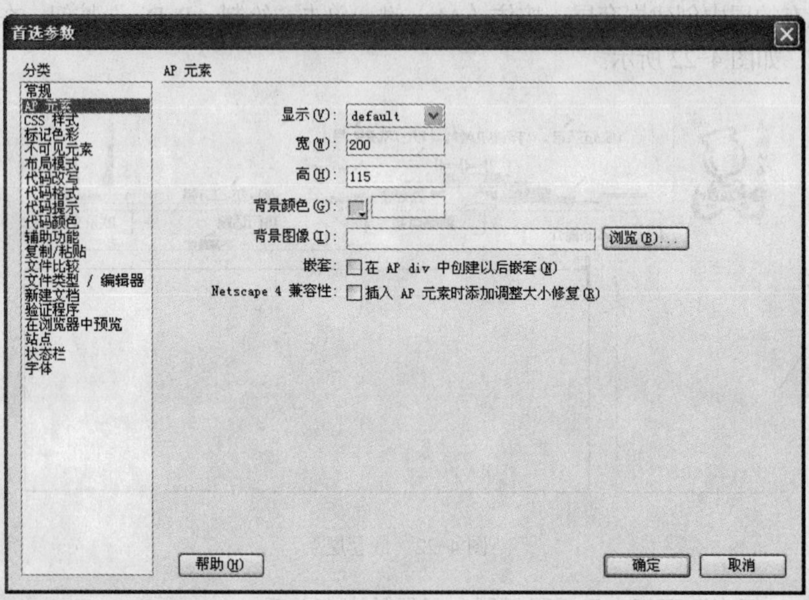

图4-25　编辑层的默认属性

在右侧的选项区域中，可以设置插入的层的宽和高的默认值、背景颜色和背景图像等，还可以设置层的显示格式。选中“在AP div中创建以后嵌套”选项，在绘制或插入新层时与另一个层有重叠，则自动成为这个层的嵌套，此时按住〈Alt〉键绘制使两层之间并列。

选择层，在“属性”面板中可以修改层的属性，按住〈Shift〉键选择多个层，还可以在“属性”面板中编辑多个层的属性，如图4-26所示。

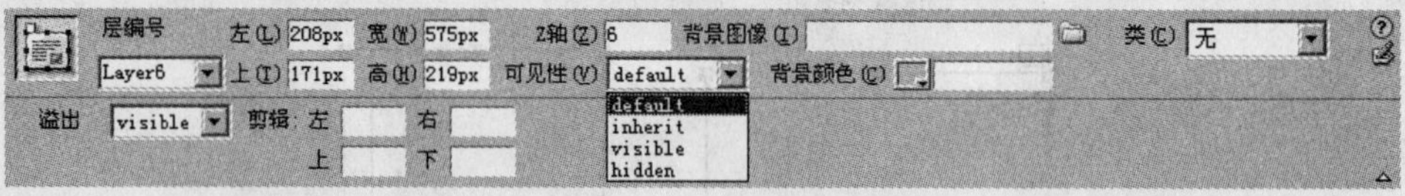

图4-26　编辑层的属性

“溢出”选项可以设置层中元素超出层的范围时如何显示。

- visible：扩展层显示全部内容。
- hidden：隐藏层的大小范围以外的内容。
- scroll：不改变层大小，使用滚动条辅助显示内容。
- auto：根据内容和层自动选择显示方式。

利用层的“z轴”属性可以改变层的次序。“z轴”是层的深度数值，它可以是任何整数，“z轴”值越大，层越靠上，当和其他层重叠时可以遮盖其他“z轴”值较小的层。在

“层”面板中也可以修改层的“z轴”值。

第4节 转换AP Div与表格

使用层设计和布局网页的一个好处就是层和表格之间可以互相转换，进行优化。

1. 将AP Div转换为表格

对于图4-37中使用层布局的网页，单击“修改”→“转换”→“将AP Div转换为表格”命令，弹出“将AP Div转换为表格”对话框，如图4-27所示。

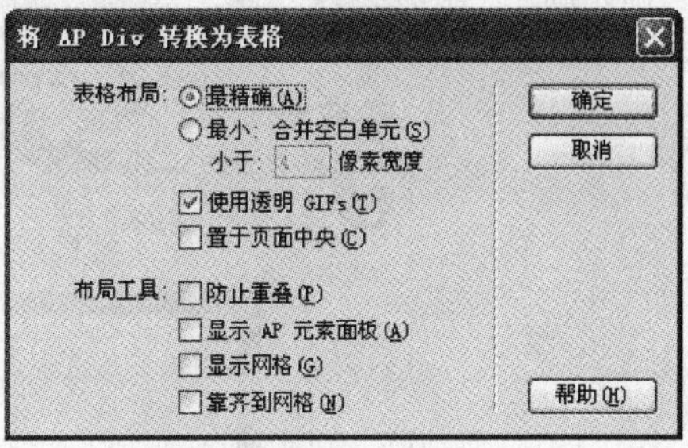

图4-27 层转换为表格

转换时可以选择“最精确”或是“最小：合并空白单元”，选择前者将在转换成的表格中完全体现布局的细节，选择后者时，可以设置将小于一定像素的空白区域合并，这样可以简化表格的结构；在对话框中还可以选择一定的“布局工具”，如网格、标尺等。

单击“确定”按钮，将层转换为表格，如图4-28所示。

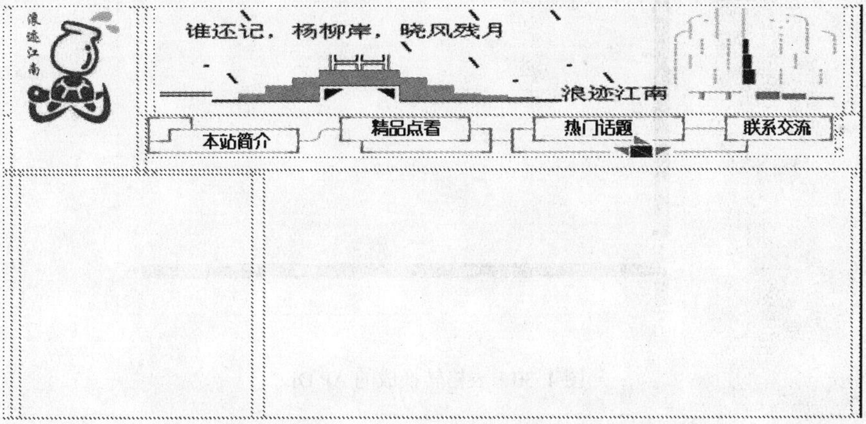

图4-28 层转换成的表格

2. 将表格转换为AP Div

将表格转化为层时，表格中未添加内容或设置背景的单元格将不会显示为层，这样可以方便在表格中去除一些不必要的单元格及调整一些单元格的位置等。

打开含有表格的文档，单击“修改”→“转换”→“将表格转换为AP Div”命令，弹出“将表格转换为AP Div”对话框，如图4-29所示。

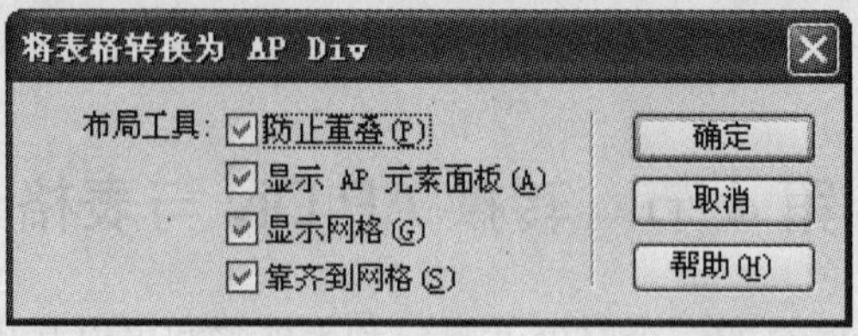

图 4-29　表格转换为层

在这个对话框中主要设置一些布局工具，如“防止重叠”、“显示 AP 元素面板”等。单击“确定”按钮将表格转换为层，如图 4-30 所示。

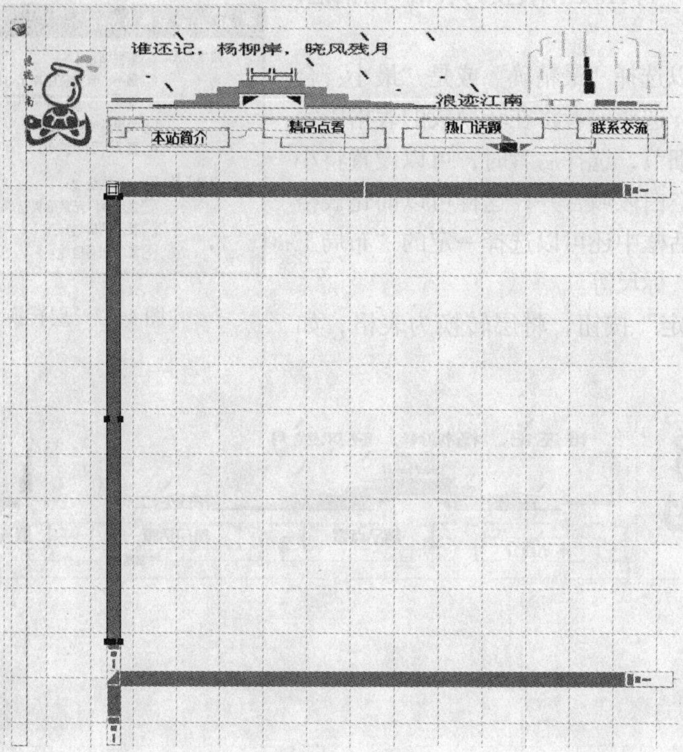

图 4-30　表格转换成的 AP Div

位于表格外的页面元素也会被放入一个层中。使用编辑层的方法对网页进行进一步的布局，通过不断进行层和表格之间的互换，修改布局设置，可以优化网页布局。

第 5 节　模　　板

创作和使用模板时，设计者在模板中设计“固定的”页面布局，然后在模板中创建可以在使用该模板的文档中进行编辑的区域；如果没有将某个区域定义为可编辑区域，那么使用模板时就无法编辑该区域中的内容。

设计者控制哪些页面元素可以由模板使用者（如其他开发人员）进行编辑。模板设计者可以在文档中包括多种类型的模板区域。

模板最强大的用途之一在于一次更新多个页面。从模板创建的文档与该模板保持关联状态，修改模板可以立即更新使用该模板的所有文档。

（1）可编辑区域

基于模板的文档中的未锁定区域，它是模板使用者可以编辑的部分。设计者可以将模板的任何区域指定为可编辑的区域。要让模板生效，它应该至少包含一个可编辑区域；否则，将无法编辑基于该模板的页面。

（2）重复区域

文档中设置为重复的布局部分。例如，可以设置重复一个表格行。通常重复部分是可编辑的，这样模板用户可以编辑重复元素中的内容，同时使设计本身处于设计者的控制之下。在使用模板的文档中，模板使用者可以使用重复区域控制选项添加，或者可以删除重复区域的副本。在模板中可以插入两种类型的重复区域：重复区域和重复表格。

（3）可选区域

在模板中指定为可选的部分，用于保存有可能在使用模板的文档中出现的内容，如可选文本或图像。在使用模板的页面上，模板使用者通常控制是否显示内容。

（4）可编辑标签属性

可以在模板中解锁标签属性，以便该属性可以在使用模板的页面中编辑。例如，可以“锁定”在文档中出现的图像，但可以让模板使用者将对齐设为左对齐、右对齐或居中对齐。

1．创建模板

打开要创建为模板的文档，在“插入”工具栏中选择“常用”类别，单击“模板”按钮组选择“创建模板”按钮或单击“文件”→“另存为模板”命令，打开“另存模板”对话框，如图 4-31 所示。

输入另存的名称，单击“保存”按钮。Dreamweaver 将模板文件保存在站点的本地根文件夹“Templates”中，使用文件扩展名“.dwt”。如果该 Templates 文件夹在站点中尚不存在，Dreamweaver 将在保存新建模板时自动创建该文件夹。

“可编辑区域”可以放在页面中的任何位置，如果要使表格或层成为可编辑区域，还需考虑以下情况。

可以将整个表格或单独的表格单元格标记为可编辑区域，但不能将多个表格单元格标记为单个可编辑区域。如果选定<td>标签，则可编辑区域包括单元格周围的区域；如果未选定，则可编辑区域将只影响单元格中的内容。

层和层的内容是单独的元素，使层可编辑时可以更改层的位置及其内容，而使层的内容可编辑时只能更改层的内容而不能更改其位置。

在模板中选定要创建为可编辑的区域，单击“模板”按钮组中的“可编辑区域”按钮，可以创建可编辑区域。在弹出的“新建可编辑区域”对话框中为区域命名，单击“确定”按钮创建可编辑区域，如图 4-32 所示。

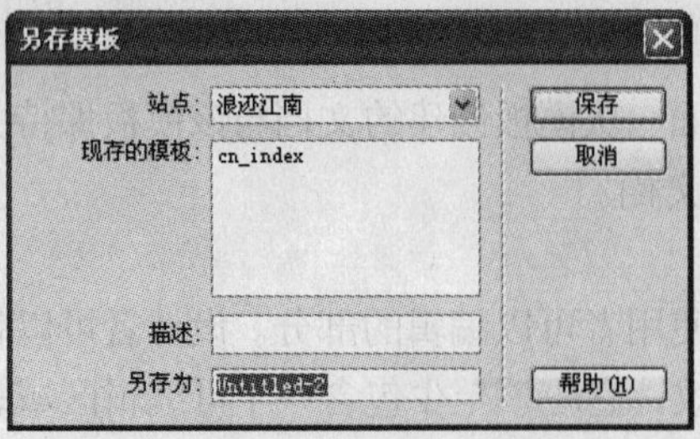

图 4-31 “另存模板”对话框

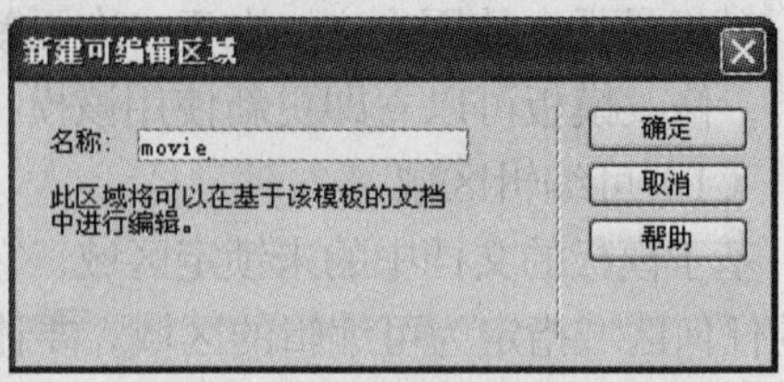

图 4-32 “新建可编辑区域”对话框

利用“模板”按钮组的“可选区域”按钮和“重复区域”按钮还可以在模板中设置可选区域和重复区域，如图 4-33 所示。

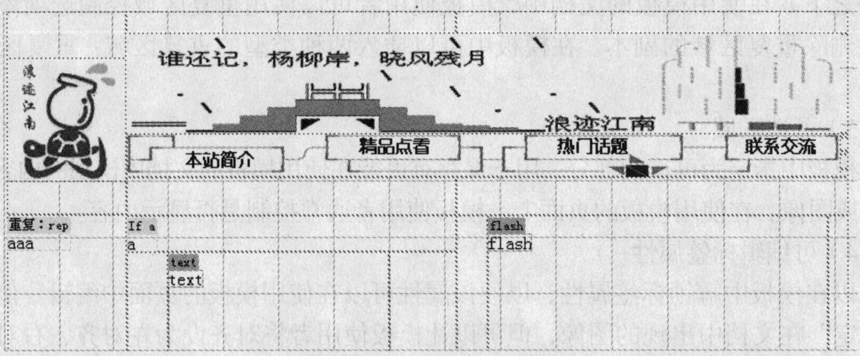

图 4-33 模板中的区域

单击可编辑区域左上角的选项卡将其选中，在“属性”面板中可以修改它的名称；单击“修改”→“模板”→“清除模板标记”命令删除可编辑区域。

模板设计时，设计者可以设置允许模板使用者修改文档中指定标签的属性，例如，允许设置表格的不同背景。

在模板中选择标签，单击“修改”→“模板”→“令属性可编辑”命令，打开“可编辑标签属性”对话框，选中“令属性可编辑”选项，设置可编辑的标签属性，如图 4-34 所示。

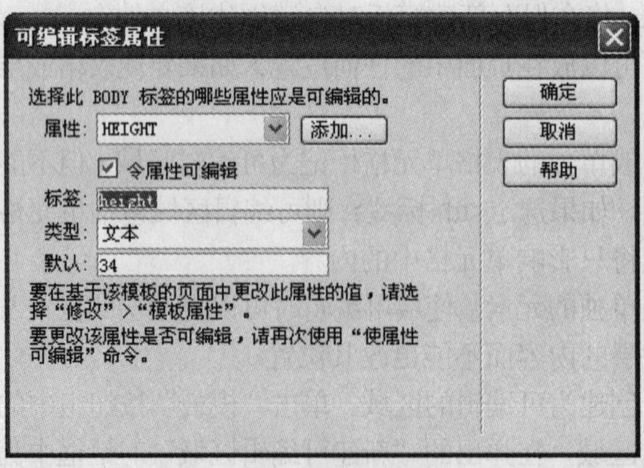

图 4-34 设置标签可编辑

若要在使用了模板的文档中编辑这些标签，可以单击“修改”→“模板属性”命令，打开“模板属性”对话框，修改标签属性，如图4-35所示。

若要在使用模板的文档中编辑重复区域，必须在模板中为重复区域添加可编辑区域。

在模板中还可以添加重复的表格，单击“模板”按钮组的“重复表格”按钮，打开“插入重复表格”对话框，如图4-36所示。

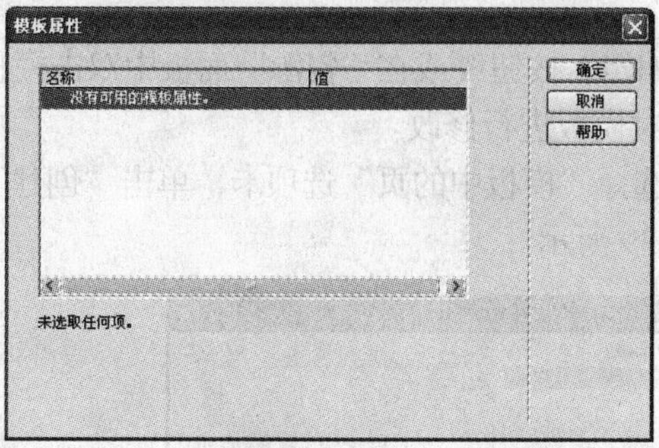

图4-35 “模板属性”对话框

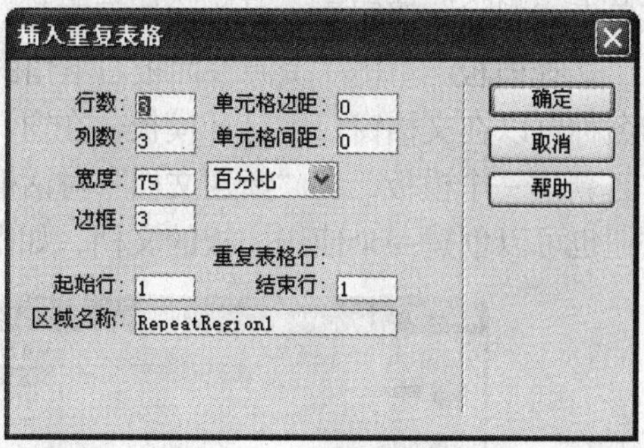

图4-36 设置重复表格

设置表格为2行2列，选择“重复表格行”的“起始行”为1，“结束行”为2，输入区域名称，单击“确定”按钮后，插入一个2行2列的表格。其中第1行到第2行均为可编辑区域。在使用模板的文档中可以编辑重复区域或重复表格，如图4-37所示。

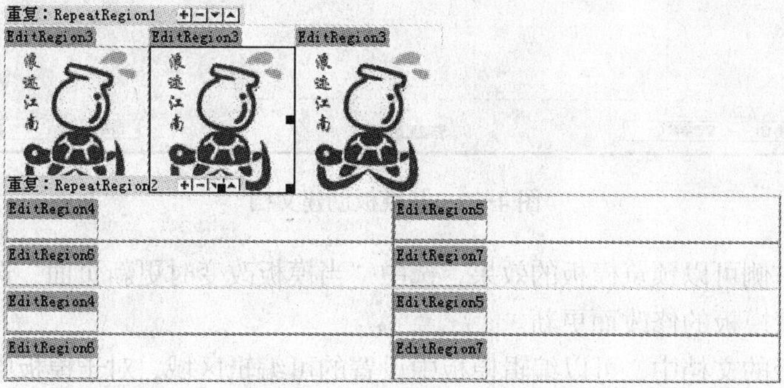

图4-37 编辑重复区域

单击重复区域选项卡上的“+”按钮，在文档中添加重复的内容，在每一个可编辑区域中都可以进行编辑；选择一个区域，单击“-”按钮可以删除此区域；使用上下箭头可以选择上一个或下一个区域。

2. 应用模板

单击“窗口”→“资源”命令或按〈F11〉键，打开“资源”面板。在“资源”面板中可以对站点中的元素包括模板进行管理，在面板左侧选择“模板”按钮，在右侧列表中显示站点的模板资源，如图4-38所示。

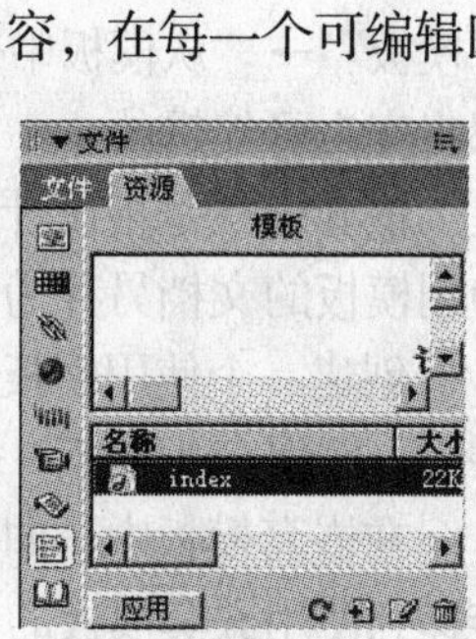

图4-38 “资源”面板

鼠标右键单击列表中的模板名称，在弹出的快捷菜单中可以对模板进行编辑。

选择“新建模板”命令，在“资源”面板中可以直接单击“新建模板”按钮，程序将在列表中创建一个新的模板；选择“从模板创建”命令，程序将从这个模板创建一个使用该模板的新文档，如果要对当前文档使用模板，可以选择模板，单击面板中的“应用”按钮，将模板应用到文档；选择“重命名”命令可以对模板重新命名；选择“删除”命令或单击“删除”按钮，可删除所选面板。

选择模板，单击“资源”面板右下角的“编辑”按钮或在“资源”面板中双击模板的名称可以在文档窗口中打开模板，在窗口中对模板进行修改。

新建一个模板，在“新建文档”对话框中选择“模板中的页”选项卡，单击“创建”按钮也可以创建一个使用模板的文档，如图 4-39 所示。

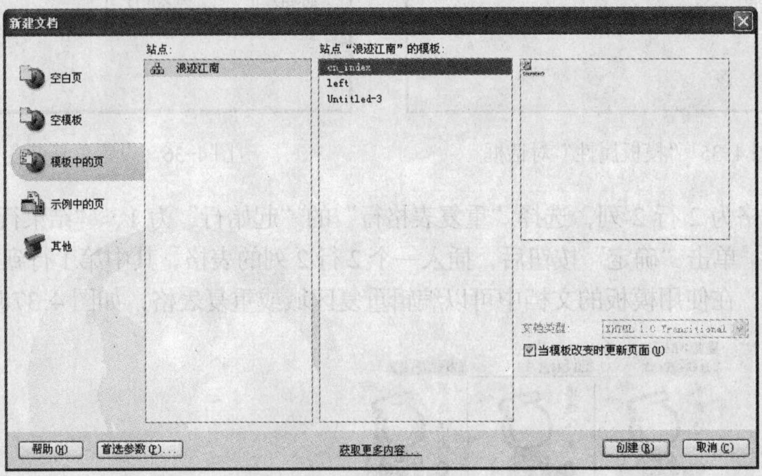

图 4-39　从模板创建文档

在对话框右侧可以预览模板的效果，选中“当模板改变时更新页面”选项，使用该模板的文档将随着模板的修改而更新。

在使用模板的文档中，可以编辑模板中设置的可编辑区域，对于模板中设置的可编辑标签，可以单击“修改”→“模板属性”命令进行修改。

若要更改使用模板的文档中的锁定区域，必须将该文档从模板分离。单击“修改”→“模板”→“从模板中分离”命令，可以将文档与模板分离。将文档分离之后，整个文档都将变为可编辑的。

嵌套模板是指设计和可编辑区域都基于另一个模板的模板。创建嵌套模板可以直接将使用模板的文档另存为模板。

创建一个使用模板的文档，单击“模板”按钮组的“创建嵌套模板”按钮或单击“文件”→“保存为模板”命令，将文档另存为一个嵌套模板。

在嵌套模板中，如果没有在基本模板的可编辑区域中插入任何模板标记，该区域将会传递到使用嵌套模板的文档中，传递的区域具有蓝色边框；如果在该区域内可以插入模板标记，这样它就不会继续传递，此时具有橙色的边框，如图 4-40 所示。

图 4-40　嵌套模板的可编辑区域

对基本模板所做的更改将在基于基本模板的模板中自动更新，并且在所有基于主模板和嵌套模板的文档中自动更新。

第 6 节　实战演练——使用表格和框架布局网页

本章的实战演练将分别使用表格和框架来布局网页。

1. 使用表格布局网页实例

步骤 1：新建一个基本的 HTML 页

单击“文件”→“新建”命令，打开“新建文档”对话框，选择“页面类型”列表项中的“HTML”选项，如图 4-41 所示，单击“创建”按钮，完成创建设置。

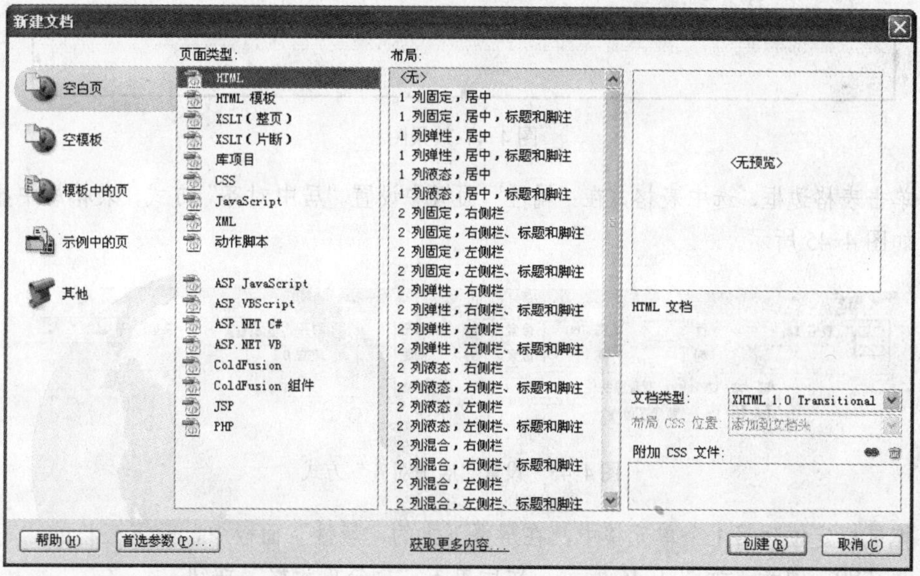

图 4-41　新建文件

步骤 2：插入布局表格

1 单击图 4-42 所示“常用”工具栏中的“表格”按钮。

图 4-42 “常用”工具栏

2 此时弹出“表格”对话框，如图 4-43 所示。

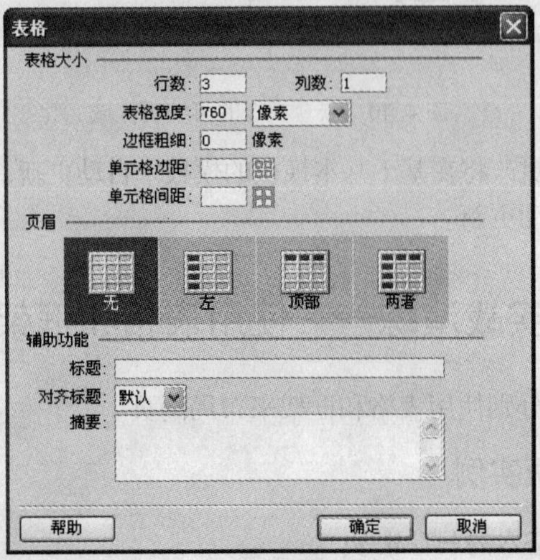

图 4-43 “表格”对话框

3 单击“确定”按钮后完成设置，如图 4-44 所示。

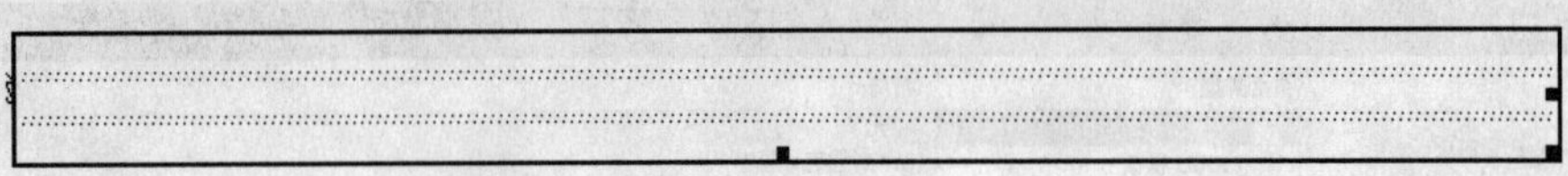

图 4-44 效果图

4 单击表格边框，选中表格，在“属性”面板中设置“居中对齐”方式，表格居中显示，如图 4-45 所示。

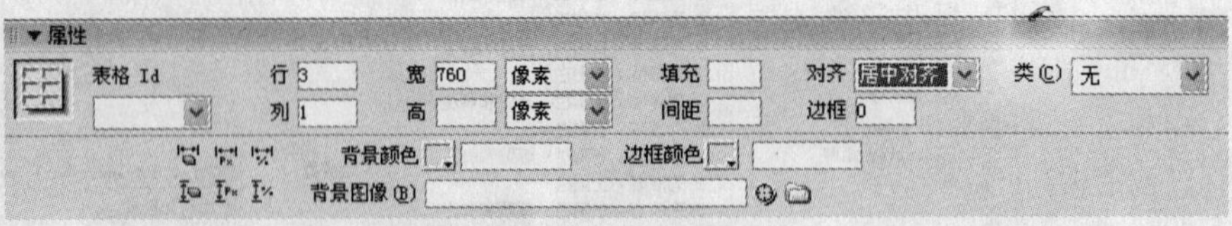

图 4-45 设置“居中对齐”方式

5 把鼠标定位到第 1 个单元格中，在屏幕下方的“属性”面板中，设置表格的“高度”为“80”像素，如图 4-46 所示，然后单击“拆分单元格”按钮。

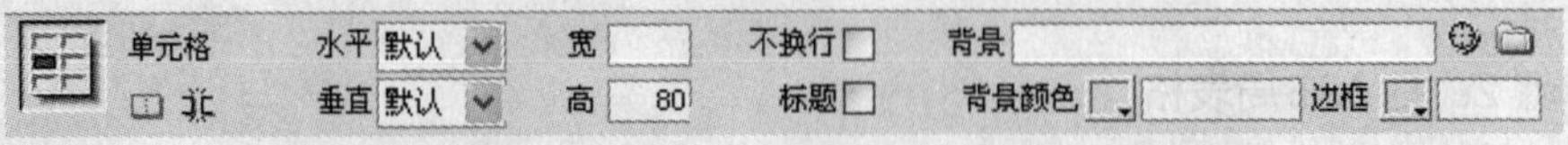

图 4-46 设置表格高度

6 在弹出的“拆分单元格”对话框中选择拆分为两列，如图 4-47 所示，单击“确定”按钮。

7 把光标定位到第 2 行中，插入一个“1 行 6 列”的表格，作为网页的导航栏，如图 4-48 所示。

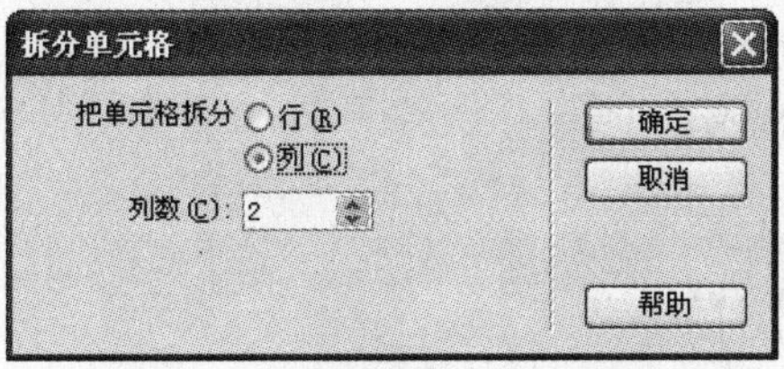

图 4-47　“拆分单元格”对话框

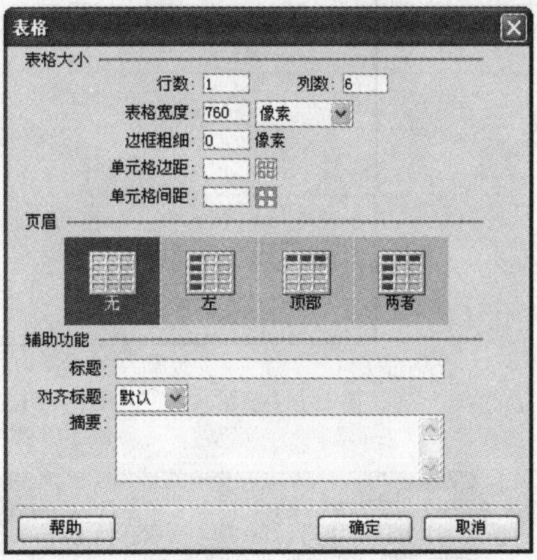

图 4-48　设置插入表格

8 将光标定位到表格的第 3 行，设置表格的“高度”为“400”像素，然后拆分单元格为“2 列”。设置如图 4-49 所示。

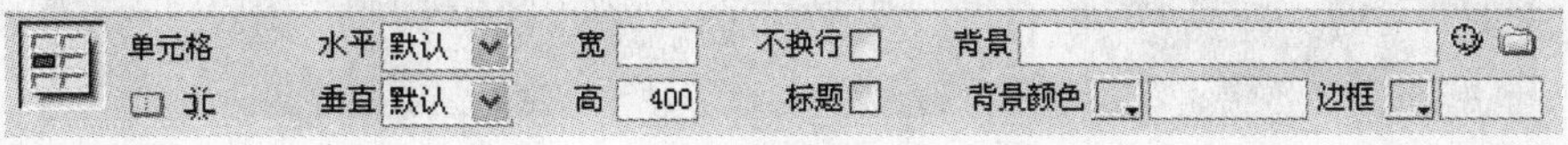

图 4-49　调整单元格

9 在左侧的单元格中插入一个“6 行 1 列”的表格，并设置“宽度”和“高度”都为“100”像素，“间距”为“1”像素，如图 4-50 所示。

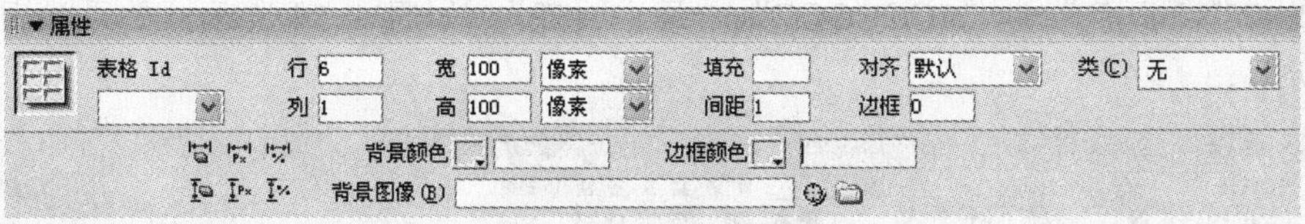

图 4-50　再次插入表格

10 将鼠标定位到右侧的单元格，拆分为“2 行”，将其中下边的单元格拆分为“2 列”，并设置第 1 行的“高度”为“65”像素，第 2 行第 1 列的“宽度”为“176”像素。这样网页的布局就基本完成了，效果如图 4-51 所示。

步骤 3：修饰表格，完成网页设计

1 把光标定位到表格的第 1 行中，输入“欢迎来到爱心书社”，并设置字体“大小”为“+4”，“颜色”为“#99FF33”，“居中对齐”，设置单元格的“背景颜色”为“#FF6600”，“属性”面板如图 4-52 所示。效果如图 4-53 所示。

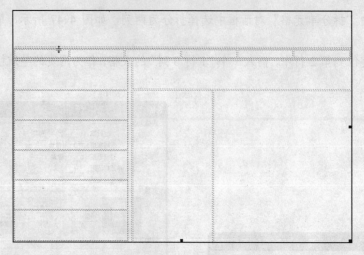

图 4-51　网页布局效果

图 4-52　设置属性

图 4-53　效果图 1

2 在第 2 行中的 6 个单元格中分别输入“书社首页、热门图书、新书上架、网上订购、读者留言、永恒经典”，设置文字“颜色”为“#660099”，选中第 2 行，设置“背景颜色”为“#CCCCCC”，“居中对齐”，如图 4-54 所示。效果如图 4-55 所示。

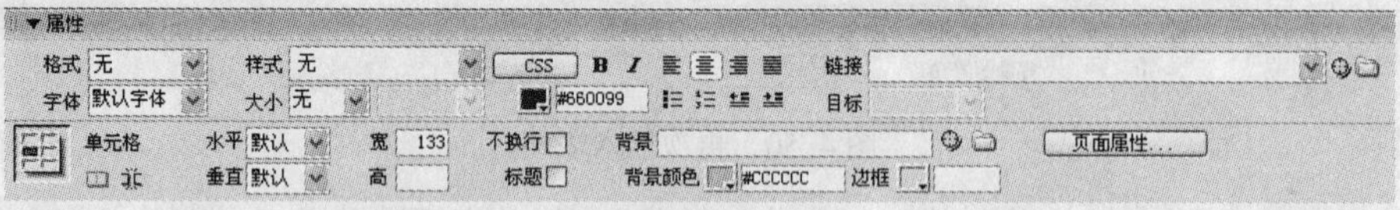

图 4-54　设置属性

图 4-55　效果图 2

3 在第3行第1列的6个单元格中分别输入“强力推荐、达芬奇密码、哈里波特、魔戒、指环王、魔兽世界”；设置强力推荐的字体“大小”为“+2”，“颜色”为“#660099”，“加粗”，“居中对齐”，它所在的单元格“背景颜色”为“#CCCCCC”，如图4-56所示。

图4-56　设置属性

4 设置下面单元格“背景颜色”为“#FFFFCC”，“居中对齐”，如图4-57所示。效果如图4-58所示。

图4-57　设置属性

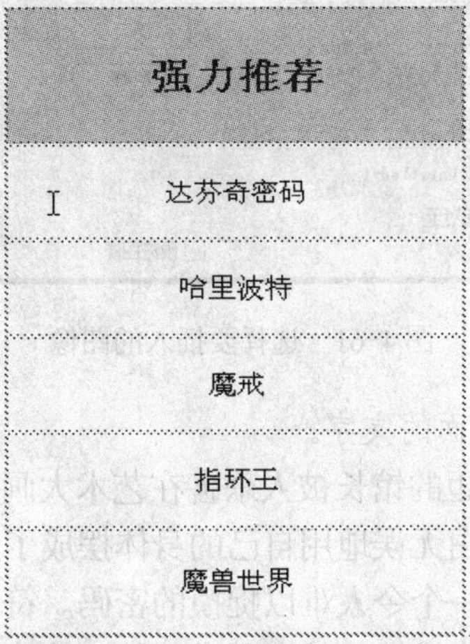

图4-58　效果图3

5 在右边第1列的单元格中输入“图书介绍”，设置文字“大小”为“+1”，“文本颜色”为“#FFFFFF”，“居中对齐”，单元格的“背景颜色”为“#666666”，如图4-59所示。效果如图4-60所示。

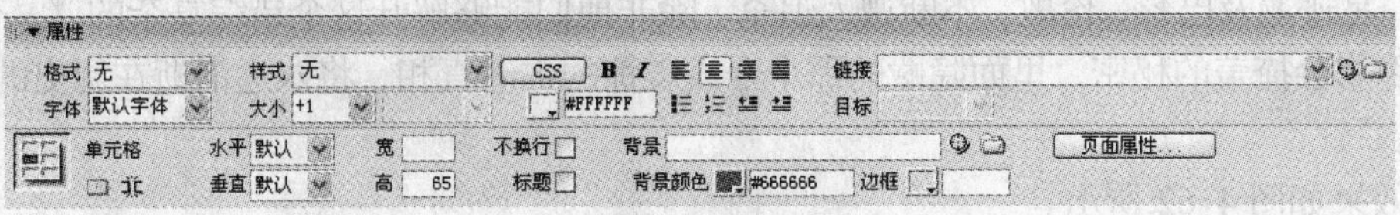

图4-59　设置属性

图 4-60　效果图 4

6 在这个单元格下方左侧的单元格中插入图片。单击“常用”工具栏中的“图像”按钮，在弹出的“选择图像源文件”对话框中，选择“dfqmm0525.gif”，如图 4-61 所示，单击“确定”按钮完成。

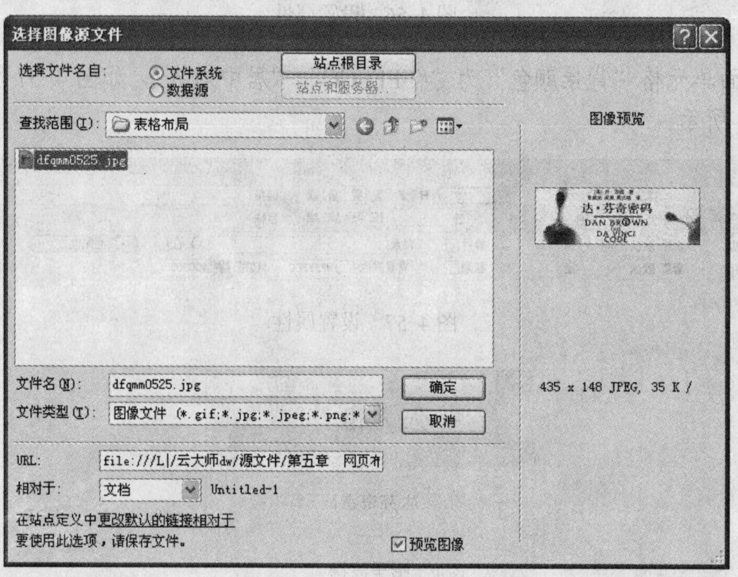

图 4-61　选择要插入的图像

7 在右侧的单元格中输入下面的文字。

“午夜，卢浮宫博物馆年迈的馆长被人杀害在艺术大画廊的拼花地板上。在人生的最后时刻，馆长脱光了衣服，明白无误地用自己的身体摆成了达·芬奇名画《维特鲁威人》的样子，还在尸体旁边留下了一个令人难以捉摸的密码。符号学专家罗伯特·兰登与密码破译天才索菲·奈芙，在对一大堆怪异的密码进行整理的过程当中，发现一连串的线索竟然隐藏在达·芬奇的艺术作品当中！　兰登猛然领悟到，馆长其实是峋山隐修会的成员——这是一个成立于 1099 年的秘密组织，其成员包括西方历史上诸多伟人，如牛顿、波提切利、维克多·雨果以及达·芬奇！兰登怀疑他们是在找寻一个石破天惊的历史秘密，一个既能给人启迪又异常危险的秘密。兰登与奈芙跟一位神秘的幕后操纵者展开了斗智斗勇的角逐，足迹遍及巴黎、伦敦，不断遭人追杀。除非他们能够解开这个错综复杂的谜，否则，峋山隐修会掩盖的秘密，里面隐藏的那个令人震惊的古老真相，将永远消逝在历史的尘埃之中。”

效果如图 4-62 所示。

达·芬奇密码
DAN BROWN
THE DA VINCI CODE
午夜，卢浮宫博物馆年迈的馆长被人杀害在艺术大画廊的拼花地板上。在人生的最后时刻，馆长脱光了衣服，明白无误地用自己的身体摆成了达·芬奇名画《维特鲁威人》的样子，还在尸体旁边留下了一个令人难以捉摸的密码。符号学专家罗伯特·兰登与密码破译天才索菲·奈芙，在对一大堆怪异的密码进行整理的过程当中，发现一连串的线索竟然隐藏在达·芬奇的艺术作品当中！兰登猛然领悟到，馆长其实是峋山隐修会的成员——这是一个成立于1099年的秘密组织，其成员包括西方历史上诸多伟人，如牛顿、波提切利、维克多·雨果以及达·芬奇！兰登怀疑他们是在找寻一个石破天惊的历史秘密，一个既能给人启迪又异常危险的秘密。兰登与奈芙跟一位神秘的幕后操纵者展开了斗智斗勇的角逐，足迹遍及巴黎、伦敦，不断遭人追杀。除非他们能够解开这个错综复杂的谜，否则，峋山隐修会掩盖的秘密，里面隐藏的那个令人震惊的古老真相，将永远消逝在历史的尘埃之中。

图 4-62　效果图 5

8 一个书社的主页就做好了，效果如图 4-63 所示。

欢迎来到爱心书社
书社首页
热门图书
新书上架
网上订购
读者留言
永恒经典
强力推荐
图书介绍
达芬奇密码
哈里波特
魔戒
指环王
魔兽世界
午夜，卢浮宫博物馆年迈的馆长被人杀害在艺术大画廊的拼花地板上。在人生的最后时刻，馆长脱光了衣服，明白无误地用自己的身体摆成了达·芬奇名画《维特鲁威人》的样子，还在尸体旁边留下了一个令人难以捉摸的密码。符号学专家罗伯特·兰登与密码破译天才索菲·奈芙，在对一大堆怪异的密码进行整理的过程当中，发现一连串的线索竟然隐藏在达·芬奇的艺术作品当中！兰登猛然领悟到，馆长其实是峋山隐修会的成员——这是一个成立于1099年的秘密组织，其成员包括西方历史上诸多伟人，如牛顿、波提切利、维克多·雨果以及达·芬奇！兰登怀疑他们是在找寻一个石破天惊的历史秘密，一个既能给人启迪又异常危险的秘密。兰登与奈芙跟一位神秘的幕后操纵者展开了斗智斗勇的角逐，足迹遍及巴黎、伦敦，不断遭人追杀。除非他们能够解开这个错综复杂的谜，否则，峋山隐修会掩盖的秘密，里面隐藏的那个令人震惊的古老真相，将永远消逝在历史的尘埃之中。

图 4-63　最终效果

试一试

Dreamweaver 提供了多种定位辅助工具，如标尺、网格、跟踪图像，它们帮助用户在文档中准确地设置表格的位置。试一试用这些辅助工具定位表格。

2．利用框架布局网页实例

框架网页，顶端框架显示网页标题，下面左右两个框架，左边显示导航栏，右边显示链接目标网页。单击左边框架导航栏中的超链接，在右边框架里显示超链接的对象。内容非常多的网页不宜采用框架式结构。

框架集在网页中定义了框架的结构、数量、尺寸及各个框架显示的页面，不显示在浏览器中，它只是储存了框架如何显示的信息。例如一个页面中包含 3 个框架，加上框架集文件，与该页面对应的 HTML 文件共有 4 个。

框架集是框架的父框架，框架是框架集的子框架。在子框架中既可以分别创建新的文档，也可以为子框架指定显示存在的文档。

下面以制作免费邮箱为例，制作一个框架网页。

步骤 1：新建框架网页

1 启动 Dreamweaver CS3 程序，在出现的操作界面快捷面板中选择“从模板创建”列表项下的“框架集”选项，打开“新建文档”对话框，如图 4-64 所示，在“示例文件夹”列表中选择“框架集”，在右侧“示例页”中选择“上方固定，左侧嵌套”选项。

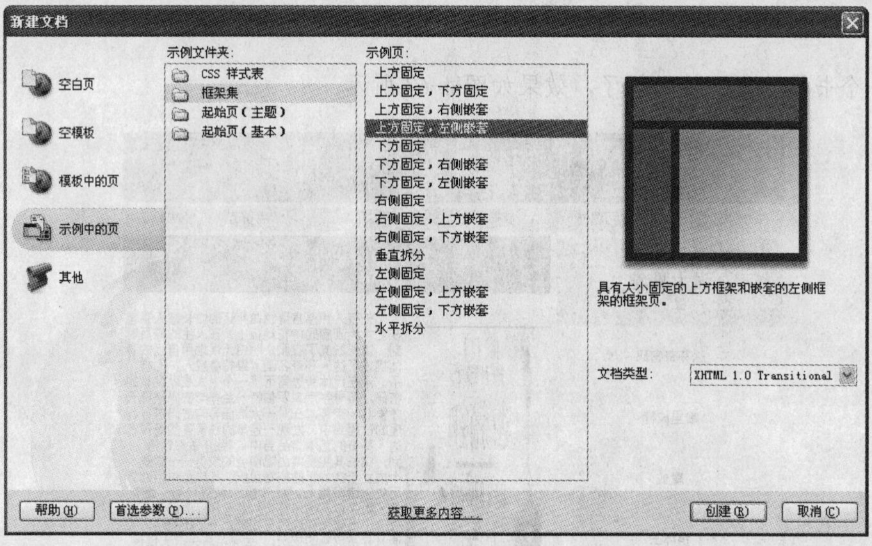

图 4-64　新建文件

2 单击“创建”按扭创建框架集，如图 4-65 所示。按〈Shift+F2〉快捷键，打开“框架”面板，如图 4-66 所示。

步骤 2：保存网页框架

1 在 Dreamweaver CS3 可视化编辑窗口中把鼠标光标置于框上部或单击框架面板上部“topFrame”区域，按〈Ctrl+S〉快捷键，打开“另存为”对话框，在“文件名”文本框内输入“Top.html”，如图 4-67 所示。

2 单击“保存”按钮，完成上部框架页的保存。

3 使用同样方法，分别保存左侧框架页，命名为“Left.html”和“Right.html”。

4 单击“文件”→“保存全部”命令，打开“另存为”对话框，这时网页文本框四周出现虚线框，表示保存的为框架集页面。

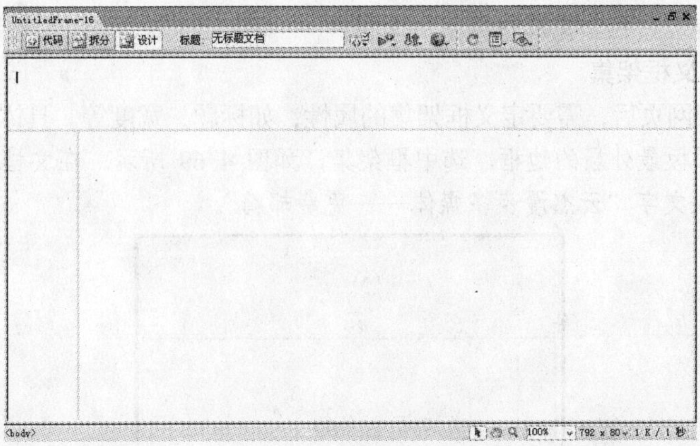

图 4-65　创建框架集

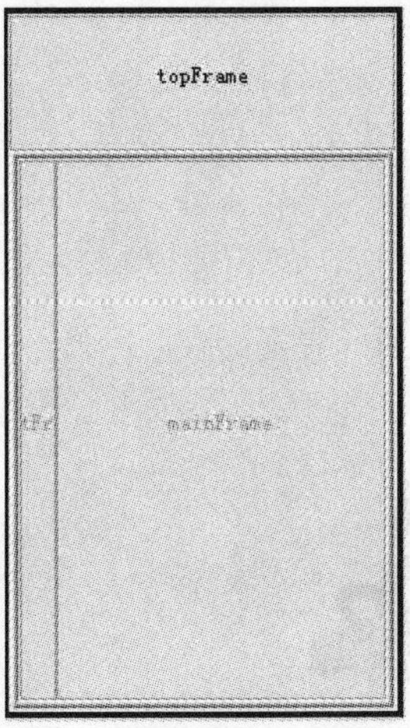

图 4-66 “框架”面板

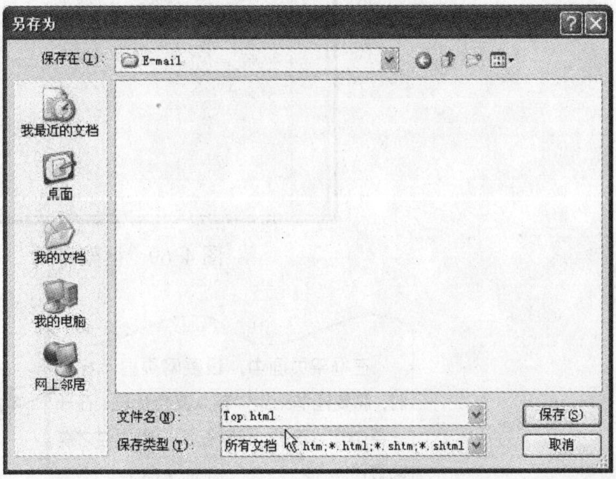

图 4-67 “另存为”对话框

5 在“另存为”对话框的“文件名”文本框内输入“Mail.html”，如图 4-68 所示。

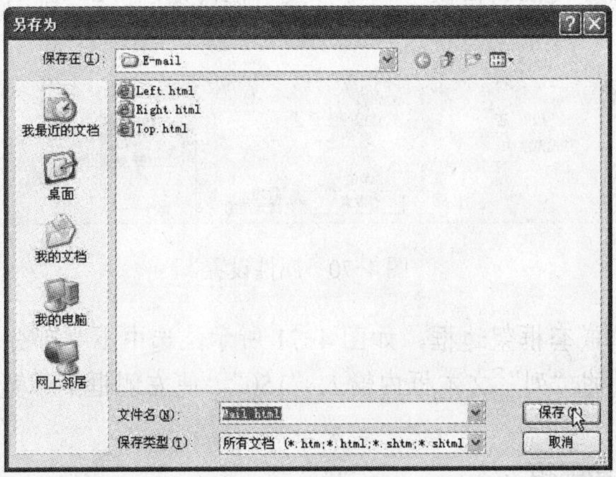

图 4-68　保存文件

6 单击“保存”按扭，完成框架集的保存。

步骤 3：定义框架集

创建完框架网页后，需要定义框架集的属性，如标题、宽度等。具体操作步骤如下。

1 单击框架面板最外层的边框，选中框架集，如图 4-69 所示。在文档面板“标题”文本框内输入文字“云杰漫步多媒体——免费邮箱”。

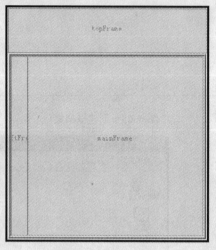

图 4-69 框架布局

在框架页面中，设置网页显示标题时，需要在框架集中输入文档标题。在子框架中输入标题，只有在浏览网页时才能够显示。

2 选中框架集，在“属性”面板的“行”文本框内输入“80”。其他选项为默认值，如图 4-70 所示。

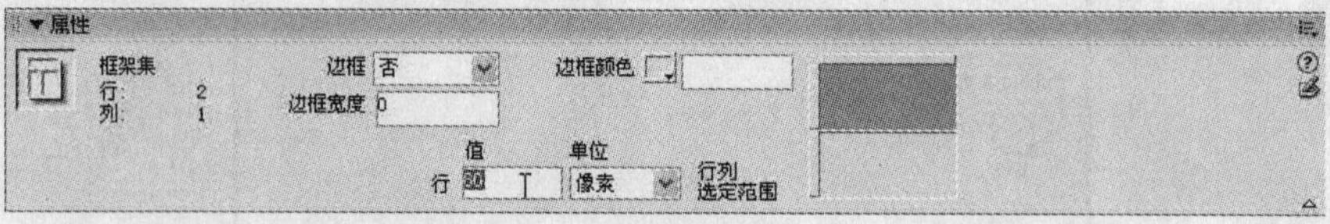

图 4-70 属性设置

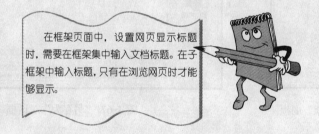

3 单击框架面板的嵌套框架边框，如图 4-71 所示，选中下半部分框架的边框。

4 在“属性”面板的“列”文本框内输入“150”，使左侧框架“宽度”为“150”像素，如图 4-72 所示。

步骤 4：制作免费邮箱

设置完框架集后，开始制作每个框架页。

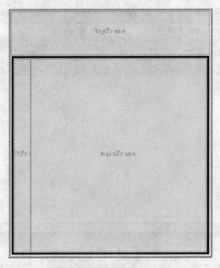

图 4-71　选择边框

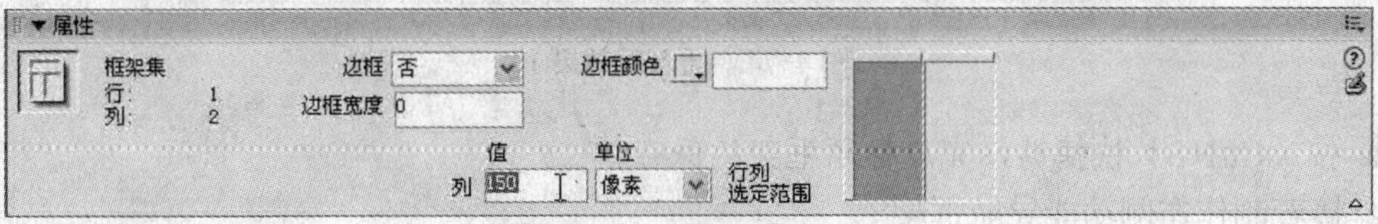

图 4-72　属性设置

首先制作标题框架。

1 在网页可视化编辑窗口中，单击顶部框架。在“属性”面板中单击“页面属性”按扭，打开“页面属性”对话框，设置“大小”为“12”像素，“文本颜色”为“黑色”，“背景颜色”为“#B8D531”，“左、右、上，下边距”均为“0”像素，如图 4-73 所示。

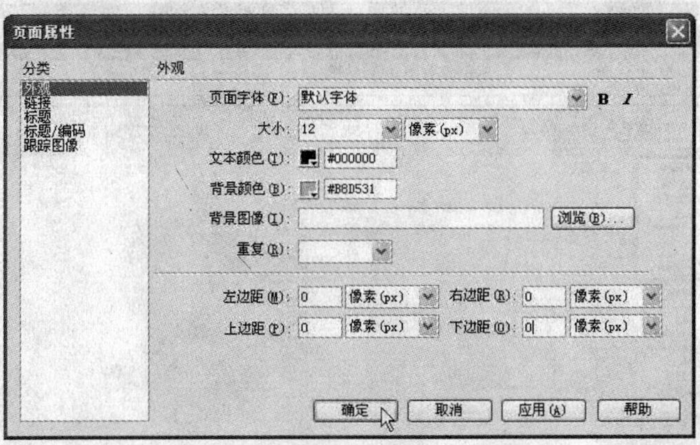

图 4-73　外观属性设置

2 单击“确定”按钮，在标题框架页中插入“1 行 2 列”，“宽度”为“100%”的表格，在“属性”面板中设置表格“高度”为“80”像素。设置左侧单元格“宽度”为“10”像素，在右侧单元格内插入标题图像“LOGO.gif”，完成的效果如图 4-74 所示。

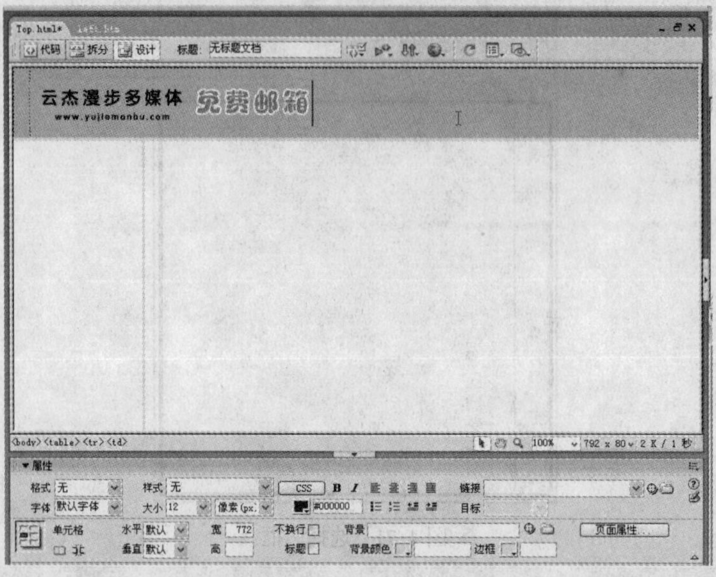

图 4-74　插入后效果 1

3 按〈Ctrl+S〉快捷键，完成标题框架的保存。

接着制作左侧功能导航框架。

1）把鼠标光标置于左侧框架中，在“属性”面板中单击“页面属性”按扭，打开“页面属性”对话框，设置“大小”为“12”像素，“文本颜色”为“黑色”，“背景颜色”为“#B8D531”，“左、右、上、下边距”均为“0”像素。

2）设置完成后，可以直接插入已经做好的功能导航项目，让表格在左侧框架里居中对齐，效果如图 4-75 所示。

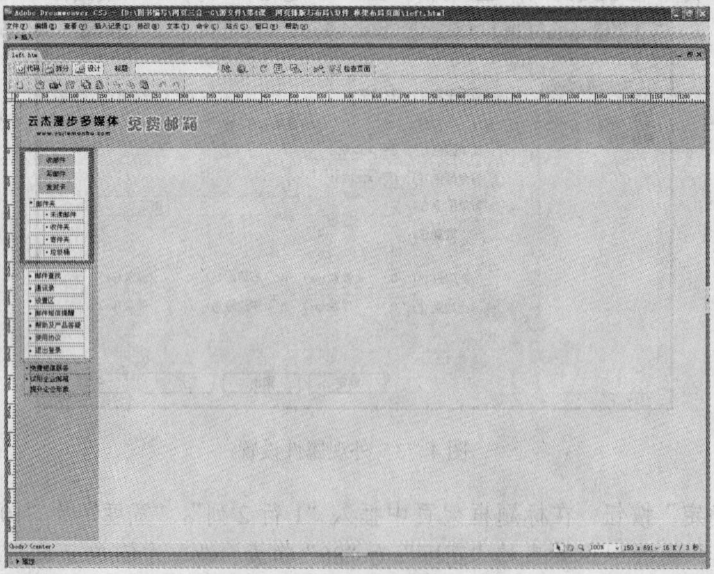

图 4-75　插入后效果 2

3）按〈Ctrl+S〉快捷键，完成导航框架的保存。

最后制作邮箱具体内容。

1）把鼠标光标置于右侧框架中，在“属性”面板中单击“页面属性”按扭，打开“页面属性”对话框，设置“大小”为“12”像素，“文本颜色”为“黑色”，“背景颜色”为“#ECECEC”，“左边距”为“15”像素，“右边距”为“0”像素，“上边距”为“10”像素，“下边距”为“0”像素。

2）制作邮箱具体内容的操作步骤就不再进行一一讲述了，读者在课余时间要进行练习。接着进行下一步的操作，在右侧直接插入已经制作完毕的邮箱表格和 Flash 动画，按〈Ctrl+S〉快捷键，完成邮箱具体内容的保存。

3）按〈F12〉快捷键，打开 IE 浏览器，现在看到的就是用框架制作完成的“免费邮箱”，如图 4-76 所示。

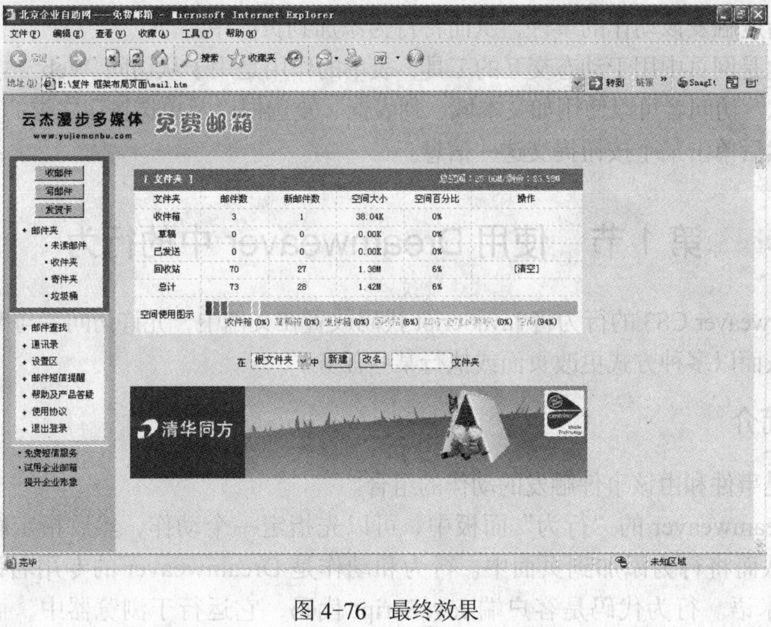

图 4-76 最终效果

试一试

分别用上述两种不同的布局方法制作网页，想一想二者各自的优势是什么，各适合于何种类型的网页？

第 7 节 练 一 练

1）设计一个 4 行 4 列的表格，在表格的单元格中输入不同的数字，再对单元格进行排序。

2）在“布局”模式中，使用表格布局一个网页。

3）将上面的网页保存为模板，在模板中建立可编辑区域。创建一个使用此模板的文档，编辑其中的可编辑区域。

第 5 章 设计动态交互的网页

在这一章中，将介绍“行为”面板的使用，以及如何在“行为”面板中为页面元素添加行为，修改动作对应的事件等。

行为是事件和由该事件触发的动作的组合。在“行为”面板中，可以事先指定一个动作，然后指定触发该动作的事件，从而将行为添加到页面中。

表单也是网页中用于动态交互的工具，表单的作用是用于从访问 Web 站点的用户那里获得信息。访问者可以使用如文本域、列表框、复选框以及单选按钮之类的表单对象输入信息，然后单击某个按钮提交这些信息。

第 1 节　使用 Dreamweaver 中的行为

Dreamweaver CS3 的行为将 JavaScript 代码放置在文档中，允许访问者与 Web 页面进行交互，从而以多种方式更改页面或执行某些任务。

1. 行为简介

行为是事件和由该事件触发的动作的组合。

在 Dreamweaver 的“行为”面板中，可以先指定一个动作，然后指定触发该动作的事件，从而将行为添加到页面中。行为和动作是 Dreamweaver 的专用名词，不属于 HTML 的术语。行为代码是客户端 JavaScript 代码，它运行于浏览器中，而不是服务器上。

事件是浏览器生成的消息，指示访问者执行了什么样的操作。例如，当访问者将鼠标指针移动到某个链接上时，浏览器便生成一个“onMouseOver”事件，然后浏览器查看当生成该事件时，在该页中是否存在指定的 JavaScript 代码。

网页中，不同的页面元素定义了不同的事件，例如“onMouseOver”和“onClick”是与超链接关联的事件，而“onLoad”是与图像和文档的<body>部分关联的事件。没有用户交互也可以生成事件，例如设置页面每 10 秒钟自动重新载入。事件在不同的浏览器中可能会有不同，设计者在 Dreamweaver 中提供了最大的跨浏览器兼容性。

动作是由预先编写的 JavaScript 代码组成的，这些代码执行特定的任务，例如打开浏览器窗口、显示或隐藏层、播放声音或停止 Shockwave 影片等。

将行为附加到页面元素之后，只要该元素生成了指定的事件，浏览器就会调用与该事件关联的动作，即 JavaScript 代码。

例如，如果将“弹出消息”动作附加到某个链接，并指定它将由“onMouseOver”事件触发，那么只要访问者在浏览器中将鼠标指针指向该链接，就将在对话框中弹出设定的消息。

单个事件可以触发多个不同的动作，在 Dreamweaver 中可以指定这些动作发生的顺序。

2. 行为基本操作

Dreamweaver 中对行为的操作可以在“行为”面板中进行。

默认情况下，“行为”面板位于“标签检查器”面板组中。单击菜单“窗口”→“行为”命令，可以打开或关闭“行为”面板，如图 5-1 所示。

使用“行为”面板可以将行为附加到页面元素（实际上是附加到标签），并可以修改已附加的行为的参数。标题栏中显示当前所选标签，如“<body>”。

已附加到当前所选页面元素的行为显示在面板的行为列表上，事件按字母顺序排列；如果同一个事件有多个动作，则执行这些动作的顺序取决于动作在列表上的顺序；如果行为列表中没有显示任何行为，则表示当前所选的页面元素中没有附加任何行为。

默认情况下，列表中只显示附加行为的事件，单击“显示所有事件”按钮，列表中显示页面元素包含的所有事件，单击“显示设置事件”按钮返回默认值。

在行为列表中，左侧显示事件名称，如“onLoad”，右侧显示附加到该事件的动作，如“设置状态栏文本”。

选择某一行为，单击“增加事件值”按钮和“降低事件值”按钮可以向上或向下移动事件，改变行为在列表中的顺序。

单击“删除事件”按钮可以删除所选事件和动作，单击“添加行为”按钮可以为页面元素添加行为，弹出选择菜单，如图 5-2 所示。

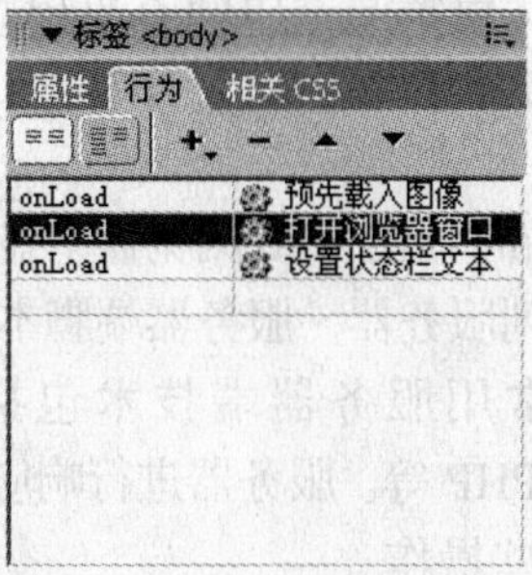

图 5-1 “行为”面板

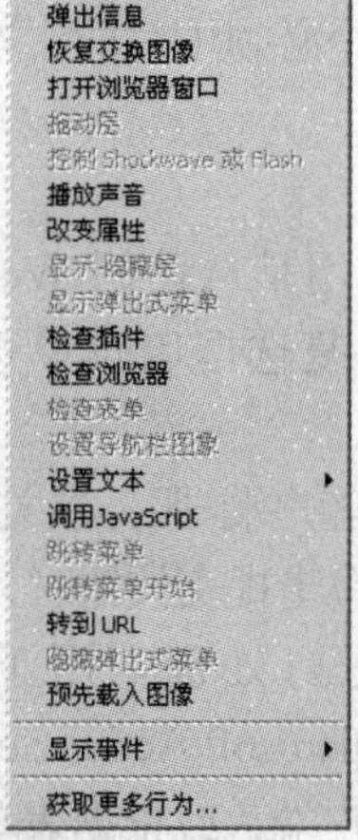

图 5-2 添加行为菜单

菜单中显示黑色的命令表示可以附加到所选页面元素的行为，灰色的命令表示该行为对当前所选页面元素不可用或当前文档中缺少该行为所需对象。

在菜单中的“显示事件”子菜单中，可以指定当前行为在哪一种浏览器中起作用。不同的浏览器中可用的事件不同。

从菜单中选择一个动作时，将出现一个对话框，在该对话框中指定动作的参数。

在列表中选择一个行为，单击事件名称，此时事件名称变成一个下拉菜单，其中包含可以触发该动作的所有事件。添加行为时必须为动作选择合适的事件，如图 5-3 所示。

若要更改某一行为的参数，可以在行为列表中双击该动作，打开对话框更改参数。也可以用鼠标右键单击该动作，在弹出的菜单中选择“编辑行为”命令。

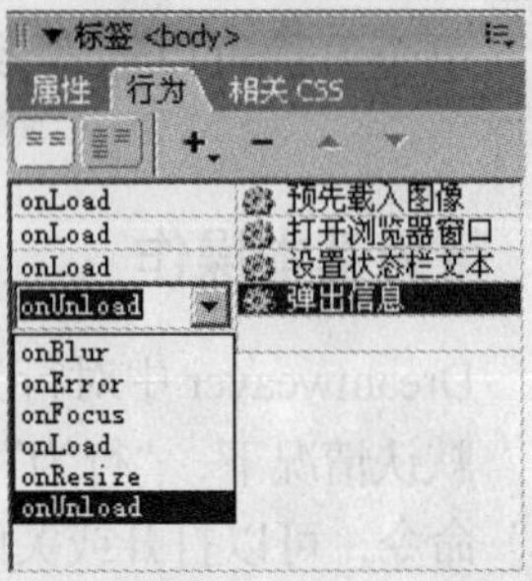

图 5-3　选择动作对应的事件

Dreamweaver 不能将行为直接附加到文本或图像。例如<p>和<span>等标签不在浏览器中生成事件，因此无法从这些标签触发动作。但是，可以将行为附加到超链接。因此，若要将行为附加到文本或图像，最简单的方法就是为文本或图像创建一个空链接，不指向任何内容，然后将行为附加到该链接上。此时，文本或图像将显示为超链接。

选择文本或图像，在“属性”面板中的“链接”文本框中输入“javascript:;”，保持文本或图像被选中状态，在“行为”面板中可以为文本或图像添加行为。

第 2 节　使 用 表 单

使用 Dreamweaver 可以创建带有文本域、密码域、单选按钮、复选框、弹出菜单、可单击按钮以及其他表单对象的表单。Dreamweaver 还可以编写用于验证访问者所提供的信息的代码，即“检查表单”行为。例如，可以检查用户输入的电子邮件地址是否包含“@”符号，或者某个必须填写的文本域是否包含了必需的值。

1. 表单简介

表单的作用是从访问 Web 站点的用户那里获得信息。访问者可以使用诸如文本域、列表框、复选框以及单选按钮之类的表单对象输入信息，然后单击某个按钮，提交这些信息。

表单支持客户端-服务器关系中的客户端。当访问者在 Web 浏览器中显示的表单中输入信息，然后单击提交按钮时，这些信息将被发送到服务器，服务器端脚本或应用程序将对这些信息进行处理。用于处理表单数据的常用服务器端技术包括 Macromedia ColdFusion、Microsoft Active Server Pages (ASP) 和 PHP 等。服务器进行响应时，会将被请求信息发送客户端，或根据表单提交的内容执行一些操作。

在 Dreamweaver 中插入表单可以使用“插入”→“表单”菜单或“插入”栏的“表单”类别中的按钮，如图 5-4 所示。

图5-4 插入栏中的表单按钮

2. 常用表单对象

在 Dreamweaver 中，表单输入类型称为表单对象。表单对象允许用户输入特定的数据。可以使用“插入”栏“表单”类别的按钮在表单中添加以下表单对象。

（1）文本域

文本域中可以输入任何类型的字母、数字、文本等内容。文本可以单行或多行显示，也可以以密码域的方式显示，在这种情况下，输入文本将被替换为星号或项目符号，以避免文本直接显示。文本域包括“文本字段”和“文本区域”。

单击“文本区域”按钮或单击“插入记录”→“表单”菜单中的“文本区域”命令，在网页中插入一个文本域。选择文本域，在“属性”面板中可以查看和修改文本域的属性，如图5-5所示。

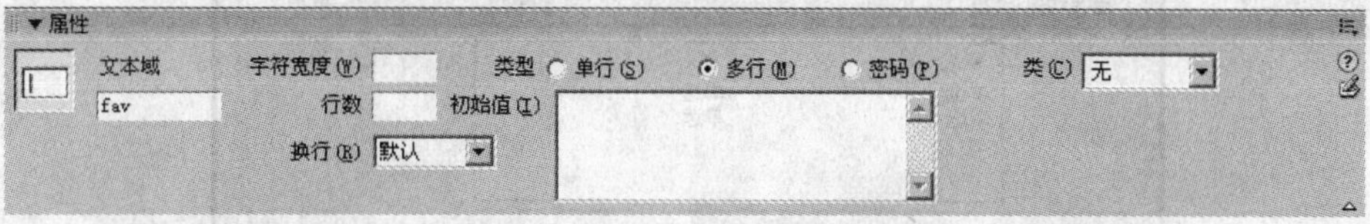

图5-5 文本域属性

在“类型”单选按钮选项中选择“单行”按钮，文本域即为一个文本字段；选择“多行”按钮，文本域显示为一个文本区域；选择“密码”按钮，文本域作为一个密码域，其中的内容会被隐藏，如图5-6所示。

在“初始值”文本块中输入一段预设的文字，这段文字将显示在表单的文本域中。

单击“文本字段”按钮可以直接插入一个文本字段。

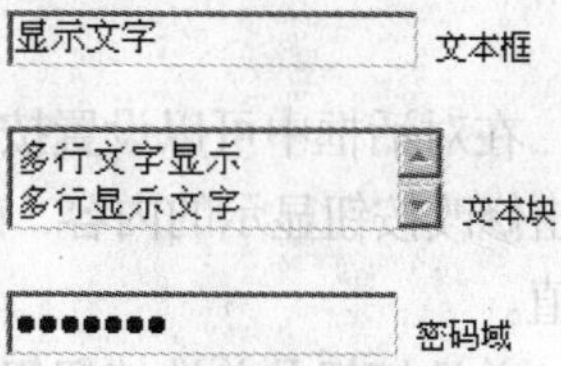

图5-6 3种文本域

（2）按钮

按钮是在单击时执行操作的表单对象。单击“按钮”按钮，在网页中插入一个表单按钮。在“属性”面板中可以选择提交或重置表单，还可以为按钮添加自定义标签，或使用预定义的“提交”或“重置”标签之一，如图5-7所示。

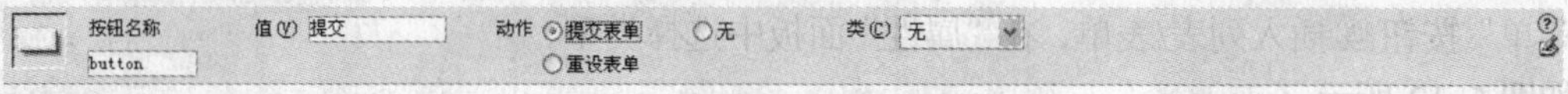

图5-7 表单按钮属性

（3）复选框

复选框允许在一组选项中选择多个选项，访问者可以选择任意多个适用的选项。单击“复选框”按钮，插入一个复选框，在复选框后可以输入复选框代表的内容。在“属性”

面板中可以选择复选框默认选中与否，如图 5-8 所示。

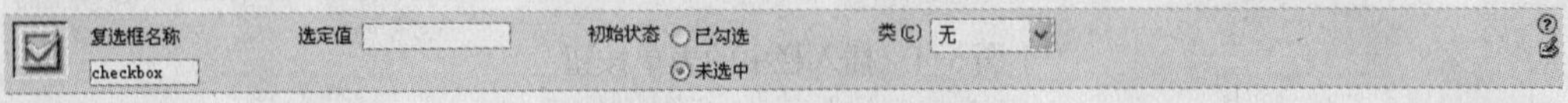

图 5-8　复选框属性

在网页中插入多个复选框，预览网页，选中其中一部分，如图 5-9 所示。

（4）单选按钮

单选按钮代表互相排斥的选择。在单选按钮组（由两个或多个共享同一名称的按钮组成）中选择一个按钮，就会取消选择该组中的所有其他按钮。单击“单选按钮”或“单选按钮组”，在网页中插入单选按钮，并为单选按钮添加内容。

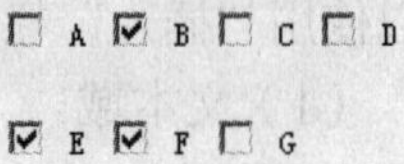

图 5-9　选中 B、E、F

插入单选按钮组时，打开“单选按钮组”对话框，如图 5-10 所示。

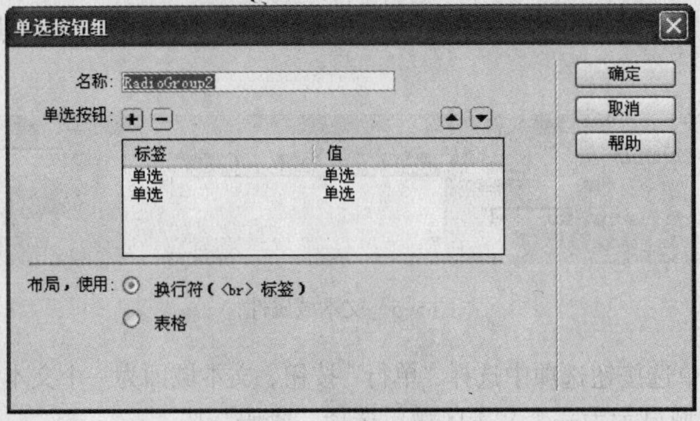

图 5-10　单选按钮组设置

在对话框中可以设置按钮组的名称，通过“+”和“–”增减按钮。在“标签”一栏单击修改按钮显示的内容，在“值”一栏单击修改按钮指向的值。

单选按钮及单选按钮组示例如图 5-11 所示。

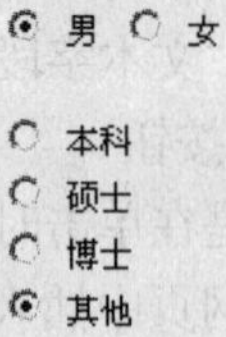

图 5-11　单选按钮与单选按钮组

（5）列表/菜单

列表/菜单在一个滚动列表中显示选项值，用户可以从该滚动列表中选择多个选项。“菜单”选项在一个菜单中显示选项值，用户只能从中选择单个选项。单击“列表/菜单”按钮插入列表/表单，在“属性”面板中选择类型，如图 5-12 所示。

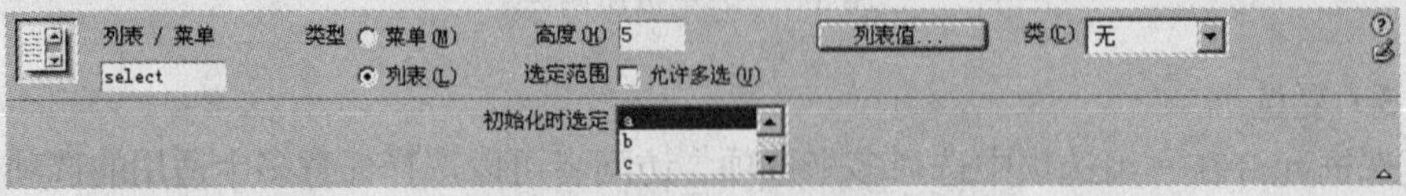

图 5-12　列表/菜单设置

单击面板中的“列表值”按钮，打开“列表值”对话框设置列表内容，如图5-13所示。

（6）跳转菜单

跳转菜单可导航列表或弹出菜单，使用它插入一种菜单，这种菜单中的每个选项都链接到某个文档或文件。单击“跳转菜单”按钮，显示“插入跳转菜单”对话框，如图5-14所示。

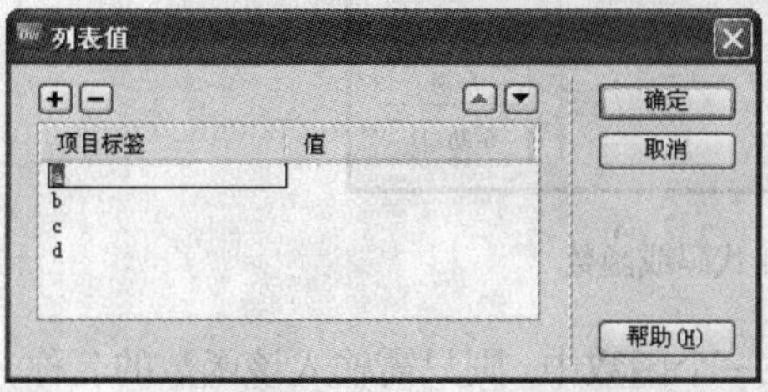

图5-13 设置列表项目标签和值

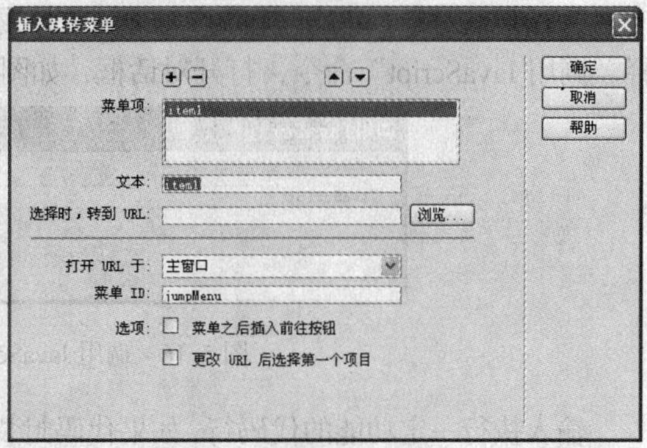

图5-14 设置跳转菜单

在对话框中单击“+”或“-”增减菜单项，在“文本”框中输入所选菜单项的文本，在“选择时，转到URL”文本框中输入URL或单击“浏览”按钮选取文件，在“菜单项”列表框中会显示菜单项的文本及链接。还可以设置打开URL的位置等。

（7）文件域

文件域使用户可以浏览到计算机上的某个文件，并将该文件作为表单数据上传。单击“文件域”按钮插入文件域。列表/菜单、跳转菜单和文件域的示例如图5-15所示。

图5-15 列表/菜单、跳转菜单和文件域

（8）图像域

图像域可用于在表单中插入一个图像生成图形化按钮，例如“提交”或“重置”按钮。单击“图像域”按钮，选择源图像。若要创建一个提交按钮，在“属性”面板的“图像区域”文本框中输入“提交”。

（9）隐藏域

隐藏域存储用户输入的信息，如姓名、电子邮件地址或偏爱的查看方式，并在该用户下次访问此站点时使用这些数据，可以使用隐藏域存储并提交非用户输入信息。该信息对用户而言是隐藏的。单击“隐藏域”按钮，打开标签编辑器。

在“属性”面板的“隐藏域”文本框中，为该域输入一个唯一名称；在“值”文本框中，输入要为该域指定的值。

第3节 Dreamweaver中自带常用行为

Dreamweaver中自带的行为已经满足大部分使用者的需要，这些行为大都在较高版本的浏览器中运行通过。但是，为了获得最佳的跨平台效果，可以提供一个包括在<noscript>标签中的替换界面，以使没有JavaScript的访问者仍然能够正常使用站点。

动作是由JavaScript和HTML代码组成的。如果使用者精通JavaScript，则可以编写新动作并通过“行为”面板的“调用JavaScript”动作使用，该动作允许指定事件发生时应该执行的自定义函数或JavaScript代码行。

选择某一对象，单击“行为”面板中的“添加行为”按钮，在“添加行为”菜单中选择“调用JavaScript”命令，打开对话框，如图5-16所示。

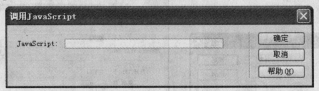

图5-16　调用JavaScript代码或函数

输入执行一定功能的代码行，如果代码封装在一个函数中，则只需输入该函数的名称，如“back()”。单击“确定”按钮，程序为所选对象创建了一个调用JavaScript的行为。

在“添加行为”菜单中包含了Dreamweaver中所有的常用行为动作，下面简单介绍这些行为动作的使用和适用范围。

（1）交换图像

该动作通过更改HTML中<img>标签的“src”属性将一个图像和另一个图像进行交换。使用此动作可以创建按钮鼠标经过图像和其他图像效果（包括一次交换多个图像）。在页面中插入“鼠标经过图像”会自动将一个“交换图像”行为添加到这个图像中。

单击“插入记录”栏“图像对象”按钮组的“鼠标经过图像”按钮，弹出“插入鼠标经过图像”对话框，如图5-17所示。

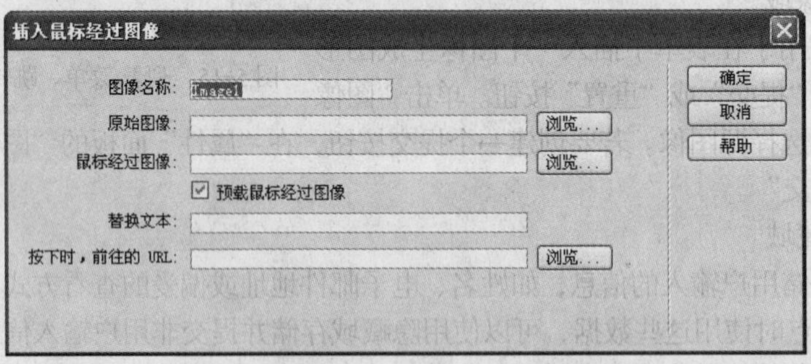

图5-17　“插入鼠标经过图像”对话框

在“图像名称”文本框中输入图像的名称，为图像命名可以方便在编辑“交换对象”行为时使用。单击“原始图像”和“鼠标经过图像”后面的“浏览”按钮，选择原始图像和用来交换的图像。因为交换的图像显示时会被压缩或扩展以适应原图的尺寸，所以用来交换的图像最好能保持高度和宽度与原图一致。

在“替换文本”文本框中输入当鼠标停留在图像上或图像不能正常显示时出现的文本，

另外还可以为图像设置超链接。

单击“确定”按钮在文档中插入一个鼠标经过图像，在“行为”面板中显示这个图像的行为，即<img>标签的行为。由于鼠标离开后，图像会恢复为原始图像，所以图像还有一个“恢复交换图像”动作，如图5-18所示。

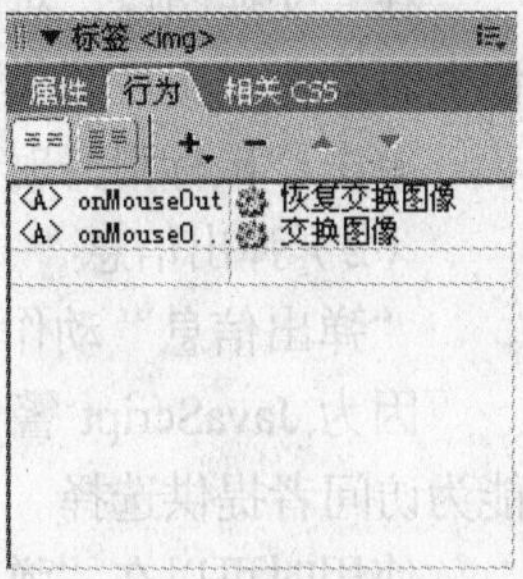

图5-18　交换图像行为

在Dreamweaver中按〈F12〉键预览图像在浏览器中的效果，移动鼠标，如图5-19所示。

选择某一图像，在“行为”面板中单击“添加行为”按钮，在“添加行为”菜单中选择“交换图像”命令，弹出“交换图像”对话框，如图5-20所示。

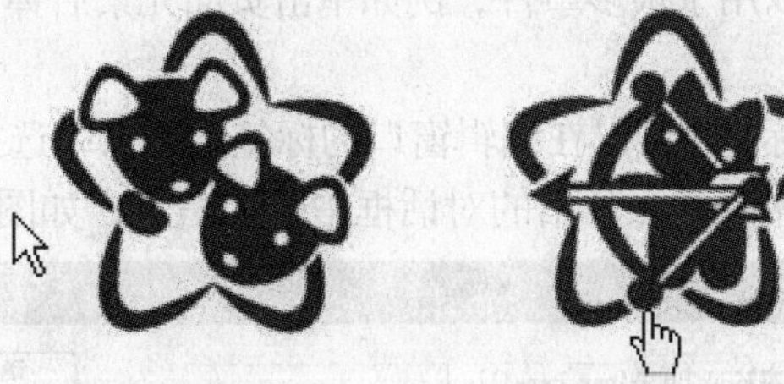

图5-19　鼠标经过时变换图像

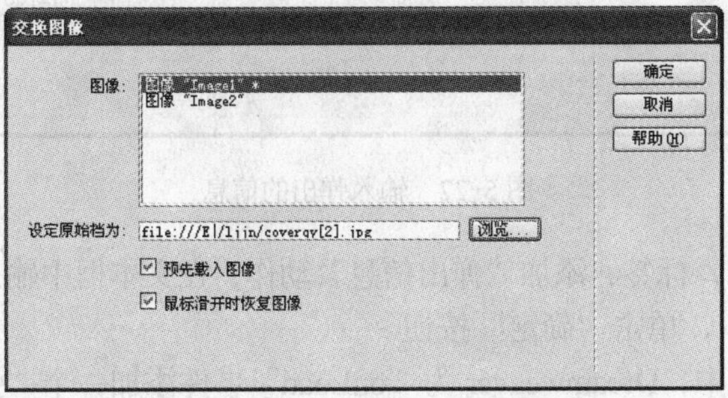

图5-20　“交换图像”对话框

“图像”列表框中默认选择当前图像，单击“浏览”按钮选择交换的图像。如果在“图像”列表框中选择另一图像，并为这个图像再设置一个交换的图像，则当鼠标移动到当前图像上时，另一图像也会发生“交换图像”行为，如图5-21所示。

1　　　2　　　3

图5-21　多个图像的交换

在“交换图像”对话框中可以看到，设置多个交换图像时，因移动鼠标到当前所选图像上而发生“交换图像”行为的图像，在列表框中的图像名称后面会用“*”号表示。

单击“鼠标滑开时恢复图像”复选框取消选择，则不添加“恢复交换图像”动作。

（2）弹出信息

“弹出信息”动作可以显示一个带有设定信息的 JavaScript 警告。

因为 JavaScript 警告只有一个“确定”按钮，所以使用此动作只可以提供信息，而不能为访问者提供选择。

使用时可以在“弹出信息”文本中嵌入任何有效的 JavaScript 函数调用、属性、全局变量等。若要嵌入一个 JavaScript 表达式，应将其放置在大括号“{}”中。例如“您现在打开的页面地址是{window.location}，现在时间{new Date()}”。

“弹出信息”动作可以用于很多事件，例如单击页面元素后弹出信息，进入或离开页面时弹出信息等。

选择需要添加行为的标签（可以在编辑窗口的标签选择器中选择），单击“添加行为”按钮，选择“弹出信息”命令，在弹出的对话框中输入信息，如图 5-22 所示。

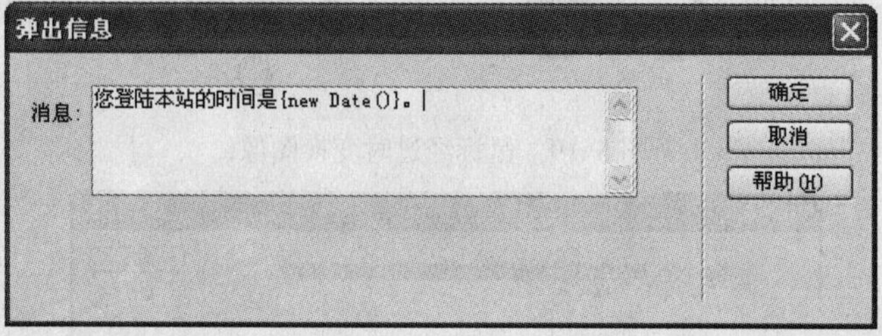

图 5-22　输入弹出的信息

例如，选择<body>标签，添加“弹出信息”动作，在文本框中输入“您登陆本站的时间是{new Date()}。”，单击“确定”按钮。

在“行为”面板中，Dreamweaver 为“onLoad”事件添加一个“弹出信息”动作，单击箭头可以选择其他事件，如“onUnload”、“onResize”等，如图 5-23 所示。

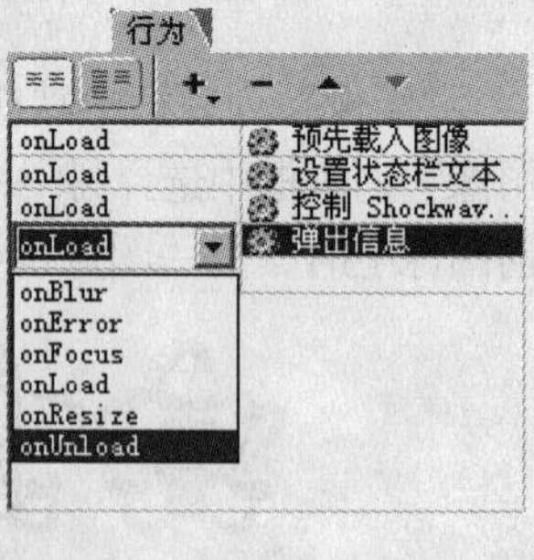

图 5-23　添加“弹出信息”动作

对于页面元素等，可以设置对“onClick”事件添加“弹出信息”动作，单击页面元素时弹出信息。

（3）打开浏览器窗口

使用“弹出信息”行为只能给出一些简单信息，如果需要给访问者更多的信息和选择，那么可以选择使用“打开浏览器窗口”行为。

使用“打开浏览器窗口”动作将在一个新的窗口中打开其他网页。选择某个页面元素，单击“添加行为”按钮，在弹出菜单中选择“打开浏览器窗口”命令，弹出“打开浏览器窗口”对话框，如图 5-24 所示。

在“打开浏览器窗口”对话框中，可以设置新窗口的大小、属性、名称及显示的页面的地址。

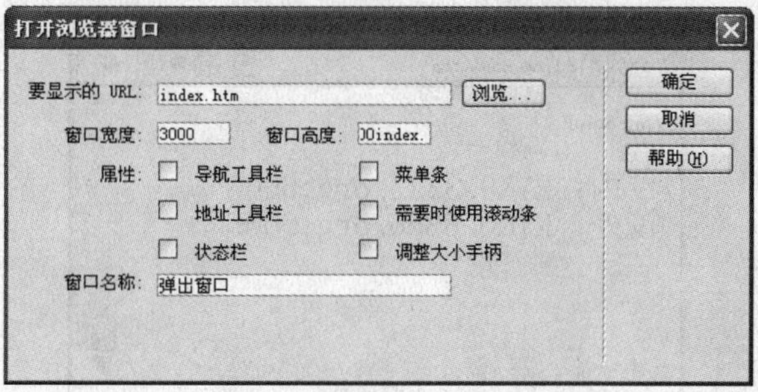

图 5-24　设置新窗口的属性

单击“浏览”按钮，选择在新窗口中显示的网页，或者在“要显示的 URL”文本框中输入网页的 URL。

在“窗口宽度”和“窗口高度”文本框中，输入新窗口宽和高的数值，单位为像素。

“属性”选项区域有 6 个复选框，用于设置新窗口是否显示“导航工具栏”、“菜单条”、“地址工具栏”、“需要时使用滚动条”、“状态栏”和“调整大小手柄”。

最后还可以在“窗口名称”文本框中输入窗口的名称。

如果不指定新窗口的任何属性，则新窗口的大小和属性与打开它的窗口相同。指定窗口的任何属性都将自动关闭所有其他属性。

例如，如果不为新窗口设置任何属性，新窗口将以“640 × 480”像素的大小打开，并具有导航工具栏、地址工具栏、状态栏和菜单条等。如果将宽度设置为 640 像素，将高度设置为 480 像素，且不设置其他属性，则新窗口将以“640 × 480”像素的大小打开，但是不具有任何导航工具栏、地址工具栏、状态栏、菜单栏、调整大小手柄和滚动条。

图 5-25　动作应用到“onClick”事件

选择一个设置了超链接的图像，添加“打开浏览器窗口”行为，设置窗口宽度为 400 像素，高度为 300 像素，选择显示“状态栏”、“地址工具栏”及“调整大小手柄”，单击“确定”按钮添加。在“行为”面板中修改为“onClick”事件的动作，如图 5-25 所示。

单击该图像，打开新窗口，如图 5-26 所示。

（4）播放声音

“播放声音”动作可以用来播放声音。例如，在页面中可能需要在每次鼠标指针滑过某个链接时播放一段声音效果，或在页面载入时播放音乐剪辑等。

浏览器可能需要用某种附加的音频支持（例如音频插件）来播放声音，因此，具有不同插件的不同浏览器所播放声音的效果通常会有所不同。一般在 IE 浏览器中可以直接播放的是 MIDI 格式的音乐。

选择某一链接，如导航工具栏中的按钮，单击“添加行为”按钮，在弹出的“建议不再使用”菜单中选择“播放声音”命令，打开“播放声音”对话框，如图 5-27 所示。

图 5-26　新窗口（显示地址工具栏、状态栏和调整大小手柄）

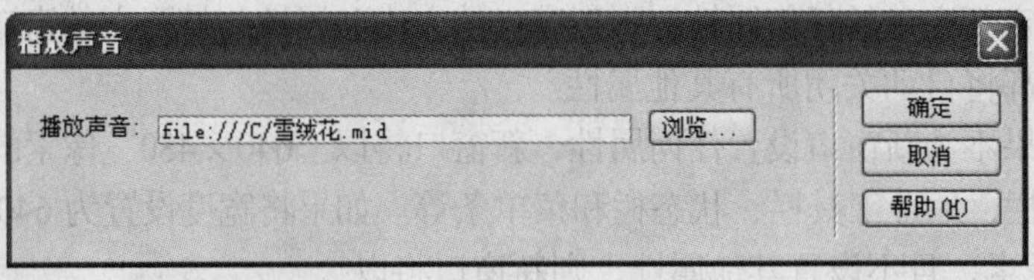

图 5-27　“播放声音”对话框

单击“浏览”按钮选择要播放的音乐，单击“确定”按钮，在“行为”面板中添加了一个“播放声音”的动作，为这个动作选择一个事件。

可供选择的事件有很多个，选择不同的事件，动作的效果也不相同。

例如选择“onLoad”事件时，浏览器将在登录页面时提示是否下载此音乐；若要设置鼠标滑过按钮时播放声音，可以选择“onMouseOver”事件，如图 5-28 所示。

图 5-28　选择合适的事件

如果未列出所需的事件，可以在“添加行为”菜单“显示事件”子菜单中更改浏览器。

（5）预先载入图像

“预先载入图像”动作将那些不会立即显示在页面上的图像（例如通过行为或调用 JavaScript 交换的图像）载入浏览器缓存中，这样可以防止当图像应该显示时由于下载速度的影响而导致的延迟。

“交换图像”动作自动预先载入在“交换图像”对话框中选择“预先载入图像”复选框时需要的图像，因此当使用“交换图像”行为时不需要再手动添加预先载入图像。

选择一个对象，在“行为”面板中单击“添加行为”按钮，选择弹出菜单中的“预先载入图像”命令，打开“预先载入图像”对话框，如图5-29所示。

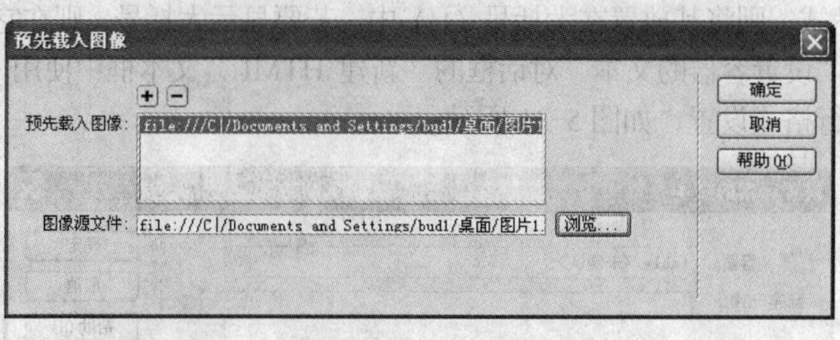

图5-29　添加预先载入图像

单击“浏览”按钮，选择要预先载入的图像文件，或在“图像源文件”文本框中输入图像的路径和文件名。

单击对话框顶部的加号“+”按钮将图像添加到“预先载入图像”列表框中。

如果在输入下一个图像之前没有单击加号按钮，则列表中选择的图像将被输入的下一个图像替换。重复这一步骤输入所有预先载入的图像。单击“确定”按钮完成添加。

默认情况下，“预先载入图像”动作对应于“onLoad”事件。

（6）设置文本

在“添加行为”菜单中，有一个“设置文本”子菜单，使用此子菜单可以执行“设置框架文本”、“设置容器的文本”、“设置状态栏文本”和“设置文本域文本”。

“设置框架文本”动作允许使用者动态设置框架的文本，用设定的内容替换框架的内容和格式设置，但是可以选择“保留背景色（Preserve background color）”以保留页背景和文本颜色属性。

输入“新建HTML”文本框的内容可以是包含任何有效的HTML代码或嵌入JavaScript函数等，如图5-30所示。

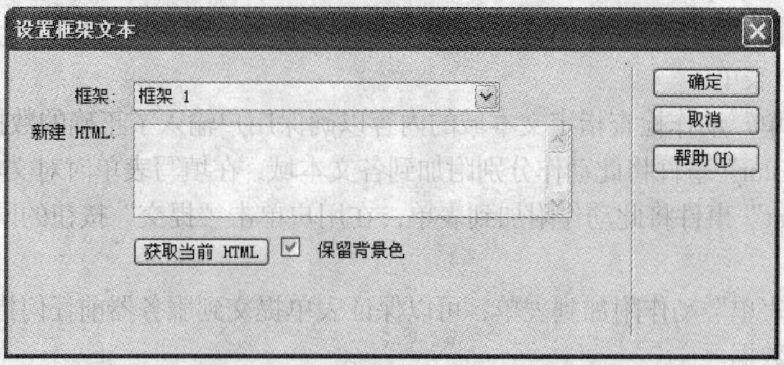

图5-30　“设置框架文本”对话框

单击“获取当前HTML（Get current HTML）”按钮，可以获得当前框架的<body>标签中的内容，并显示在文本域中。

“设置容器的文本”行为将页面上的现有容器（可以包含文本或其他元素的任何元素）的内容和格式替换为指定的内容。该内容可以包括任何有效的 HTML 源代码。可以在文本中嵌入任何有效的 JavaScript 函数调用、属性、全局变量或其他表达式。若要嵌入一个 JavaScript 表达式，则将其放置在大括号（{}）中。若要显示大括号，则在它前面加一个反斜杠（\{}。在“设置容器的文本”对话框的“新建 HTML”文本框中使用 HTML 标签，可以对内容进行格式设置，如图 5-31 所示。

图 5-31 “设置容器的文本“对话框

在“行为”面板中为“设置容器的文本”动作选择合适的事件，如“onClick”。单击当前标签（<body>），层中的内容将被替换，如图 5-32 所示。

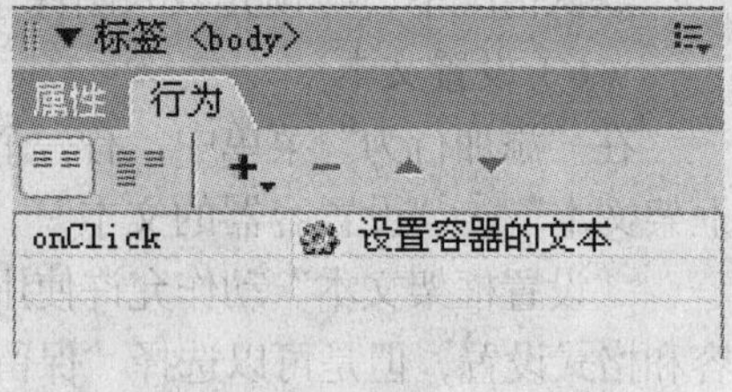

图 5-32 “设置容器的文本”的事件

“设置状态栏文本”动作在浏览器窗口底部左侧的状态栏中显示信息。例如，可以使用此动作在状态栏中说明链接的目标而不是显示与之关联的 URL。“设置状态栏文本”动作的内容设置与“调用 JavaScript”动作类似，此动作的内容还可以使用普通文本。

“设置文本域文本”行为可用指定的内容替换表单文本域的内容。可以在文本中嵌入任何有效的 JavaScript 函数调用、属性、全局变量或其他表达式。若要嵌入一个 JavaScript 表达式，则将其放置在大括号（{}）中。若要显示大括号，则在它前面加一个反斜杠（\{）。

（7）检查表单

“检查表单”动作检查指定文本域的内容以确保用户输入了正确的数据类型。

使用“onBlur”事件将此动作分别附加到各文本域，在填写表单时对文本域进行检查；使用“onSubmit”事件将此动作附加到表单，在用户单击“提交”按钮的同时对多个文本域进行检查。

将“检查表单”动作附加到表单，可以保证表单提交到服务器前任何指定的文本域中不包含无效的数据。

选择一个表单对象，单击“添加行为”按钮，在弹出的菜单中选择“检查表单”命令，打开“检查表单”对话框，如图 5-33 所示。

在对话框中可以设置文本域的“值”为“必需的”，并可以为文本域设置可接受的内容，例如选择“电子邮件地址”单选按钮，表示在当前文本域中只接受电子邮件格式的内容。

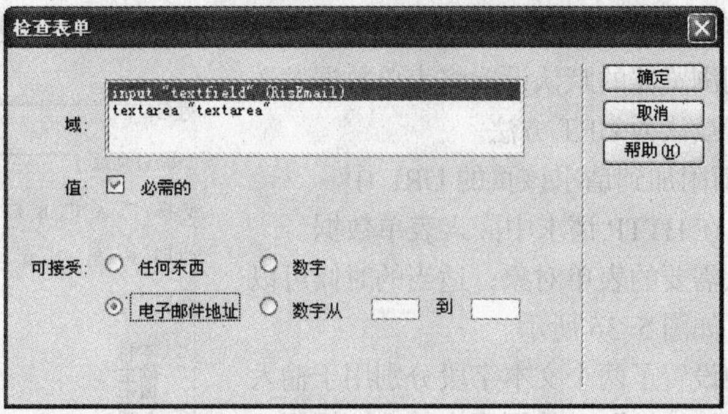

图 5-33 “检查表单”对话框

在“行为”面板中可以将“检查表单”动作附加到多个事件，如图 5-34 所示。

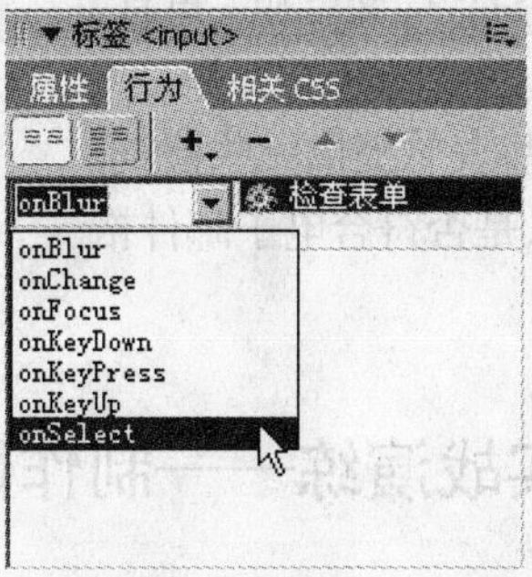

图 5-34　附加“检查表单”动作

对表单文本域的检查可以在多个事件下进行，也可以同时检查多个文本域的内容。

第 4 节　制作一个表单

在 Dreamweaver 中插入一个表单，首先，在网页中选择插入点。

单击“插入”→“表单”命令或在“插入”栏的“表单”类别单击“表单”按钮，插入一个空表单（<form>）。

默认情况下，当页面处于“设计”视图中时，用红色的虚轮廓线标识表单。如果没有看到此轮廓线，可以检查是否选中“查看”→“可视化助理”→“不可见元素”命令。

在“标签选择器”中选择“<form>”标签，即选择表单，在“属性”面板中可以查看和修改表单的属性，如图 5-35 所示。

图 5-35　设置表单属性

在“动作”文本框中输入指定将处理表单数据的页面或脚本的路径，或者单击文件夹图标浏览适当的页面或脚本。

在“方法”下拉菜单中选择将表单数据传输到服务器所使用的方法。

● 默认：使用浏览器的默认设置将表单数据发送到服务器。通常，默认为 GET 方法。

● GET：将值附加到请求该页的 URL 中。

● POST：将在 HTTP 请求中嵌入表单数据。

在表单中插入需要的表单对象，适当的时候可以为表单对象布局，如图 5-36 所示。

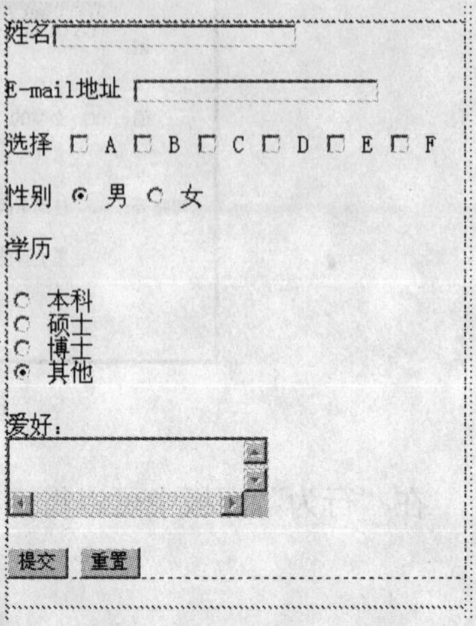

图 5-36 新建表单

在这个表单中设置了两个文本字段分别用于输入“姓名”和“E-mail 地址”，使用两个单选按钮用于判别“性别”，一个单选按钮组用于选择“学历”，一个文本区域填写“爱好”，还有一组复选按钮提供一些选项。最后使用两个按钮执行“提交”和“重置”功能。

在“行为”面板中可以为这些表单提供一些检查，例如检查“E-mail 地址”的输入是否符合电子邮件格式等。

第 5 节 实战演练——制作网站注册页

本章的实战演练将利用一个网站注册页的案例，讲解表单网页的制作方法。

步骤 1：建立新文件并制作网页的上部分

1 启动 Dreamweaver CS3，新建一个基本页，在“属性”面板中单击“页面属性”按钮，打开“页面属性”对话框，设置背景颜色参数，如图 5-37 所示，将网页的“背景颜色”设置为“白色”。

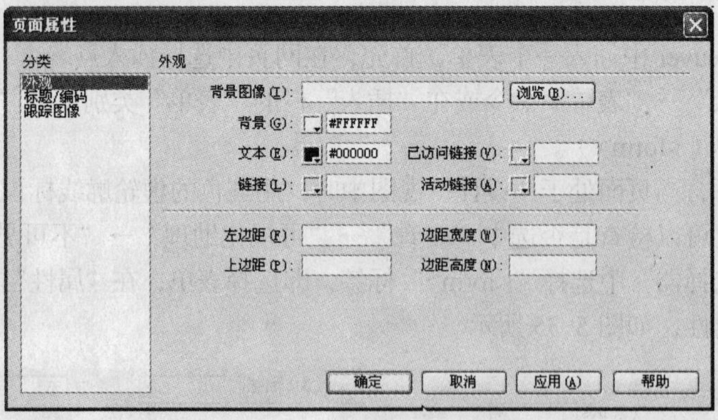

图 5-37 “页面属性”对话框

2 打开“布局”工具栏，单击“表格”按钮，在弹出的“表格”对话框中输入图 5-38 所示的参数，表示插入一个“1 行 1 列”的表格。

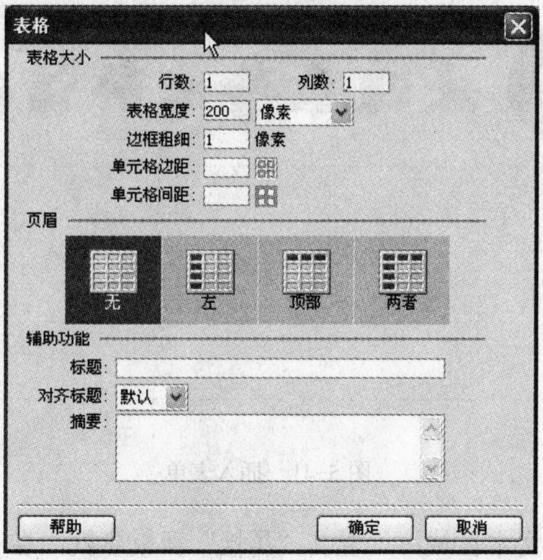

图 5-38　“表格”对话框

3 在布局表格的中间插入一个表格，然后在这个表格中画两个单元格，单击“插入记录”→“图像”菜单命令，打开“选择图像源文件”对话框，选择插入一个圆环的图片，然后按照这个方法再插入网页宣传图片，这样，网页的上部分制作好了，效果如图 5-39 所示。

图 5-39　网页上部分效果

步骤 2：制作用户名的表单

1 将鼠标定位在表格的后面，打开“表单”工具栏，如图 5-40 所示。

图 5-40 “表单”工具栏

2 单击“表单”按钮，这样就在表格的下方插入了一个表单（红色虚线），将鼠标定位在表单内，按下数次〈Enter〉键，就可以使表单的高度增加，插入表单后的文档效果如图 5-41 所示。

3 使用表格工具，在表单中插入一个表格，在表格内画一个单元格，将单元格的“背景颜色”设置为“#FFA9EC”。在表格中输入文字“会员名”，文字的“字体”是“默认字体”，“大小”是“2”，将鼠标光标放置在文字的后面，单击 “文本区域”按钮，打开“输入标签辅助功能属性”对话框，设置参数如图 5-42 所示，单击“确定”按钮。

图 5-41　插入表单

4 这样就插入了一个文本区域，设置其“属性”面板参数，在“类型”中选择“单行”单选按钮，“属性”面板参数设置如图 5-43 所示，设置好的效果如图 5-44 所示。

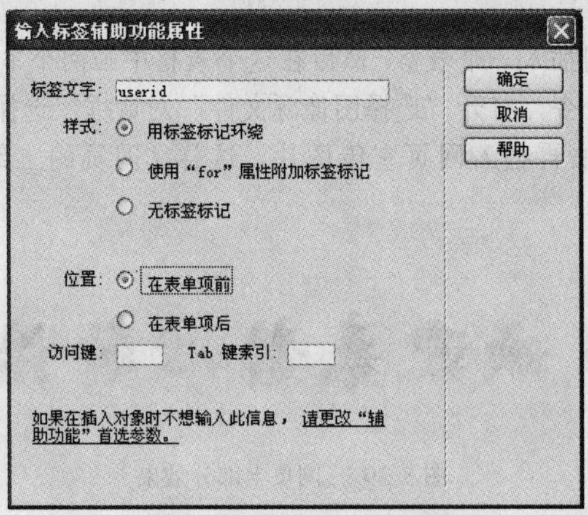

图 5-42　“输入标签辅助功能属性”对话框

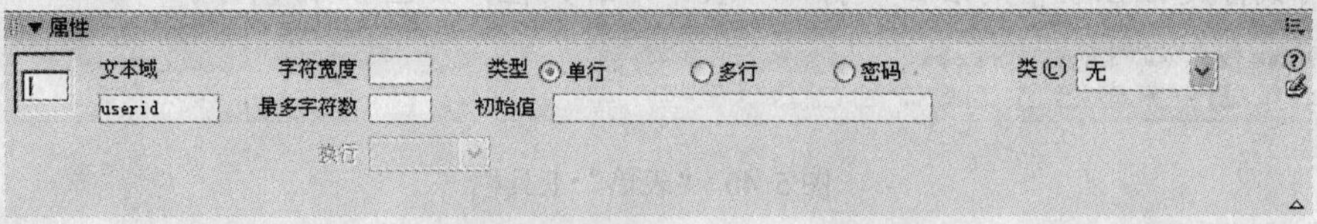

图 5-43　文本区域的“属性”面板参数

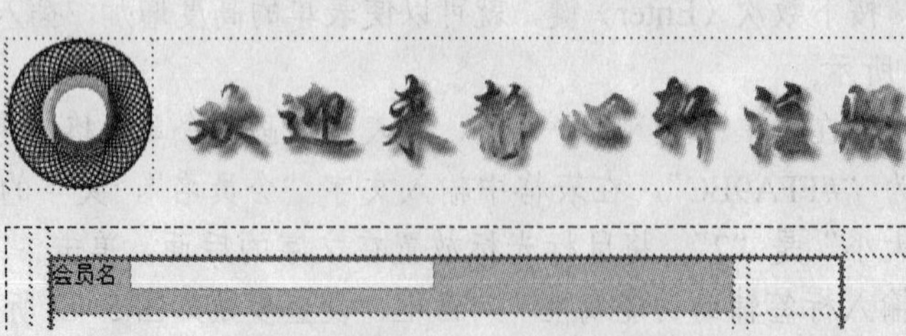

图 5-44　文本区域的效果

5 在前面的单元格的下面再画一个单元格，在工具栏中单击“按钮”按钮，在单元格中插入两个按钮，这两个按钮的“属性”面板参数如图 5-45 所示。插入按钮后的文档效果如图 5-46 所示。

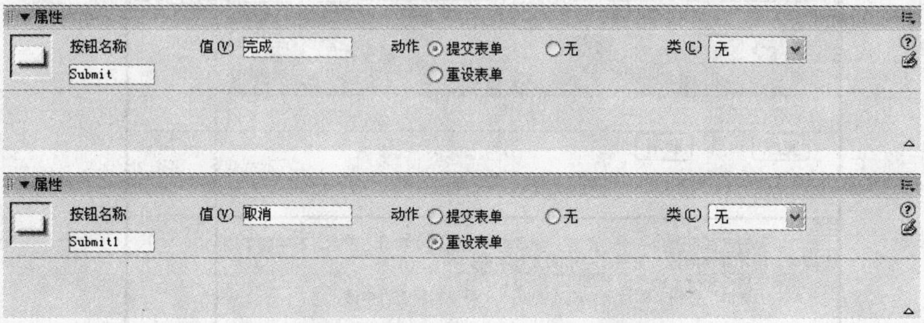

图 5-45　两个按钮的“属性”面板参数

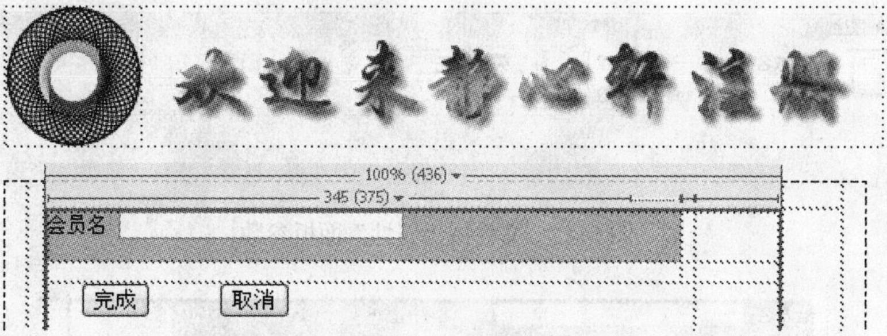

图 5-46　插入按钮后的文档效果

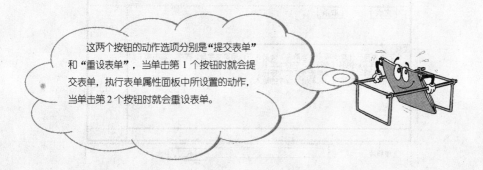

这两个按钮的动作选项分别是**“提交表单”**和**“重设表单”**，当单击第 1 个按钮时就会提交表单，执行表单属性面板中所设置的动作，当单击第 2 个按钮时就会重设表单。

6 在前面的单元格的下面再画一个单元格，输入图 5-47 所示的文字。这样，用户名注册的表单就制作完成。

步骤 3：制作资料的表单

1 在表单下面绘制一个单元格，在表格中输入文字“上传照片”，在“表单”工具栏中单击“文件域”按钮，在文字后制作一个文件域，设置其“属性”面板参数如图 5-48 所示，设置好的文件域效果如图 5-49 所示。

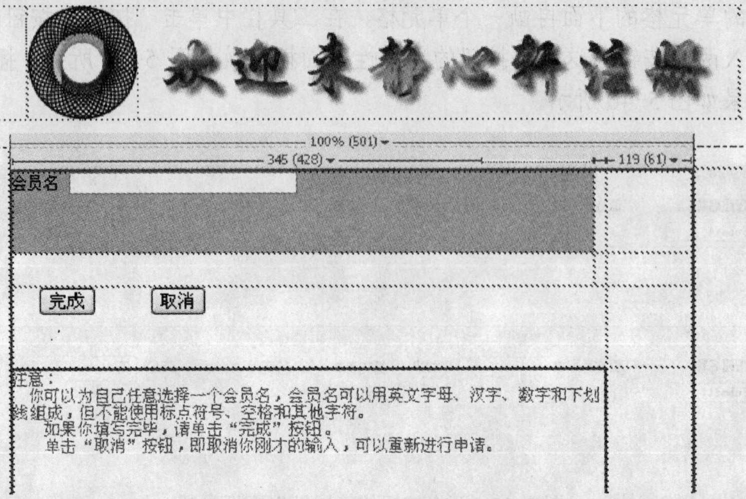

图 5-47　输入文字

图 5-48　文件域“属性”面板参数

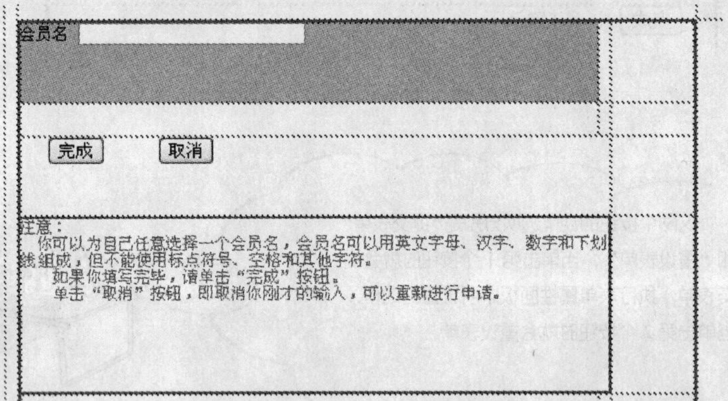

图 5-49　设置好的文件域效果

2 按照前面的文本制作方法，制作一个“选择密码”的文本区域，再隔一行制作一个“出生年份”的文本区域。

3 在两行中间的行中输入文本“请选择你的性别”和“男”、“女”，在工具栏中单击“单选按钮”按钮，在文字“男”、“女”前分别插入一个单选按钮，设置其“属性”面板参数如图 5-50 所示，设置好的单选按钮效果如图 5-51 所示。

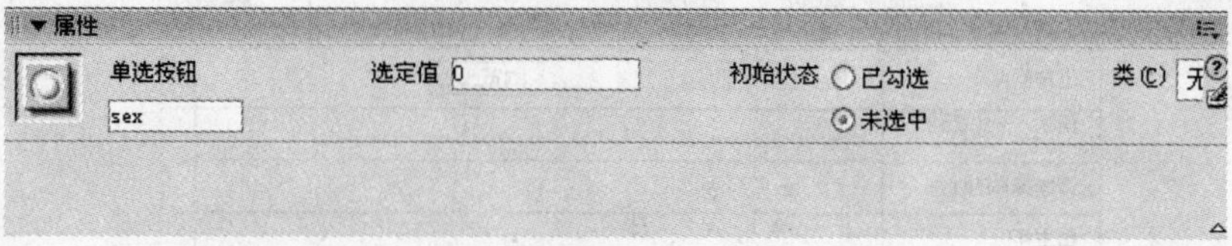

图 5-50　单选按钮的“属性”面板参数

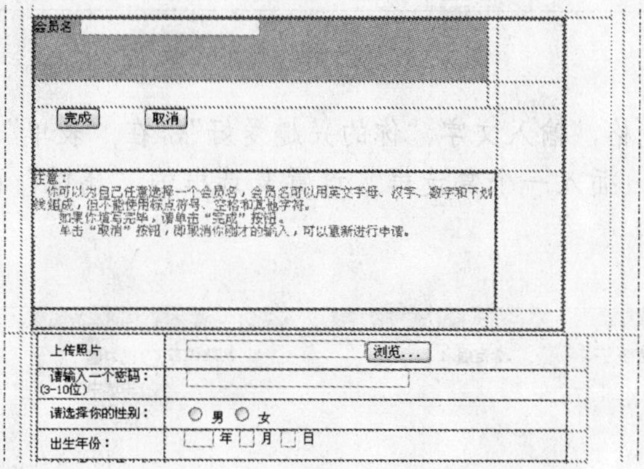

图 5-51　单选按钮的效果

4 在下面再画一个单元格，输入文字“请选择你的最高学历:”，在工具栏中单击“列表/菜单”按钮，插入一个列表/菜单，设置列表/菜单的“属性”面板参数如图 5-52 所示，单击 列表值... 按钮，在弹出的“列表值”对话框中，输入图 5-53 所示的列表值。

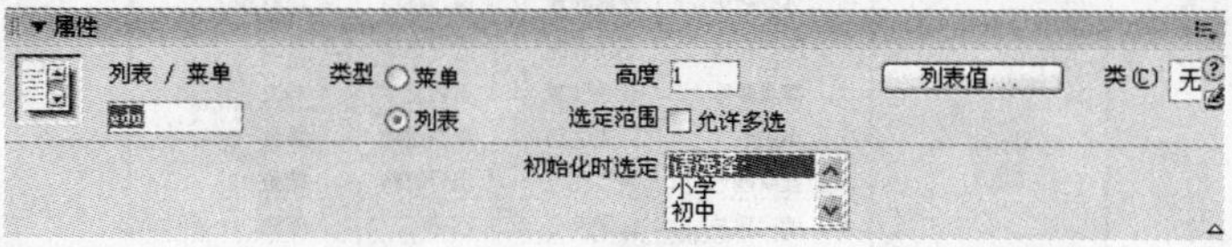

图 5-52　列表/菜单的“属性”面板参数

5 在“列表值”对话框中单击“确定”按钮，就设置好了页面中的下拉列表框，效果如图 5-54 所示。

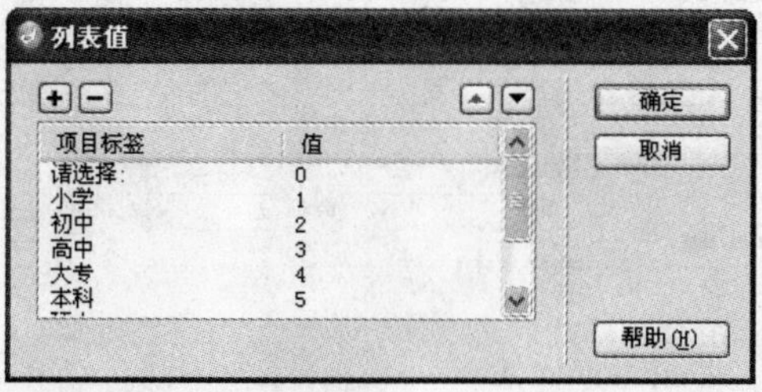

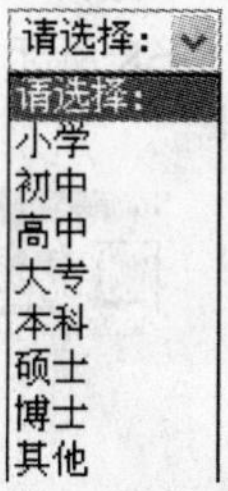

图 5-53　“列表值”对话框　　　　图 5-54　下拉列表框

6 按照前面的方法再插入一个列表/菜单，作为“选择所在省份”的下拉列表框，效果如图 5-55 所示。

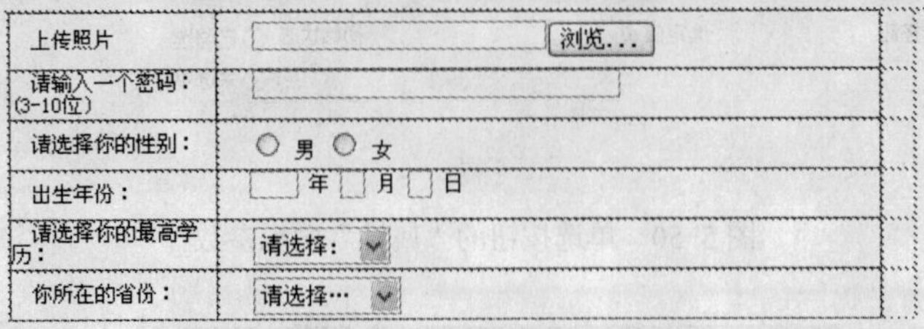

图 5-55　制作好的列表/菜单

7 在下面绘制单元格，输入文字“你的兴趣爱好”，在“表单”工具栏中单击“复选框”按钮☑，插入一个复选框，设置复选框的“属性”面板参数如图 5-56 所示。

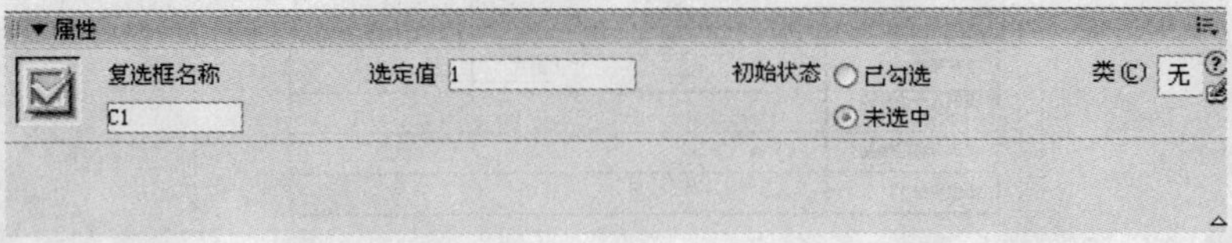

图 5-56　复选框“属性”面板参数

8 按照这种方法设置多个复选框，并在其后输入文字，效果如图 5-57 所示。

图 5-57　复选框的效果

9 选中整个表单，在“属性”面板上的“动作”文本框中，输入文字“a.htm”，这样当单击网页中的“完成”按钮时，就会打开网页 a.htm，表单的“属性”面板参数如图 5-58 所示。

图 5-58　表单的“属性”面板参数

10 至此，用户注册的表单网页页面就制作完成了。保存并导出网页，填入信息后的网页效果如图 5-59 所示。

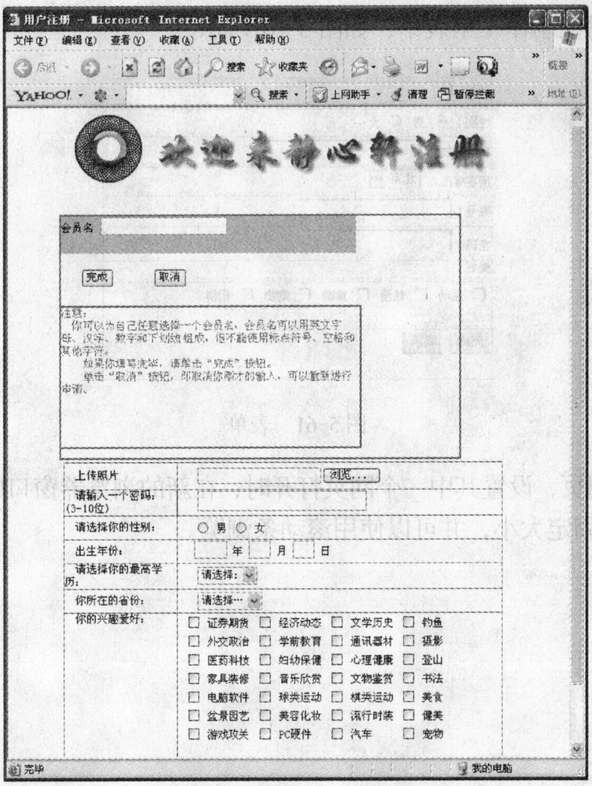

图 5-59　填入信息后的网页效果

第 6 节　练　一　练

1）新建一个鼠标经过图像，使用两个尺寸相同的图像。

2）选择一个图像，使用添加行为的方法，使图像具有“交换图像”的行为，并设置当鼠标经过此图像时，另一图像的变化。

在“交换图像”对话框选择另一图像，为这个图像选择交换图像。

3）为导航栏的按钮添加“弹出菜单”行为，如图 5-60 所示。

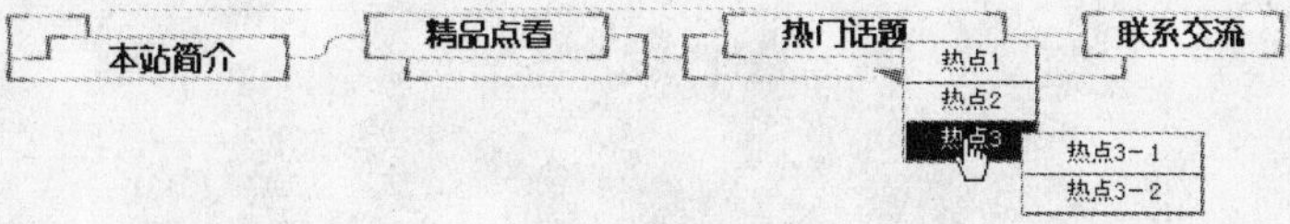

图 5-60　弹出菜单

4）使用表单对象制作一个表单，如图 5-61 所示。

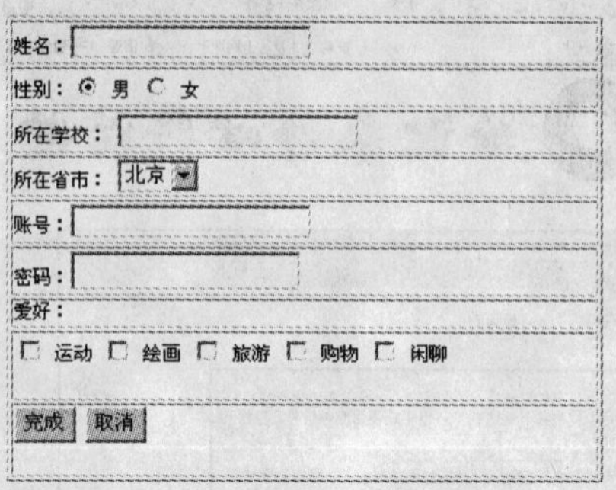

图 5-61　表单

5）打开两个网页，设置其中一个网页打开时，在新的浏览器窗口中打开另一个网页，浏览器窗口设置为固定大小，并可以使用滚动条浏览。

第6章 站点的管理与维护

Dreamweaver CS3 是一个站点创建和管理工具，使用它不仅可以创建单独的文档，创建完整的 Web 站点，还可以直接对远程站点进行维护，上传或下载文件。

在这一章中，会介绍如何利用 Dreamweaver 中的站点管理器创建新站点，同时还将介绍如何在“文件”面板中对站点进行管理。

第 1 节　Dreamweaver 中站点的基础知识

在 Dreamweaver 中，站点的概念既可以是指一个网站，又可以指一个本地网页文件的存储设置。站点实际上就是本地计算机硬盘上的一个目录，站内的文件存放在这个目录之中。

创建一个站点的最常用的方法便是先建立一个文件夹，在这个文件夹中包含了这个站点的所有文件，可以在这个文件夹中创建和编辑文件。

最常用的方法是使用 Windows 自带的资源管理器建立一个站点的计划结构。网站的管理和维护主要涉及站点文件和文件夹的管理、网页链接的管理以及文件的上传与下载等。

Dreamweaver 站点提供一种组织所有与 Web 站点关联的文档的方法。通过在站点中组织文件，可以利用 Dreamweaver 将站点上传到 Web 服务器、自动跟踪和维护链接、管理文件以及共享文件。如要充分利用 Dreamweaver 的站点功能，需要先定义一个站点。

Dreamweaver 站点由 3 部分组成，具体取决于开发环境和所开发的 Web 站点类型。

- 本地文件夹：使用者处理文件的工作目录。Dreamweaver 定义该文件夹作为“本地站点”，它可以设置在本地计算机，也可以放在网络服务器上。
- 远程文件夹：使用者存储文件的位置。这些文件用于测试等，具体取决于开发环境。Dreamweaver 在“文件”面板中定义这个文件夹为“远程站点”，一般此目录建立在远程 Web 服务器上。
- 测试服务器文件夹：Dreamweaver 处理动态页面的文件夹。

Dreamweaver 站点的概念还可以包含以下几种含义。

- Web 站点：储存在 Web 服务器上的一组文件。使用浏览器可以在网络上浏览此站点。
- 远程站点：服务器上组成 Web 站点的文件。这是相对于网页设计者的概念。
- 本地站点：本地计算机上与远程站点上的文件对应的文件。网页设计者可以在本地计算机上编辑网页，然后把网页上传到远程站点。

Dreamweaver CS3 是一个站点创建和管理工具，因此使用它不仅可以创建单独的文档，还可以创建完整的 Web 站点。

第 2 节　建立本地站点

建立一个本地站点时，应当首先了解当前的本地站点是专门为远程站点建立的，因此应该选择与远程站点相同的目录与结构，便于管理和更新。

在建立本地站点时，还应注意不要将一个硬盘分区作为站点根目录，也不要使用程序所在文件夹作为根目录。较好的方法是以网站名字作为文件夹名，在这个文件夹中建立根目录中的文件夹，或是建立一个包括所有正在设计的网站的文件夹。

默认情况下，Dreamweaver CS3 中是没有站点的。此时，在“文件”面板中显示的是本地计算机上的目录结构，如图 6-1 所示。

若要新建一个本地站点，可以单击右侧的“管理站点”按钮或者打开菜单“站点”→“管理站点”命令，弹出“管理站点”对话框，如图 6-2 所示。

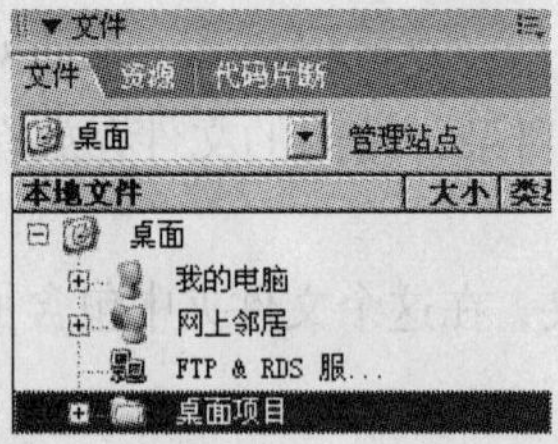

图 6-1　初始“文件”面板

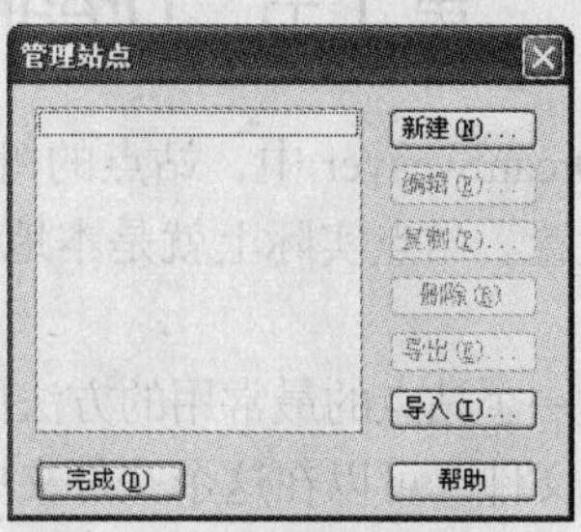

图 6-2　“管理站点”对话框

在“管理站点”对话框中单击“新建”按钮，在弹出的菜单中选择“站点”命令，打开“站点定义为”对话框。或者可以直接通过“起始页”中“创建新项目”一栏的“Dreamweaver 站点”按钮打开。

在对话框中选择“基本”标签，通过站点定义向导可以很轻松地建立一个新的本地站点。

首先，第一步提示输入新建站点的名字，在文本框中输入“浪迹江南”，“浪迹江南”即新建站点的名字，使用时可以根据需要自己定义一个名字，如图 6-3 所示。

定义好站点名字后，单击“下一步”按钮，对话框中显示为“编辑文件，第 2 部分”，在这个步骤可以选择是否使用服务器技术，如图 6-4 所示。

如果是建立一个普通站点可以直接选择“否”；选择“是”时，还需要在下拉菜单中选择采用哪种服务器技术。

想一想

在此选择“否”后，则建立的站点是一个简单的本地站点，与服务器技术无关。想一想，在进行下面的设置时，定义站点根目录路径是什么？

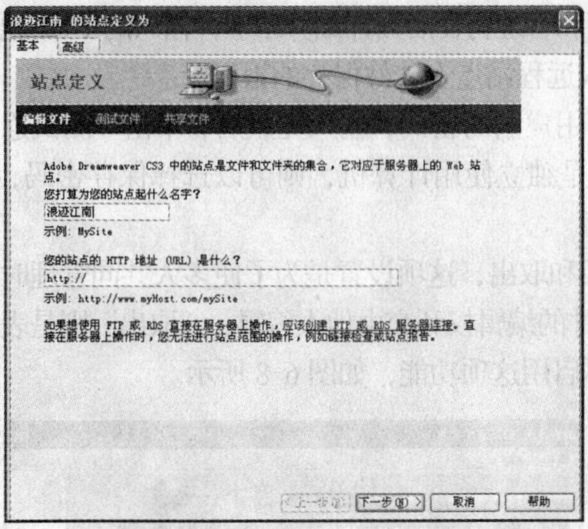

图 6-3　定义站点名字

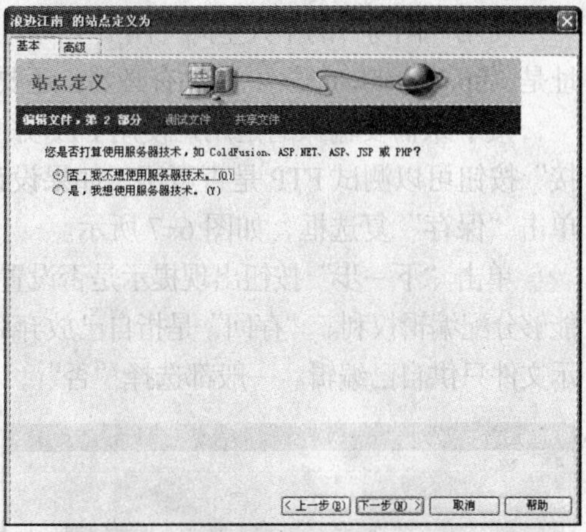

图 6-4　选择是否使用服务器技术

单击“下一步”按钮继续设置，这一步骤用于设置如何编辑文件。

选择在本地编辑文件后上传，则需要设定本地文件存储的位置，即本地文件夹的位置。单击按钮可以选择路径，或者直接在文本框中输入“E:\ljjn\”，如图 6-5 所示。

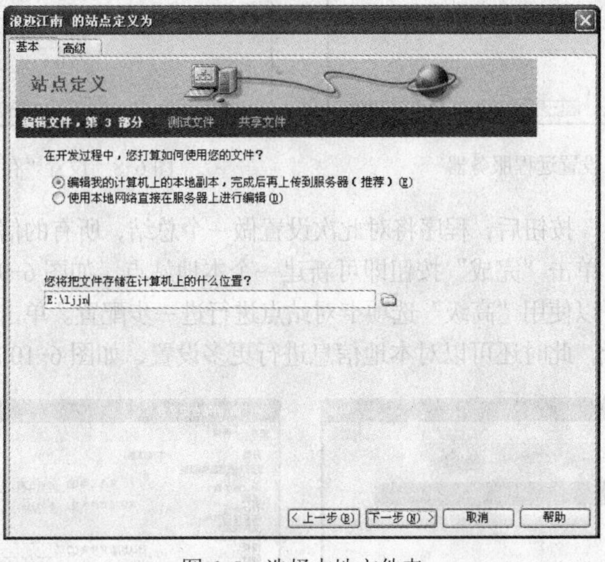

图 6-5　选择本地文件夹

继续单击“下一步”按钮执行下一步骤，此时可以设置如何连接到远程服务器。

一般情况下，都使用 FTP 来维护 Web 站点。在下拉菜单中选择“FTP”，对话框中出现更多设置，如图 6-6 所示。

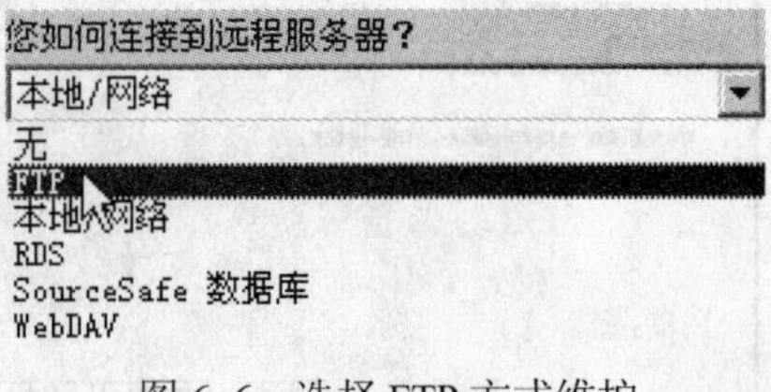

图 6-6　选择 FTP 方式维护

接下来是将 Web 网站的地址或 FTP 的地址输入到文本框中。

使用“网易”的个人空间（网页空间的申请和管理将在后面详细介绍），输入的FTP地址是“ftp.go.nease.net”。如果有必要，还要输入远程站点上文件保存的根目录。

接下来需要输入的是用户使用FTP账号的用户名与密码，输入完成后，单击“测试连接”按钮可以测试FTP是否可用。如果设计者是独立使用计算机，则可以选择保存密码，单击“保存”复选框，如图6-7所示。

单击“下一步”按钮出现提示是否设置存回和取出，这项设置是为了使多人共同管理时能够分配编辑权利。“存回”是指自己放弃对文件的编辑权利交由他人编辑；“取出”则是表示文件只供自己编辑。一般都选择“否”，即不启用这项功能，如图6-8所示。

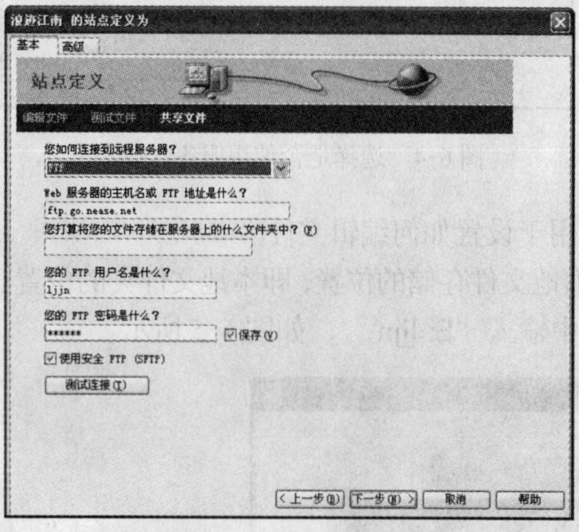

图6-7　设置远程服务器

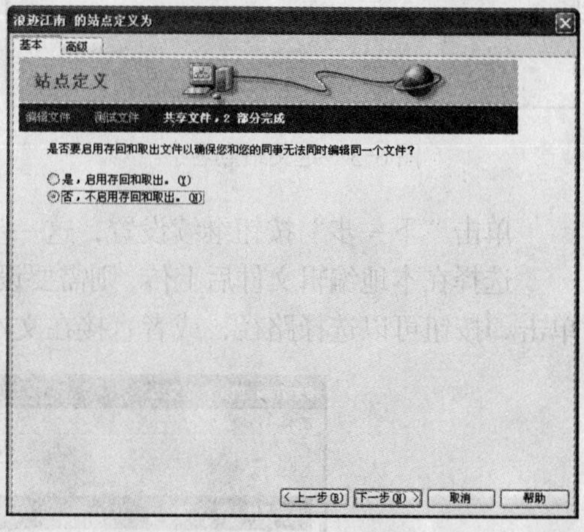

图6-8　设置“存回和取出”

单击“下一步”按钮后，程序将对此次设置做一个总结，所有的信息都被列在对话框中，确认无误后，单击“完成”按钮即可新建一个本地站点，如图6-9所示。

根据提示，可以使用“高级”选项卡对站点进行进一步配置。单击“高级”标签切换到“高级”选项卡，此时还可以对本地信息进行更多设置，如图6-10所示。

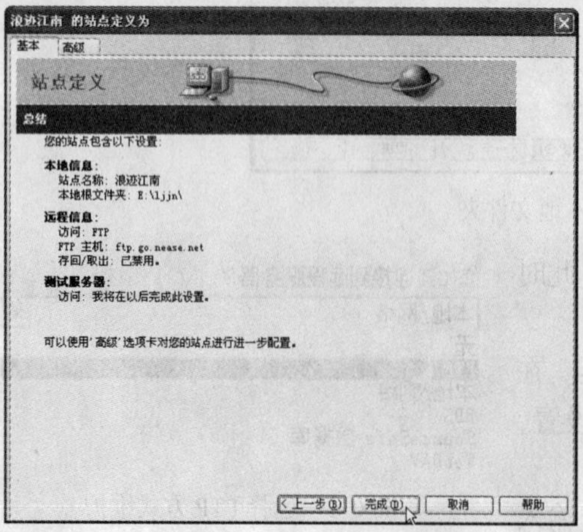

图6-9　总结信息

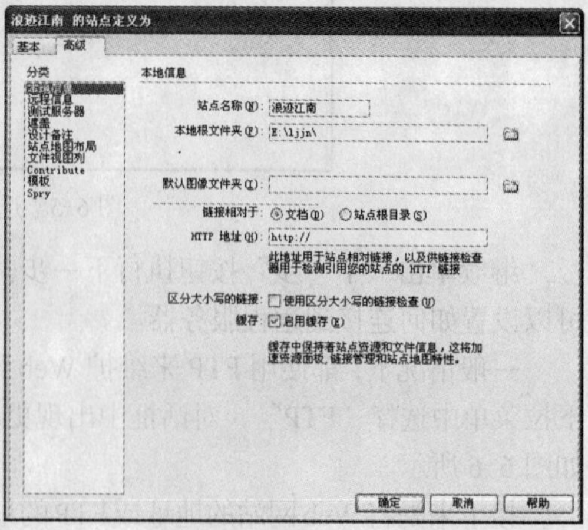

图6-10　站点属性高级设置

第 3 节　向站点中添加内容

在 Dreamweaver 的“文件”面板中可以对站点进行组织和管理，可以对站点的文件和文件夹进行操作。打开“文件”面板，在右边的下拉列表框中选择本地视图，此时在文件面板中可以看到新建的站点，如图 6-11 所示。

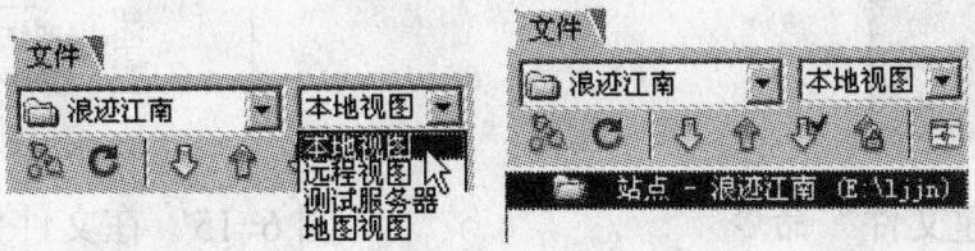

图 6-11　查看新建站点

1．添加文件夹

在“文件”面板中选择新建的站点，用鼠标右键单击，弹出快捷菜单，如图 6-12 所示。

单击“新建文件夹”命令，此时将在所选站点中新建一个文件夹，输入新文件夹的名称，按〈Enter〉键完成添加，如图 6-13 所示。

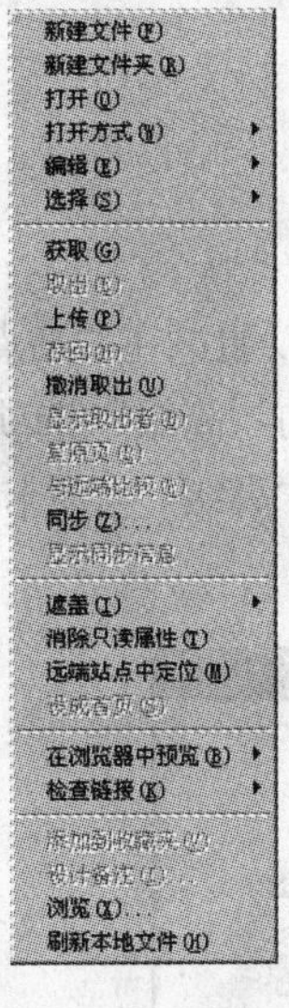

图 6-12　弹出的快捷菜单

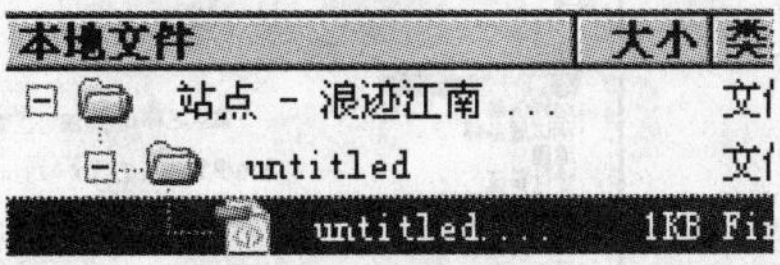

图 6-13　添加新文件夹

站点对应的是本地计算机中“本地根文件夹”设置的目录，添加新的文件夹相当于在本地计算机的根文件夹中新建文件夹，本地计算机中原有的文件夹也将显示在站点中。

选择站点中某一文件夹，单击鼠标右键，在弹出的快捷菜单中选择“新建文件夹”命令，程序将在这个文件夹下创建一个新的文件夹，同样可以对新文件夹进行命名。

2．添加普通网页

在“文件”面板中还可以为本地站点添加普通网页，选择“本地视图”，用鼠标右键单击某一文件夹，在弹出的快捷菜单中选择“新建文件”命令，如图 6-14 所示。

在选定的文件夹中出现一个新文件，输入文件名，按〈Enter〉键确认，如图 6-15 所示。

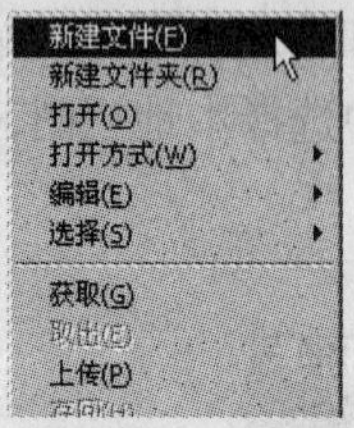

图 6-14　选择“新建文件”命令

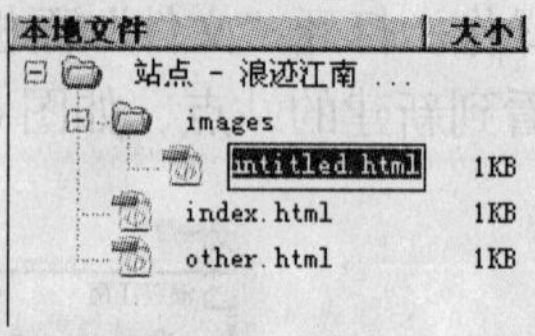

图 6-15　在文件夹中添加普通网页

如果选定的是一个文件，添加一个普通网页，新建的文件将和选定的文件在同一目录下，如图 6-16 所示。

在站点中添加普通网页也可以直接在本地计算机中完成。

直接在 Windows 中打开站点对应的“本地根文件夹”，在这个文件夹中添加普通网页，在“文件”面板中便会出现添加的内容。

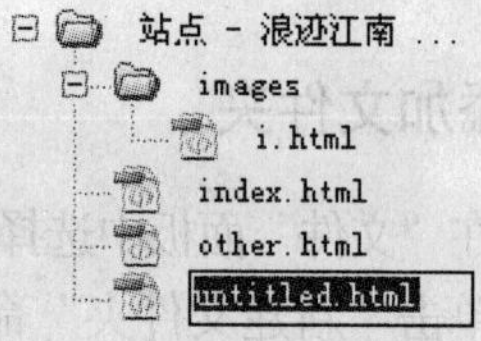

图 6-16　在同一目录下添加普通网页

使用这种方法还可以添加其他内容到站点中。

3. 设置主页

在“文件”面板中可以设置本地站点的主页，设置的主页可以通过在“站点定义”中定义的“HTTP 地址”访问。“HTTP 地址”可以在“站点定义”的“高级”选项卡中定义。

如果站点拥有一个可以访问到的域名，新建站点时，可以在“高级”选项卡中的“HTTP 地址”中输入 HTTP 地址，如图 6-17 所示。

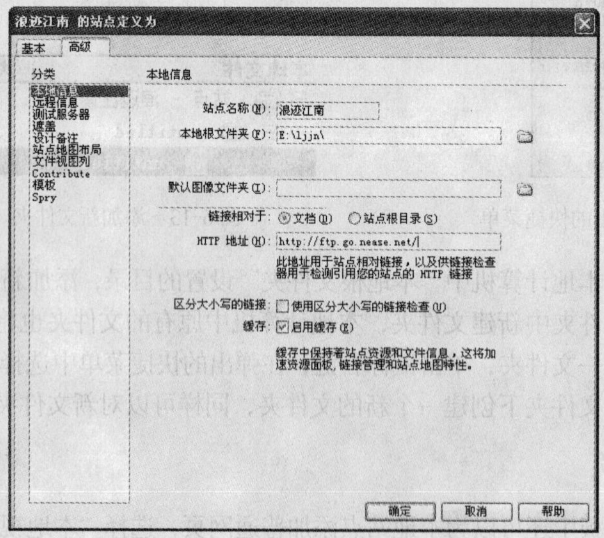

图 6-17　设置“HTTP”地址

输入可以访问到站点主页的地址，单击“确定”按钮，这个地址将启用链接检查器检测引用本地站点的 HTTP 链接。

在“文件”面板中选择要设为主页的文件，单击鼠标右键，在弹出的快捷菜单中选择“设成首页”，单击此命令将选定的文件设为主页，如图 6-18 所示。

设置主页同样可以在“站点定义”中进行，选择“高级”选项卡，在左侧分类中单击选择“站点地图布局”，在右侧选项区的“主页”文本框中输入要设成主页的文件的路径，如“E:\ljjn\index.htm”，或者通过 按钮浏览计算机中的文件，选择适当的文件。单击“确定”按钮后即可将选择的文件设置为主页，如图 6-19 所示。

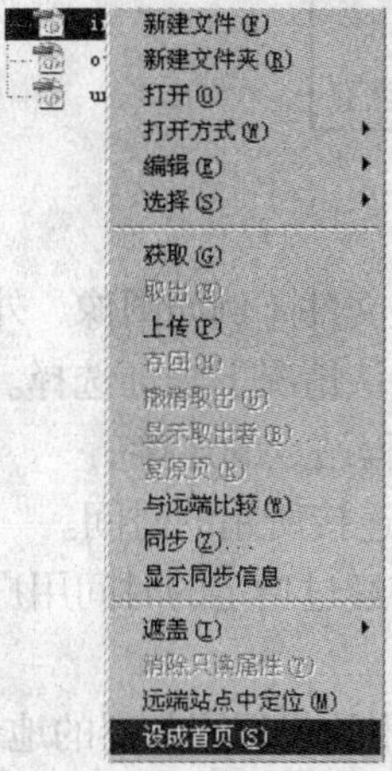

图 6-18　选择“设成首页”命令

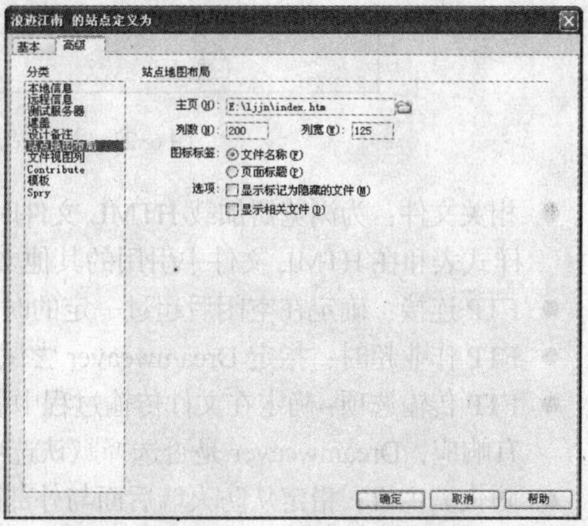

图 6-19　从站点地图中设置主页

4. 管理文件和文件夹

“文件”面板中对文件和文件夹的操作和在 Windows 下的操作类似。鼠标右键单击某一文件或文件夹，在弹出的快捷菜单中可以对文件或文件夹执行操作，如图 6-20 所示。

若要在 Dreamweaver 中打开文件，可以双击文件名或在快捷菜单中单击“打开”命令。

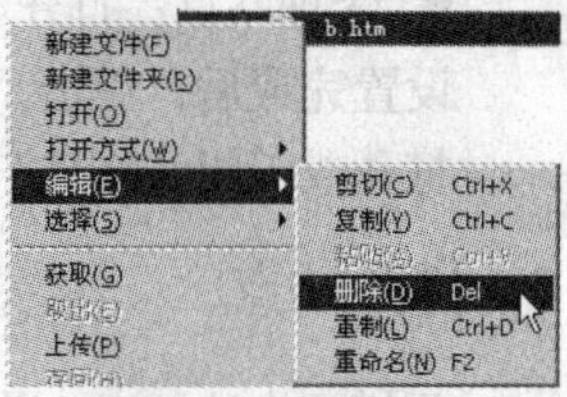

图 6-20　编辑文件

使用“编辑”菜单中的命令，可以对文件或文件夹执行“剪切”、“复制”、“粘贴”、“删除”等操作。使用“重制”命令可以在文件的同一目录下复制一份拷贝，对任意一个文件或文件夹都可以使用“重命名”命令进行命名。

5. 管理本地站点

管理本地站点的主要方法是利用“文件”面板。首先，可以设置“文件”面板的“首选参数”，如图 6-21 所示。“首选参数”主要有以下一些选项。

- 总是显示：指定始终显示哪个站点（远程或本地），以及本地和远程文件显示在“文件”面板窗格（左或右）中。默认情况下，本地站点始终显示在右侧。未被选择的那个窗格是可更改窗格，可以显示另一个站点的站点地图或文件。

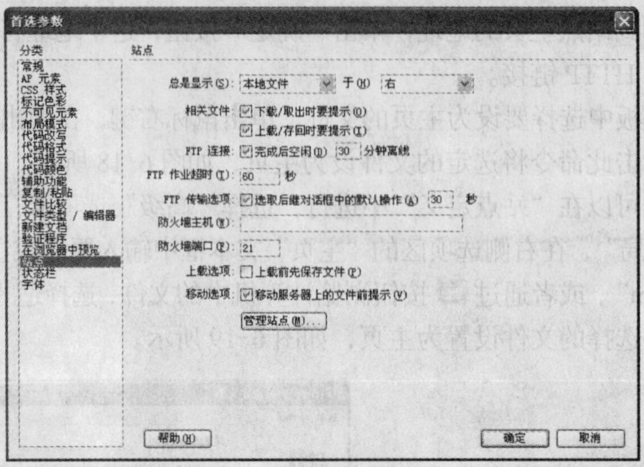

图 6-21　设置站点首选参数

- 相关文件：为浏览器加载 HTML 文件时传输它加载的相关文件（例如图像、外部样式表和在 HTML 文件中引用的其他文件）显示提示。默认情况下全部选择。
- FTP 连接：确定在空闲后超过一定的时间，是否终止与远程站点的连接。
- FTP 作业超时：指定 Dreamweaver 尝试与远程服务器进行连接所用的时间。
- FTP 传输选项：确定在文件传输过程中显示对话框时，如果经过指定的时间用户没有响应，Dreamweaver 是否选择默认选项。
- 防火墙主机：指定从防火墙后面与外部服务器连接时所使用的代理服务器的地址。
- 防火墙端口：指定通过防火墙中的哪个端口与远程服务器相连。如果不使用 FTP 的默认端口 21 进行连接，则需要在此处输入端口号。
- 上载选项：选择在将文件上载到远程站点前，是否自动保存未保存的文件。
- 管理站点：打开“管理站点”对话框，编辑现有的站点或创建新站点。

设置完成后，单击“确定”按钮将修改应用到“文件”面板。

打开或关闭“文件”面板可以使用菜单“窗口”→“文件”命令。

6. 打开站点

要打开本地站点，首先，在“文件”面板中左侧下拉菜单中选择此站点，再在右侧下拉菜单中选择“本地视图”，此时在目录中显示本地站点，单击站点名前面的“+”号可以打开站点，如图 6-22 所示。也可以单击鼠标右键，在弹出的菜单中选择“打开”命令打开此站点，如图 6-23 所示。

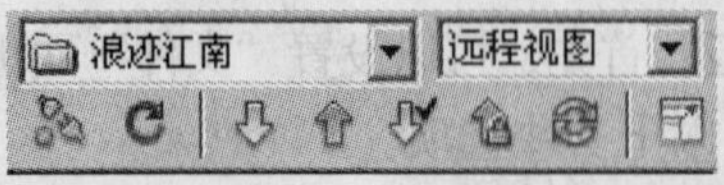

图 6-22　打开本地站点

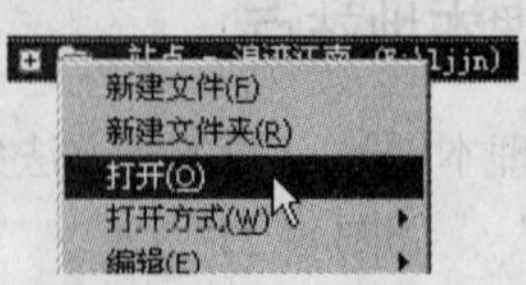

图 6-23　直接打开站点

“文件”面板还可以进行扩展，单击面板中的“展开以显示本地和远端站点”按钮 ，打开站点扩展管理窗口，如图 6-24 所示。

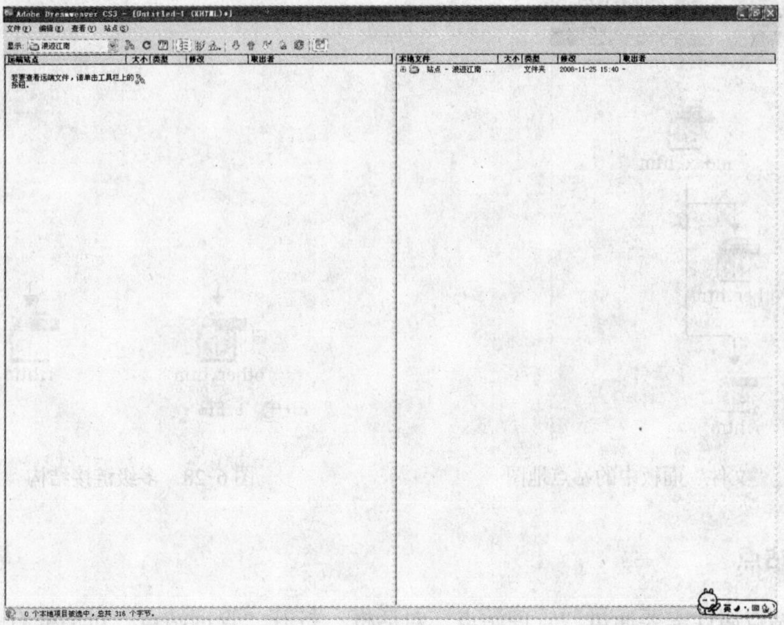

图 6-24　扩展文件面板

扩展面板中有几个特殊的选项按钮。

- ：显示站点文件。
- ：在另一窗格中显示远程站点文件。
- ：显示站点地图，可以选择仅显示地图或显示地图和文件，如图 6-25 所示。

站点地图中显示的是站点文件的链接结构，设置了主页后，主页将显示在地图的最上一层。站点中的链接结构围绕主页进行布局，通过站点的地图可以清晰地查看各文件的链接关系，如图 6-26 所示。

图 6-25　显示地图

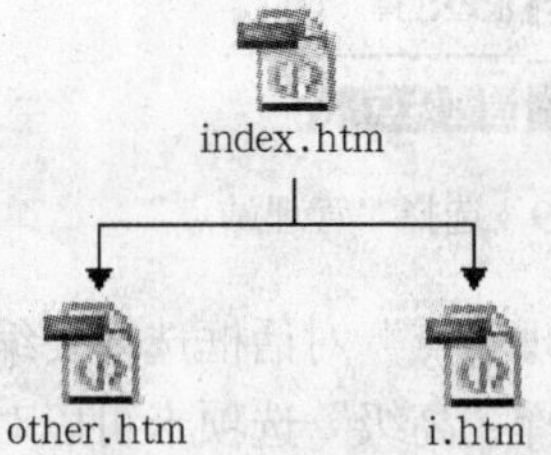

图 6-26　站点地图

在“文件”面板中也可以直接打开站点地图，从右侧的下拉菜单中选择“地图视图”。如图 6-27 所示。

站点地图中可以显示多个级别深度的站点结构，单击文件名左侧的“+”或“-”可以打开或隐藏下一级链接，如图 6-28 所示。

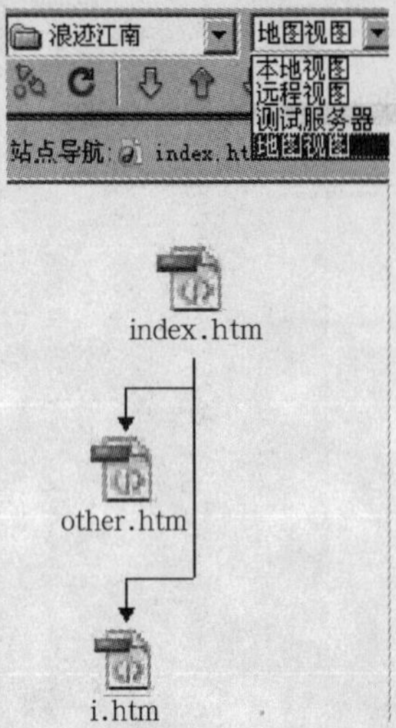

图 6-27 “文件”面板中的站点地图

图 6-28 多级链接结构

7. 编辑站点

编辑站点属性需要通过“管理站点”对话框，打开“管理站点”对话框有多种方法。

- 选择菜单“站点”→“管理站点”命令。
- 在“首选参数”的“站点”分类中，单击“管理站点”按钮。
- 在“文件”面板左侧的下拉菜单中选择“管理站点”，如图 6-29 所示。

“管理站点”对话框如图 6-30 所示。

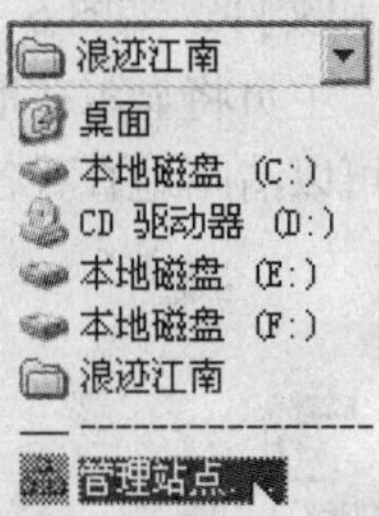

图 6-29 选择“管理站点”

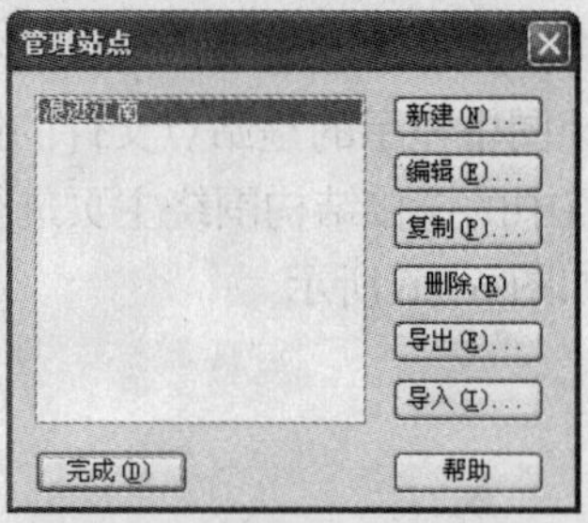

图 6-30 “管理站点”对话框

在“管理站点”对话框选择要编辑的站点，单击“编辑”按钮，打开“站点定义为”对话框，选择“高级”选项卡可以对站点进行更多定义。

在“管理站点”对话框中还可以新建站点，单击“新建”按钮，可以按照前面介绍的内容新建一个本地站点。

对站点可以进行“复制”或“删除”操作，也可以将站点的设置导出为站点设置文件，单击“导出”按钮，弹出对话框，如图 6-31 所示。

单击“确定”按钮，将站点设置导出为站点设置文件，此文件还可以通过“导入”命令导入为本地站点。

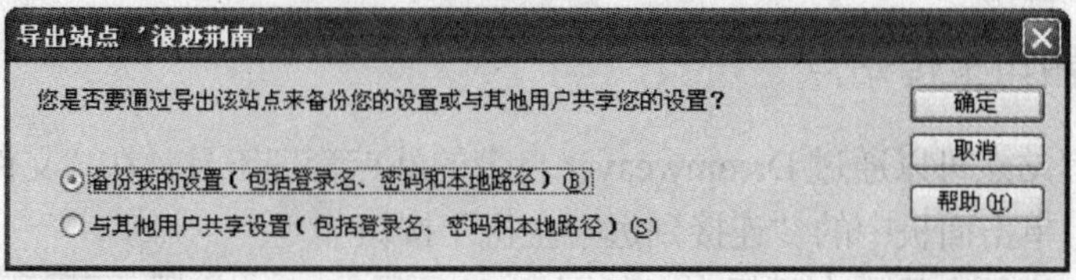

图6-31　导出站点设置

第4节　发 布 站 点

为了让人们能在 Internet 上访问到制作好的站点，需要将站点发布到 Internet 上，发布站点需要有一个可以存放的服务器。

1．设置远程站点

在“站点定义”中可以对远程站点的信息进行设置，打开站点管理器，选择编辑站点，在“高级”选项卡中选择“远程信息”分类，如图 6-32 所示。

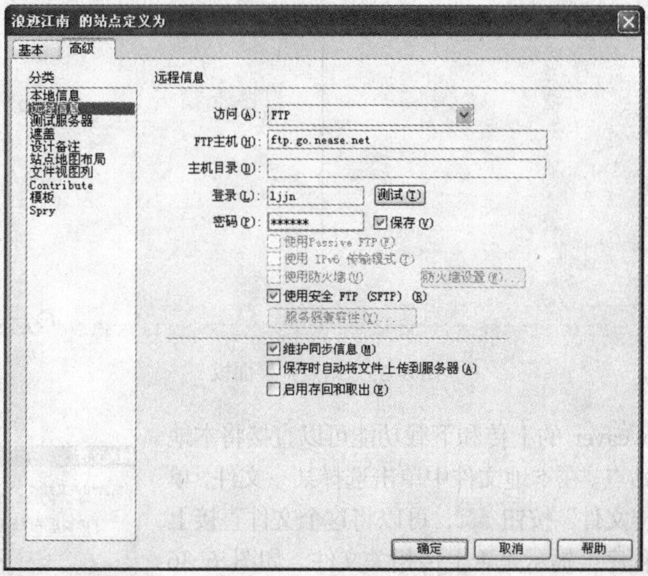

图6-32　定义远程信息

可以选择访问远程站点的方式，在“访问”下拉菜单中有多个选项，如图 6-33 所示。

图6-33　选择访问方式

一般选择“FTP”的方式维护远程站点，这样通过 FTP 工具即可访问和维护远程站点文件夹。“FTP”方式中需要设置的内容有“FTP 主机”、“主机目录”、“登录”、“密码”等，通过“测试”按钮可以测试 FTP 主机是否可以连接。

2. 连接服务器与上传站点

连接到远程站点可以通过 Dreamweaver 自带的站点管理工具，在“文件”面板中选择“远程视图”，单击面板中的“连接到远端主机”按钮，远程服务器的内容便会显示在面板中，如图 6-34 所示。

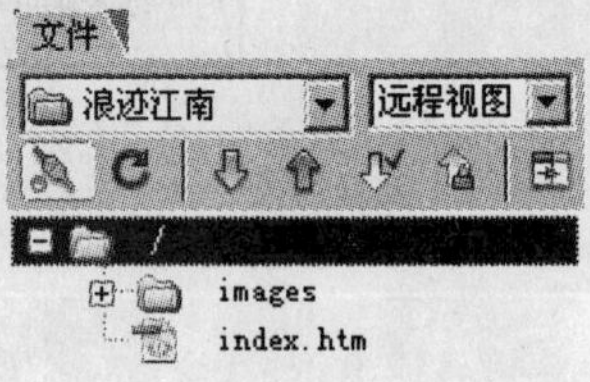

图 6-34　连接到远程站点

如果使用 Dreamweaver 不能够正常连接远程主机，可以使用其他 FTP 工具连接。

单击“展开以显示本地和远端站点”按钮，打开站点扩展管理面板。选择“站点文件”按钮可以同时查看远程站点和本地文件，如图 6-35 所示。

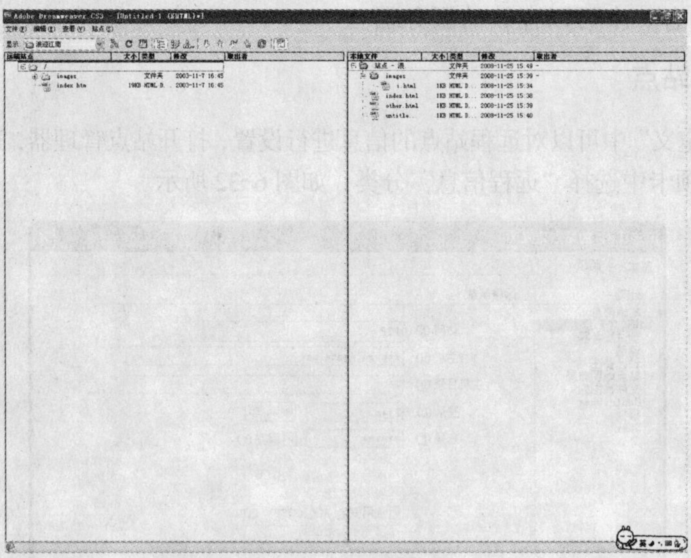

图 6-35　站点扩展面板

使用 Dreamweaver 的上传和下载功能可以直接将本地文件上传到远程站点。在本地文件中单击选择某一文件，单击面板中的“上传文件”按钮，可以将这个文件直接上传到远程站点。程序会提示是否上传相关文件，如图 6-36 所示。

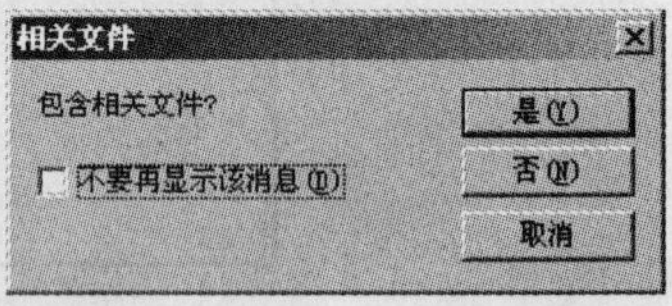

图 6-36　“相关文件”对话框

单击“是”选择将相关文件上传。还可以按住〈Ctrl〉键或〈Shift〉键选择多个文件和文件夹同时上传。全部文件上传完毕后，便可以通过 Internet 访问这个远程站点了。

第 5 节　实战演练——管理站点

本章实战演练，将通过实际操作熟悉如何在 Dreamweaver CS3 中管理站点。

1）运行 Dreamweaver，单击“站点”→“管理站点”命令，打开“管理站点”对话框，如图 6-37 所示。

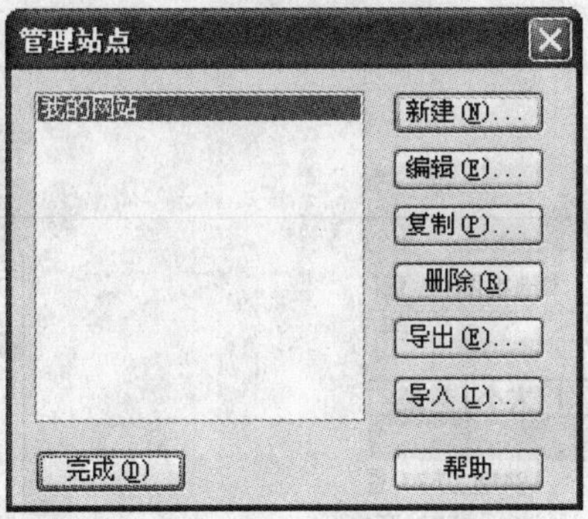

图 6-37 “管理站点”对话框

2）可以通过单击“新建”按钮新建一个站点，也可以单击“编辑”按钮编辑当前所选站点，如图 6-38 所示。

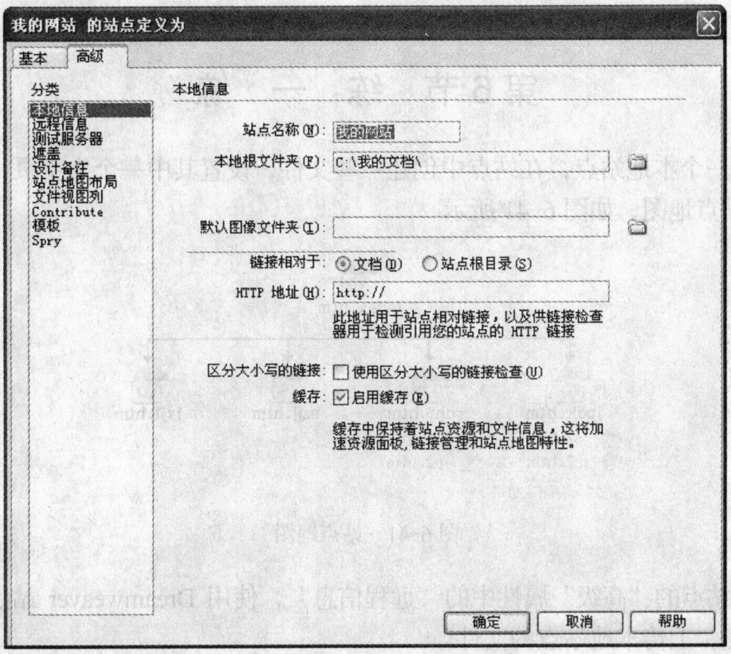

图 6-38 编辑站点

3）单击“窗口”→“文件”命令，或者按〈F8〉键，打开“文件”面板，可以管理站点文件，如图 6-39 所示。

4）在面板中选择当前站点的“本地视图”，在文件夹中用鼠标右键单击可以打开快捷菜单，用来编辑站点的文件以及设置首页等，如图 6-40 所示。

图 6-39 “文件”面板

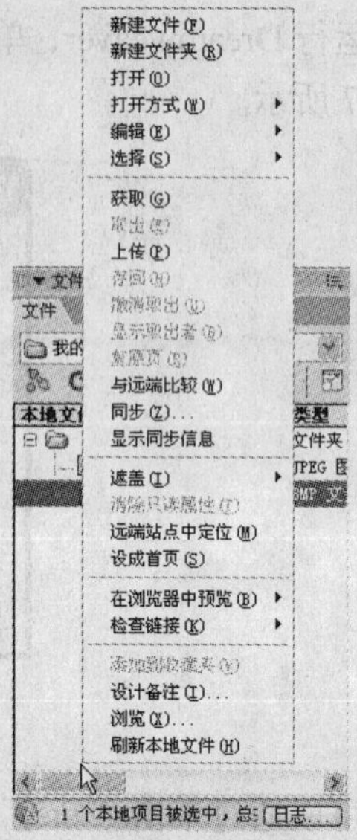

图 6-40 站点文件夹管理

第 6 节 练 一 练

1）新建一个本地站点，在站点中创建一些文件，设置其中一个为主页，在站点扩展面板中建立站点地图，如图 6-41 所示。

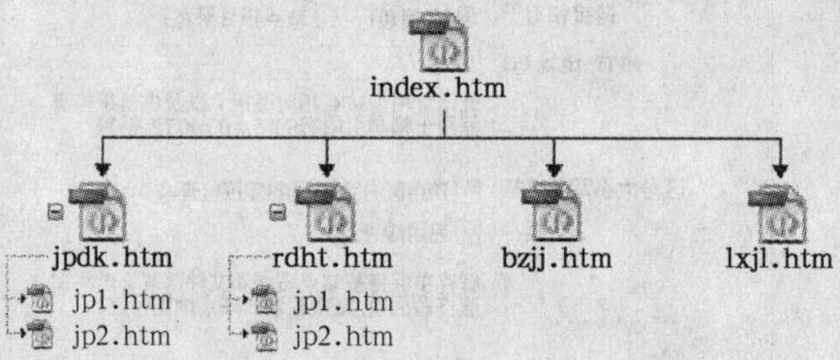

图 6-41 站点地图

2）设置站点的“高级”属性中的“远程信息”，使用 Dreamweaver 站点自带的工具连接远程站点，上传本地站点的文件。

第 7 章 Fireworks CS3入门

使用 Fireworks，可以在一个专业化的环境中创建和编辑网页图形、对图形进行动画处理、添加高级交互功能以及优化图像。本章将简单介绍 Fireworks CS3。

第 1 节 Fireworks CS3 功能简介

Fireworks 是一个创建、编辑、设计和制作专业化网页图形的多功能应用程序，可以使用 Fireworks 创建和编辑位图和矢量图像，设计网页效果（如变换图像和弹出菜单），修剪和优化图形以减小其文件大小，以及通过使用重复性任务自动进行来节省时间。

在完成文档后，可以将其导出或另存为 JPEG 文件、GIF 文件或其他格式的文件，与包含 HTML 表格和 JavaScript 代码的 HTML 文件一起使用。如果想继续使用其他应用程序（如 Photoshop 或 Flash）编辑该文档，还可以导出对应于应用程序的文件类型。

Fireworks 与多种产品集成在一起，包括 Adobe 公司的其他产品（如 Dreamweaver、Flash、FreeHand 和 Director）和其他图形应用程序及 HTML 编辑器，从而提供了一个真正集成的 Web 解决方案。利用为 HTML 编辑器自制的 HTML 和 JavaScript 代码，可以轻松地导出 Fireworks 图形。

Fireworks CS3 启动界面如图 7-1 所示。

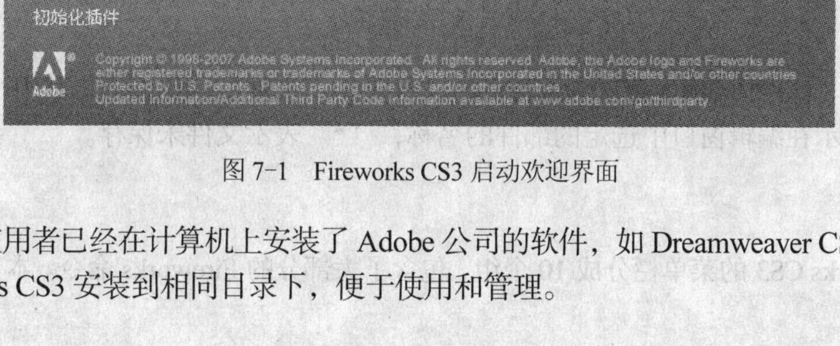

图 7-1 Fireworks CS3 启动欢迎界面

如果使用者已经在计算机上安装了 Adobe 公司的软件，如 Dreamweaver CS3，则可以将 Fireworks CS3 安装到相同目录下，便于使用和管理。

第2节 Fireworks CS3 工作环境

Fireworks CS3 中新增的“起始页”随 Fireworks 的运行打开，如图 7-2 所示。

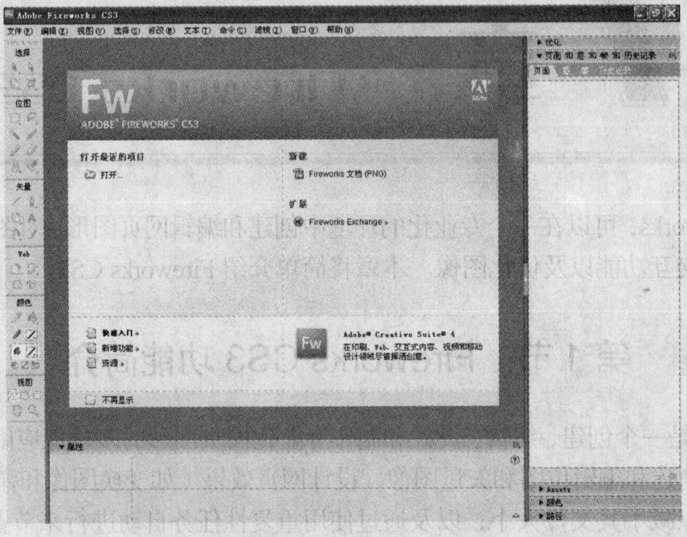

图 7-2 程序界面与起始页

“起始页”包含以下几个部分。

- 打开最近的项目：使用时可以方便地编辑曾经编辑过的文件，或通过“打开”按钮打开需要的文件。
- 新建：提供新建“Fireworks 文件”的按钮。
- 扩展：Adobe 的扩展功能。
- 帮助部分：使用者可以方便地从网络中获得学习 Fireworks 快速教程等。

1. 标题栏

Adobe Fireworks CS3 的标题栏功能和 Adobe 公司的其他产品类似，都具有一些公共的构成部分，如控制菜单图标和控制按钮等。

Fireworks 的标题栏和 Dreamweaver 不同之处在于标题部分，如图 7-3 所示。

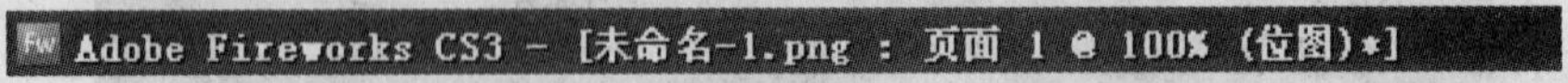

图 7-3 标题部分

中括号（[]）中的内容依次为文件名、文件类型、文件显示比例等，其中小括号（()）中的内容表示在编辑窗口中选定的部件的名称，“*”表示文件未保存。

2. 菜单栏

Fireworks CS3 的菜单栏分成 10 个组，包含了大部分的 Fireworks 命令。本节简单介绍菜单栏各主菜单的组成及功能。

- “文件”菜单：除了包含普通“文件”菜单的基本命令如“新建”、“打开”、“保存”、“另存为”等，Fireworks“文件”菜单中还包含一些特殊的命令，如用于导入图像的“导入”命令、将编辑的内容导出成各种格式的“导出”命令等。菜单中还有一些用于预览或是页面设置的命令。
- “编辑”菜单：同样包含常用的“剪切”、“复制”、“粘贴”、“撤销”和“插入”等，Fireworks“编辑”菜单中包含一些特殊的复制和粘贴的方式，如“作为矢量复制”、“粘贴为蒙版”等。“编辑”菜单中还提供 Fireworks“首选参数”命令，可以打开“首选参数”对话框。还可以通过“快捷键”命令编辑快捷键。
- “视图”菜单：Fireworks 的“视图”菜单主要提供一些“放大”、“缩小”或者按比例缩放的命令，主要用于编辑窗口的视图效果设置。还可以使用“标尺”、“网格”、“辅助线”等辅助工具。
- “选择”菜单：提供对对象的各种不同选择方法，以及对选取框的一些操作。
- “修改”菜单：包含对组件的多种修改命令，可以修改“画布”，编辑制作“动画”、“元件”、“弹出菜单”等，还提供了“变形”、“排列”、“对齐”等操作。
- “文本”菜单：对文本操作的各种命令，包括“字体”、“大小”、“样式”、“对齐”等，还提供“拼写检查”的命令。
- “命令”菜单：一些特殊的命令，包括“运行脚本”、“数据驱动图形向导”和“调整所选对象大小”等。
- “滤镜”菜单：各种滤镜命令，如“杂点”、“模糊”、“锐化”等。
- “窗口”菜单：所有窗口和面板的控制命令，可以用于打开或关闭面板及面板管理。
- “帮助”菜单：Fireworks 的各种帮助命令。

熟悉菜单栏的使用对于熟悉 Fireworks 的使用有很大的帮助，必要的时候可以查看一下所有的命令以及命令的分布等。

3. 工具栏

Fireworks CS3 带有两种工具栏，一种是“主要”工具栏，另一种是“修改”工具栏，分别可以通过菜单“窗口”→“工具栏”→“主要”或“修改”命令打开或关闭。

- “主要”工具栏：其功能从左向右分别为“新建”、“打开”、“保存”、“导入”、“导出”、“打印”、“撤销”、“重做”、“剪切”、“复制”、“粘贴”等共 11 个按钮，如图 7-4 所示。

图 7-4 “主要”工具栏

- “修改”工具栏：对图形对象的一些修改命令，集成了“修改”菜单的部分操作，共分为 4 组按钮，如图 7-5 所示。

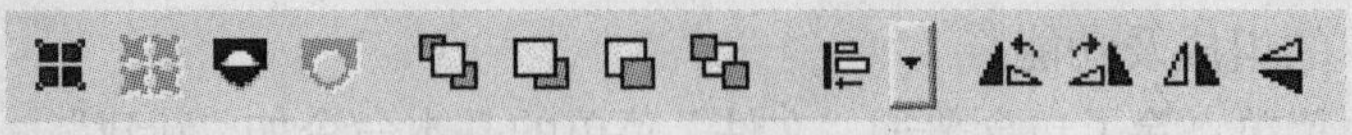

图 7-5 “修改”工具栏

第 1 组中有“组合”、“取消组合”、“合并”和“拆分”4 个按钮。“组合”命令是指将多个对象组合当做一个对象进行操作；“合并”命令是将多个路径对象合并成单个路径对象。

第 2 组中有“移到最前”、“前移”、“置后”和“移到最后”4 个按钮。这些命令用于移动对象在同一层中的相对位置。

第 3 组是一个下拉选择按钮，用于多个对象的对齐。可以选择多种对齐方式，如“左对齐”、“垂直轴居中”、“右对齐”、“按宽度分散对齐”等。

第 4 组中有“旋转 90°逆时针”、“旋转 90°顺时针”、“水平翻转”和“垂直翻转”4 个按钮。这些命令用于对象的翻转。

4．编辑窗口

Fireworks CS3 的文档对象都是在编辑窗口进行编辑操作的。

编辑窗口位于程序界面的正中间，可以分成 4 个部分：标题、预览、窗口和状态栏，如图 7-6 所示。

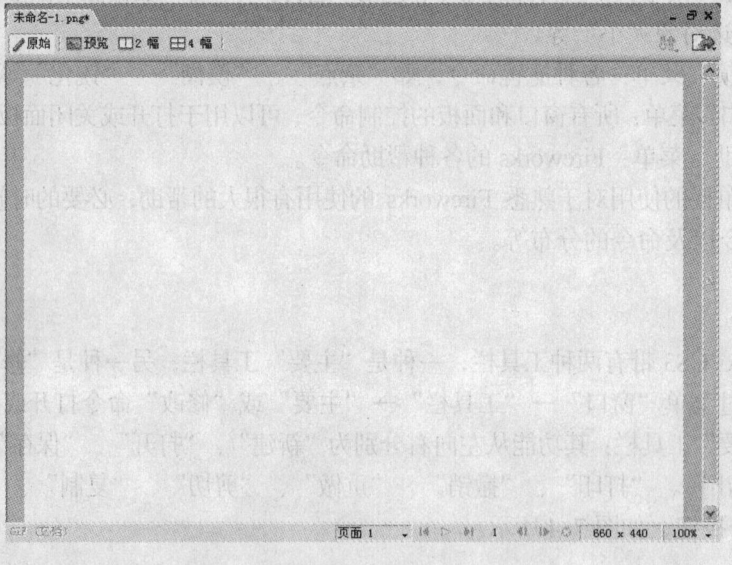

图 7-6　编辑窗口

（1）标题

标题部分包括文档选择器和窗口控制按钮，文档选择器的功能和 Dreamweaver 中的文档选择器功能类似，其中显示的“.png”是 Fireworks 文档的后缀。

（2）预览

预览部分左侧包含 4 个预览选项，分别为“原始”、“预览”、“2 幅”和“4 幅”，如图 7-7 所示。选择“2 幅”或“4 幅”预览时可以看到不同情况下的预览效果。

图 7-7　预览选项

右侧有一个“快速导出”按钮，用于将 Fireworks 文档导出为其他形式。单击此按钮可以打开选择菜单，如图 7-8 所示。

（3）窗口

窗口中的主要内容是画布，在这里可以设置画布的属性或者在画布上编辑图像。编辑图像时可以使用多种作图命令，在画布的范围内操作。

在画布内用鼠标右键单击弹出快捷菜单也可以对画布进行操作，如图 7-9 所示。

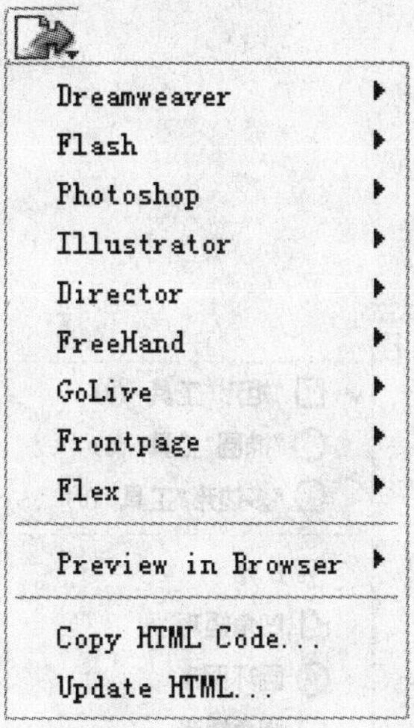

图 7-8　快速导出菜单

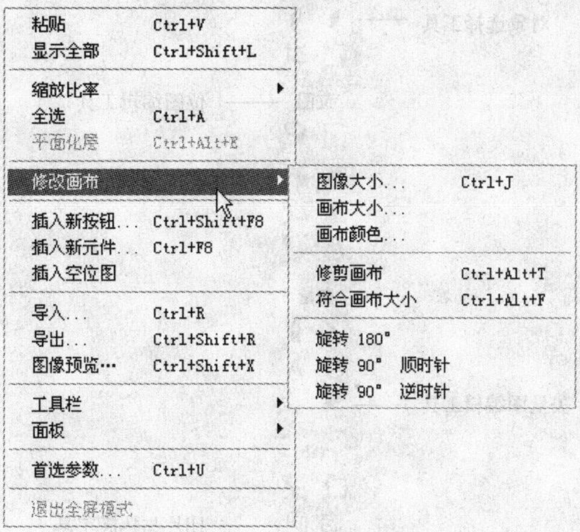

图 7-9　修改画布的快捷菜单

Fireworks 大部分的编辑工作都是在这个窗口中进行。

（4）状态栏

Fireworks CS3 的文档状态栏位于编辑窗口的底部，用于显示文档的部分属性及状态，如图 7-10 所示。

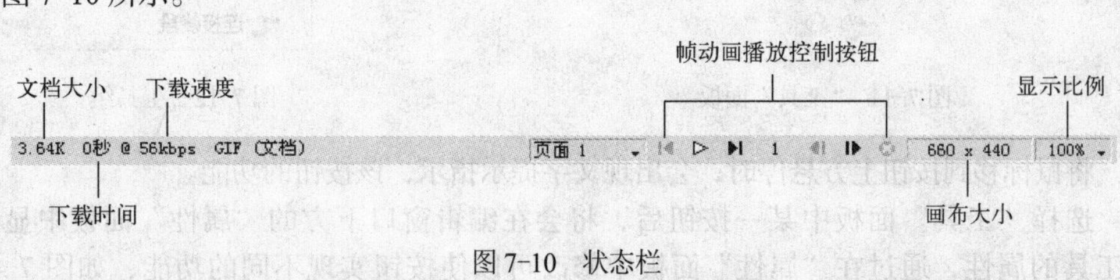

图 7-10　状态栏

左侧显示内容依次为文档大小、下载时间、下载速度、文档类型。单击显示比例的向下箭头▼可以选择不同比例显示画布。

帧动画播放按钮的使用将在后面的帧动画制作中具体介绍。

5. 工具面板

默认情况下，Fireworks CS3 的工具面板位于编辑窗口的左侧，共分成 6 个部分，分别为“选择”、“位图”、“矢量”、“Web”、“颜色”和“视图”，各有若干功能按钮，如图 7-11 所示。

在“工具”面板中，有很多带有向下箭头（▼）的按钮，这些按钮实际上是一个工具组，在这个工具组中包含一些同类别的工具，如图 7-12 所示。

工具组中的按钮选择方法：单击此工具组，按住鼠标不动，此时弹出工具组菜单，移动鼠标指针从中选择一种按钮，当此按钮高亮显示时单击鼠标选定。选择后单击此工具组按钮即可执行此按钮的命令。

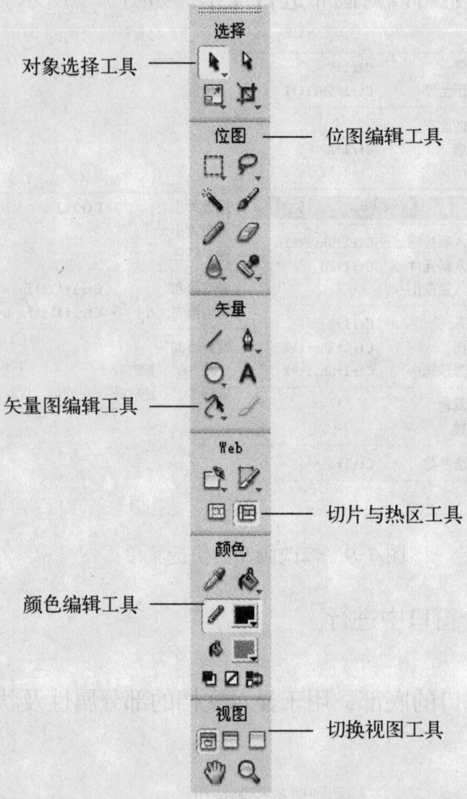

图 7-11 “工具”面板

图 7-12 工具组

将鼠标移到按钮上方悬停时，会出现文字提示指示，该按钮的功能。

选择“工具”面板中某一按钮后，将会在编辑窗口下方的“属性”面板中显示该工具的属性，通过在“属性”面板中修改可以使按钮实现不同的功能，如图 7-13 所示。

选择“矩形”工具，此时“属性”面板中显示了填充颜色、边框颜色以及边缘、纹理的一些设置，在这里修改可以使“矩形”工具画出符合属性设置的矩形。

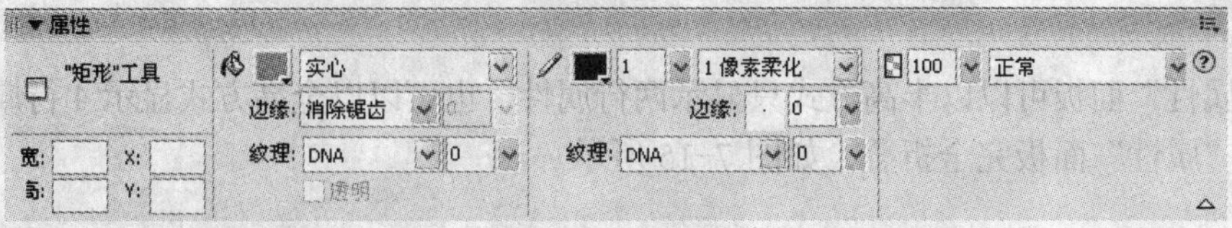

图 7-13　修改工具属性

“视图”组中可以选择文档的显示模式，除了默认模式外，还可以选择“带菜单的全屏模式”或“全屏模式”。

6．功能面板

在“窗口”菜单中有很多功能面板和面板组，除了“工具”栏和“工具”面板外，Fireworks CS3 中还带有其他多种浮动面板。

默认情况下，这些面板分成若干个面板组。如“样式”、“URL”和“库”面板放在称为“资源”的面板组中；“混色器”和“样本”面板放在称为“颜色”的面板组中；“帧”和“历史记录”面板放在称为“帧和历史记录”的面板组中。它们的控制命令可以在菜单中找到，如图 7-14 所示。

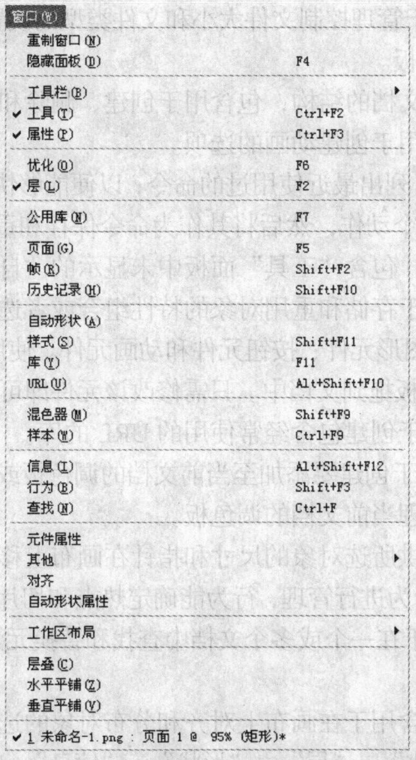

图 7-14　“窗口”菜单中的面板

“属性”面板是功能面板中较特殊的面板，它是一个上下文关联面板，显示当前选择区域的属性、当前工具选项或文档属性。默认情况下，“属性”面板停放在编辑窗口的底部。

“属性”面板可以以半高方式只显示两行属性，也可以以全高方式显示4行属性，还可以将“属性”面板完全折叠，如图7-15所示。

图7-15 “属性”面板

使用面板右下角的箭头可以切换“半高”和“全高”显示，或者单击右上角的面板控制按钮 ，在弹出的菜单中选择“半高”或“全高”切换。

单击“属性”面板左上角的扩展箭头或标题可以扩展或折叠面板，或者在面板标题栏单击鼠标右键，在弹出的菜单中选择“扩展”或“折叠面板组”。

一般情况下，不关闭“属性”面板，很多修改和设置都可以在“属性”面板中执行。下面简单介绍一下各面板的功能。

- “优化”面板：用于管理控制文件大小和文件类型的设置，还可用于处理要导出的文件或切片的调色板。
- “层”面板：组织文档的结构，包含用于创建、删除和操作层的选项。
- “帧”面板：包括用于创建动画的选项。
- “历史记录”面板：列出最近使用过的命令，以便能够快速撤销和重做命令。另外，使用时可以选择多个动作，然后将其作为命令保存和重新使用。
- “自动形状”面板：包含“工具”面板中未显示的“自动形状”。
- “样式”面板：用于存储和重用对象的特性组合或者选择一个常用样式。
- “库”面板：包含图形元件、按钮元件和动画元件。使用者可以轻松地将这些元件的实例从“库”面板拖到文档中。只需修改该元件即可对全部实例进行全局更改。
- “URL”面板：用于创建包含经常使用的URL的库。
- “混色器”面板：用于创建要添加至当前文档的调色板或要应用到选定对象的颜色。
- “样本”面板：管理当前文档的调色板。
- “信息”面板：提供所选对象的尺寸和指针在画布上移动时的精确坐标。
- “行为”面板：对行为进行管理，行为能确定热点和切片对鼠标动作所作出的响应。
- “查找”面板：用于在一个或多个文档中查找和替换元素，如文本、URL、字体和颜色等。
- “对齐”面板：包含用于在画布上对齐和分布对象的选项。

在默认情况下，“优化”、“层”、“形状”、“信息”、“行为”、“查找”和“对齐”面板未与其他面板组合到一起，但可以根据需要将它们组合到一起。将面板组合到一起时，所有面板组的名称将出现在面板组标题栏中。

每个面板和面板组都有一个“选项”菜单，它列出了特定于活动面板或面板组的选项范围。对面板或面板组的操作可以使用面板“选项”菜单，该菜单的打开方式有两种，一是当面板或面板组展开时，单击右上角的面板控制按钮 ；另一种是直接在面板或面板组的标题栏单击鼠标右键，如图 7-16 所示。

通过此菜单可以对面板组进行重命名或者将当前面板组合到其他面板组。

可以使用菜单“命令”→“面板布局设置”→“保存面板布局”命令保存当前的面板布局，这样，当下次打开 Fireworks CS3 时，面板便会按照保存的格式排列。

单击此命令，给面板布局命名，单击“确定”按钮保存。打开菜单“命令”→“面板布局设置”级联菜单选择一种面板布局。

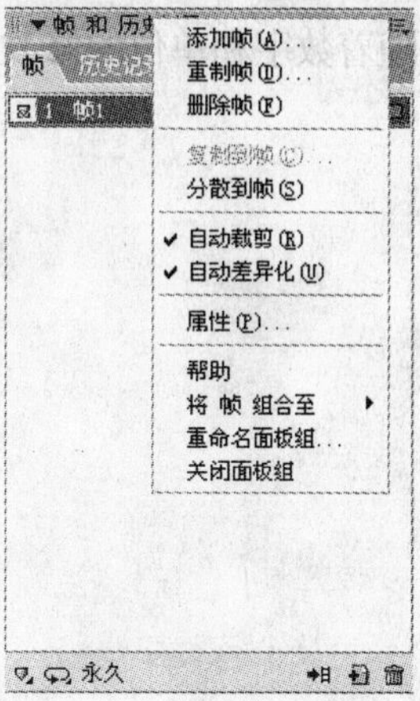

图 7-16　面板控制菜单

第 3 节　Fireworks CS3 基本操作

Fireworks CS3 可以对矢量和位图两种格式的图像进行编辑。

1）矢量图形：使用称为“矢量”的线条和曲线（包含颜色和位置信息）呈现图像。

例如，一片叶子的图像可以使用一系列描述叶子轮廓的点来定义。叶子的颜色由它的轮廓（即笔触）和该轮廓所包围的区域（即填充）的颜色决定。

编辑矢量图形时，修改的是描述其形状的线条和曲线的属性。矢量图形与分辨率无关，除了可以在分辨率不同的输出设备上显示以外，还可以对其执行移动、调整大小、更改形状或更改颜色等操作，而不会改变其外观品质。

2）位图图形：由排列成网格的称为“像素”的点组成。

例如，在叶子的位图版本中，图像是由网格中每个像素的位置和颜色决定的。每个点被指定一种颜色。在以正确分辨率查看时，这些点像马赛克中的贴砖那样拼合在一起形成图像。

编辑位图图形时，修改的是像素，而不是线条和曲线。位图图形与分辨率有关，描述图像的数据被固定到一个特定大小的网格中。放大位图将使这些像素在网格中重新进行分布，这会使图像的边缘呈锯齿状。

1. 文档的基本操作

首先，在 Fireworks 中创建新文档。

单击菜单“文件”→“新建”命令可以打开“新建文档”对话框，如图 7-17 所示。也可以在“主要”工具栏中单击“新建”按钮 ；当所有文档窗口都关闭时，还可以在“开始页”中选择“Fireworks 文件”按钮打开。

“新建文档”对话框分两个部分，分别用于设置“画布大小”和“画布颜色”。

上面部分可以设置新建文档的画布的“宽度”、“高度”和“分辨率”。在文本框中输入数字，单击文本框后面的下拉菜单可以选择“像素”、“英寸”或“厘米”作单位。

随着数字和单位的修改，对话框中还可以显示“画布大小”。

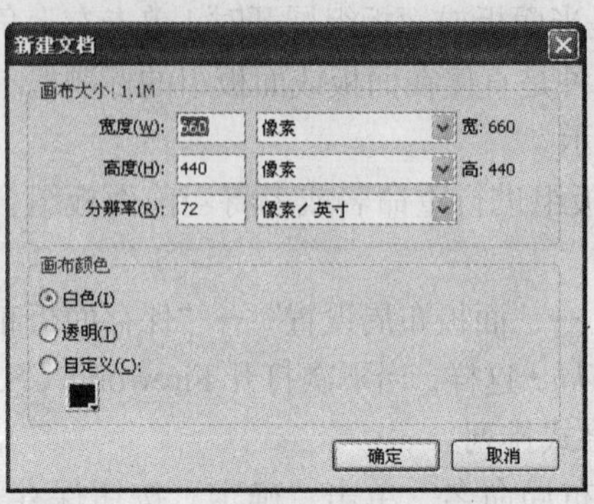

图 7-17 “新建文档”对话框

如果已经将某一特定大小的图像复制到剪贴板中，此时打开“新建文档”对话框，程序将创建一个和剪贴板中图像大小相同的新文档。

下面部分提供了 3 个单选按钮，用于设置画布的颜色。默认的选择是白色，可以单击其他按钮选择“透明”或“自定义”。

选择“自定义”时，单击颜色选择器按钮 ■ 打开颜色选择器，此时鼠标指针变成吸管状，可以选取屏幕中任何一个像素的颜色，如图 7-18 所示。

移动鼠标指针到色板中的某种颜色上，单击鼠标即可选择这种颜色。在文本框中可以输入颜色的十六进制代码直接设置，例如图中的“#9900FF”。如果需要自己配置颜色，可以单击 ● 按钮打开“颜色”对话框，如图 7-19 所示。

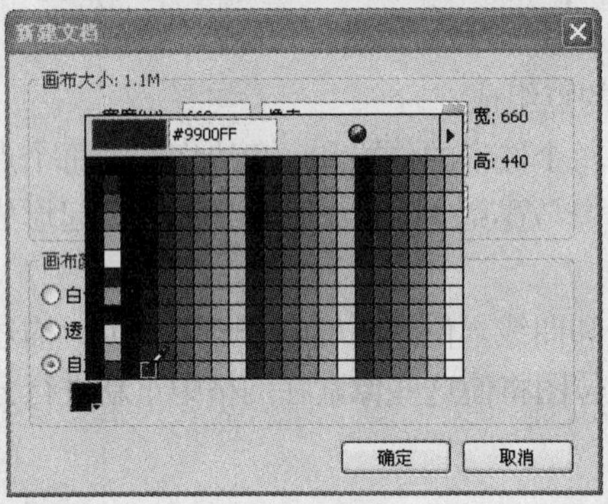

图 7-18　颜色选择器

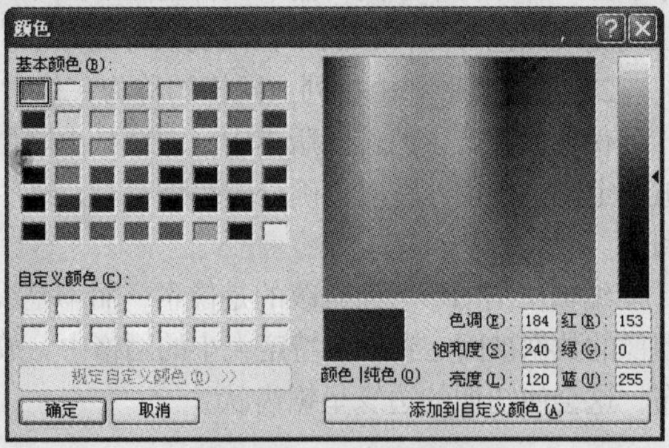

图 7-19　颜色配置

根据对话框中的选项，输入适当的数值，可以配置需要的颜色，也可以使用鼠标选取。

根据红绿蓝 3 种颜色的搭配可以自定义各种颜色，自定义的颜色可以通过单击“添加到自定义颜色”按钮添加，在以后的使用中可以在“自定义颜色”中直接选取。

如果需要更多选择，可以单击颜色选择器中的向右箭头打开选择菜单，如图 7-20 所示。

新建的文档出现在编辑窗口中，使用工具栏中的工具可以在画布上进行图像编辑。在多个文档之间切换可以使用“文档选择器”，如图 7-21 所示。

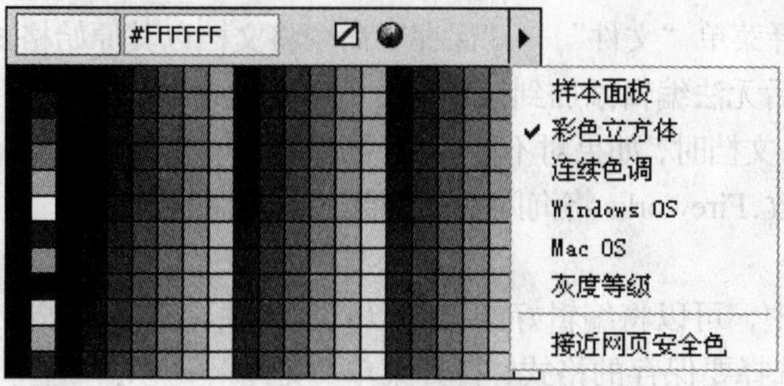

图 7-20 多种颜色类型选择

图 7-21 文档选择器

单击某个文档的标签可以切换到该文档，使用右侧的窗口控制按钮可以对文档进行最小化、最大化、还原或关闭等操作。文档窗口的切换还可以在“窗口”菜单中进行。

打开 Fireworks 文档可以通过菜单“文件”→“打开”命令，或在“主要”工具栏中单击“打开”按钮，在弹出的“打开”对话框中选择要打开的文档，如图 7-22 所示。

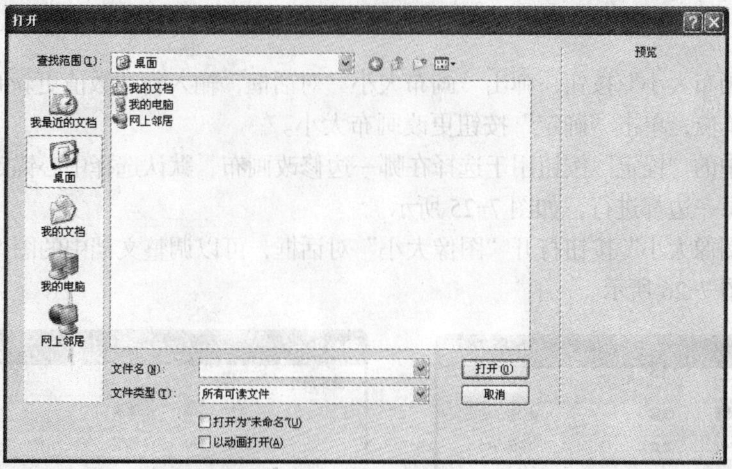

图 7-22 打开文档

如果要打开文件但不覆盖此文件，可以选择“打开为‘未命名’”复选框。

打开最近使用过的文件时，可以通过菜单“文件”→“打开最近的文件”级联菜单选择。在“开始页”中也可以选择打开最近使用的文件。

Fireworks 文档的默认扩展名是“.png”，当使用菜单“文件”→“打开”命令来打开非 png 格式的文件时，可以使用 Fireworks 的所有功能来编辑图像。编辑完成后，可以选择菜单“文件”→“另存为”命令将所编辑的文档保存为新的 png 格式文件；对于某些图像类型，也可以选择菜单“文件”→“保存”命令将文档以其原始格式保存，但图像将会合成为一个层，此后无法编辑添加到该图像上的 Fireworks 特有功能。

保存 Fireworks 文档时，如果对不能以文件原始格式进行编辑的文档进行了修改，Fireworks 将询问是否要保存此文件的 png 版本。

在 Fireworks 中，可以将编辑好的文档以其他格式导出。在“优化”面板中选择要保存的格式，打开菜单“文件”→“导出”命令将文档导出为指定格式的文件，如图 7-23 所示。

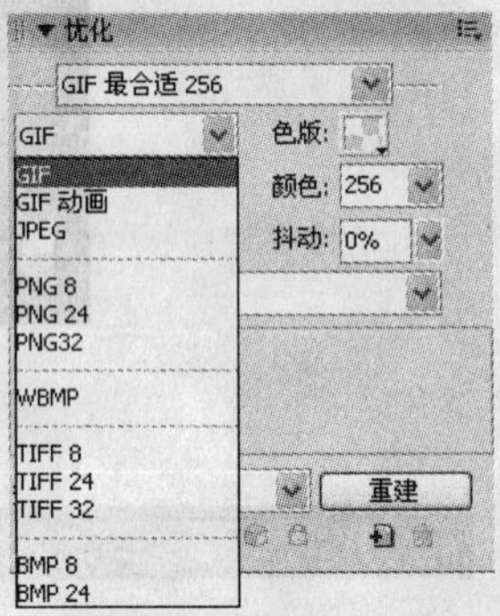

图 7-23　优化导出的文件

2. 画布属性的修改

在编辑文档的过程中，在“属性”面板中或使用“修改”菜单等，可以随时修改画布的属性。

下面介绍一些修改画布属性的内容。

修改画布大小、颜色和分辨率。单击“工具”面板中的“指针”工具，此时在“属性”面板中显示面板的属性，如图 7-24 所示。

图 7-24　修改画布属性

单击“画布大小”按钮，弹出“画布大小”对话框，输入新的数值更新画布的尺寸，选择合适的单位，单击“确定”按钮更改画布大小。

对话框中的“锚定”按钮用于选择在哪一边修改画布，默认选择中心锚定，画布尺寸的更改将在每一边都进行，如图 7-25 所示。

单击“图像大小”按钮打开“图像大小”对话框，可以调整文档中的图像及所有内容的大小，如图 7-26 所示。

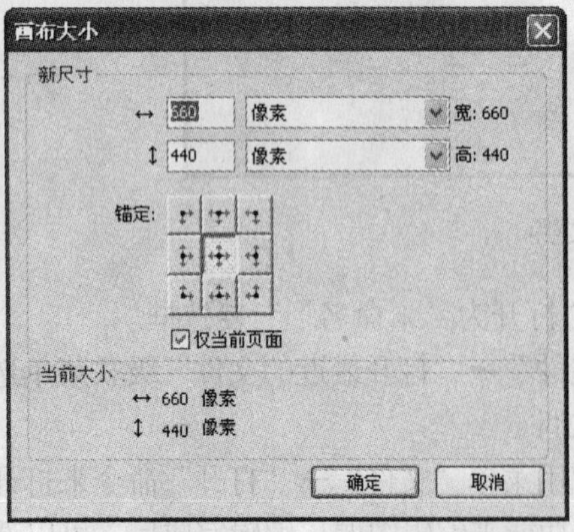

图 7-25　修改画布大小

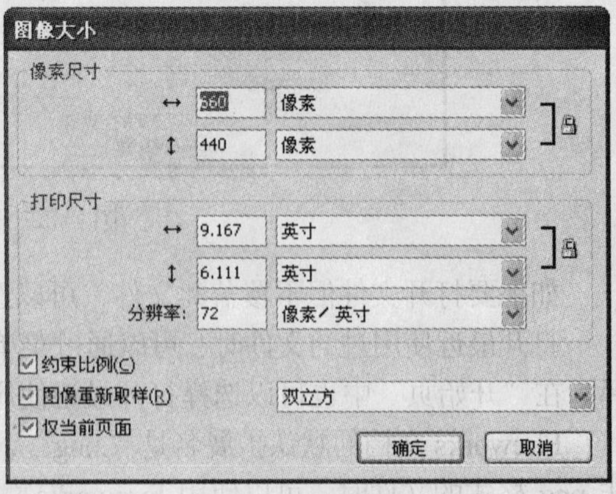

图 7-26　调整图像大小

如果取消“约束比例”的选定，则可以不按比例修改像素尺寸和打印尺寸；如果取消“图像重新取样”的选定，则不可以修改像素尺寸，只能修改打印尺寸和分辨率。此时，更改分辨率将更改像素的大小。

在对位图对象重新取样时，将在图像中添加或去除像素，使图像变大或变小。在对矢量对象重新取样时，由于通过数学方式以更大或更小的尺寸对路径进行重绘，所以几乎不会有品质损失。

单击“符合画布”按钮使画布扩展或收缩至画布内容的大小。

修改画布颜色可以使用颜色选择器，单击 ■ 按钮可以自定义颜色。

3. 工作参数的设置

使用菜单“编辑”→“首选参数”命令打开“首选参数”对话框，如图 7-27 所示。

“首选参数”共有 5 个选项卡，分别为“常规”、“编辑”、“启动并编辑”、“文件夹”和“导入”。每个选项卡中都有若干选项设置。

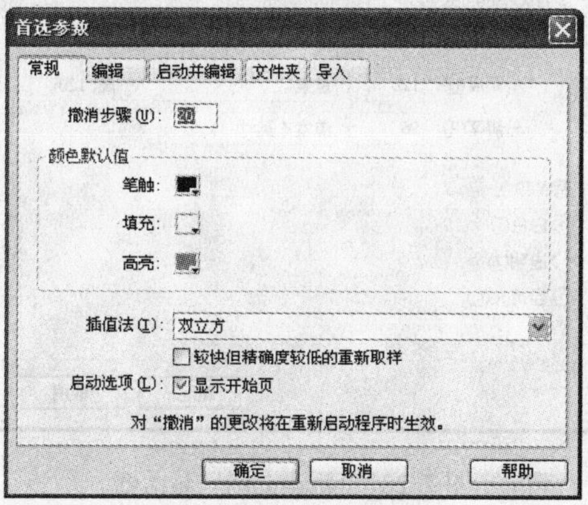

图 7-27 首选参数设置

（1）常规

“撤销步骤”：可以将撤销/重做次数设置为 0～1009 之间的某个数。此设置对“编辑”菜单和“历史记录”面板都适用。大量的撤销会增加 Fireworks 所需的内存量。修改后必须重新运行程序才能生效。

“颜色默认值”：修改刷子“笔触”、“填充”和“高亮”路径的默认颜色。

“插值法”：选择缩放图像时 Fireworks 插入像素的方法。

“启动选项”：选择是否显示开始页。

（2）编辑

编辑首选参数控制指针的外观和用于处理位图对象的可视提示。

（3）启动并编辑

对于编辑外部文件时对 Fireworks 源文件操作的管理。

（4）文件夹

提供了对来自外部的其他 Photoshop 插件、纹理文件和图案文件的访问。

（5）导入

用于对 Photoshop 文件转换的管理。

Fireworks 首选参数储存在名为 Fireworks CS3.txt 的文件中，删除此文件，再次启动程序时，将会创建一个新的首选参数文件，并将 Fireworks 恢复为原来的配置。

第 4 节　实战演练——Fireworks 的基本操作

本章实战演练，通过运行和使用 Fireworks CS3 介绍 Fireworks 的入门和基本操作。

1）按照一般的程序安装过程，在计算机中安装 Fireworks CS3。

2）运行程序，单击“开始页”中的新建“Fireworks 文件”按钮，新建一个 Fireworks 文件，如图 7-28 所示。

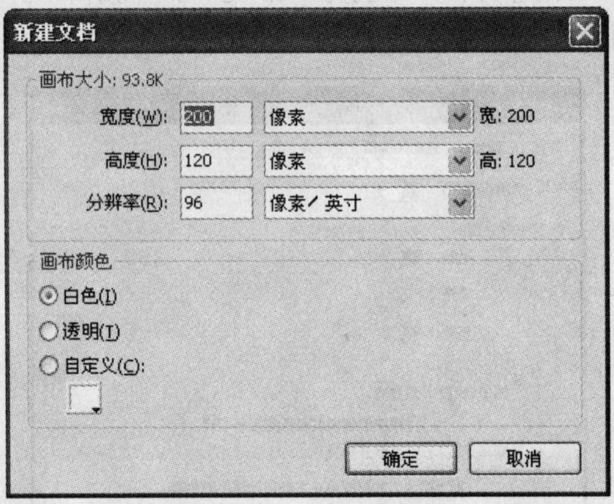

图 7-28 “新建文档”对话框

3）在“工具”面板中，为工具组选择不同的工具，例如“多边形套索”工具和“更改区域形状”工具，如图 7-29 所示。

4）单击菜单“窗口”→“历史记录”命令，打开“帧和历史记录”面板中的“历史记录”选项卡，如图 7-30 所示。

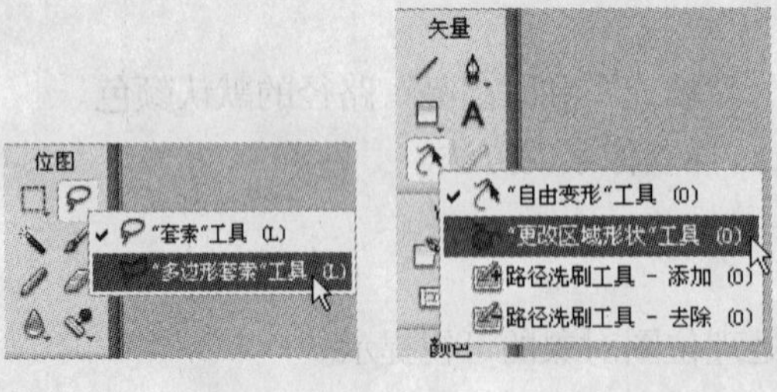

图 7-29　切换不同的工具

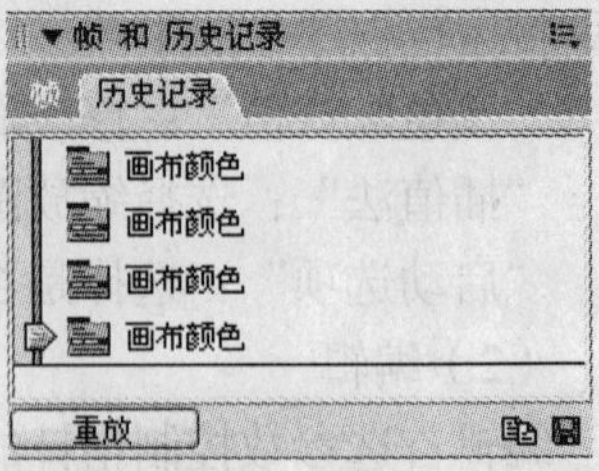

图 7-30 “帧和历史记录”面板

5）单击菜单“编辑”→“快捷键”命令，打开“快捷键”对话框，在对话框中可以为 Fireworks 工具设置不同的快捷键，如图 7-31 所示。

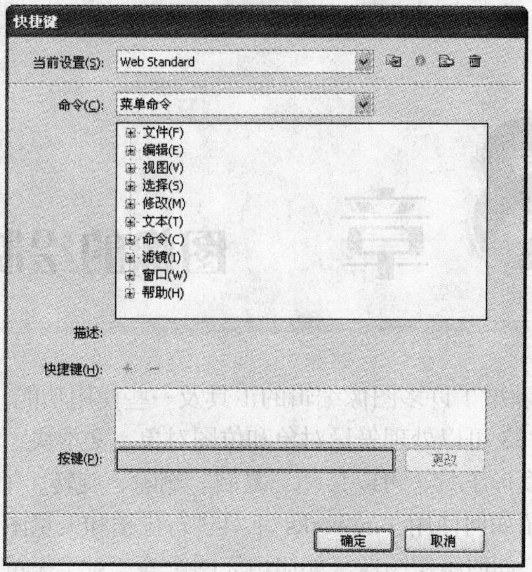

图 7-31 “快捷键”对话框

6）单击菜单“编辑”→“首选参数”命令，可以设置 Fireworks 的首选参数。

7）最后，保存新建的 Fireworks 文档，单击菜单“文件”→“保存”命令，可以直接将文档保存为 Fireworks 源文件。

还可以将 Fireworks 文档保存或导出为其他格式的文件。

第 5 节　练　一　练

1）新建一个 Fireworks 文档，设置画布大小为“100 × 100 像素”。

2）在“工具”面板中的“矢量”部分选择“星形”工具，在画布中绘制一个星形。拖动星形外的一个手柄，改变星形的点数，如图 7-32 所示。

3）设置 Fireworks 的“首选参数”。

图 7-32　绘制星形

第 8 章 图像的绘制与编辑

Fireworks CS3 中新增了许多图像编辑的工具及一些使用功能。

使用 Fireworks CS3 可以处理矢量对象和位图对象、文本块、切片和热点以及像素区域。使用选择工具和变形工具，可以移动、复制、删除、旋转、缩放或倾斜对象。

在本章中，将介绍如何使用 Fireworks 工具进行位图和矢量图像的编辑，如何选择图像、如何使图像变形、如何组织图像、如何填充图像等，对于矢量路径的编辑也作了简单的介绍。还将介绍如何为图像添加特效，以及如何使用“样式”面板应用样式等内容。

第 1 节 绘制图像的工具

在 Fireworks CS3 的“工具”面板中可以看到，绘制和编辑矢量图像与位图图像的工具分别位于不同的部分。

在 Fireworks 中，选择的工具决定了创建的对象是矢量图像还是位图图像。

例如，从“工具”面板的“矢量”部分选择“钢笔”工具，可以通过绘制点来绘制矢量路径。选择“刷子”工具，则可以拖动以绘制位图对象。选择“文本”工具，可以在图像中键入文字。

绘制矢量图像、位图图像或文本后，可以使用各种工具、效果、命令和技术来增强和完成图像。

还可以使用“按钮编辑器”中的 Fireworks 工具创建交互式导航按钮，也可以使用 Fireworks 工具编辑导入的图像；可以导入和编辑 JPEG、GIF、PNG、PSD 等格式的文件。导入图像后，不但可以对其进行裁切、润饰和蒙版处理，还可以调整颜色和色调。

1. 绘制位图图像的工具

在 Fireworks CS3 的“工具”面板的“位图”部分包含一组选择、绘制和编辑位图图像像素的工具。位图图像像素的操作可以从“位图”部分中选择工具，如图 8-1 所示。

“位图”工具共有 8 个按钮，其中有 4 个是工具组，包含多个其他工具。

这些工具包括了几乎所有的位图绘制和编辑的功能。下面逐一介绍各个工具的功能和简单使用方法。

（1）“选取框”工具

这个工具包含一个相似的“椭圆选取框”工具，如图 8-2 所示。这两个工具构成一个工具组，这个工具组的功能是选择位图图像的特定像素区域，方法是在像素周围绘制一个选取框。

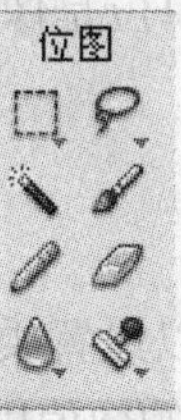

图 8-1　位图图像绘制工具

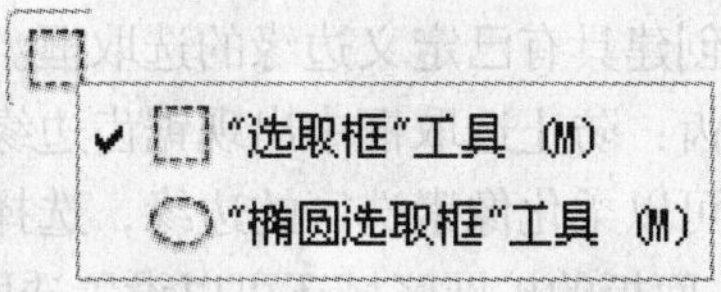

图 8-2　“选取框”工具组

例如，选取一个椭圆区域的部分像素，首先单击工具组按钮，在弹出的菜单中移动鼠标指针到“椭圆选取框”工具，单击鼠标选择。此时鼠标指针变成“+”形状，移动鼠标指针，在编辑窗口的图像中某一位置单击，拖动鼠标形成一个合适的选取框，松开鼠标选定像素区域，如图 8-3 所示。

将鼠标指针移到选取框内部，此时鼠标指针变成带选取框的箭头，单击拖动鼠标可以移动选取框的位置，如图 8-4 所示。

图 8-3　选择椭圆区域像素

图 8-4　移动选取框

选择“选取框”工具或“椭圆选取框”工具，在“属性”面板中可以编辑选取的设置，如图 8-5 所示。

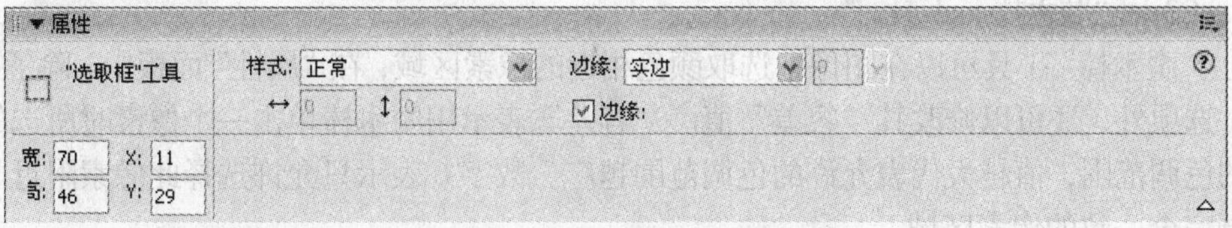

图 8-5　“选取框”工具属性设置

“属性”面板中显示了工具的“样式”和“边缘”属性，各提供了 3 个选项。

“样式”的选项及其功能如下。

- 正常：使用此样式可以创建一个高度和宽度互不相关的选取框。

- 固定比例：将选取框的高度和宽度约束为定义的比例。在“样式”选项下面的文本框中可以输入数字设定水平方向和垂直方向的比例。
- 固定大小：将选取框的高度和宽度设置为定义的尺寸。在“样式”选项下面的文本框中可以输入数字设定水平方向和垂直方向的尺寸，单位是像素。

“边缘”的选项及其功能如下。

- 实边：创建具有已定义边缘的选取框。
- 消除锯齿：防止选取框中出现锯齿边缘。
- 羽化：可以柔化像素选区的边缘，选择“羽化”后还可以设置柔化的像素范围。

在“属性”面板的扩展区域还可以设置选取框的宽度和高度的数值以及选取框在文档中的坐标位置。宽和高的单位都是像素，分别表示选取框水平方向和垂直方向上的最远距离。坐标定义的是选取框左上角顶点的 x 轴和 y 轴的坐标。

（2）“套索”工具

属于同一工具组的还有“多边形套索”工具，如图 8-6 所示。

“套索”工具用于在图像中选择一个自由变形的区域，“多边形套索”工具用于选择一个直线边界的区域。使用“套索”工具时，单击鼠标，拖动指针形成一个任意轨迹，松开鼠标，程序在开始点和结束点之间添加直线调整为一个闭合的选取框。使用“多边形套索”工具时，单击鼠标确定开始点，选择另一个顶点单击鼠标形成一条边，依次操作最后移动鼠标指针到开始点，当鼠标指针出现小方块图案时单击，选取框闭合，如图 8-7 所示。

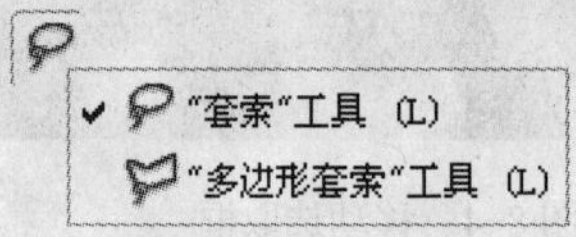

图 8-6 “套索”工具组

图 8-7 多边形套索选取框

“套索”工具组的属性设置和“选取框”工具组相似，但是没有“样式”选项。

（3）“魔术棒”工具

“魔术棒”工具可以在图像中选取颜色相近的像素区域，在“属性”面板中，除了“边缘”选项外，还可以修改其“容差”值。“容差”表示用魔术棒单击一个像素时所选的颜色的色调范围，值越大代表允许的色调范围越广。数字 0 表示只允许选择此像素附近与其色调完全一致的像素区域。

若要在整个文档中选取与选择框区域里的像素颜色相近的像素区域，可以使用“选择”→“选择相似”命令。

上面的几个都是位图像素选择工具，用来绘制定义所选像素区域的选取框。可以对选取框中的像素进行多种编辑操作。

（4）“刷子”工具

“刷子”工具可以用来绘制刷子笔触，使用的是“笔触颜色”框中设置的颜色。“刷子”工具的更多设置，例如用墨量、大小和形状、纹理、边缘等，如图 8-8 所示。

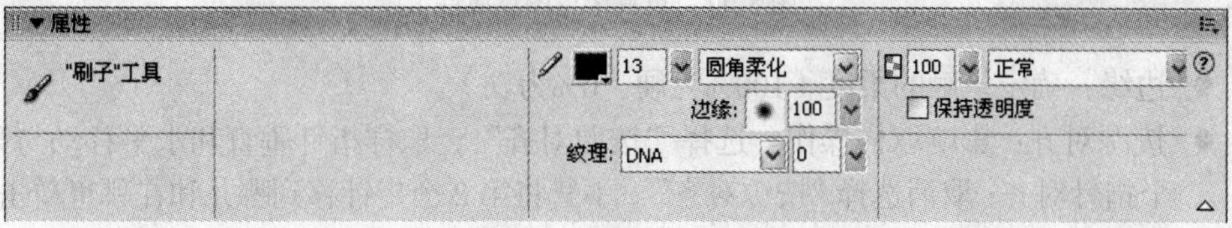

图 8-8　设置刷子的属性

（5）“铅笔”工具

绘制铅笔笔触的工具，可以在“属性”面板中修改颜色等。

（6）“橡皮擦”工具

可以用“橡皮擦”工具删除像素。默认情况下，“橡皮擦”工具的鼠标指针代表当前橡皮擦的大小。在“属性”检查器中，可以选择圆形或方形的橡皮擦形状；拖动“边缘”滑块设置橡皮擦边缘的柔度；拖动“大小”滑块设置橡皮擦的大小；拖动面板右侧的“不透明度”滑块设置不透明度，如图 8-9 所示。

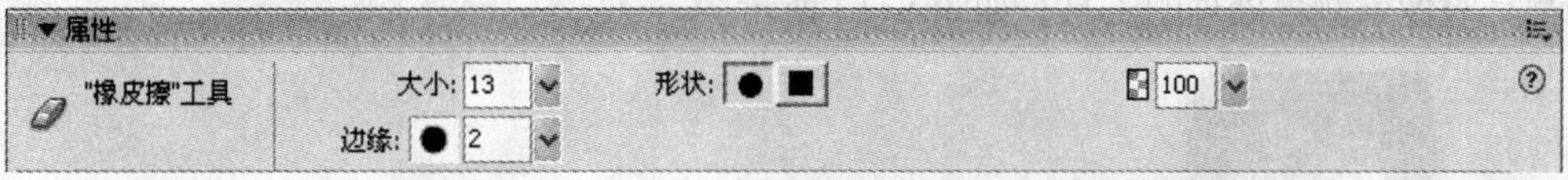

图 8-9　设置橡皮擦属性

使用时，只要在要擦除的像素上拖动“橡皮擦”工具即可。

（7）“模糊”工具

“模糊”工具属于一个同类型的工具组，在这个组中还有“锐化”、“减淡”、“烙印”和“涂抹”等特殊效果修饰工具，如图 8-10 所示。

图 8-10　效果修饰工具

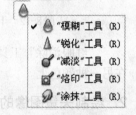

“模糊”工具可用于减弱图像中所选区域的焦点，在“属性”面板中可以设置其大小、边缘、形状、强度等；“锐化”工具可用于锐化图像中的区域；“减淡”工具可用于减淡图像中的部分颜色区域；“烙印”工具可用于加深图像中的部分区域；“涂抹”工具可用于在图像中拾取颜色并沿鼠标拖动的方向推移该颜色，也可以在“属性”面板中选择涂抹的颜色。

（8）“橡皮图章”工具

用“橡皮图章”工具可以把图像的一个区域复制或克隆到另一个区域中，在“属性”面板中可以设置属性，如图 8-11 所示。

部分选项的功能和定义如下。

- 大小：确定图章的大小。

图 8-11　设置橡皮图章属性

- 边缘：确定笔触的柔度（100%为硬、0%为软）。
- 按源对齐：影响取样操作。选择“按源对齐”，取样指针垂直和水平移动与第 2 个指针对齐；取消选择“按源对齐”，不管将第 2 个指针移到哪儿和在哪里单击它，取样区域都是固定的。
- 使用整个文档：从所有层上的所有对象中取样。当取消选择此选项后，“橡皮图章”工具只从活动对象中取样。
- 不透明度：确定透过笔触可以看到多少背景。
- 混合模式：影响克隆图像对背景的影响。

使用“橡皮图章”工具时，在图像中某一区域单击，指定这个区域为源，移动鼠标指针到其他位置，单击拖动鼠标，此时出现两个指针，第 1 个指针下的像素被复制并应用于第 2 个指针下的区域，如图 8-12 所示。

与“橡皮图章”工具在一个工具组的还有“替换颜色”工具和“红眼消除”工具，它们都是对像素颜色处理的工具，如图 8-13 所示。

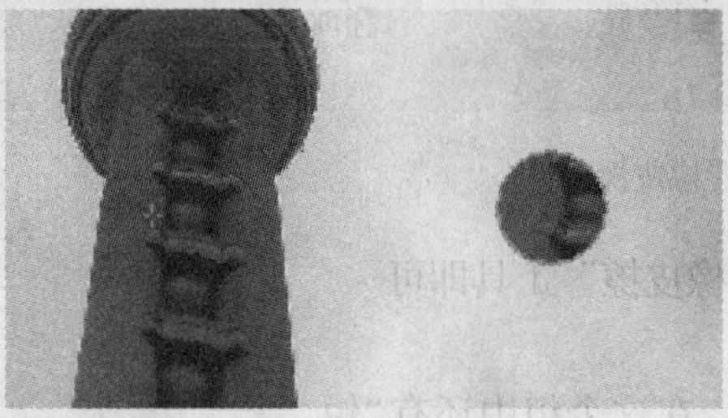

图 8-12　十字指针区域被复制

图 8-13　颜色处理工具

“红眼消除”工具用于去除照片中出现的红眼，“替换颜色”工具可以用一种颜色画在另一种颜色上。

2. 绘制矢量图像的工具

矢量图像是以路径定义形状的计算机图形。

矢量路径的形状由路径上绘制的点确定。矢量图像的笔触颜色与路径一致，矢量图像在路径内的区域填充。

Fireworks CS3 的“工具”面板中有许多矢量对象绘制工具。使用这些工具可以通过逐点绘制来绘制基本形状、自由变形路径和复杂形状。“工具”面板的“矢量”部分有 6 个按钮，其中有 3 个工具组，如图 8-14 所示。

图 8-14　矢量图像编辑工具

（1）“直线”工具

用于绘制直线基本形状，按住〈Shift〉键使用“直线”工具可以限制只能按 45° 的增量来绘制直线。在“属性”面板中有关于“直线”工具的大部分属性，如图 8-15 所示。

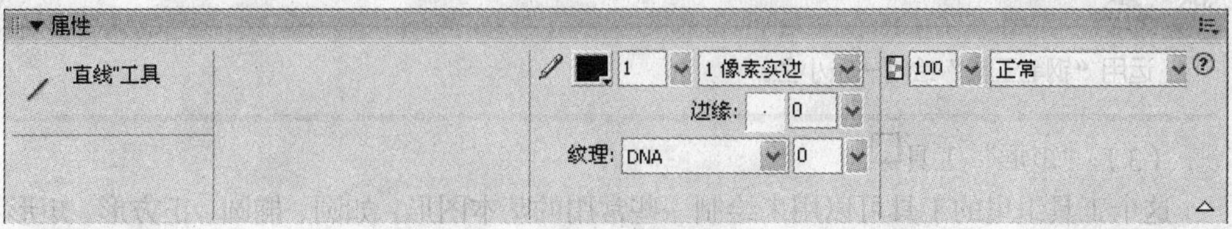

图 8-15　修改“直线”工具属性

面板中各选项的含义和设置方法与“刷子”工具的属性相同。

（2）“钢笔”工具

可以利用“钢笔”工具通过逐点绘制的方法绘制出具有平滑曲线和直线的复杂形状。

在这个工具组中的工具都可以用来绘制和编辑矢量路径，如“矢量路径”工具和“重绘路径”工具，如图 8-16 所示。

图 8-16　路径绘制工具

在“属性”面板中还可以对工具进行编辑，如图 8-17 所示。

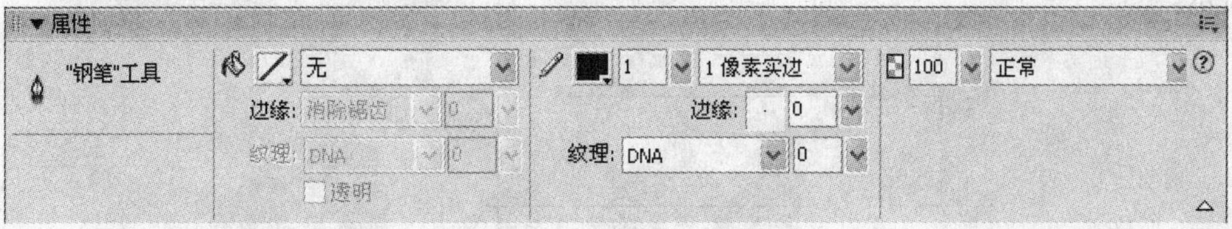

图 8-17　“钢笔”工具属性

用“钢笔”工具绘制时，首先在图像中单击选取起始点，若要绘制直线路径，直接在另一个顶点单击。

若要在两个点之间绘制曲线路径，单击确定另一端点后拖动鼠标，当两点间的曲线出现满意的形状后松开鼠标完成绘制，如图 8-18 所示。

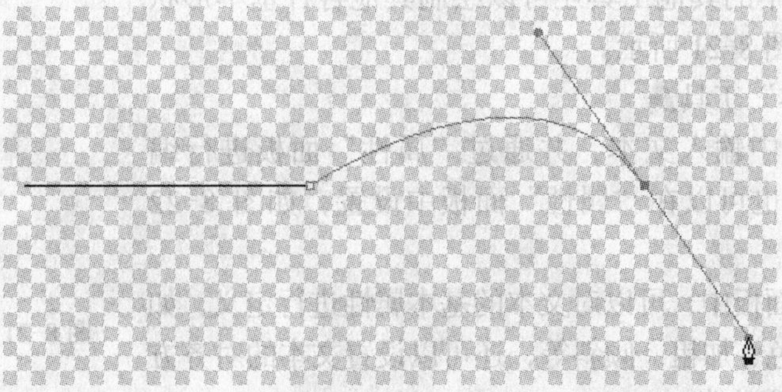

图 8-18　用“钢笔”工具绘制直线或曲线路径

“矢量路径”工具可用于绘制任意轨迹的路径；“重绘路径”工具可以用来将现有的路径重新绘制。

试一试

运用**“钢笔工具”**绘制一条小鱼。

（3）“矩形”工具

这个工具组里的工具可以用来绘制一些常用的基本图形，如圆、椭圆、正方形、矩形、星形等。使用“矩形”工具绘制时，可以在“属性”面板中设置“笔触”和“填充”的颜色及效果，如图 8-19 所示。

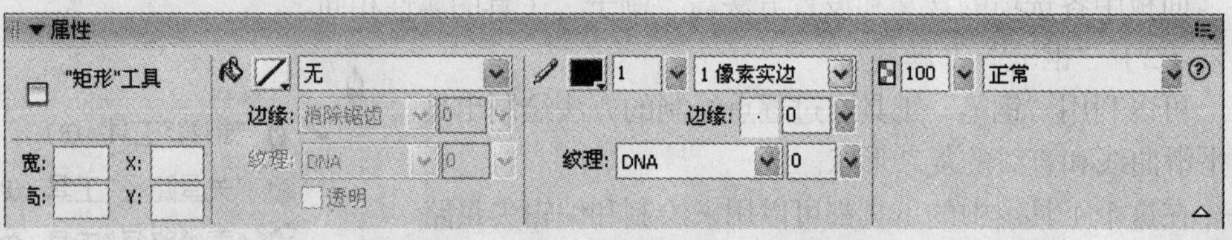

图 8-19　编辑“矩形”工具属性

绘制矩形时，单击“矩形”工具按钮，此时鼠标指针变成“+”形状，在图像中单击选取起始点，拖动鼠标，使矩形形成合适的大小，松开鼠标完成绘制，如图 8-20 所示。

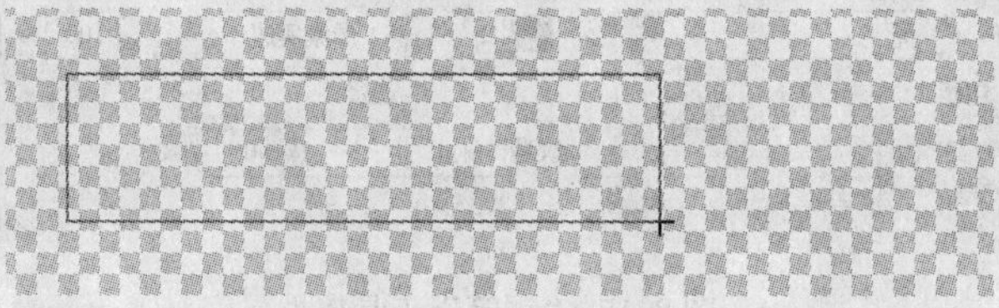

图 8-20　绘制矩形

使用“矩形”工具、“椭圆”工具、“多边形”工具时，如果按住〈Shift〉键拖动鼠标，可以绘制正方形、圆形或正多边形。

使用工具组中的其他工具还可以绘制其他各种基本形状或特殊形状，如图 8-21 所示。

图 8-21　基本图形绘制工具

（4）“文本”工具

用于在图像中输入文本，并通过“属性”面板进行编辑。工具的属性也可以在“属性”面板中设置，如图 8-22 所示。

在“属性”面板中，可以对文本的基本属性进行定义，如字体、大小、颜色、加粗、倾斜等，还可以设置文本的对齐方式、字距及段落缩进等。

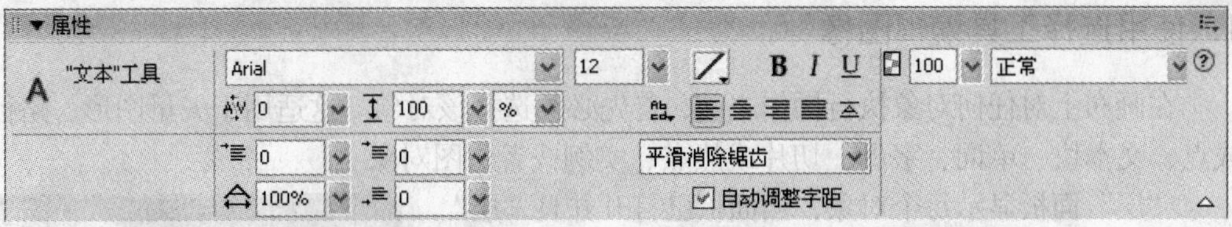

图 8-22　编辑“文本”工具属性

（5）“自由变形”工具

使用“自由变形”工具可以自由修改矢量图像的形状，变形的方式有两种，一种是直接拖动边界，另一种是用工具推动边界变形。

选择“自由变形”工具，移动鼠标指针至图形边界，指针出现“s”符号。此时可以单击拖动边界使之变形。如图 8-23 所示。

当鼠标指针离开边界时，会出现“o”符号，此时拖动鼠标可以用一个设定大小的圆形推动边界变形，如图 8-24 所示。

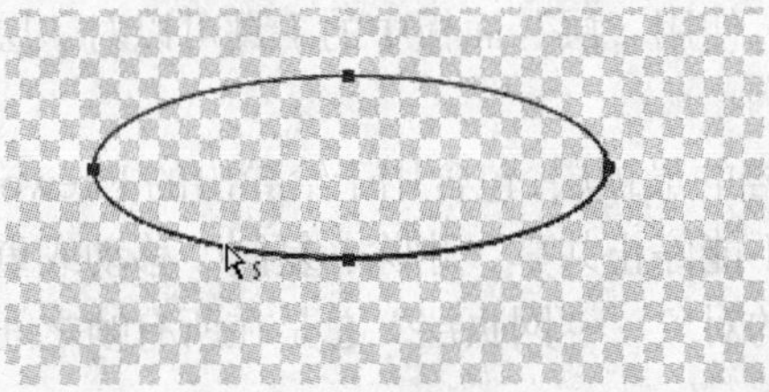

图 8-23　拖动边界变形

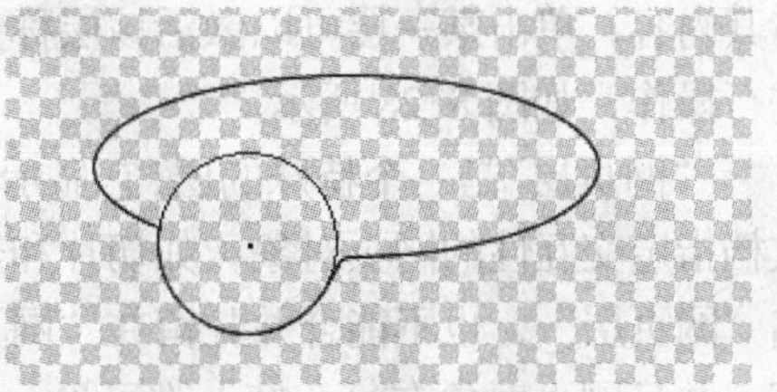

图 8-24　推动边界变形

同一工具组中的工具能够用来使路径变形，利用一定的压力和速度来改变图形的边界，如图 8-25 所示。

（6）“刀子”工具

“刀子”工具可以用来将一个路径切成两个或多个路径。选择“刀子”工具，在图像中画线，将路径切割，切割完成的路径便发生分离，如图 8-26 所示。

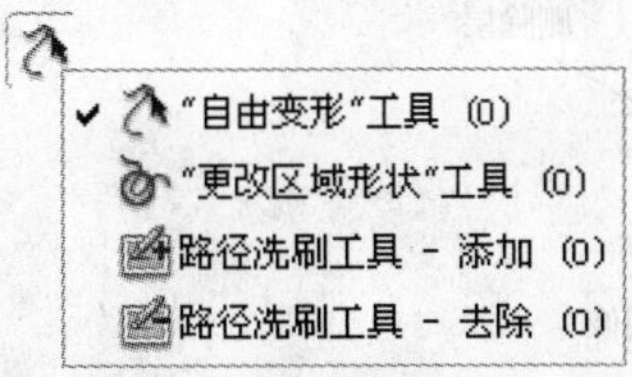

图 8-25　路径变形工具

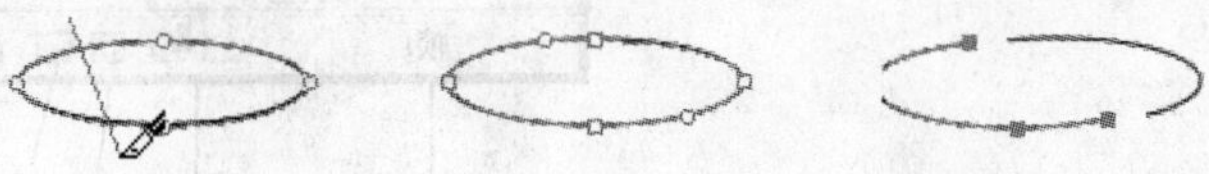

图 8-26　“刀子”工具的使用

第 2 节　编 辑 图 像

在 Fireworks CS3 中可以对绘制的图像进行各种编辑，除了使用“工具”面板中的“位图”和“矢量”工具外，还可以使用面板中的其他工具。

1. 使用选择工具编辑图像

在画布上对任何对象执行操作之前，首先必须选择该对象。这适用于矢量图形、路径或点、文本块、单词、字母、切片或热点、实例或者位图对象。

“层”面板显示每个对象，当面板已打开并且“层”处于扩展状态时，在“层”面板显示的对象中单击任意一个对象可以选择该对象，如图 8-27 所示。

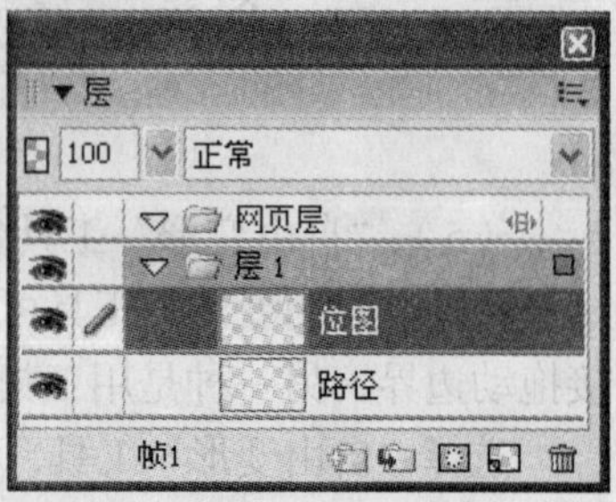

图 8-27 “层”面板中选取对象

关于“层”，Fireworks 的“层”面板列出了文档所包含的每一层的所有层和对象。画布位于所有层下面，但本身不是层。在“层”面板中可以查看层和对象的堆叠顺序，也就是它们出现在文档中的顺序。Fireworks 按每一层创建的顺序堆叠层，将最近创建的层放在最上面，堆叠顺序决定各层上对象之间的重叠方式。层和层内对象的顺序可以重新排列。

“层”面板显示文档的当前帧中所有层的状态，可以展开一个包含多个对象的层来查看其内容，单击某一层可以激活该层称为活动层，使用“层”面板中的工具可以对“层”进行操作，如图 8-28 所示。

“网页层”是一个特殊的层，它显示为每个文档的最顶层，包含用于给导出的 Fireworks 文档指定交互性的网页对象（如切片和热点）。不能停止共享、删除、复制、移动或重命名“网页层”，也不能合并驻留在“网页层”上的对象。“网页层”总是在所有帧之间共享，并且网页对象在每个帧上都可见。

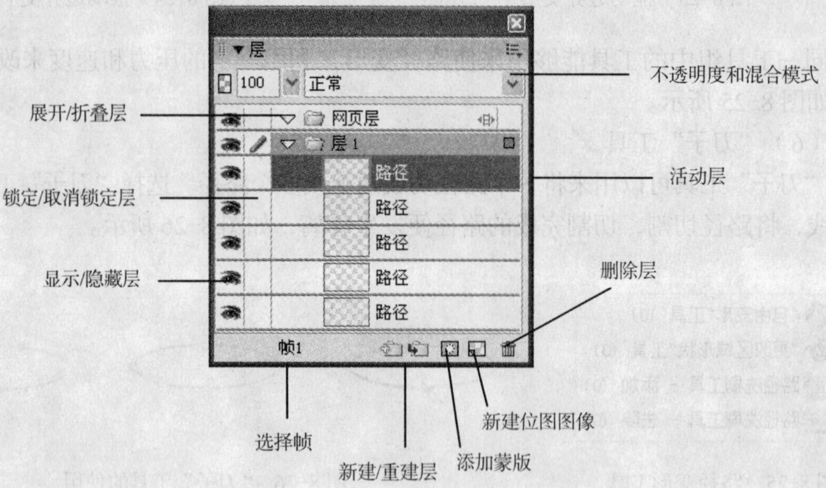

图 8-28 “层”面板

使用“工具”面板中“位图”部分的选择工具可以在位图图像上建立选取框，对选取框可以进行以下操作。

（1）移动选取框

将鼠标移到选取框内，单击拖动选取框到另一个像素区域上；使用方向键可以以 1 个像素为单位移动，使用方向键的同时按住〈Shift〉键可以以 10 个像素为单位移动；绘制过程中，不松开鼠标按空格键，可以直接拖动选取框，松开空格键可以继续绘制；在“属性”面板中可以直接定义选取框左上角顶点的坐标。

（2）编辑选取框

单击“位图”选择工具，按住〈Shift〉键绘制另一个选取框，多个选取框重叠时结合成一个连续的选取框；按住〈Alt〉键在画布中绘制新的选取框，可以取消新选取框内像素的选择；同时按住〈Shift〉键和〈Alt〉键在画布中绘制新的选取框，可以选择新选取框和原有选取框重合区域内的像素。

（3）反转像素选区

选择菜单“选择”→“反转”命令或使用快捷键〈Ctrl+Shift+I〉，可以选择原选取框之外的所有像素。

（4）在“选择”菜单中编辑选取框

共有 4 种命令：“扩展选取框”选取框向外扩展一定像素；“收缩选取框”选取框向内收缩一定像素；“边框选取框”向外按一定像素选取边框；“平滑选取框”除去像素选区边缘的多余像素。

在“选择”菜单中，还可以进行“全选”、“取消选择”等操作；使用“保存位图所选”命令可以用来记忆当前选取框的位置和形状，使用“恢复位图所选”命令可以恢复到保存的选取框。

使用“编辑”菜单中的命令可以对选取框中的像素进行剪切、复制、粘贴、删除等操作，进行粘贴操作时将在当前层增加一个新对象。

在“工具”面板的“选择”部分中使用“指针”工具可以选取对象，移动鼠标指针到对象上，单击选择该对象；也可以拖动“指针”工具选择所有对象，如图 8-29 所示。

图 8-29 用“指针”工具进行对象选择

使用“指针”工具还可以对对象进行简单的编辑。

例如，单击对象边框的点或选择手柄，拖动鼠标可以改变对象的大小，如图 8-30 所示。

使用“部分选定”工具可以选择、移动或修改矢量路径上的点或者属于组的对象，选定矢量对象，移动鼠标到路径上的点，单击拖动鼠标可以改变对象的形状，如图 8-31 所示。

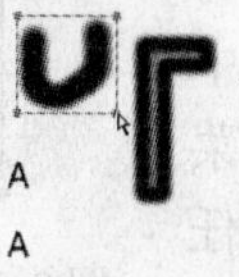

图 8-30 拖动改变对象大小

图 8-31 编辑矢量路径的点

“指针”工具的工具组中还有一个“选择后方对象”工具，可以选择被其他对象隐藏或遮挡的对象，反复单击鼠标可以按堆叠顺序自上而下选择对象。在“属性”面板中可以查看和修改当前被选择的对象，根据对象的不同，面板中也会显示不同的内容和选项。

“工具”面板的“选择”部分还有“裁剪”工具组，可以对选择的对象进行编辑。“裁剪”工具可以用于裁剪对象中某一区域，单击鼠标，在对象中拖动出一个选取框，在选取框中双击鼠标或按〈Enter〉键裁剪对象，如图 8-32 所示。

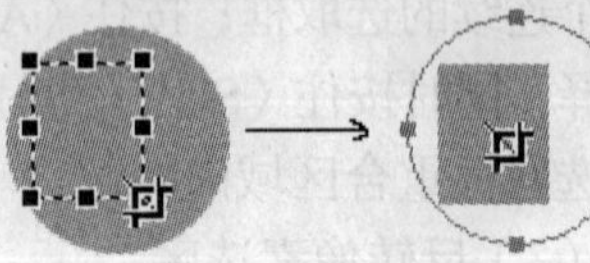

图 8-32　裁剪对象

使用“导出区域”工具可以将选取框中的内容从 Fireworks 导出，单击工具，在对象中选取内容，在选取框内部双击鼠标或按〈Enter〉键可以导出内容。

2. 图像的变形

使用“工具”面板“选择”部分的“缩放”工具组及“修改”→“变形”菜单中的命令可以变形所选对象、组或者像素选区，如图 8-33 所示。

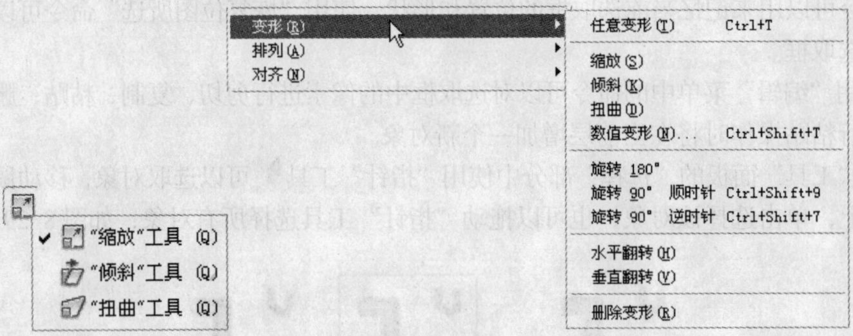

图 8-33　变形工具与命令

使用“缩放”工具组中的变形工具或菜单中的变形命令时，Fireworks 会在选取的对象周围显示变形手柄，对象的中心显示中心点，如图 8-34 所示。

图 8-34　变形手柄与中心点

（1）旋转

在对象外部移动鼠标，指针变成圆圈形的箭头，单击拖动使对象旋转，如图 8-35 所示。

默认情况下，对象围绕中心点旋转。若要使对象围绕另一个点旋转，可以单击中心点并拖动到理想的位置；双击中心点可以使其回到默认的位置。使用“修改”→“变形”菜单中的“旋转”命令也可以使对象实现顺时针或逆时针按任意角度旋转。

（2）缩放

缩放对象可以使对象按比例改变大小产生变形。使用“缩放”工具或选择菜单“修改”→“变形”→“缩放”命令，单击拖动边框中的手柄使对象变形，如图 8-36 所示。

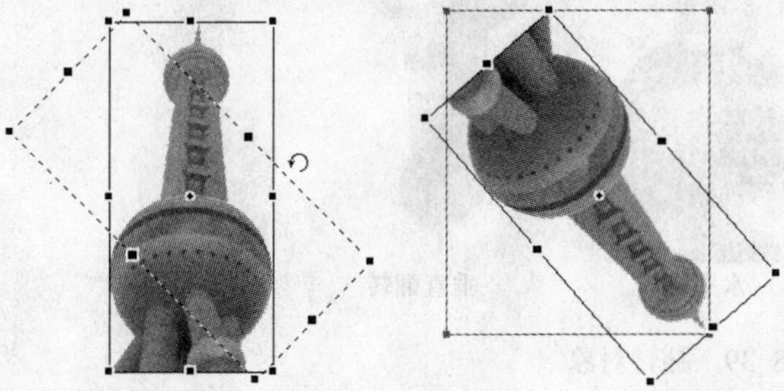

图 8-35　旋转对象

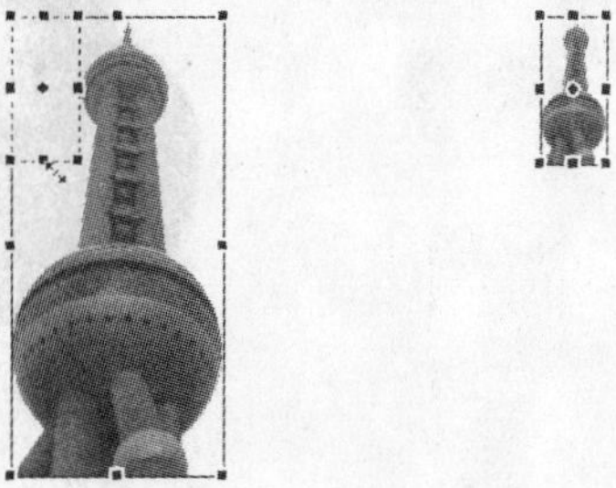

图 8-36　缩放对象

拖动顶点的手柄可以同时进行水平和垂直缩放，拖动侧边中间的手柄可以单独进行水平或垂直的缩放，按住〈Alt〉键拖动手柄可以保持对象的中心位置不动。

（3）倾斜

倾斜对象通过将对象沿水平轴、垂直轴或同时沿两个轴倾斜达到变形效果。

使用“倾斜”工具或选择菜单“修改”→“变形”→“倾斜”命令，单击拖动边框中的手柄使对象变形，如图 8-37 所示。

拖动顶点的手柄可以向两个方向移动使对象沿水平轴或垂直轴倾斜，拖动侧边的手柄可以沿对边倾斜。

（4）扭曲

使用“倾斜”工具或选择菜单“修改”→“变形”→“倾斜”命令，单击拖动边框中的手柄使对象变形，如图 8-38 所示。

拖动顶点的手柄可以拖动边框中此顶点的两个邻边，拖动侧边的手柄可以拖动此边使两个邻边的位置改变。

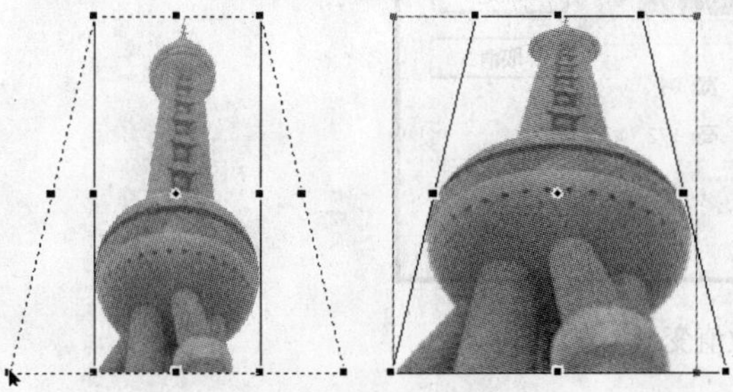

图 8-37　倾斜对象

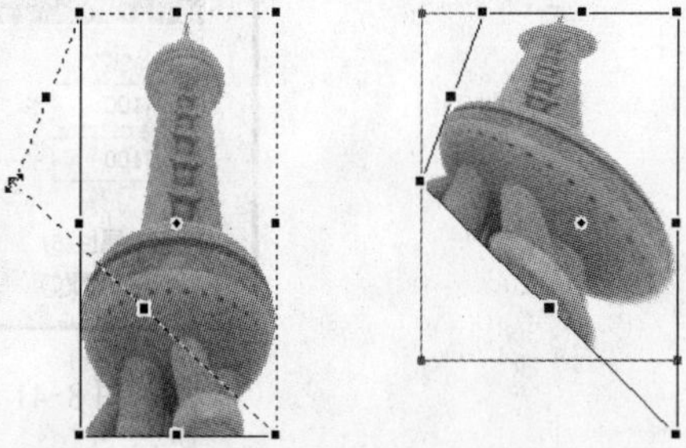

图 8-38　扭曲对象

（5）翻转

Fireworks 中可以使对象进行水平和垂直翻转，在“修改”→“变形”菜单中选择“水平翻转”和“垂直翻转”命令，可以使对象直接实现翻转，如图 8-39 所示。

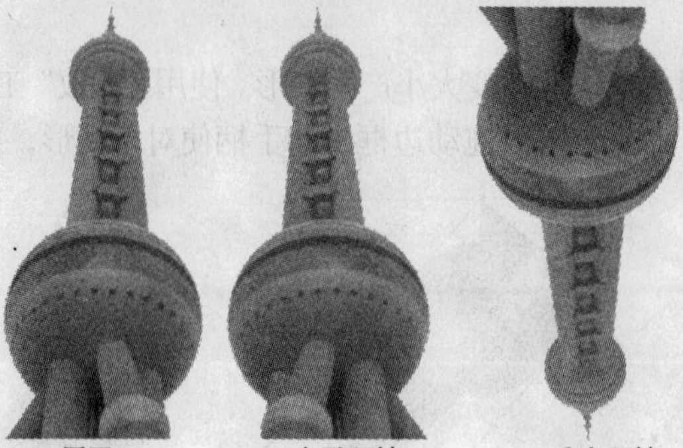

图 8-39　翻转对象

（6）数值变形

选定对象，在“属性”面板中的扩展区域可以输入数值改变选区的宽度和高度，如图 8-40 所示。

图 8-40　“属性”面板中修改对象大小

在“修改”→“变形”菜单中还可以选择“数值变形”命令，打开“数值变形”对话框，如图 8-41 所示。

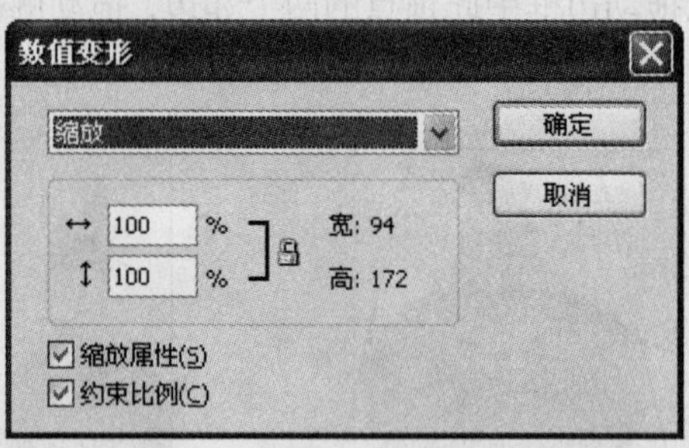

图 8-41　“数值变形”对话框

在对话框中可以改变缩放的比例，单位是“%”，并可以单击“约束比例”复选框，选择是否保持对象的宽和高的比例。

输入数值后，单击“确定”按钮对对象进行缩放。

在对话框的下拉菜单中还可以选择“调整大小”和“旋转”。

选择“调整大小”可以改变对象宽和高的像素值；选择“旋转”可以设定旋转的角度，

如图 8-42 所示。

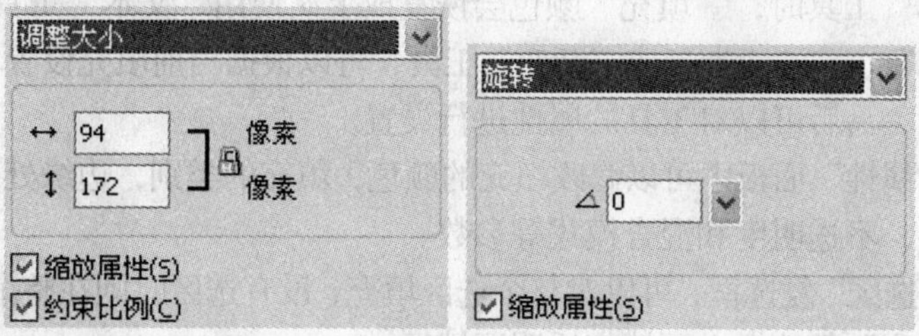

图 8-42 “调整大小”和“旋转”

3. 图像颜色的填充

“工具”面板中“颜色”部分包含“滴管”、“油漆桶”、“笔触”和“填充”颜色的设置以及其他颜色选项，如图 8-43 所示。

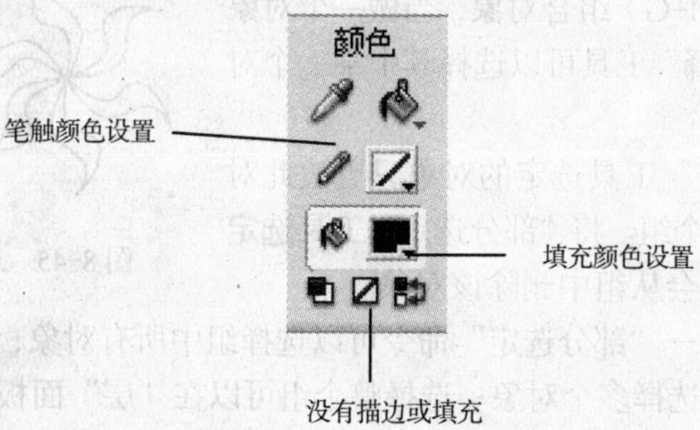

图 8-43 “工具”面板中颜色设置

（1）“滴管”工具

用于提取所选像素的颜色，并将选取的颜色应用到“笔触颜色”或“填充颜色”。

（2）“油漆桶”工具

用于在某一区域内填充颜色的工具，在“属性”面板中可以设置填充颜色、边缘、纹理、容差以及不透明度等，如图 8-44 所示。

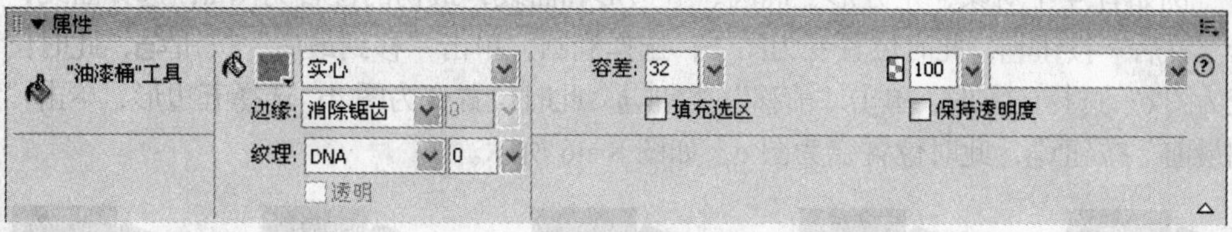

图 8-44 设置“油漆桶”工具

同属一个工具组的还有“渐变”工具，用于给图像填充渐变效果。

单击颜色设置按钮可以在颜色选择器中选择颜色，或使用“滴管”工具在编辑窗口中为“笔触”或“填充”选择颜色；设置默认笔触/填充色，使用的是“首选参数”中设置的默认颜色；使用按钮可以将“笔触”或“填充”设为无色。

使用“文本”工具时，“填充”颜色会恢复成上次使用“文本”工具时的颜色。

使用“刷子”、“油漆桶”或“渐变”工具，可以根据当前填充设置填充像素选区或矢量对象，选择工具后可以对工具的属性进行设置。

在工具的“属性”面板中可以修改填充的颜色，填充的类别，边缘处理的方式，填充纹理效果，容差，不透明度和混合模式等参数。

选择“填充选区”复选框，可以对整个选区填充，没有选区时则在整个文档填充颜色；选择“保持透明度”复选框，不填充透明区域。

4．图像对象的组织

编辑单个文档中的多个对象时，可以使用以下方法来组织文档。

1）将各个对象组合，将它们作为一个对象进行处理或保持各个对象的相对关系。

选择两个或多个对象，单击“修改”→“组合”命令或使用快捷键〈Ctrl+G〉组合对象，当做一个对象来处理，使用“部分选择”工具可以选择其中某一个对象，如图8-45所示。

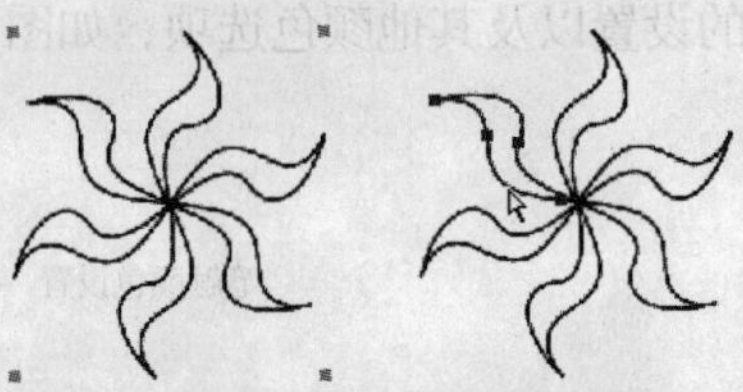
图8-45　选择组和组中的对象

修改用“部分选定”工具选定的对象只更改此对象的属性，而不改变整个组。将“部分选定”工具选定的对象移动到其他层将会从组中删除该对象。

使用菜单“选择”→“部分选定”命令可以选择组中所有对象，按住〈Shift〉键用部分工具单击各对象可以选择多个对象。选择整个组可以在“层”面板中单击组或使用“选择”→“整体选择”命令。如果要取消组合，单击“修改”→“取消组合”命令或快捷键〈Ctrl+Shift+G〉，也可以在“修改”工具栏中使用“组合”按钮和“取消组合”按钮。

2）将某些对象排列在其他对象的前面或后面，即改变对象的堆叠顺序。

选择“修改”→“排列”→“移到最前”或“移到最后”命令，将对象或组移到层的最上面或最下面，在“修改”工具栏中有“移到最前”按钮和“移到最后”按钮。

选择“修改”→“排列”→“上移一层”或“下移一层”命令，改变对象或组在层中的位置，还可以在“修改”工具栏中使用“前移”按钮和“置后”按钮。

例如有4个对象，正方形、椭圆、五边形和曲线，最初的位置为图a；选择曲线，单击“置后”按钮，此时位置变为图b；选择椭圆，单击“移到最后”按钮，此时位置变为图c；选择正方形，单击“前移”按钮，此时位置变为图d；选择五边形，单击“移到最前”按钮，此时位置变为图e，如图8-46所示。

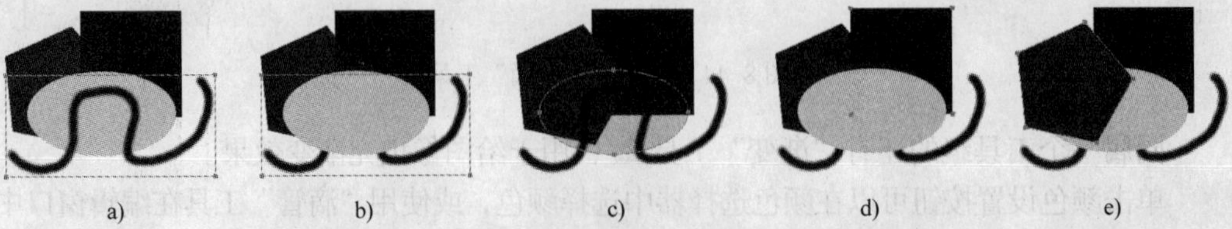

图8-46　改变对象的堆叠顺序

3）将所选对象与画布的某个区域对齐，或与水平轴、垂直轴对齐。

使多个对象按一定格式对齐，可以使用“修改”工具栏或“修改”→“对齐”菜单，其中“左对齐”将对象与最左侧的所选对象对齐；“垂直居中”将对象的中心点沿垂直轴对齐；“右对齐”将对象与最右侧的所选对象对齐；“顶对齐”将对象与最上方的所选对象对齐；“水平居中”将对象的中心点沿水平轴对齐；“下对齐”将对象与最下方的所选对象对齐。对上例中的对象进行对齐排列，如图 8-47 所示。

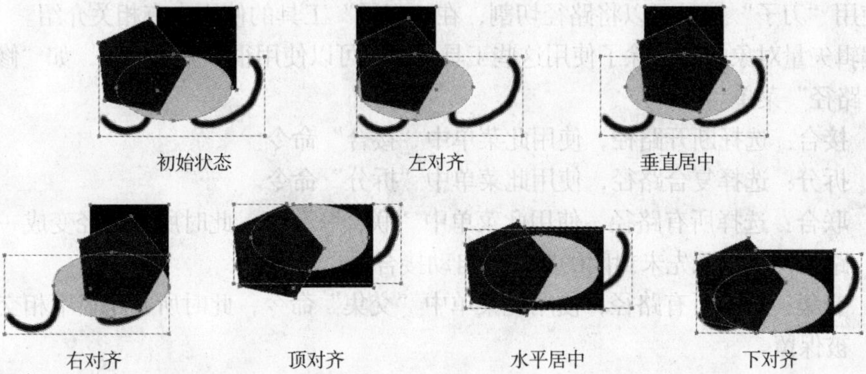

图 8-47　对象的对齐

5. 矢量对象的编辑

Fireworks CS3 提供了多种编辑矢量对象的方法。可以通过移动、添加或删除点来更改对象形状，也可移动点手柄来更改相邻路径段的形状。使用“自由变形”工具能够通过直接对路径进行编辑来改变对象的形状，还可通过合并路径或改变现有路径来创建新形状。

使用“更改区域形状”工具可以拉伸指针外圆内的所有选定路径，指针的内圆是工具的全强度边界，内外圆之间的区域以低于全强度的强度更改路径的形状，指针外圆确定指针的引力拉伸。

在“属性”面板中可以设置指针的大小和强度，如图 8-48 所示。

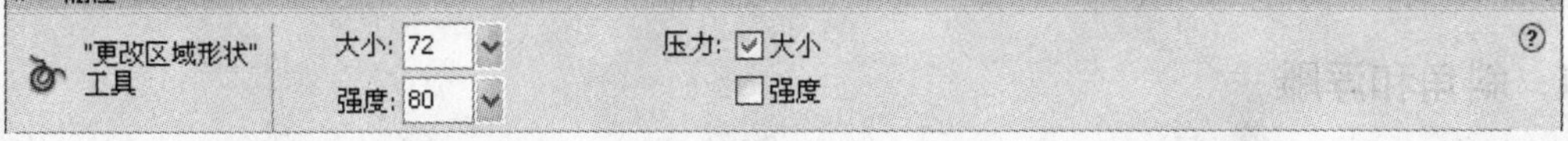

图 8-48　“更改区域形状”工具设置

使指针的外圆跨越对象的路径，拖动指针改变路径的形状，从内圆到外圆的区域表示减弱的强度，如图 8-49 所示。

使用“矢量路径”工具和“重绘路径”工具可以编辑矢量对象的路径，单击“矢量路径”工具，可以在画布中添加一段路径；单击“重绘路径”工具，可以在画布中将路径更改，如图 8-50 所示。

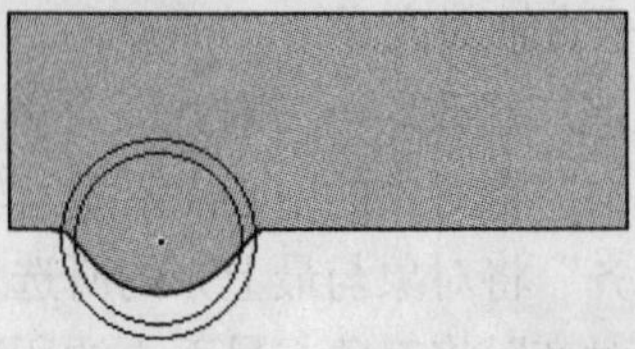

图 8-49　改变外圆内区域形状

图 8-50　添加路径与更改路径

使用“刀子”工具可以将路径切割，在“刀子”工具的使用中有相关介绍。

编辑矢量对象的路径除了使用这些工具外，还可以使用很多其他命令，如“修改”→“组合路径”菜单。

- 接合：选择断开路径，使用此菜单中“接合”命令。
- 拆分：选择复合路径，使用此菜单中“拆分”命令。
- 联合：选择所有路径，使用此菜单中“联合”命令，此时所有路径变成一个合成路径，其中原先未封闭的路径会自动接合。
- 交集：选择所有路径，使用此菜单中“交集”命令，此时所有路径中相交的部分被保留。
- 打孔：按某一路径删除其他路径的内容，使用上面同样的方法，单击此菜单中“打孔”命令，其他路径包含在被选中路径中的区域将被删除。
- 裁切：可以按照某一个路径切去其他路径的内容，选择此路径，使用“修改”→“排列”→“移到最前”命令，按〈Shift〉键选取其他要被裁切的路径，单击此菜单中“裁切”命令，其他路径包含在被选中路径中的区域将被保留。

第 3 节　图像特效的设置

Fireworks 动态效果是可以应用于矢量对象、位图图像和文本的增强效果，包括：斜角和浮雕、阴影和光晕、调整颜色、模糊和锐化。从“属性”面板中可以直接将动态效果应用于所选对象，并可以打开和关闭动态效果或者将其删除。

应用动态效果后，可以随时改变其选项，或者重新排列效果的顺序以尝试应用组合效果。

1. 斜角和浮雕

选择对象，在“属性”面板中会出现“滤镜”选项区，如图 8-51 所示。

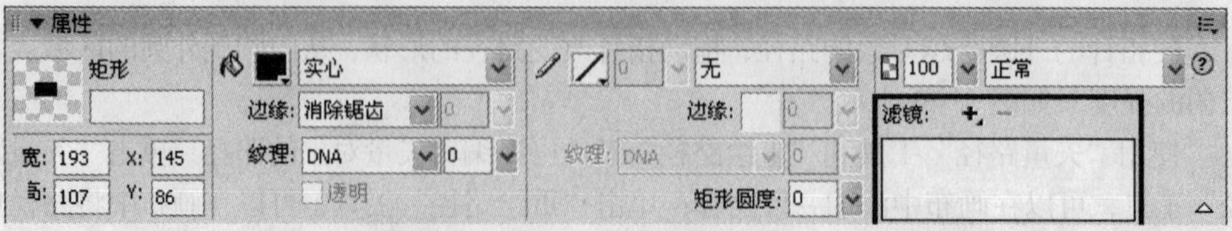

图 8-51　从“属性”面板添加效果

单击面板中的“+”按钮，打开效果选择菜单，如图 8-52 所示。

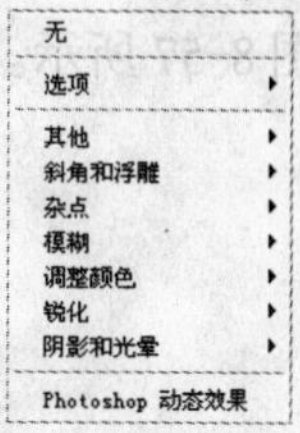

图 8-52 特效菜单

单击选取对象，使用“斜角和浮雕”菜单的命令可以为对象添加 4 种特效：“内斜角”、“外斜角”、“凹入浮雕”和“凸起浮雕”。添加特效后会弹出编辑特效的窗口，在窗口中可以编辑新建效果的属性，如图 8-53 所示。

对对象添加“内斜角”、“外斜角”效果，如图 8-54 所示。

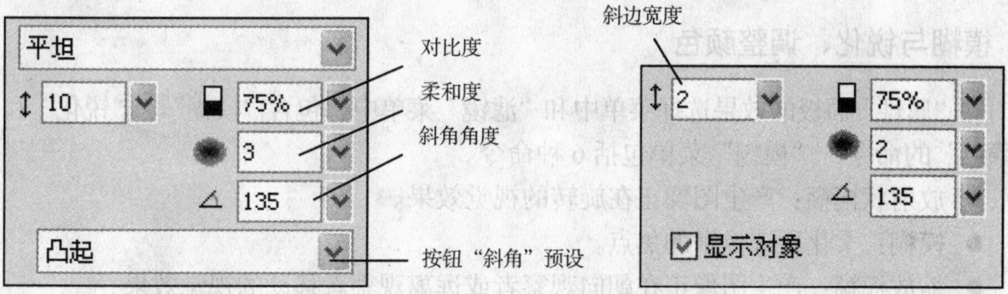

图 8-53 “内斜角”和“凸起浮雕”编辑窗口（“外斜角”还可以设定边界颜色）

对对象添加“凸起浮雕”、“凹入浮雕”效果，如图 8-55 所示。

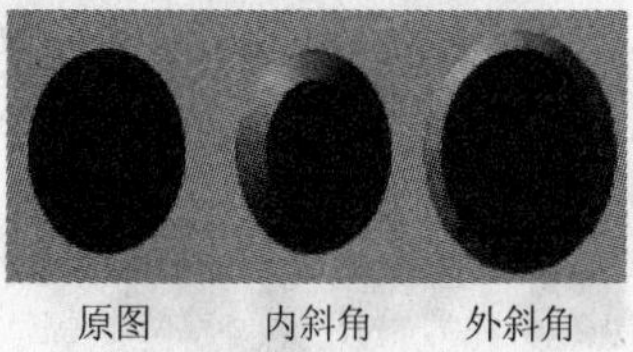

图 8-54 添加“内斜角”、“外斜角”效果

图 8-55 添加“凸起浮雕”、“凹入浮雕”效果

在“属性”面板中可以编辑效果，单击编辑效果的按钮可以编辑当前选择的效果的属性。如图 8-56 所示。

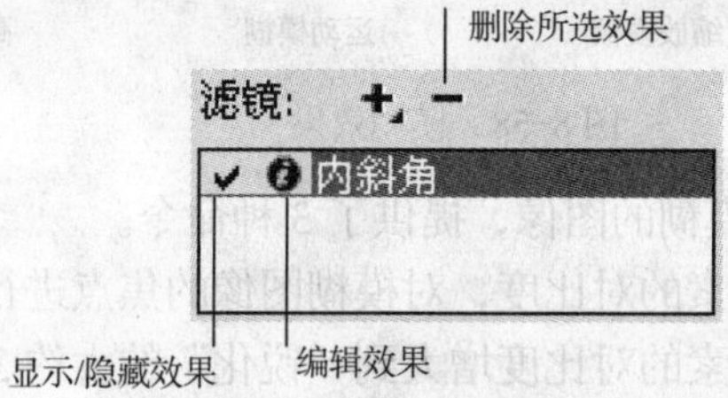

图 8-56 “效果”选项区

2. 阴影和光晕

使用 Fireworks 可以很容易地将投影、内侧阴影和光晕效果应用于对象，还可以指定阴影的角度以模拟照射在对象上的光线角度。

使用阴影和光晕效果同样可以在“属性”面板中添加，在效果选择菜单中选择“阴影和光晕”子菜单中的命令，可以产生投影、内侧发光、内侧阴影和发光（即光晕）效果，如图 8-57 所示。在“发光”的效果中还可以设置边界发光的颜色。

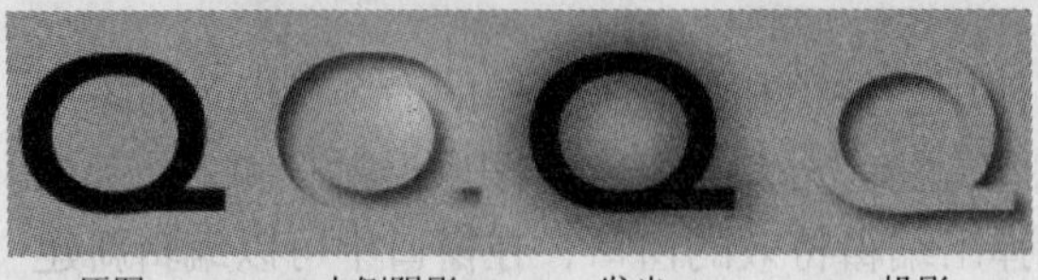

图 8-57　添加“内侧阴影”、“发光”、“投影”效果

3. 模糊与锐化、调整颜色

在“属性”面板的效果选择菜单中和“滤镜”菜单中都包含“模糊”、“锐化”和“调整颜色”的命令，“模糊”菜单包括 6 种命令。

- 放射状模糊：产生图像正在旋转的视觉效果。
- 模糊：柔化所选像素的焦点。
- 缩放模糊：产生图像正在朝向观察者或远离观察者移动的视觉效果。
- 运动模糊：产生图像正在运动的视觉效果。
- 进一步模糊：它的模糊处理效果大约是“模糊”的 3 倍。
- 高斯模糊：对每个像素应用加权平均模糊处理以产生朦胧效果。

“放射状模糊”、“缩放模糊”、“运动模糊”、“高斯模糊”的效果如图 8-58 所示。

图 8-58　模糊效果

“锐化”菜单是用来校正模糊的图像，提供了 3 种命令。

- 锐化：通过增大邻近像素的对比度，对模糊图像的焦点进行调整。
- 进一步锐化：将邻近像素的对比度增大到“锐化”的大约 3 倍。
- 钝化蒙版：通过调整像素边缘的对比度来锐化图像。

“调整颜色”菜单包含 7 种命令。

- 色相/饱和度：调整图像中颜色的颜色阴影、色相、强度、颜色饱和度以及亮度。
- 亮度/对比度：修改像素的对比度或亮度，影响图像的高亮、阴影和中间色。
- 反转：将图像的每种颜色更改为它在色轮中的反相色（RGB 颜色设置）。
- 色阶：利用高亮、中间色调和阴影来校正色调范围。
- 曲线：可在不影响其他颜色的情况下，在色调范围内调整任何颜色。
- 自动色阶：使用 Fireworks 调整色调范围。

● 颜色填充：可以填充所选对象的颜色。

第 4 节　样式的使用

Fireworks 样式的使用可以利用“样式”面板实现。“样式”面板包含一组可供选择的预定义 Fireworks 样式。

另外，如果创建了笔触、填充、效果和文本属性的组合并想重复使用它，可以将这些属性保存为样式，将它们保存在“样式”面板中，便可以将该属性组合应用于其他对象，而不必每次都重建属性，如图 8-59 所示。

“样式”面板中的样式不能应用于位图图像，选择对象，单击某样式，将样式应用于对象，此时便可在不影响原始对象的前提下更新该样式。

自定义样式一经删除，便无法恢复，但当前使用该样式的任何对象仍会保留其属性。如果删除的是预设样式，则可以通过“样式”面板“选项”菜单中的“重设样式”命令，将被删除的样式恢复并删除自定义样式。删除样式可以选定该样式，单击“删除样式”按钮🗑。

创建或选择具有所需笔触、填充、效果或文本属性的矢量对象或文本，单击“新建样式”按钮⊞新建样式，打开“新建样式”对话框，如图 8-60 所示。

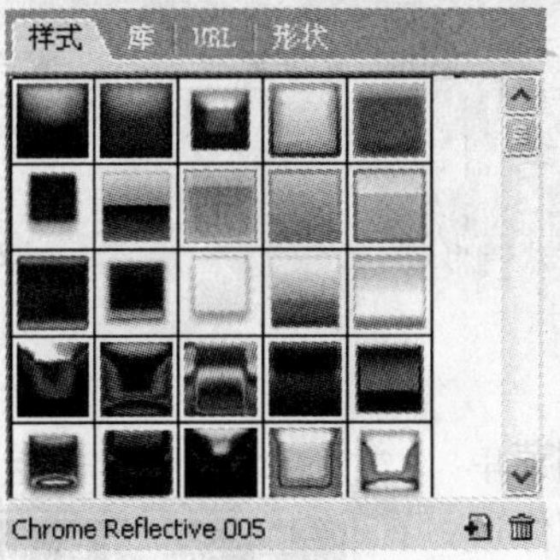

图 8-59　样式面板

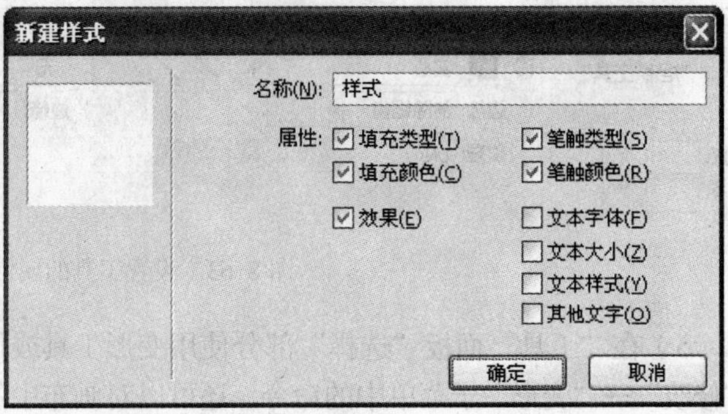

图 8-60　“新建样式”对话框

选择该样式需要引用的属性，可以为样式自定义一个名称，单击“确定”按钮即可在“样式”面板中增加一个新样式。

取消选择对象，双击“样式”面板中的样式可以编辑样式的属性，选择或取消需要样式包含的属性，对样式进行编辑。

第 5 节　实战演练——图像的编辑

本章实战演练，将通过一个简单图像的编辑来介绍 Fireworks 绘图工具的使用以及如何使用 Fireworks 编辑图像。

1）首先，运行 Fireworks，新建一个 Fireworks 文档，画布大小设置为“400×300”

像素。

2）单击“工具”面板的“位图”部分中的“刷子”工具按钮，在画布上拖动鼠标绘制图像，如图8-61所示。

3）使用“位图”部分的其他工具也可以对图像进行编辑，如图8-62所示。

4）使用“矢量”部分的工具可以进行矢量图的绘制，例如单击“工具”面板“矢量”部分中的“矩形”工具，在画布上绘制一个矩形。可以在“属性”面板中设置工具的属性，如图8-63所示。

图8-61　使用“刷子”工具绘画

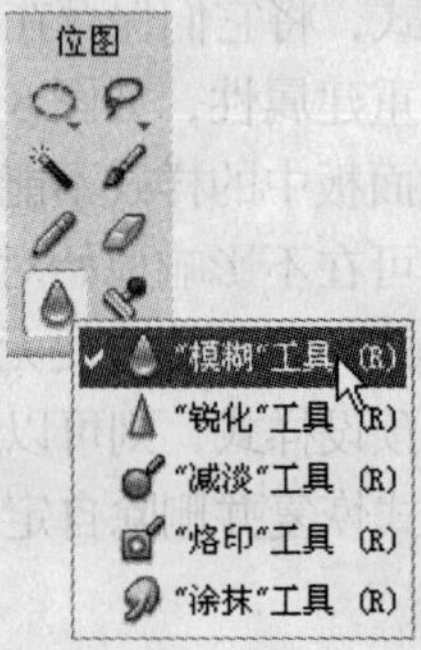

图8-62　位图编辑工具

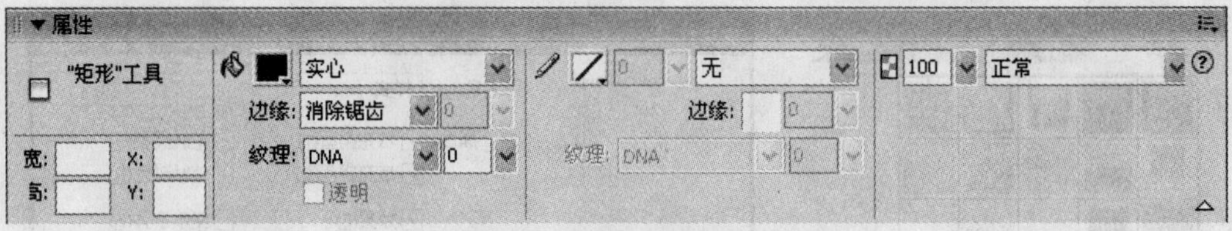

图8-63　设置工具的属性

5）在“工具”面板“选择”部分使用变形工具或使用菜单“修改”→“变形”子菜单中的命令，还可以对画布中的图像进行变形，如图8-64所示。

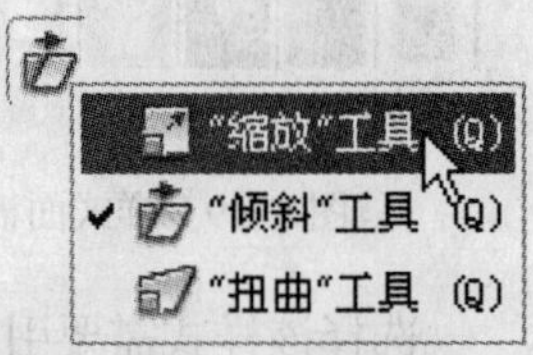

图8-64　变形工具

6）当在画布上绘制了多个不同对象时，还需要对图像对象进行组合或排列。单击“窗口”→“工具栏”→“修改”命令，在编辑窗口下方打开“修改”工具栏，在“修改”工具栏中可以对图像对象进行改变位置、组合或旋转等操作，如图8-65所示。

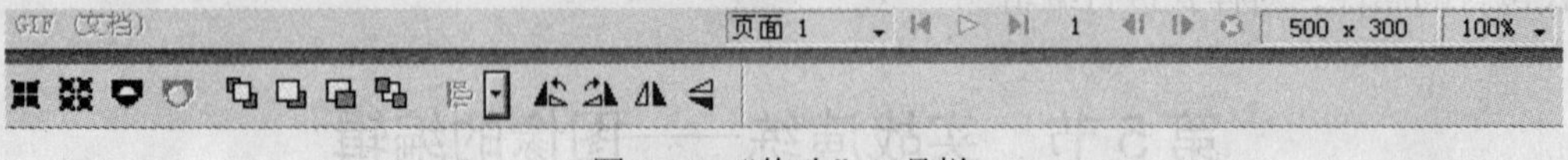

图8-65　“修改”工具栏

7）在“属性”面板中，还可以为图像添加特效，如图8-66所示。

8）单击“窗口”→“样式”命令，打开“样式”面板，通过“样式”面板可以使用Fireworks样式。

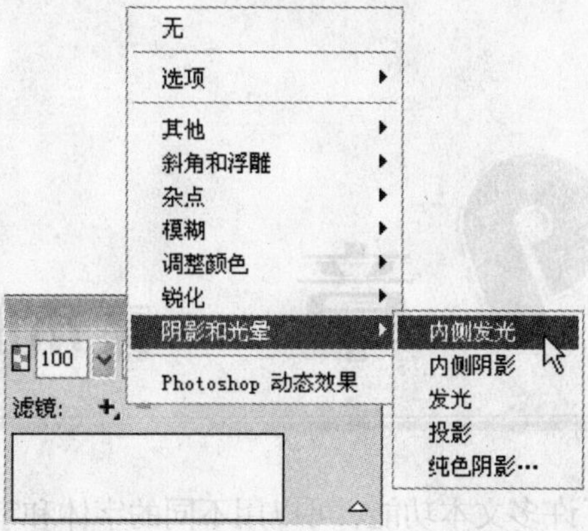

图 8-66 添加特效

第6节 练 一 练

1）在“工具”面板中选择某一绘图工具，在“属性”面板中修改工具的属性。

2）在 Fireworks 中打开一个位图图像，使用“工具”面板中“选择”部分的“变形”工具组中的工具，使图像变形扭曲，如图 8-67 所示。

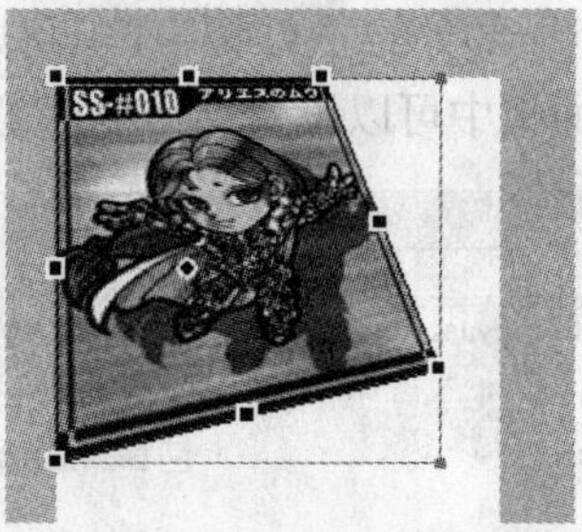

图 8-67 变形扭曲图像

3）使用“工具”面板中“矢量”部分的“文字”工具在画布中输入文本，为文本添加“内斜角”和“浮雕”特效。

4）继续为文本添加特效，并将特效保存为样式，在“样式”面板中重复使用。

第9章 文本的操作

Fireworks CS3 提供了许多文本功能，可以用不同的字体和字号创建文本，并且可调整其字距、间距、颜色、字顶距和基线等。将 Fireworks 文本编辑功能和大量的笔触、填充、效果以及样式相结合，能够使文本成为图形设计中一个生动的元素。

第1节 直接输入文本

Fireworks CS3 提供了丰富的文本功能，可以用不同的字体和字号创建文本，并且可调整其字距、间距、颜色、字顶距和基线等。Fireworks 文档中的所有文本均显示在一个带有手柄的矩形“文本块”中。

利用“工具”面板上“矢量”部分的“文本”工具可以在画布中输入文本，单击“文本”工具按钮 A，在“属性”面板中可以设置“文本”工具属性，如图 9-1 所示。

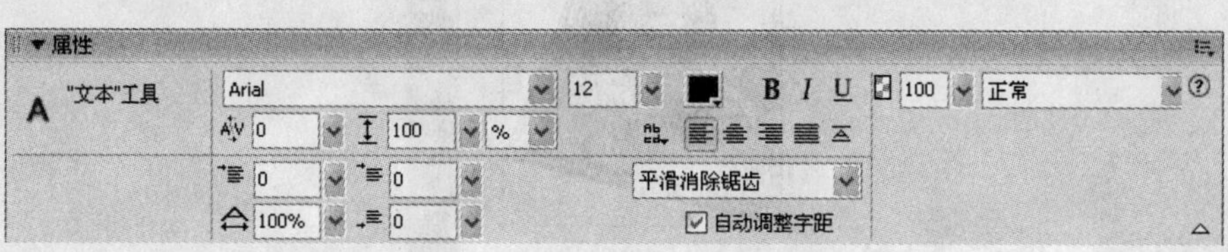

图 9-1 设置“文本”工具属性

如果“属性”检查器处于半高状态，单击右下角的扩展箭头可看到所有文本属性。插入文本前，在面板中设置要插入文本的字体、字号等属性，这些属性也可以在选择文本后编辑。

“文本”工具的鼠标指针为工字型“I”，在画布中的某一位置单击鼠标，默认情况下，程序在这个位置创建一个自动调整大小文本块，文本块中显示“文本指针”（文本块中闪烁的光标，形状为“|”），从键盘输入文本，文本块会沿水平方向扩展，如图 9-2 所示。

在自动调整大小文本块中删除文本时，文本块会自动调整宽度到刚好容纳剩余的文本；输入文本时，按〈Enter〉键可以使文本分段，文本块在水平方向上调整到刚好约束最宽的段落，如图 9-3 所示。

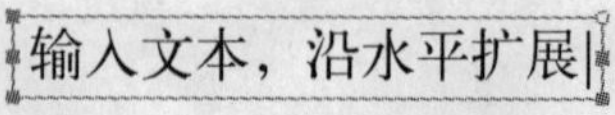

图 9-2 自动调整文本块

使用“文本”工具在画布上拖动可以绘制一个文本块，绘制文本块时，按住空格键，不松开鼠标拖动可以移动文本块，松开空格键可以继续绘制。

默认情况下，程序会创建一个固定宽度文本块，这种文本块可以限制折行文本的宽度，输入超过文本块宽度的文本后，文本块会将文本换行，如图 9-4 所示。

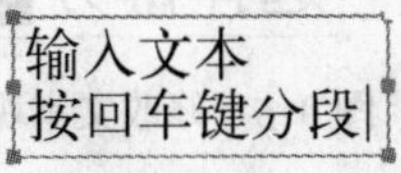
输入文本
按回车键分段

图 9-3　约束最宽的段落

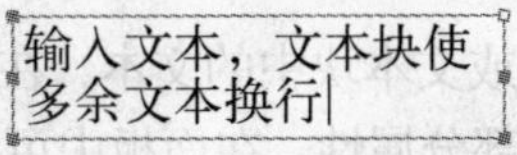
输入文本，文本块使
多余文本换行

图 9-4　固定宽度的文本块

文本块的右上角会显示一个空心圆或空心正方形，圆形表示自动调整大小文本块；正方形表示固定宽度文本块。双击文本块右上角，可在两种文本块之间切换。

完成文本输入后，单击其他工具或在文本块外面单击。

使用“指针”工具或“部分选定”工具单击可以选择文本块，按住〈Shift〉键单击可以选择多个文本块。

直接拖动鼠标可以移动文本块的位置，拖动文本块上的手柄可以改变文本块的大小。拖动后，文本块会从自动调整大小文本块更改为固定宽度文本块。

使用“指针”工具或“部分选定”工具单击文本块或使用“文本”工具单击文本块，可以激活“文本指针”，使其处于活动状态。

第2节　粘 贴 文 本

输入文本还可以使用从剪贴板粘贴的方法，在写字板等应用程序中将要插入的文字复制到剪贴板，使用两种方法将文本插入到 Fireworks 文档中。

（1）在现有文本块中粘贴文本

激活文本指针，选择要插入文本的位置，单击菜单“编辑”→“粘贴”命令或使用快捷键〈Ctrl+V〉，将剪贴板中的文本粘贴到此文本块中，粘贴的内容显示为原有文本块的格式。

（2）创建新的文本块粘贴文本

使用菜单“选择”→“取消选择”命令，然后在画布的空白位置单击鼠标右键，在弹出的快捷菜单中选择“粘贴”命令，程序将创建一个包含剪贴板内容的新文本块，新文本块中的文本保留剪贴板中的文本格式。也可以直接使用快捷键〈Ctrl+V〉粘贴创建新文本块。

第3节　编 辑 文 本

在 Fireworks 中可以随时对文本进行编辑，即使文本应用了投影或斜角等动态效果，在文本块中可以改变文本的所有特性，包括大小、字体、间距以及基线调整等。还可以复制含有文本的对象并对每个副本的文本进行修改。

编辑文本时，选择文本块，在“属性”面板中可以修改文本块中所有文本的属性；如果需要修改文本块中部分文本的格式，首先激活文本指针，在文本块中拖动鼠标选择文本，然后修改所选文本的格式，选择的文本将会高亮显示，如图 9-5 所示。

1. 选择字体、大小和文本样式

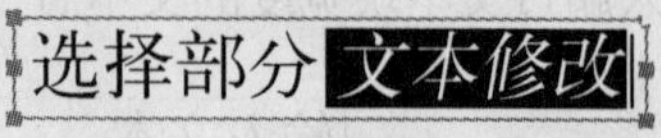

图 9-5　修改文本块中部分文本格式

选择文本块或文本块中的文本，在“属性”面板中显示了文本的大部分属性，在面板中可以方便地对文本进行编辑，如图 9-6 所示。

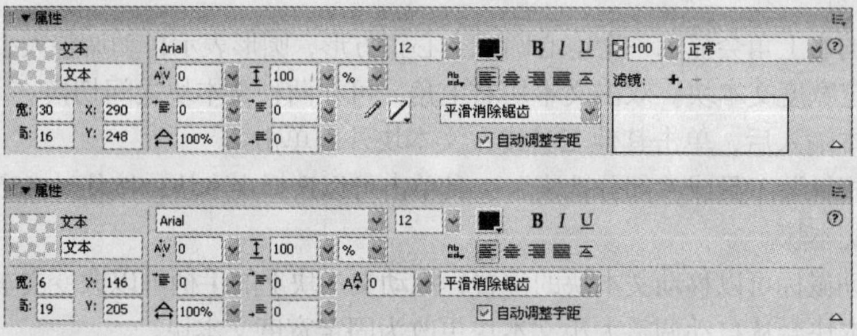

图 9-6　编辑文本块或部分文本属性

在“属性”面板中可以选择文本的字体、大小和文本样式，如图 9-7 所示。

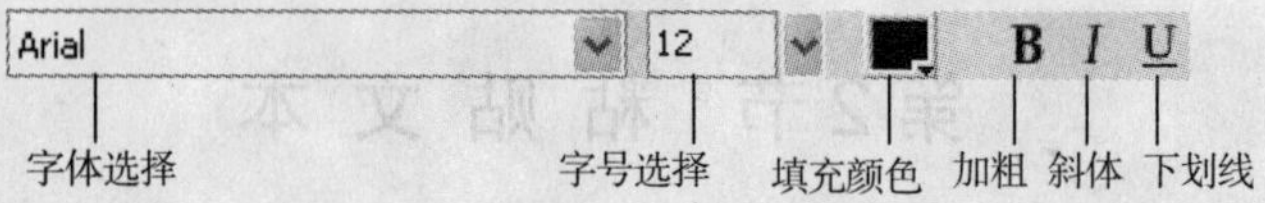

图 9-7　选择字体、大小和样式

（1）字体选择

单击箭头打开下拉菜单，移动鼠标从中选择一种字体，在右侧的窗口中可以看到字体的预览效果，如图 9-8 所示。

单击高亮显示的字体，可以将这种字体应用到选择的文本，如图 9-9 所示。

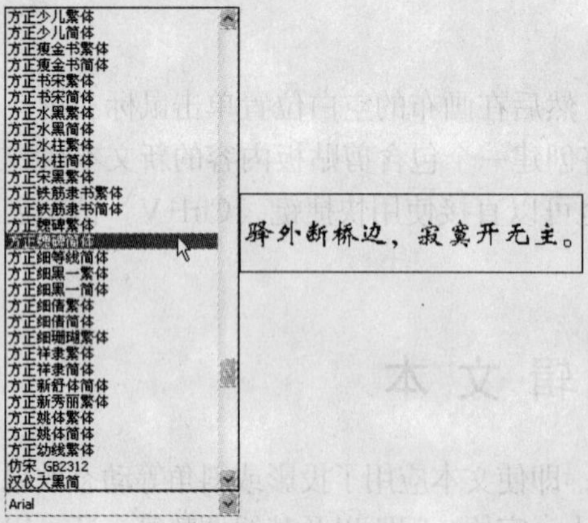

图 9-8　选择合适的字体

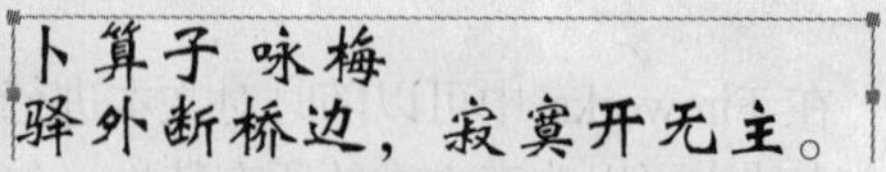

图 9-9　应用字体

（2）字号选择

在字号选择的文本框中，可以直接输入数字更改文本的大小，以磅作为度量单位；单击箭头打开字号选择滑块，拖动滑块也可以改变字号，如图 9-10 所示。

单独改变部分文本的字体或字号，不会影响其他文本的属性，如图 9-11 所示。

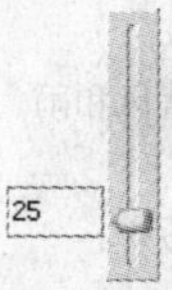
25

图 9-10 改变字号

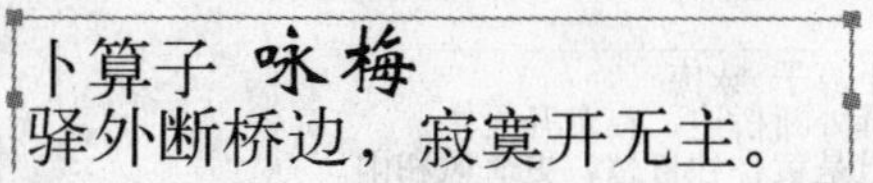
卜算子 咏梅
驿外断桥边，寂寞开无主。

图 9-11 改变部分文本属性

（3）使用样式

文本可以使用“加粗”、“斜体”和“下划线”样式，单击面板中的按钮“**B**”、“*I*”和“U”可以分别实现这 3 种样式，如图 9-12 所示。

文本的样式可以叠加，对同一段文本可以使用多种样式的组合，如加粗并斜体、斜体带下划线等，如图 9-13 所示。

初始 **加粗** *斜体* <u>下划线</u>

图 9-12 改变文本样式

加粗并斜体

<u>斜体带下划线</u>

<u>加粗并斜体带下划线</u>

图 9-13 应用多种文本样式

对文本设置的一些基本样式或字体和字号可以通过“样式”面板新建样式保存，保存的样式可以在下次使用时直接调用。

鼠标右键单击文本块，在弹出的菜单中也可以为文本选择大小或样式。

2. 设置文字的字顶距和字距微调

字顶距确定段落中相邻行之间的距离。它的度量单位可以是像素，也可以是行的基线之间的间隔（以磅值表示）的百分比，在“属性”面板中可以直接修改，如图 9-14 所示。

修改时，可以直接在文本框中输入一个数值。默认值是 100，以“%”为单位。

单击文本框后的箭头可以打开滑块，拖动滑块可以改变文本框中的数值，变化范围是“0～250”，如图 9-15 所示。

100
%

图 9-14 在“属性”面板中修改字顶距

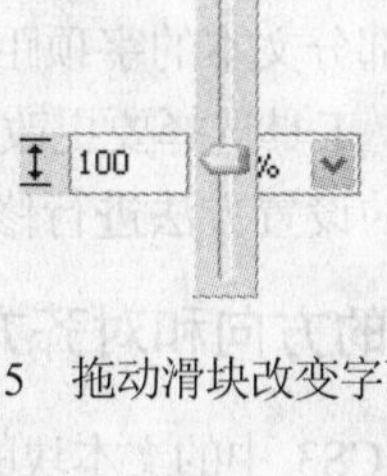
100
%

图 9-15 拖动滑块改变字顶距

单击后一个选框的箭头，可以选择数值的单位（“%”或“像素”）。

对一段文本分别设置字顶距为“50%”和“150%”，产生效果如图 9-16 所示。

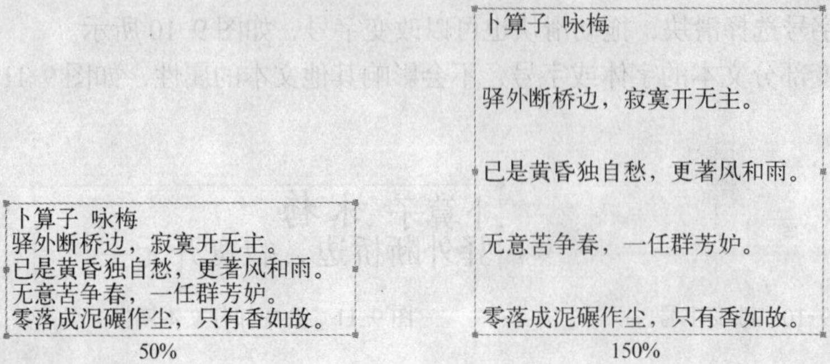
卜算子 咏梅
驿外断桥边，寂寞开无主。
已是黄昏独自愁，更著风和雨。
无意苦争春，一任群芳妒。
零落成泥碾作尘，只有香如故。
50%
卜算子 咏梅
驿外断桥边，寂寞开无主。
已是黄昏独自愁，更著风和雨。
无意苦争春，一任群芳妒。
零落成泥碾作尘，只有香如故。
150%

图 9-16　不同字顶距效果

字距微调可以增大或减小某些字母组合之间的间距，从而改变它们的外观。许多字体都含有可自动减小某些字母对（例如"TA"或"Va"等）之间的间距量的信息。

Fireworks CS3 在显示文本时，其自动字距微调功能使用字体的字距微调信息。字距微调以百分比作为度量单位。

在“属性”面板中可以进行字距微调，但首先必须先单击取消“自动调整字距”复选框。在面板中调节字距微调滑块即可改变文字间距，如图 9-17 所示。

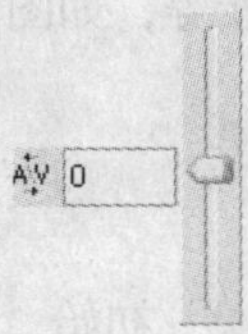
AV 0

图 9-17　改变文字间距

字距微调的变化范围是“-99～100”，也可直接在文本框中输入数值。对一段文字分别设置字距为“-20%”和“50%”。效果如图 9-18 所示。

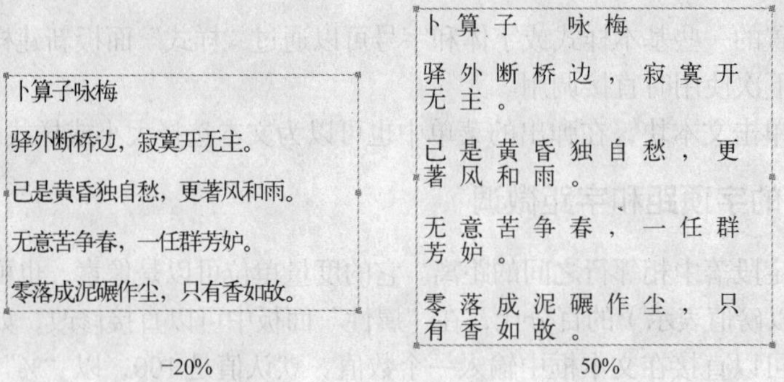
卜算子咏梅
驿外断桥边，寂寞开无主。
已是黄昏独自愁，更著风和雨。
无意苦争春，一任群芳妒。
零落成泥碾作尘，只有香如故。
-20%
卜 算 子　　咏 梅
驿 外 断 桥 边 ，　寂 寞 开 无 主 。
已 是 黄 昏 独 自 愁 ，　更 著 风 和 雨 。
无 意 苦 争 春 ，　一 任 群 芳 妒 。
零 落 成 泥 碾 作 尘 ，　只 有 香 如 故 。
50%

图 9-18　不同字距效果

若要改变两个字符或文字之间的间距，可以使用“文本”工具在字符或文字之间单击，再进行字距微调即可，如图 9-19 所示。

若要设置部分文本的字顶距和字距微调，首先使用“文本”工具选择要更改的文本，再按照和文本块同样的设置方法进行修改。

驿 外 断桥 边 ，　寂 寞 开 无 主 。

图 9-19　改变“断”与“桥”的间距

3．设置文字的方向和对齐方式

Fireworks CS3 中的文本块的方向可以是水平的，也可以是垂直的；同时，文本可以从右向左排列，也可以从左向右排列。默认情况下，文本块中的文本沿水平方向从左向右排列。

在“属性”面板中，除了可以设置文本排列的方向外，还可以将文本设置为水平格式或垂直格式。这些设置只能应用到整个文本块。

单击面板中的按钮，在弹出的菜单中可以为文本块选择4种不同的排列方式：水平方向从左向右、水平方向从右向左、垂直方向从左向右和垂直方向从右向左。单击选择某一命令即可应用到所选文本块。

（1）水平方向从左向右

大多数语言的默认文本设置。它确定了文本的方向为水平，并且将从左向右地显示字符。

（2）水平方向从右向左

确定了文本的方向为水平，但从右向左显示文字或字符。该选项适用于显示从右向左读的语言（例如希伯来语或阿拉伯语等）创建的文本。

（3）垂直方向从左向右

确定了文本的方向为垂直。如果将该设置应用于以硬回车或软回车分行的文本，那么每一行文本将显示为一列，列从左向右排列。

（4）垂直方向从右向左

确定了文本的方向为垂直，多行文本以列的形式显示，但列从右向左排列。该选项适用于显示对列中文本从左向右排列的语言（例如日语等）创建的文本。垂直文本的字符总是自上而下排列。以下是4种情况下同一文本块的文本排列，如图9-20所示。

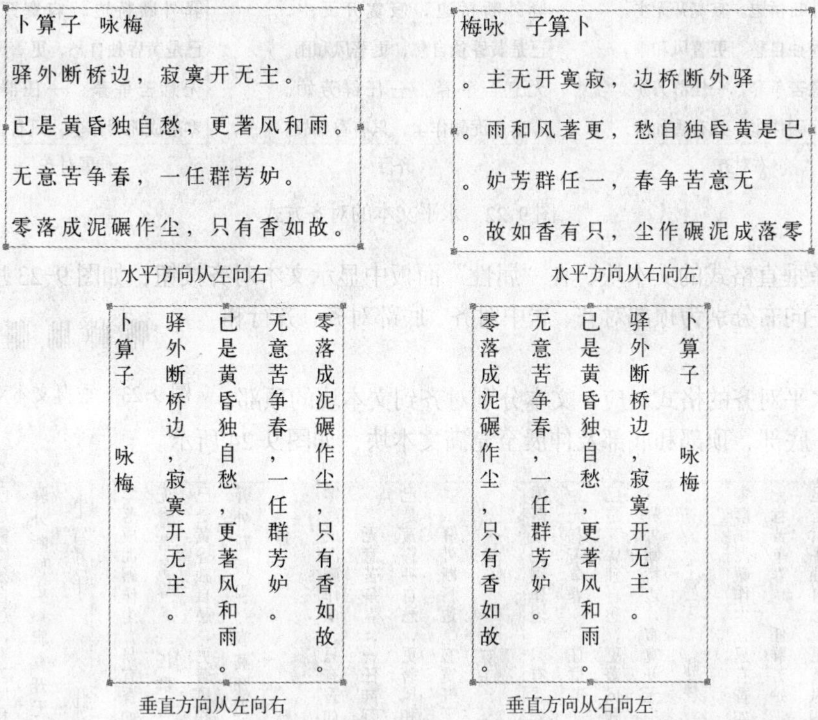
卜算子　咏梅
驿外断桥边，寂寞开无主。
已是黄昏独自愁，更著风和雨。
无意苦争春，一任群芳妒。
零落成泥碾作尘，只有香如故。
水平方向从左向右
梅咏　子算卜
。主无开寞寂，边桥断外驿
。雨和风著更，愁自独昏黄是已
。妒芳群任一，春争苦意无
。故如香有只，尘作碾泥成落零
水平方向从右向左
卜算子　咏梅
驿外断桥边，寂寞开无主。
已是黄昏独自愁，更著风和雨。
无意苦争春，一任群芳妒。
零落成泥碾作尘，只有香如故。
垂直方向从左向右
卜算子　咏梅
驿外断桥边，寂寞开无主。
已是黄昏独自愁，更著风和雨。
无意苦争春，一任群芳妒。
零落成泥碾作尘，只有香如故。
垂直方向从右向左

图9-20　水平格式和垂直格式文本

对齐方式确定了文本段落相对于其文本块边缘的位置。水平对齐文本时，会相对于文本块的左右边缘对齐文本；垂直对齐文本时，会相对于文本块的顶部和底部边缘对齐文本。

选择水平格式的文本块，在“属性”面板中出现文本对齐的按钮，如图 9-21 所示。从左向右分别为左对齐、居中对齐、右对齐、齐行和伸展对齐。

- 左对齐：将文本水平对齐到文本块的左边缘。默认情况下，水平文本为左对齐。
- 居中对齐：将文本沿文本块的垂直轴对齐。
- 右对齐：将文本水平对齐到文本块的右边缘。
- 齐行：将文本同时与文本块的左右边缘对齐，此时将调节字符的间距。
- 伸展对齐：使文本符合特定空间如文本块的大小，此时将改变字符的字型。

图 9-21　水平文本对齐按钮

水平对齐的 5 种效果如图 9-22 所示。

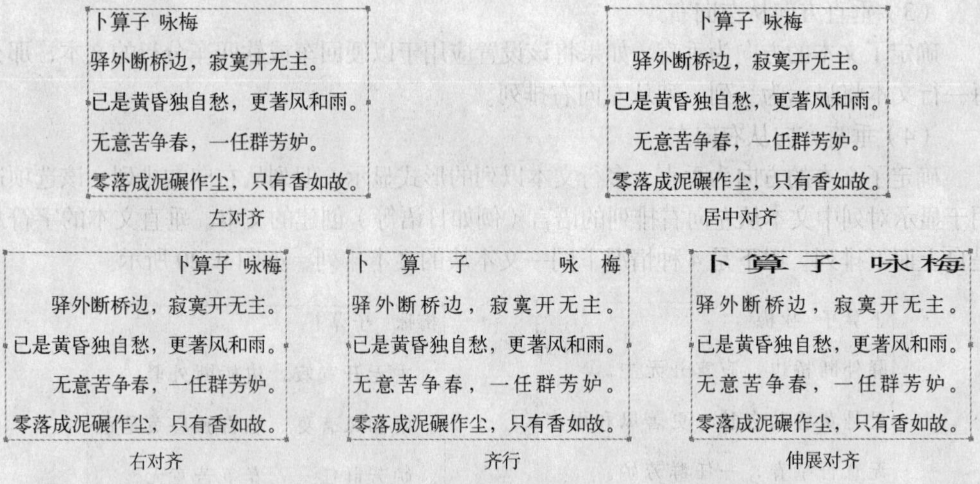
卜算子 咏梅
驿外断桥边，寂寞开无主。
已是黄昏独自愁，更著风和雨。
无意苦争春，一任群芳妒。
零落成泥碾作尘，只有香如故。
左对齐
卜算子 咏梅
驿外断桥边，寂寞开无主。
已是黄昏独自愁，更著风和雨。
无意苦争春，一任群芳妒。
零落成泥碾作尘，只有香如故。
居中对齐
卜算子 咏梅
驿外断桥边，寂寞开无主。
已是黄昏独自愁，更著风和雨。
无意苦争春，一任群芳妒。
零落成泥碾作尘，只有香如故。
右对齐
卜 算 子 咏 梅
驿外断桥边，寂寞开无主。
已是黄昏独自愁，更著风和雨。
无意苦争春，一任群芳妒。
零落成泥碾作尘，只有香如故。
齐行
卜算子 咏梅
驿外断桥边，寂寞开无主。
已是黄昏独自愁，更著风和雨。
无意苦争春，一任群芳妒。
零落成泥碾作尘，只有香如故。
伸展对齐

图 9-22　水平文本的对齐方式

选择垂直格式的文本块，在“属性”面板中显示文本对齐按钮，如图 9-23 所示。从左向右分别为顶部对齐、居中对齐、底部对齐、齐行和伸展对齐。

图 9-23　垂直文本对齐按钮

与水平对齐的格式对应，文本分别对齐到文本块的顶部、水平轴、底部、顶部和底部及伸展至充满文本块，如图 9-24 所示。

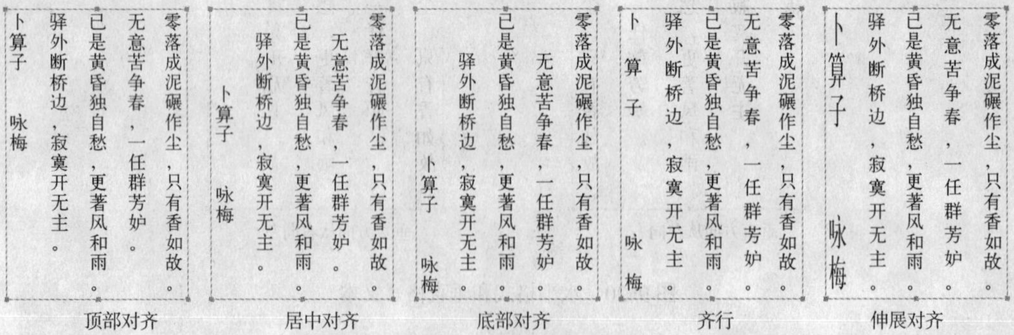
卜算子 咏梅
驿外断桥边，寂寞开无主。
已是黄昏独自愁，更著风和雨。
无意苦争春，一任群芳妒。
零落成泥碾作尘，只有香如故。
顶部对齐
居中对齐
底部对齐
齐行
伸展对齐

图 9-24　垂直文本对齐方式

4. 设置文字的段落属性

在“属性”面板中还可以对文本段落等的一些属性进行设置，例如缩进文本、设置段落间距和字符宽度等，如图9-25所示。

在右下角的文本框中可以设置字符的宽度，输入数值或拖动滑块可以修改，拖动滑块的变化范围是“50%～300%”。字符宽度为“50%”和“150%”的文本比较如图9-26所示。

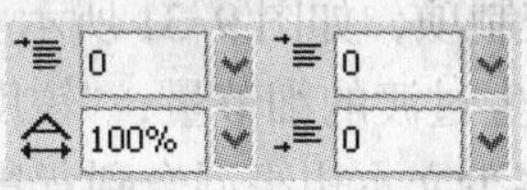

图9-25　段落设置

不同宽度的字符

图9-26　改变字符宽度

左上角的文本框用于设置段落缩进，右边的两个文本框用于设置段前和段后空格，均以像素作为度量单位。在文本框中输入数值或单击箭头拖动滑块，修改缩进和段落间距。设置段落缩进为30像素，段后空格为30像素，产生效果如图9-27所示。

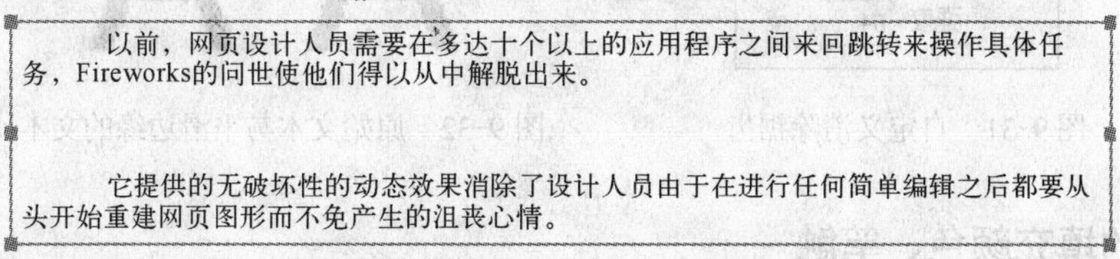
以前，网页设计人员需要在多达十个以上的应用程序之间来回跳转来操作具体任务，Fireworks的问世使他们得以从中解脱出来。
它提供的无破坏性的动态效果消除了设计人员由于在进行任何简单编辑之后都要从头开始重建网页图形而不免产生的沮丧心情。

图9-27　段落缩进与段落间距

对于文本块中的部分文本，可以设置基线调整。用鼠标右键单击输入的内容，选择编辑器可以找到基线调整选项。基线调整确定了文本位于其基线之上或之下多大距离。使用基线调整可以创建下标和上标字符，如图9-28所示。

在基线调整文本框中输入数值，输入正值将创建上标字符，输入负值将创建下标字符；单击拖动文本框后的滑块改变文本框中的数值，变化范围是“−99～100”，如图9-29所示。

$(x+y)^2=x^2+2xy+y^2$　　H_2O

图9-28　基线调整制作下标或上标

图9-29　基线调整

5. 平滑文本边缘

平滑文本边缘即消除文本的锯齿，这将使文本的边缘混合在背景中，从而使大字体的文本更清楚易读，消除锯齿会应用到选定文本块的所有字符。

选择文本或文本块，在“属性”面板中有专门用于平滑文本边缘的选项，单击箭头可以打开选择的菜单，如图9-30所示。

图9-30　平滑文本边缘选项

菜单中各命令的含义如下。

- 不消除锯齿：禁用文本平滑功能。
- 匀边消除锯齿：在文本的边缘和背景之间产生强烈的过渡。
- 强力消除锯齿：在文本的边缘和背景之间产生非常强烈的过渡，同时保全文本字符的形状并增强字符细节区域的表现。
- 平滑消除锯齿：在文本的边缘和背景之间产生柔和的过渡。
- 系统消除锯齿：使用由 Windows 系统提供的文本平滑方法。
- 自定义消除锯齿：提供 3 种专门的消除锯齿控制项，如图 9-31 所示。

“采样过度”确定用于在文本边缘和背景之间产生过渡的细节量；“锐度”确定文本边缘和背景之间的过渡的平滑程度；“强度”确定将多少文本边缘混合到背景中。

原始文本与平滑边缘的文本比较，如图 9-32 所示。

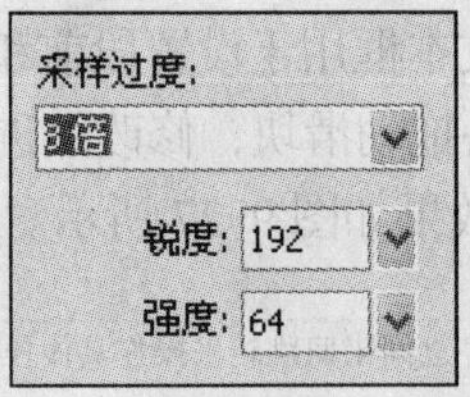

图 9-31　自定义消除锯齿

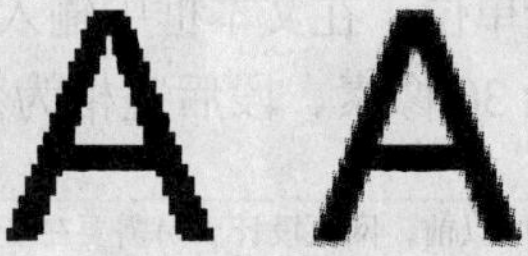

图 9-32　原始文本与平滑边缘的文本比较

6. 文字的填充颜色、笔触

文本颜色由“填充”颜色控制。

默认情况下，文本为黑色，并且没有笔触。在文本块之间切换时，“文本”工具将保留当前文本颜色。

如果使用“文本”工具之后使用其他工具，则“填充”和“笔触”设置会恢复为使用“文本”工具之前所使用的最近设置。

再次使用“文本”工具时，“填充”颜色会恢复为最近的“文本”工具设置，而“笔触”会重设为“无”。

设置笔触和动态效果将应用到整个文本块，编辑文本块中的内容时，Fireworks 会将文本块的笔触和动态效果应用到编辑的内容。

选择文本，在“属性”面板中可以分别修改文本的“填充”和“笔触”颜色及设置文本的动态效果，如图 9-33 所示。

图 9-33　设置文本颜色及动态效果

在 Fireworks 中对文本进行编辑，除了使用“属性”面板外，还可以使用“文本编辑器”。

用鼠标右键单击文本块，在弹出的快捷菜单中选择“编辑器”命令，可以打开“文本编辑器”，如图 9-34 所示。

“文本编辑器”在处理那些可能难以在屏幕上编辑的文本（例如大文本块、附加到路径的文本或所使用的字体、字号很不方便阅读的文本等）时非常有用。

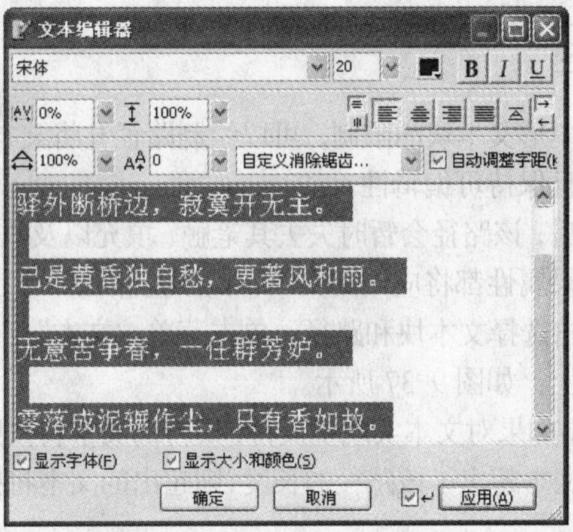

图 9-34　文本编辑器

单击“显示字体”复选框和“显示大小和颜色”复选框取消选择，此时编辑窗口里的文字用系统字体和默认字号显示，便于编辑和操作。

单击取消“应用”按钮前的复选框，在“文本编辑器”中所作的编辑将不会直接应用。

第 4 节　文本的其他操作

Fireworks 中还可以进行一些扩展的设计，例如变形文本、附加到路径的文本以及转换为路径和图像的文本等，还可以使用 Fireworks 的拼写检查程序纠正拼写错误。

Fireworks 中的文本可以当作矢量对象来处理，可以使用“缩放”、“倾斜”、“扭曲”等工具进行编辑，使文本获得变形效果。也可以将文本转换成路径进行变形。

1．将文本转换为路径

将文本转换为路径，可以把文本当作矢量图像来编辑，通过这种方法可以设计出一些不是常用字体的文字形状。将文本转换为路径后，可以使用所有的矢量编辑工具进行编辑，但不能再将它作为文本编辑。

选择文本块，单击鼠标右键，选择“转换为路径”命令或单击菜单“文本”→“转换为路径”命令，将文本转换为路径，如图 9-35 所示。

此时，原先的文本块变成一个 5 个对象的组合，可以按照矢量组合拆分的方法进行编辑。利用矢量编辑工具可以对各个文本对象进行编辑，如图 9-36 所示。

图 9-35　文本转换为路径

图 9-36　编辑效果

2. 将文本附加到路径

如果希望文本不受矩形文本块的限制，可以绘制路径并将文本附加在路径上。文本将沿着路径的形状排列并且保持可编辑性。

将文本附加到路径后，该路径会暂时失去其笔触、填充以及效果属性。附加到路径后，编辑的笔触、填充和效果属性都将应用到文本，而不是路径。

按住〈Shift〉键单击选择文本块和路径，单击菜单“文本”→“附加到路径”命令，将文本附加到所选路径上，如图 9-37 所示。

此时可以编辑文本，如果对文本实现了换行，换行的文本将按照路径的形状重新排列。如果附加在断开路径的文本超出了该路径的长度，则超出的文本将换行并重复路径的形状，如图 9-38 所示。

图 9-37　附加到路径的文本

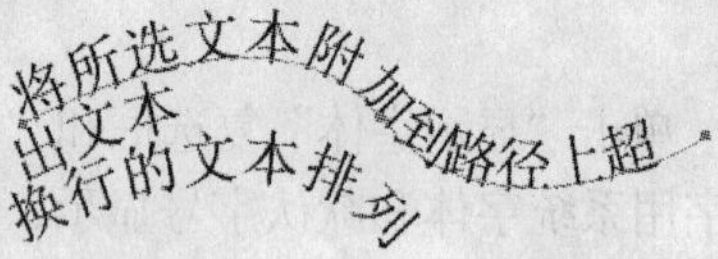

图 9-38　超出和换行文本

鼠标右键单击附加到路径的文本，在弹出的快捷菜单中可以编辑附加到路径文本的一些属性，例如文本沿路径排列的方向等，如图 9-39 所示。

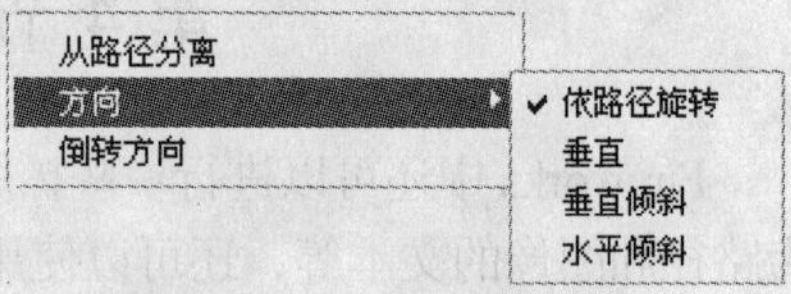

图 9-39　编辑附加到路径的文本

选择此快捷菜单中的“从路径分离”命令或单击菜单“文本”→“从路径分离”命令，可以将路径和文本分离。分离后的路径将重新获得笔触、填充和动态效果的属性。

3. 导入文本

导入文本除了使用剪贴板之外，还直接可以导入 RTF（丰富文本格式）和 ASCII（纯文本）格式的文件。单击“文件”→“打开”或“导入”命令，选择要导入的文件。

导入含有文本的 Photoshop 文档时，还可以对文本进行编辑。Fireworks 在导入时处理缺少字体的方法是要求用户选择一种替换字体，或者允许用户将文本作为静态图像导入。

导入 RTF 格式的文件时，Firework 将保留文件中字体、字号、样式、对齐方式、字顶距、基线调整、范围微调、水平缩放和首字符的颜色的属性，其他属性不作保留。

导入 ASCII 文本可以使用任意的导入方法。导入的 ASCII 文本被设置成默认字体，高 12 像素，并使用当前的填充色。

第 5 节　实战演练——制作精美文本

本章实战演练，通过制作一段精美文本来介绍在 Fireworks 中文本的操作。

1）首先，运行 Fireworks，新建一个 Fireworks 文档，设置画布大小为“400 × 200”像素。

2）单击“工具”面板“矢量”部分的“文本”工具，在“属性”面板中设置工具的属性，如图 9-40 所示。

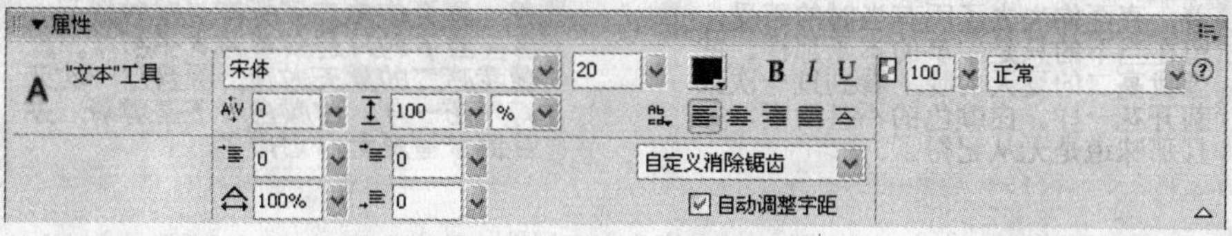

图 9-40　设置“文本”工具属性

3）在画布中使用“文本”工具输入两段文本，调整文本块的位置，如图 9-41 所示。

4）使用“指针”工具选择第 1 个文本块，单击“窗口”→“样式”命令打开“样式”面板，对当前文本块使用“样式”面板中的某一个样式，例如含有“内斜角”和“内侧发光”特效的样式，如图 9-42 所示。

图 9-41　输入文本

图 9-42　使用样式的文本

5）使用“钢笔”工具在画布中绘制一个路径，选择另一文本块和路径，将文本附加到路径上，再为文本添加“外斜角”、“凸起浮雕”和“进一步锐化”的特效，如图 9-43 所示。

6）在画布中安排两个文本块的位置，形成最终效果，如图 9-44 所示。

图 9-43　附加到路径的文本

图 9-44　文本效果

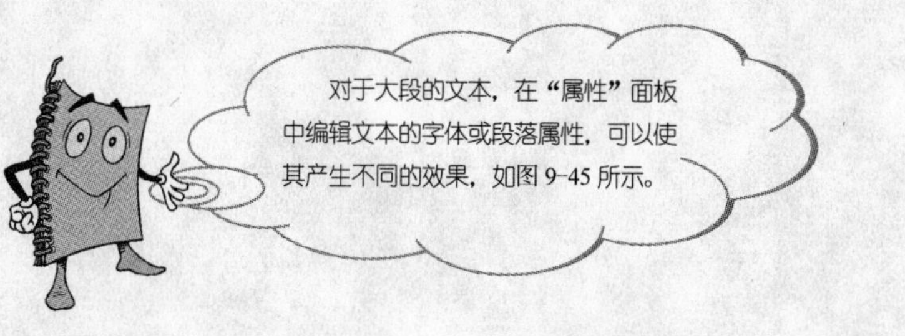
对于大段的文本，在“属性”面板中编辑文本的字体或段落属性，可以使其产生不同的效果，如图 9-45 所示。

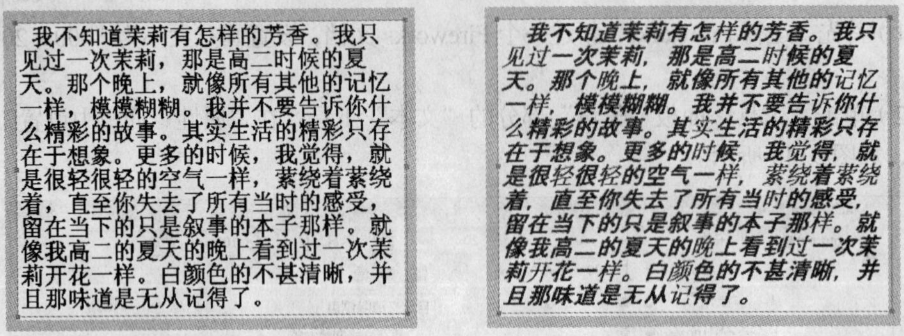
我不知道茉莉有怎样的芳香。我只见过一次茉莉，那是高二时候的夏天。那个晚上，就像所有其他的记忆一样，模模糊糊。我并不要告诉你什么精彩的故事。其实生活的精彩只存在于想象。更多的时候，我觉得，就是很轻很轻的空气一样，萦绕着萦绕着，直至你失去了所有当时的感受，留在当下的只是叙事的本子那样。就像我高二的夏天的晚上看到过一次茉莉开花一样。白颜色的不甚清晰，并且那味道是无从记得了。
我不知道茉莉有怎样的芳香。我只见过一次茉莉，那是高二时候的夏天。那个晚上，就像所有其他的记忆一样，模模糊糊。我并不要告诉你什么精彩的故事。其实生活的精彩只存在于想象。更多的时候，我觉得，就是很轻很轻的空气一样，萦绕着萦绕着，直至你失去了所有当时的感受，留在当下的只是叙事的本子那样。就像我高二的夏天的晚上看到过一次茉莉开花一样。白颜色的不甚清晰，并且那味道是无从记得了。

图 9-45　修改文本属性的效果

第6节　练一练

1）在画布中输入两段相同的文本，对两段文本使用不同的字体和字号。

2）为两段文本设置不同的字顶距和字距微调，观察不同的效果。

3）改变文本的方向及对齐方式，对比不同的效果。

4）对其中一段文本使用 Fireworks 的样式，在“样式”面板中选择样式。

5）为另一段文本添加特效，使其产生与前面一段文本相同的效果。

6）创建一段附加到路径的文本。

7）将文本转换为路径，并修改文本的形状。

第10章 按钮和动画的制作

在 Fireworks CS3 中，可以创建按钮以及制作简单的动画，本章将介绍按钮的制作和编辑，以及在“库”面板中如何使用按钮元件，如何创建导航栏。在动画部分，将主要介绍逐帧动画的制作以及动画元件的使用。

在这一章中，首先介绍 Fireworks 中元件的创建和使用，使用元件可以方便地在文档中添加实例，并对实例进行编辑。

Fireworks CS3 提供了 3 种不同类型的元件：图形、动画和按钮。每种元件都具有适用于其特定用途的特性。实例是 Fireworks 元件的表示形式，当对元件对象（原始对象）进行编辑时，实例（副本）会自动更改以反映对元件所做的修改。

当想要重复使用图形元素时，元件显得非常重要，可以将实例放在多个 Fireworks 文档中并保留与元件的关联。元件对于创建按钮以及通过多个对象制作动画都很有帮助。

第1节 创 建 元 件

Fireworks 中提供了一个“库”面板，专门用于对元件进行编辑和管理。默认情况下，“库”面板集成在“资源”面板组中，单击菜单“窗口”→“库”命令或按〈F11〉键，可以打开“库”面板，如图 10-1 所示。

“库”面板的下半部分列出了当前文档可以使用的所有元件，包括名称和类型。单击选择某一元件，在面板的上半部分可以看到该元件的预览效果。

图 10-1 “库”面板

在“库”面板中，单击“切换排序”按钮≟，可以改变元件在面板中的排列顺序。

对于“按钮”和“动画”元件，还会有一个“播放”按钮▷，单击此按钮可以预览按钮或动画的动态效果。

Fireworks 可以直接将当前文档中的对象转换成元件，在文档中选择某一对象，单击鼠标右键，在弹出的快捷菜单中选择“转换为元件”命令或使用快捷键〈F8〉，弹出“元件属性”对话框，如图 10-2 所示。

在“名称”文本框中输入元件的名称，选择要转换成的元件类型，单击“确定”按钮。

程序将所选对象转换成一个元件。转换成的元件出现在“库”面板中，被转换的对象成为元件的一个实例，在“属性”面板中将显示所选元件的属性。

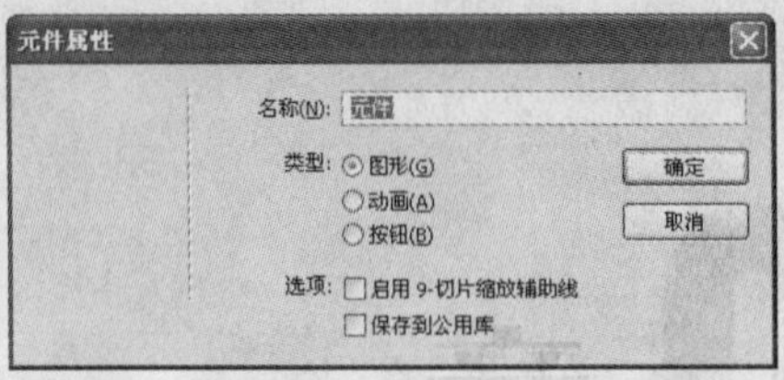

图 10-2　创建新元件

若要新建元件，单击菜单“编辑”→“插入”→“新建元件”命令或使用快捷键〈Ctrl+F8〉，打开“元件属性”对话框。输入新元件的名称，选择元件类型，单击“确定”按钮创建元件。

此时，在编辑窗口中会出现元件编辑窗口，用于为新建元件添加内容，如图 10-3 所示。

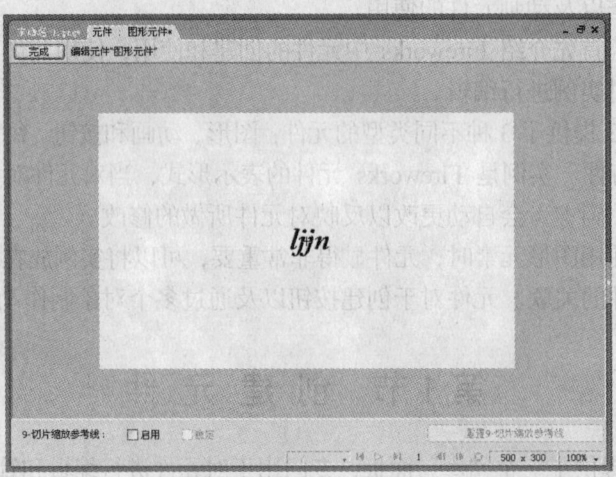

图 10-3　元件编辑窗口

使用 Fireworks 编辑图像的工具添加对象，单击“完成”按钮。程序在画布中添加一个该元件的实例，如图 10-4 所示。

图 10-4　新建元件的实例

创建新元件还可以在“库”面板中单击“新建元件”按钮，单击“删除元件”按钮可以删除所选元件。

删除元件时，如果被删除的元件和实例正在被编辑，程序会提示先关闭编辑窗口，再执行删除命令，如图 10-5 所示。

使用元件时，只要拖动“库”窗口列表中的元件到画布中即可，如图 10-6 所示。

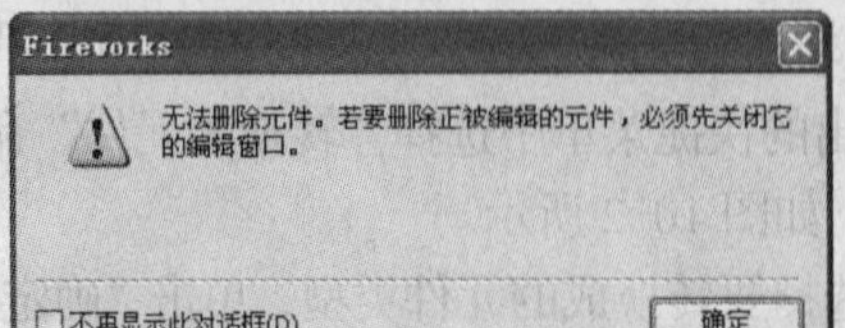

图 10-5　编辑中的元件不可被删除

图 10-6　拖动使用元件

第 2 节 编辑元件与实例

编辑元件可以在元件编辑窗口进行。

在“库”面板中双击元件的名称，打开“元件属性”对话框，如图 10-7 所示。

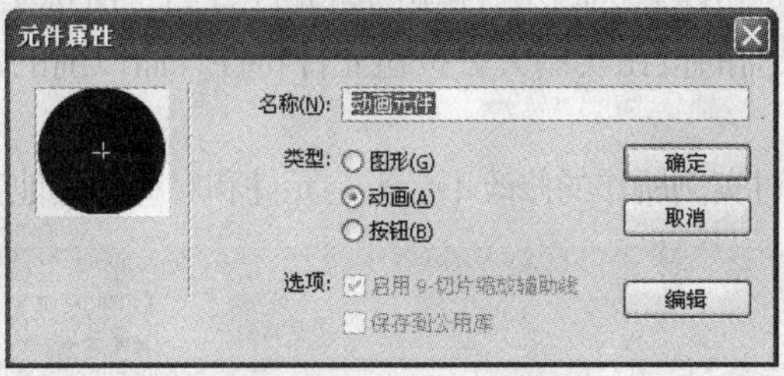

图 10-7 元件属性修改

在对话框中，可以直接修改所选元件的名称和类型。

在文本框中输入新的名称，单击单选按钮选择元件的类型。单击“编辑”按钮可以打开元件编辑窗口，如图 10-8 所示。

使用 Fireworks 工具可以在元件画布中对元件进行各种编辑，编辑完成后，单击“完成”按钮关闭元件编辑窗口。

修改元件后，该元件及当前文档中该元件的所有实例都将被修改。

展开“库”面板，单击“资源”面板标题栏右侧的选项按钮，可以打开“库”面板选项菜单，如图 10-9 所示。

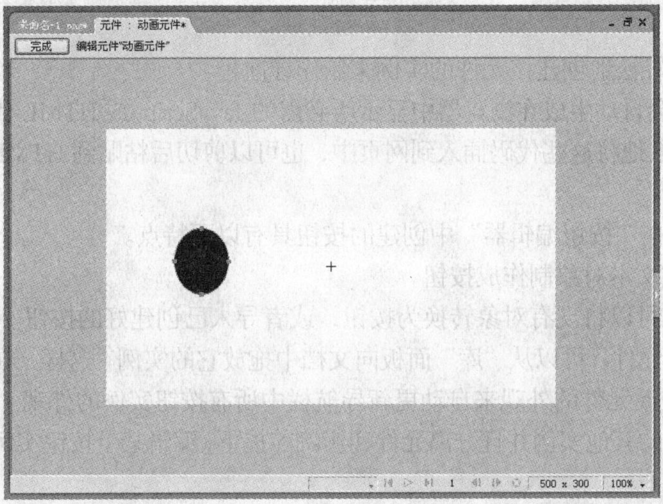

图 10-8 元件编辑窗口

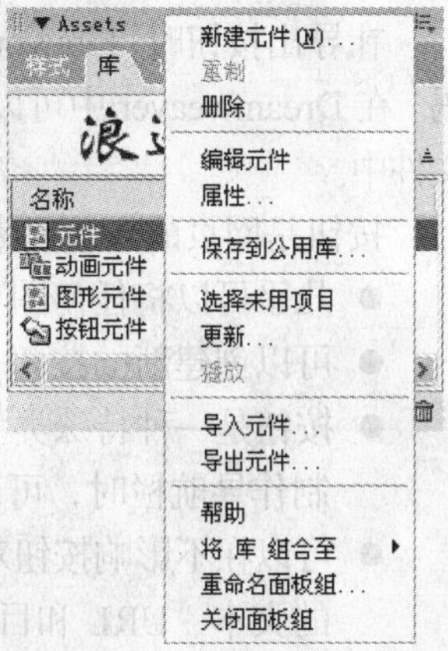

图 10-9 “库”面板选项菜单

在菜单中可以选择“新建元件”命令新建元件，单击“编辑元件”命令可以打开当前所选的元件的编辑窗口，还可以对所选元件进行重制、删除等操作。

对元件的实例进行编辑时，选择实例，单击“修改”→“元件”→“编辑元件”命令或双击该实例，可以对实例直接进行编辑。对实例的编辑也会影响对应的元件及该元件在文档中对应的实例。

若要单独编辑某实例，则必须使该实例与元件分离，这种分离是永久的分离。

选择实例，单击“修改”→“元件”→“分离”命令或用鼠标右键单击实例，在弹出菜单中选择“元件”→“分离”命令，使实例与元件分离。所选实例变为一个组。

与元件分离后，以前的按钮实例失去按钮元件特性，而以前的动画实例则失去动画元件特性。

在“属性”面板中对实例所作的修改不会影响元件和对应的其他实例，如图10-10所示。

图10-10 在“属性”面板中编辑实例

在面板中还可以直接修改混合模式、不透明度、动态效果、宽度和高度、X和Y坐标。

第3节 创建按钮

在Fireworks CS3中可以创建多种JavaScript按钮，但是在使用和创建按钮时，还能在Fireworks中创建一个便于使用的按钮元件，根据课前导读中对于元件的介绍，可以利用Fireworks的“按钮编辑器”帮助使用者完成按钮的创建过程，并且能自动完成许多按钮制作任务。

创建了按钮元件后，可以轻松地创建该元件的实例来制作导航栏。

在导出按钮时，Fireworks会自动生成在浏览器中显示所必需的JavaScript或HTML代码。在Dreamweaver中可以轻松地将这些代码插入到网页中，也可以剪切后粘贴到HTML文件中。

按钮是网页的导航元素。在“按钮编辑器”中创建的按钮具有以下特点。

- 几乎可以将任何图形或文本对象制作成按钮。
- 可以创建新的按钮，也可以将现有对象转换为按钮，或者导入已创建好的按钮。
- 按钮是一种特殊类型的元件，可以从“库”面板向文档中拖放它的实例。这样，在制作导航栏时，可以更改元件的外观来自动更新导航栏中所有按钮实例的外观。
- 可以在不影响按钮对应的其他实例并且分离元件和实例前提下，编辑某个按钮实例的文本、URL和目标。
- 按钮实例是经过封装的。在文档中拖动按钮实例时，Fireworks会移动与之关联的所有组件和状态，因此无需进行多帧编辑。
- 按钮易于编辑。双击按钮的实例后，就可以直接在按钮编辑器或“属性”面板中对其进行更改。
- 同其他元件一样，按钮也有注册点。注册点即一个中心点，该中心点有助于将文本或图形和不同的按钮状态对齐。

1. 创建按钮的方法

在 Fireworks 中创建按钮元件，可以直接对元件的类型进行选择。新建元件时，选择元件的类型为“按钮”便可以在“库”面板中创建一个按钮元件。

Fireworks 还专门为创建按钮提供了简便的方法，单击“编辑”→“插入”→“新建按钮”命令，程序直接在“库”面板中创建一个按钮元件并打开“按钮编辑器”，如图 10-11 所示。

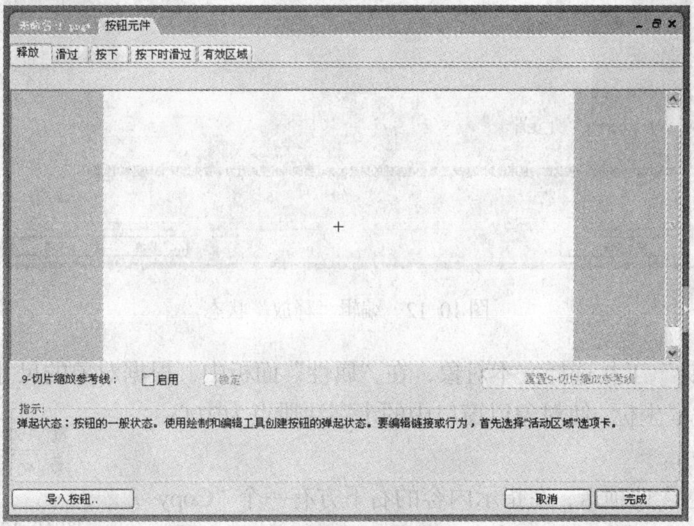

图 10-11　按钮编辑器

按钮最多有 4 种不同的状态，每种状态都表示该按钮在响应鼠标事件时的外观。

- “释放”状态：按钮的默认外观或静止时的外观。
- “滑过”状态：当鼠标指针滑过按钮时该按钮的外观。通过此状态的变化可以提醒用户，单击鼠标时很可能会引发一个动作。
- “按下”状态：单击后的按钮状态。通常用按钮的凹下图像表示按钮已按下。此状态通常在多按钮导航栏上表示当前网页。
- “按下时滑过”状态：在用户将指针滑过处于“按下”状态的按钮时的外观。此状态通常表明鼠标指针正位于多按钮导航栏中当前网页的按钮上方。

利用按钮编辑器，可以在 Fireworks 中创建和编辑 JavaScript 按钮元件。

编辑器顶部的选项卡对应于 4 种不同的按钮状态和用来触发按钮动作的区域，下方有关每个选项的提示有助于使用者决定如何设计这 4 种按钮状态。

使用按钮编辑器，可以通过绘制形状、导入图形图像或者从文档窗口中拖动对象等方法来创建自定义按钮。然后，按编辑器的提示完成各种控制按钮行为的步骤。

首先，创建一个具有两种状态的简单按钮，单击“编辑”→“插入”→“新建按钮”命令，打开按钮编辑窗口。编辑窗口打开时默认显示“释放”状态选项卡。

创建或导入“释放”状态的图形，以文本为对象创建一个按钮。单击“工具”面板上的“文本”工具，如图10-12所示。

图10-12　编辑“释放”状态

单击“指针”工具选择文本对象，在“属性”面板中，根据对象的尺寸修改对象左上角顶点的X和Y坐标，使对象以窗口中的十字注册点为中心，如图10-13所示。

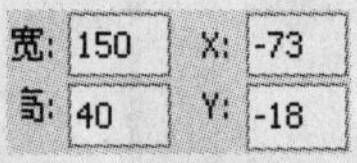

图10-13　调整中心

单击“滑过”选项卡，在指示内容的右下方有一个“Copy Up Graphic”按钮。单击此按钮将上一个状态的图形复制到“滑过”状态，对“滑过”状态中的对象进行编辑，例如在“属性”面板中修改文本颜色。

单击“完成”按钮，在画布中添加一个按钮的实例，如图10-14所示。

单击预览部分的“预览”按钮可以预览按钮的效果，如图10-15所示。

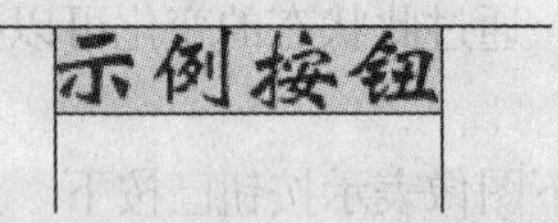

图10-14　画布中的按钮实例

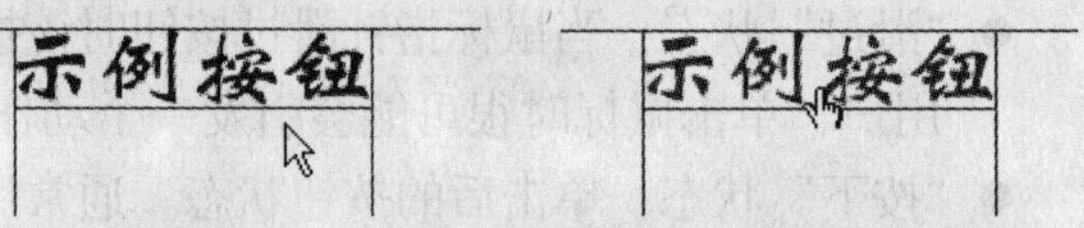

图10-15　“释放”和“滑过”状态的预览效果

创建按钮元件还可以通过导入的方法。

“库”面板中的按钮元件是特定于当前文档的。如果创建一个新文档，该新文档中的“库”面板将是空的。但在当前文档的“库”面板中已有的元件可以导入到其他Fireworks文档的“库”面板中。

导入元件最常用的方法是将按钮实例从其他Fireworks文档拖放到该文档中。将文档的窗口还原，将当前文档中的元件拖到另一文档中，如图10-16所示。

在新文档的“库”面板中显示导入的元件，在元件类型中用括号标注了“导入”字样，如图10-17所示。

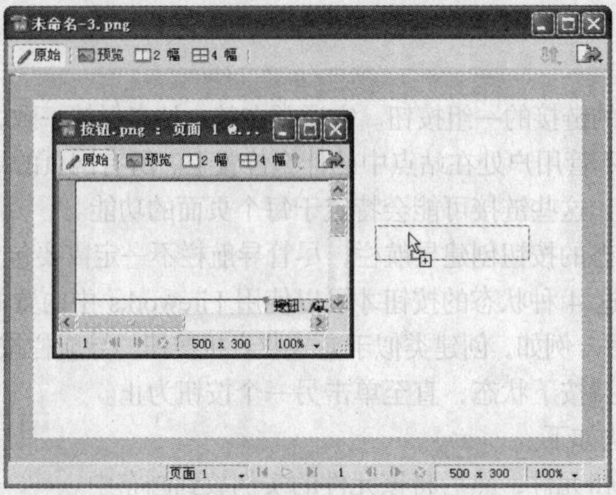

图 10-16　拖动导入元件

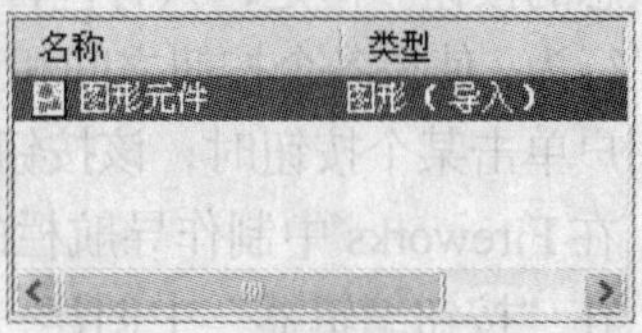

图 10-17　新文档中导入的元件

2. 设置按钮的属性

Fireworks 按钮元件是一种特殊的元件。它们具有两类属性，当编辑元件的实例时，某一类属性将在所有实例中发生更改，这一类被称为元件级属性；而另一类属性则只影响当前实例，这一类被称为实例级属性。

选择单个实例后，可以在“属性”面板中编辑实例级属性。此时可以更改实例的属性，而不会影响该元件的关联元件或任何其他实例。

在“属性”面板中可以设置按钮的“链接”地址及“目标”属性等，如图 10-18 所示。

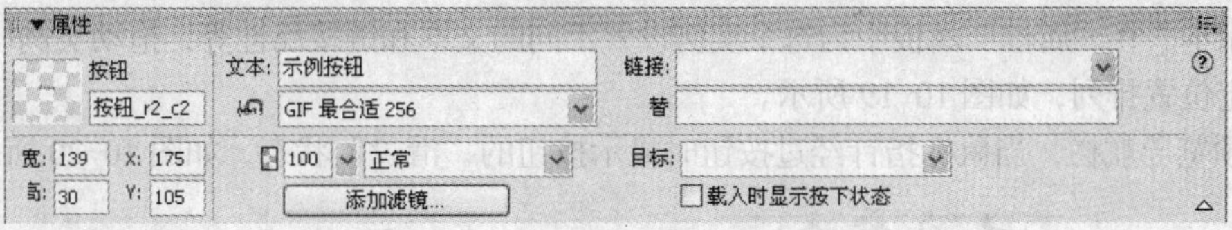

图 10-18　编辑按钮的链接属性

单击面板中的“添加滤镜”按钮还可以为按钮添加内斜角、外斜角等动态效果。左上角的文本框用于设置实例的对象名称，该名称出现在“层”面板上，并可用于在导出时为按钮实例命名导出的切片。

双击按钮实例，或在“库”面板中双击元件名称，打开“按钮编辑窗口”，编辑元件级属性，一般都是在导航栏中的统一的属性。

- 图形外观，如笔触颜色和类型、填充颜色和类型、路径形状以及图像等。
- 应用于按钮元件中独立对象的动态效果、不透明度或混合模式等。
- 活动区域的大小和位置。
- 优化和导出设置。
- URL 链接和目标，在“按钮编辑器”中选择活动区域选项卡，选择其中的按钮，在“属性”面板中编辑属性。

3. 创建导航栏

导航栏是指提供和网站不同位置的链接的一组按钮。它通常在整个站点保持一致，从而可以提供一种固定的导航方法，而不管用户处在站点中的什么位置上。所有网页的导航栏外观都是一样的，但在某些情况下，这些链接可能会特定于每个页面的功能。

可以使用包含两种状态或 3 种状态的按钮创建导航栏，尽管导航栏不一定需要包含 4 种状态的按钮。但是，只有包含所有这 4 种状态的按钮才可以使用 Fireworks 中内置的导航栏行为，使得各个按钮之间相互关联。例如，创建类似于老式收音机按钮的导航栏按钮，当用户单击某个按钮时，该按钮将保持按下状态，直至单击另一个按钮为止。

在 Fireworks 中制作导航栏的方法如下。

在“按钮编辑器”中创建一个按钮元件，然后将该元件的实例放到画布中。

新建一个 Fireworks 文档，单击“编辑”→“插入”→“新建按钮”命令，打开按钮编辑窗口，使用 Fireworks 工具绘制按钮的“释放”和“滑过”状态。

选择“按下”选项卡，设置按钮的“按下”状态。单击“复制滑过时的图像”可以复制“滑过”状态的图像，程序自动选择“包括导航栏按下状态”选项。此按钮状态适用于导航栏中的按钮在单击后显示，可以指示当前页。

使用同样的方法可以设置按钮“按下时滑过”的状态。

在“活动区域”选项卡中，可以更改绿色切片区域的大小和位置，也就是更改了按钮响应鼠标单击的位置和区域。在该选项卡中选择按钮对象，在“属性”面板中还可以修改按钮元件的元件级属性。

从“库”面板中将元件实例拖到画布中，也可以使用“编辑”→“克隆”命令复制实例的副本。在“属性”面板中为每个实例设置不同的文本和链接属性等，拖动实例使实例按一定位置排列，如图 10-19 所示。

预览导航栏，当鼠标指针经过按钮时显示按钮的“滑过”状态，如图 10-20 所示。

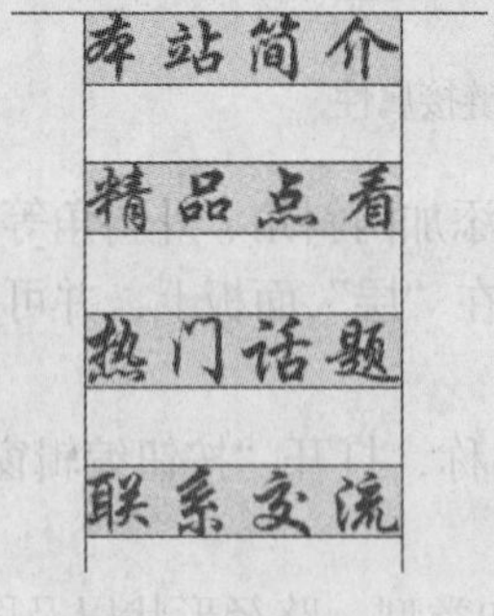

图 10-19　制作导航栏

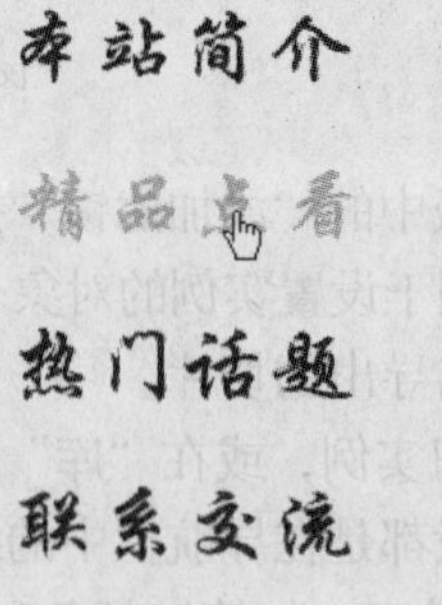

图 10-20　导航栏效果

第 4 节　帧面板的使用

Fireworks CS3 可以通过向称为“动画元件”的对象分配属性来创建动画，例如创建包含活动的横幅广告、徽标和卡通形象的动画图形。

一个元件的动画被分解成多个帧，帧中包含组成每一步动画的图像和对象。一个动画中可以有一个以上的元件，每个元件可以有不同的动作。不同的元件可以包含不同数目的帧。当所有元件的所有动作都完成时，动画就结束了。

关于“帧”的操作大多在“帧”面板中进行。

在面板中可以查看每个帧的内容，还可以创建和组织帧，可以命名帧、重新组织多个帧、手动设置动画的定时以及将对象从一个帧移到另一个帧等。单击菜单“窗口”→“帧”命令，或者使用快捷键〈Shift+F2〉，可以打开“帧”面板，如图 10-21 所示。

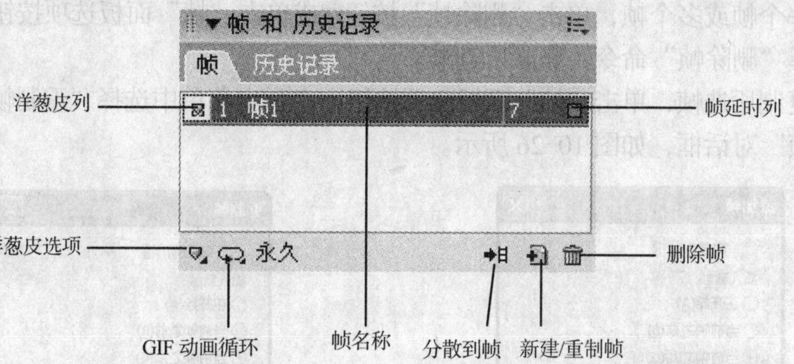

图 10-21　“帧”面板的功能

“帧”的使用大致有以下几个部分。

（1）设置帧延时

帧延时决定当前帧显示的时间长度，以百分之一秒为单位。例如，如果设置为 50，则帧显示 0.5s；如果设置为 300，则帧显示 3s。

单击选择一个帧或按住〈Shift〉键单击选择多个帧（按住〈Ctrl〉键可以选择不相邻的帧），双击“帧延时列”或单击“帧”面板的选项按钮，在弹出的菜单中单击“属性”命令，打开“帧”属性面板，如图 10-22 所示。

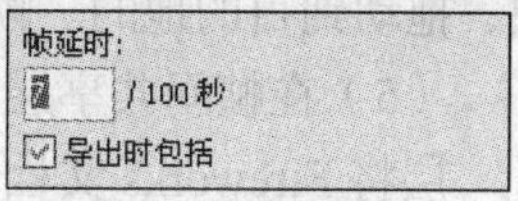

图 10-22　设置帧延时时间

输入数值，单击其他区域或按〈Enter〉键完成设置。

（2）显示或隐藏要播放的帧

可以选择显示或隐藏要播放的帧。

如果帧是隐藏的，它在播放时不显示出来并且不导出。打开“帧”属性面板，取消选中“导出时包括”，在“帧”面板中用红色的 X 代替帧延时。隐藏帧中的内容在播放时不显示，如图 10-23 所示。

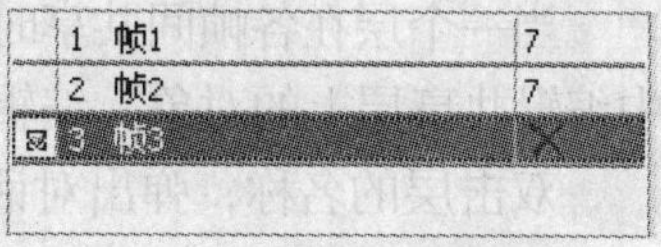

图 10-23　隐藏帧

（3）命名动画帧

当创建动画时，Fireworks 会创建适当数目的帧并在“帧”面板中显示所有帧。

默认情况下，这些帧命名为帧 1、帧 2，依此类推。在面板中移动帧时，Fireworks 会按新的顺序重命名每一帧。

为了便于引用和跟踪帧的内容，最好对帧进行命名。这样，就始终可以确定哪个帧包含动画的哪个部分。移动重命名的帧不会对名称产生影响。

双击“帧”面板中帧的名称，在弹出的文本框中输入新命名的内容，如图 10-24 所示。

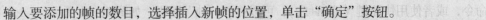

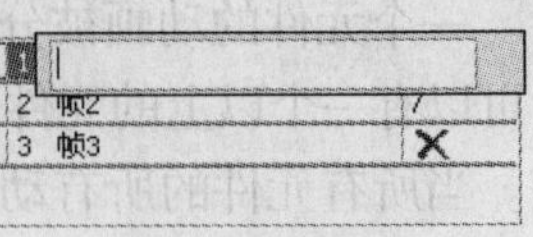

图 10-24　重命名

（4）添加、删除、移动、复制帧

单击“帧”面板的选项按钮，在弹出菜单中选择“添加帧”命令，可以打开“添加帧”对话框，如图 10-25 所示。

输入要添加的帧的数目，选择插入新帧的位置，单击“确定”按钮。

选择一个帧或多个帧，单击“删除帧”按钮或单击“帧”面板选项按钮，在弹出的菜单中选择“删除帧”命令，删除所选帧。

若要复制所选帧，单击“帧”面板选项按钮，在弹出菜单中选择“重制帧”命令，弹出“重制帧”对话框，如图 10-26 所示。

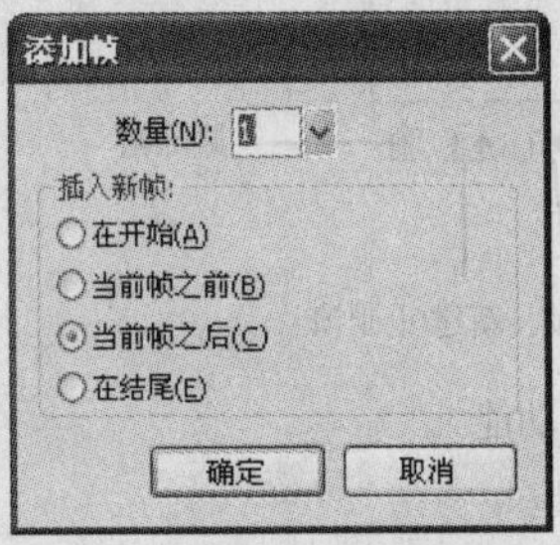

图 10-25　“添加帧”对话框

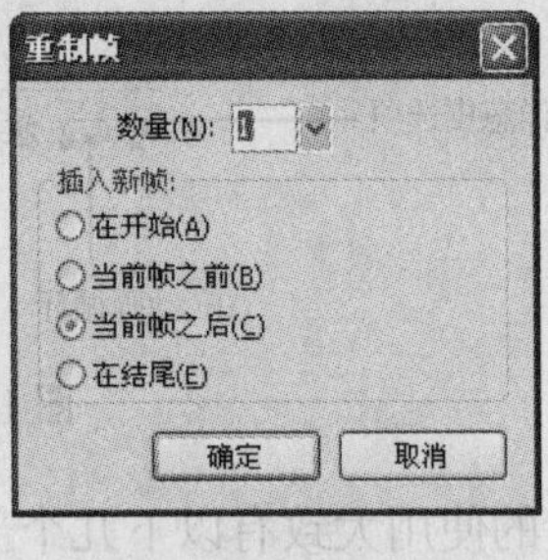

图 10-26　“重制帧”对话框

输入要为所选帧创建的副本数，选择插入重制帧的位置，然后单击“确定”按钮。

使用鼠标直接拖动即可改变帧在面板中的排列顺序。

若要移动帧中的对象，首先单击选中对象，在“帧”面板的帧延时列中拖动蓝色小方块，拖动到目的地的一帧，则所选内容均会移动到该帧。

（5）在帧间共享层

层将 Fireworks 文档分成不连续的平面。

在动画中，可以使用层来组织构成动画的布景或背景的对象，这样就可以很方便地编辑某个层上的对象，使它们不会影响动画的其他部分。

如果希望对象在动画中一直出现，可将它们放置在某一层上，然后使用“层”面板在帧间共享该层。

当一个层在各帧间共享时，该层中的所有对象在每个帧中都是可见的。可以从任何帧中编辑共享层上的对象，编辑结果会在其他所有帧中反映出来。

双击层的名称，弹出对话框，选中“共享交叠帧”，使共享层中的内容出现在每一帧中，如图 10-27 所示。

共享交叠帧将删除这一层中不在当前帧上的所有内容。使用同样的方法取消选择，此时可以选择将共享层的内容复制到当前帧还是所有帧。

（6）在“层”面板中查看特定帧的内容

若要在多个帧中选择一个帧，并查看其中的内容，可以在“层”面板中单击左下角的帧按钮，移动鼠标进行选择，如图 10-28 所示。

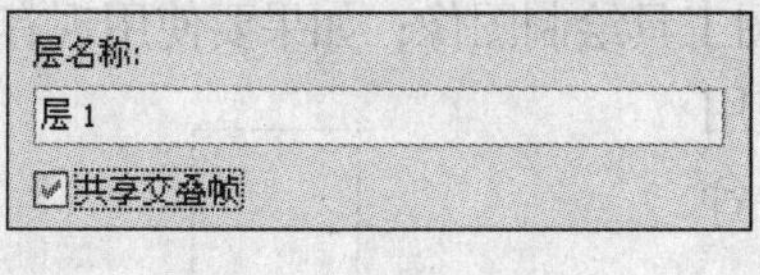

图 10-27　共享交叠帧

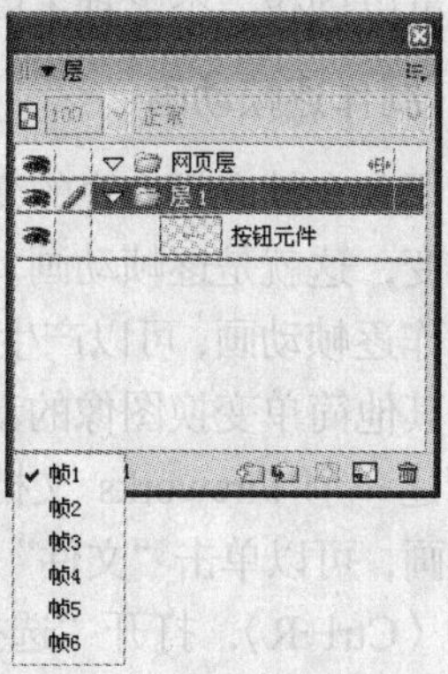

图 10-28　选择显示帧中的内容

（7）“洋葱皮”

使用“洋葱皮”可以查看当前所选帧之前和之后的帧的内容。可以很流畅地使对象变为动画，而不用在对象中来回跳跃。“洋葱皮”一词来源于一种传统的动画技术，即使用很薄的、半透明的描图纸来查看动画序列。

“洋葱皮”打开后，当前所选帧之前或之后的帧中的对象会变暗，以便与当前帧中的对象区别开来。

默认情况下，“多帧编辑”是启用的，这意味着不用取消选择当前帧就可以选择和编辑其他帧中变暗的对象。可以使用“选择后方对象”工具按顺序选择帧中的对象。

单击“帧”面板中的“洋葱皮”按钮，打开选项菜单。在菜单中包含多个命令。

- 无洋葱皮：关闭洋葱皮，只显示当前帧的内容。
- 显示下一帧：显示当前帧和下一帧的内容。
- 之前和之后：显示当前帧和与当前帧相邻的帧的内容。
- 显示所有帧：显示所有帧的内容。
- 自定义：设置自定义帧数并控制洋葱皮的不透明度。
- 多帧编辑：可以选择和编辑所有可见对象。如果取消选择此选项，则只可以选择和编辑当前帧中的对象。

选择打开“洋葱皮”的帧还可以在“洋葱皮列”中单击选取区间，如图 10-29 所示。

图 10-29　使用洋葱皮列

第 5 节　动画的制作

在 Fireworks 中制作动画的一种方法是通过创建元件并不停地改变它们的属性来产生运动的错觉。一个元件就像是一个演员，其动作是由设计者设计的。每个元件的动作都储存在一个帧中。当按顺序播放所有帧时，所有动作联合起来就成了动画。

制作动画可以对元件应用不同的设置以逐渐改变连续帧的内容，还可以让一个元件在画布上来回移动、淡入或淡出、变大或变小或者旋转。因为单个文件中可以有多个元件，这样就可以创建一个多种不同类型的动作同时发生的复杂动画。

1．制作逐帧动画

利用各个帧之间内容的变化，可以创建简单的动画。帧随时间播放时，显示的内容在不断改变，这就是逐帧动画。

制作逐帧动画，可以产生简单的图像变化，可以用于利用多幅图像变换制作网站广告，或者是其他简单变换图像的动画。

新建一个 Fireworks 文档，在画布中使用绘图工具绘制图像；如果要使用现有的文件组成动画，可以单击“文件”→“导入”命令或使用快捷键〈Ctrl+R〉，打开“选择文件”对话框选择合适的文件，单击“打开”按钮导入文件。

此时鼠标指针变成一个直角，在画布中单击拖动鼠标可以选择导入图像的大小和位置，如图 10-30 所示。

图 10-30　选择导入文件的大小和位置

如果要以原图大小导入，可以直接在画布中双击，导入文件，如图 10-31 所示。

单击“指针”工具，拖动对象，使对象位于画布中适当的位置，或者单击选择对象，在“属性”面板中设置对象的位置，即左上角顶点的 X 和 Y 坐标。如图 10-32 所示。

图 10-31　导入图像

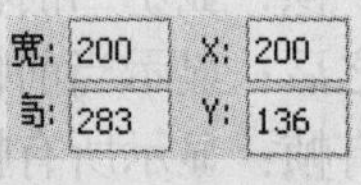

图 10-32　对象的坐标设定

单击“库”面板中的“新建/重制帧”按钮，新建一个帧。在这个帧中使用同样的方法导入另一图像。为了保证视觉上的效果，导入的图像应尽量保持尺寸一致。

在“属性”面板中设置图像对象的坐标，使这个对象的位置与上一帧中对象的位置相同。

重复前面的步骤继续创建几个帧，在每个帧中导入不同的图像。

在制作动画的过程中使用预览按钮可以预览动画，也可以在优化处理后预览动画，查看它在浏览器中的效果，如图 10-33 所示。

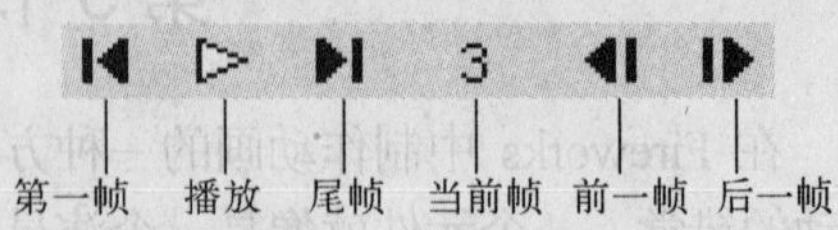

图 10-33　帧播放按钮

单击播放按钮，程序在画布中播放动画的效果。

在“预览”视图中预览动画时，显示的是高分辨率的源文件效果，并以较慢的速度播放。若要在浏览器中直接浏览，可以选择“文件”→“在浏览器中预览”命令或按〈F12〉键。

在“帧”面板中调整帧延时的时间，可以改变动画的效果。

制作逐帧动画还可以通过打开多个文件的方法，打开几个现有的图形并将它们放在同一文档中的不同帧中，就可以创建一个变换的动画。

单击菜单“文件”→“打开”命令或单击工具栏中的“打开”按钮，在“打开”对话框中找到要打开的文件，按住〈Shift〉键，单击选择多个文件。选中“以动画打开”选项，单击“打开”按钮，程序便将这些文件打开为一个动画，如图 10-34 所示。

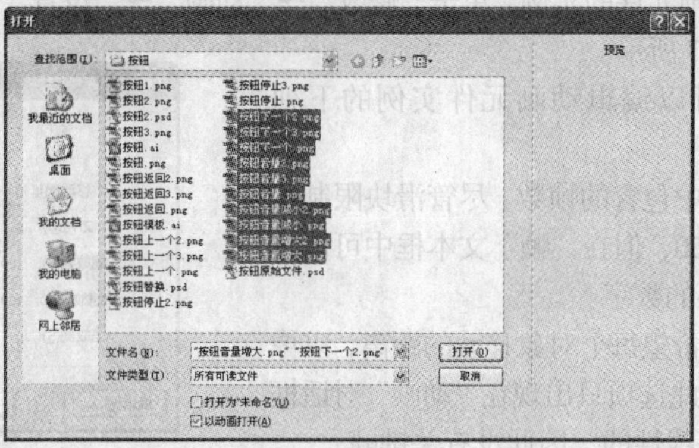

图 10-34　以动画打开多个文件

Fireworks 在一个新文档中打开文件，并按照顺序将它们放在单独的帧中，形成逐帧动画。

2．使用动画元件制作动画

动画元件可以是创建或导入的任何对象，一个文件中可以有多个动画元件。每个元件相当于在动画中出现的角色，各自执行独立的行为，并通过配合达到效果。

不是动画的每个方面都需要使用元件。但是，对于在多个帧中出现的图形，使用元件和实例有很多优点，除了方便和简洁外，还可以使动画文件变得更小。

单击菜单“编辑”→“插入”→“新建元件”命令，弹出“新建元件”对话框。将新元件命名为“动画元件”，选择类型为“动画”，如图 10-35 所示。

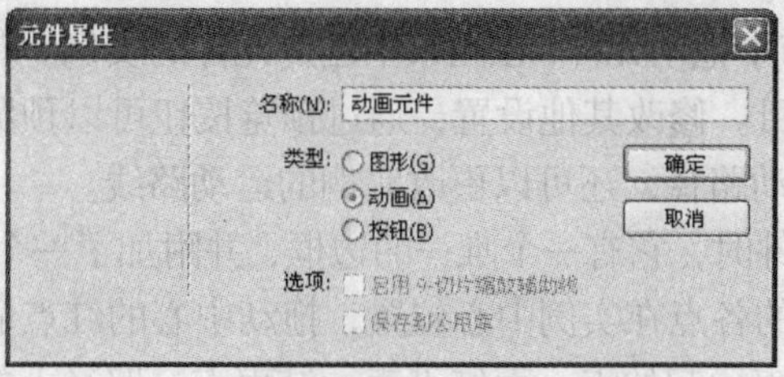

图 10-35　新建动画元件

单击“确定”按钮后，程序打开“元件编辑器”。在“元件编辑器”中创建逐帧动画，单击“完成”按钮使逐帧动画成为“库”中的一个动画元件，在文档中出现一个该元件的实例。

在Fireworks中可以随时使用“属性”面板更改动画的属性，如图10-36所示。

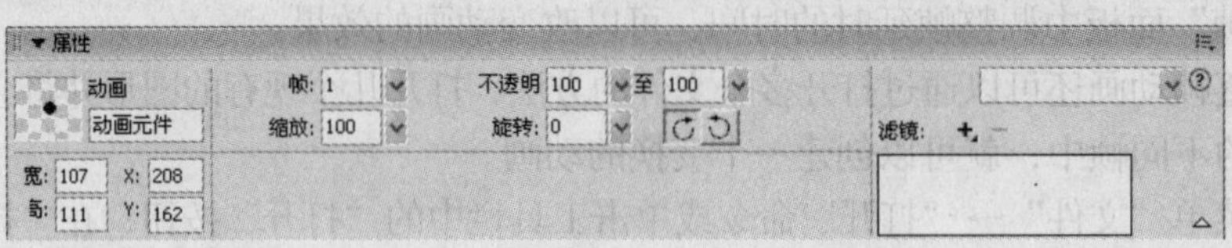

图10-36　编辑动画属性

还可以选择动画元件的实例，单击“修改”→“动画”→“设置”命令，打开“动画”对话框，如图10-37所示。

在对话框中可以编辑动画元件实例的下列属性。

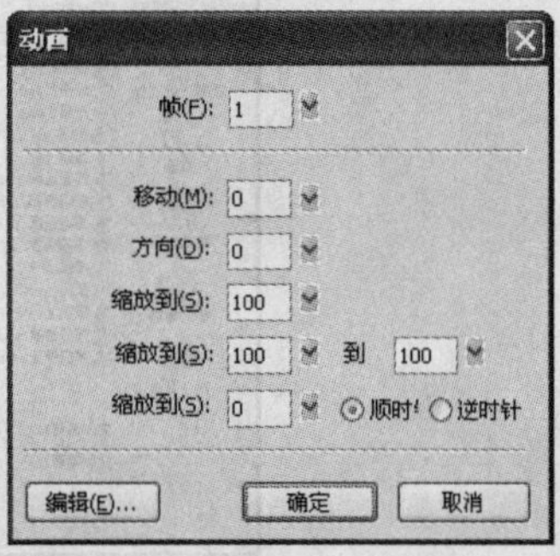

图10-37　“动画”对话框

- 帧：在动画中包含的帧数。尽管滑块限制的最大值为250，但在“帧”文本框中可以输入任何想要的数字。
- 移动：输入希望每个对象移动的距离，以像素为单位。此选项只出现在“动画”对话框中。移动是线性的，因此没有关键帧。
- 方向：输入希望对象移动的方向，以度为单位。值的范围从 0～360°。此选项只出现在“动画”对话框中。拖动对象的手柄也可以更改“移动”和“方向”的值。
- 缩放到：从开始到完成后，实例大小变化的百分比。若要将对象从0缩放到100%，原始对象必须非常小，建议使用矢量对象。
- 缩放到：从开始到完成后，实例淡入或淡出的度数。值的范围从 0～100，默认值为100%。创建淡入/淡出效果需要同一元件的两个实例：一个播放淡入，另一个播放淡出。
- 缩放到：从开始到完成后，元件旋转的数量，以度为单位。值的范围从0到360°。要想让实例旋转不止一圈，可以输入更高的值。默认值为0。
- “顺时针”和“逆时针”：对象的旋转方向。“顺时针”表示顺时针旋转，“逆时针”表示逆时针旋转。

从“库”面板向画布中拖动元件，在画布中创建元件的实例。单击选择实例，设置“帧”数目为动画元件的帧数目。修改其他设置，通过预览按钮可以预览动画的效果。

通过移动实例的运动路径，还可以更改实例的运动路线。

当选择一个动画元件时，它有一个唯一的边框，并附加了一个指示元件移动方向的运动路径。初始时，路径的各点在实例中心位置，拖动中心的红点显示整个运动路径。

运动路径上的绿点表示起始点，而红点表示结束点。路径上的蓝点代表各个帧。

例如，一个有10个帧的元件的路径上会有1个绿点、8个蓝点和1个红点。对象在路径上的位置表示当前帧。因此，如果对象出现在第 3 个点上，则第 3 帧就是当前帧。如图 10-38 所示。

拖动红点，可以以绿点为圆心改变路径的角度，从而改变运动的方向。

因为动画元件被自动放到库中，所以可以重复使用它们创建其他动画。编辑动画元件的方法和编辑其他元件的方法相同。

使用动画元件或帧制作完成的文件可以进行优化处理导出为动画。

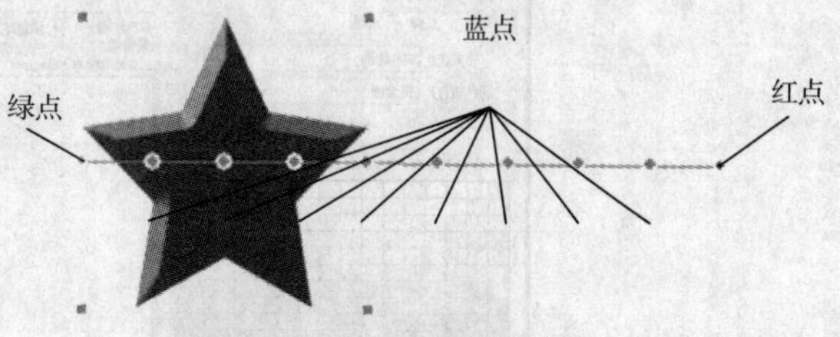

图 10-38　改变实例运动路径

第 6 节　优化和导出

在 Fireworks 中优化图形涉及下列操作。

（1）选择最佳文件格式

每种文件格式都有不同的压缩颜色信息的方法。为某些类型的图形选择适当的格式可以大大减小文件大小。

（2）设置格式特定的选项

每种图形文件格式都有一组唯一的选项。可以用色阶等选项来减小文件大小。某些图形格式（如 GIF 和 JPEG）还具有控制图像压缩的选项。

（3）调整图形中的颜色（仅限于 8 位文件格式）

将图像局限于一个称为调色板的特定颜色集，通过颜色集来限制颜色，然后修剪掉调色板中未使用的颜色。调色板中的颜色越少意味着图像中的颜色也越少，从而使使用该调色板的图像越小。

利用 Fireworks 制作图像和动画时，应该尽可能尝试使用所有的优化控制来寻找图像品质和文件大小的最佳平衡点。

优化处理可以将文件压缩成最小的包以便快速载入和导出，从而极大地提高了在网站上下载的速度。

优化动画文件更改图像的属性，选择文件的导出格式，使用 GIF 动画可以使剪贴画和卡通图形达到最佳效果。

单击菜单“窗口”→“优化”命令，打开“优化”面板。在“优化”面板中选择导出格式为“GIF 动画”，如图 10-39 所示。

在“优化”面板中可以对导出文件的属性进行各种优化。

单击菜单“文件”→“图像预览”按钮，可以选择导出格式，并预览动画，将文档导出为 GIF 动画，如图 10-40 所示。

在导出预览时，可以查看和修改导出文件的各种优化信

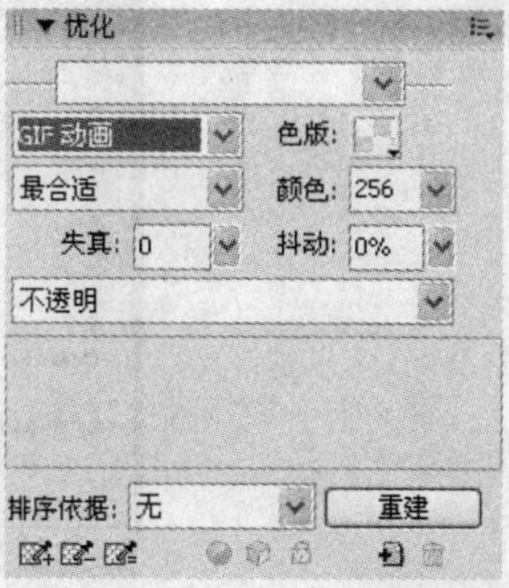

图 10-39 “优化”面板

息，还可以预览动画在各种设置下的效果。

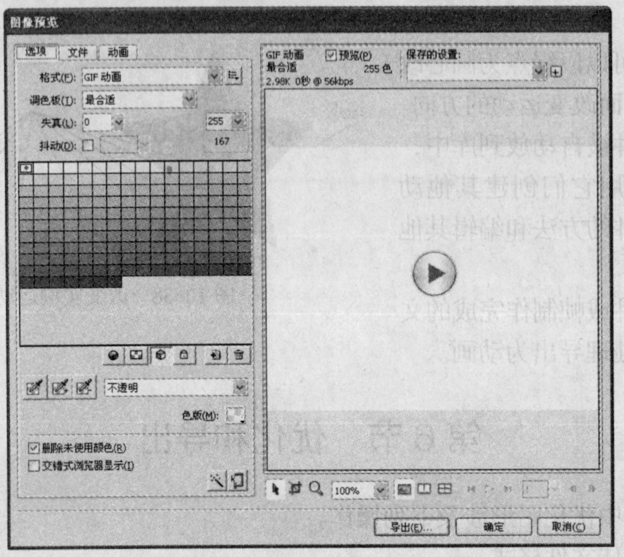

图 10-40　导出预览

动画文件还可以导出为 Flash SWF 文件，单击菜单“文件”→“导出”命令，选择导出的“保存类型”为“Flash SWF”，命名后单击“保存”按钮将动画文件保存为 Flash SWF 文件。

第 7 节　实战演练——制作按钮和动画

本章的实战演练，通过创建按钮元件和逐帧动画来介绍如何使用 Fireworks 制作按钮和动画。

1）首先，运行 Fireworks，新建一个 Fireworks 文档。单击“编辑”→“插入”→“新建按钮”命令，打开按钮编辑模式，在文档中新建一个按钮，如图 10-41 所示。

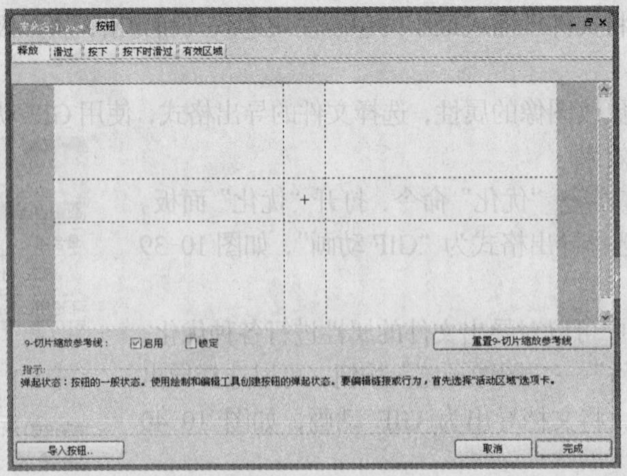

图 10-41　按钮编辑模式

2）在按钮编辑模式下为按钮的每一帧添加内容，单击“完成”按钮，在画布中创建按钮，如图 10-42 所示。

图 10-42　新建按钮

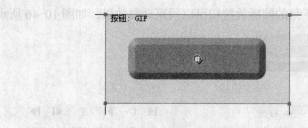

3）在编辑窗口中单击“预览”按钮导出预览视图，预览按钮的效果，如图 10-43 所示。

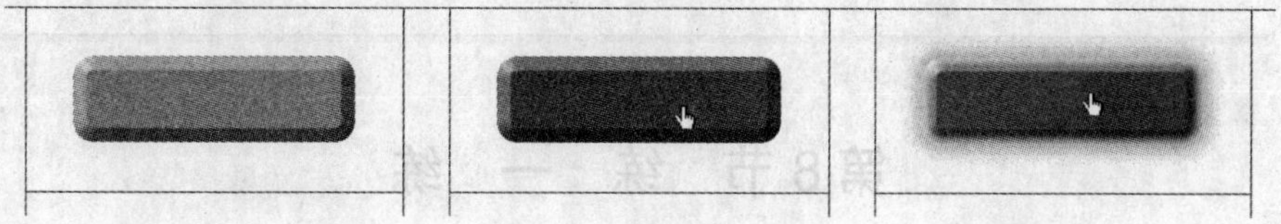

图 10-43　预览按钮效果

4）单击“窗口”→“库”命令，或者按〈F11〉键，打开“库”面板，在“库”面板中可以看到新建的按钮元件，如图 10-44 所示。

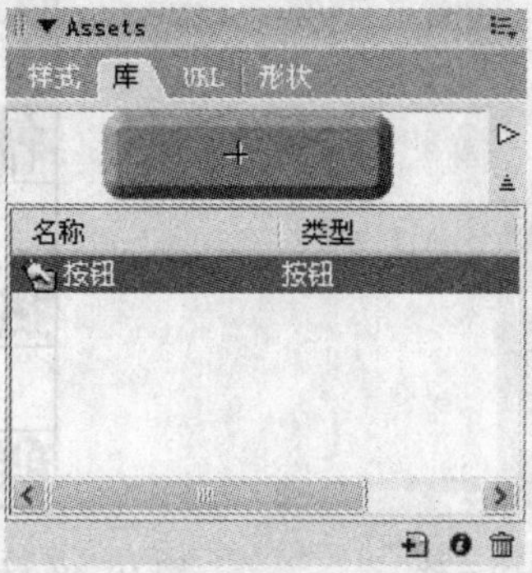

图 10-44　“库”面板

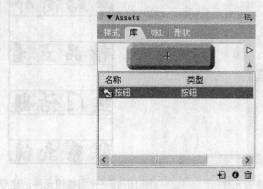

使用“库”面板右下角的控制按钮可以对库中的元件进行编辑，新建或删除元件等。

5）新建一个 Fireworks 文档，单击“窗口”→“帧”命令打开“帧”面板，如图 10-45 所示。

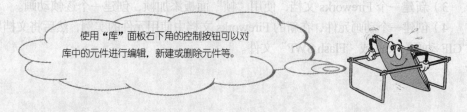

6）单击面板右下角的“新建帧”按钮，在文档中添加帧，选择每一帧，在画布中为每一帧添加不同的内容。

7）使用编辑窗口右下角的帧播放按钮可以预览动画效果，如图 10-46 所示。

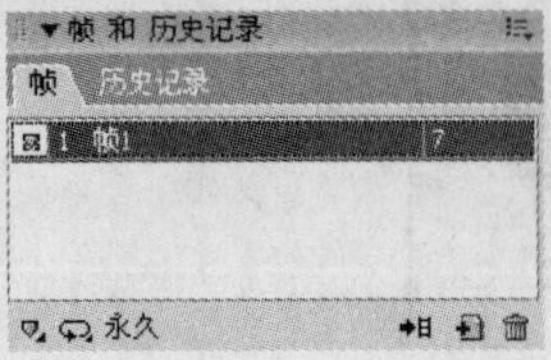

图 10-45 “帧”面板

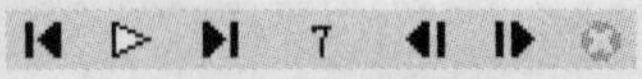

图 10-46 播放帧动画

试一试

若要使用动画元件，如何操作？单击“编辑”→“插入”→“新建元件”命令，选择元件“类型”为“动画”，单击“确定”按钮创建动画元件，按照创建逐帧动画的方法为元件添加内容。

第8节 练 一 练

1）在 Fireworks 打开网站的标志图像，选择图像，将图像转换为一个图像元件，便于在网站中重复使用，如图 10-47 所示。

2）创建一个按钮元件，使用按钮元件创建一个导航条，如图 10-48 所示。

图 10-47 图像转换成元件

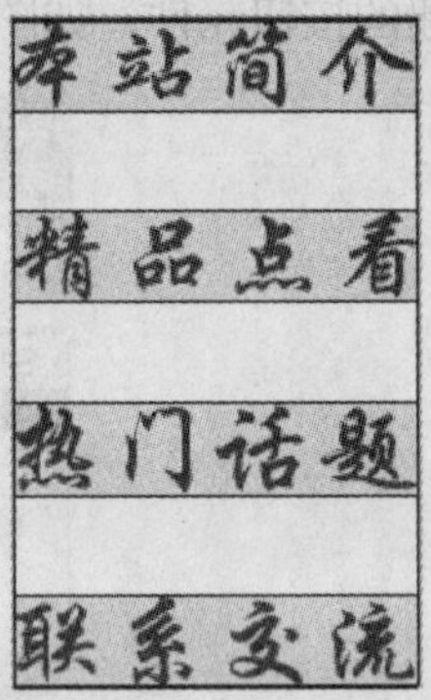

图 10-48 使用按钮元件创建导航条

3）新建一个 Fireworks 文档，使用“帧”面板添加帧，创建一个逐帧动画。

4）创建一个动画元件，在新的 Fireworks 文档中使用元件的实例，然后将文档导出为“GIF 动画”文件或“Flash SWF”文件。

第 11 章 切片和热点

Fireworks 包含多种切片和热点的创建工具，通过使用切片和热点可以为文档创建丰富的交互效果，例如交换图像、弹出式菜单等。

使用“行为”面板可以方便快捷地为切片添加行为效果，在 Fireworks 中切片和热点都位于文档的“网页层”中，因此，可以将文档导出为 HTML 文件，并且在 Dreamweaver 或其他 HTML 编辑器中使用。

在这一章中将重点介绍使用切片和热点产生交互效果的方法，并提供了导出文档重复使用的方法。学习使用切片和热点产生交互效果，可以帮助用户设计制作更加精美的效果。

第 1 节 创建和编辑切片

切片是 Fireworks CS3 中用于创建交互性的基本构造块。

切片是网页对象之一，它们不是以图像的形式存在，而是最终以 HTML 代码的形式出现。切片将 Fireworks 文档分成多个较小的部分，并将每个部分都导出为单独的文件。导出时，Fireworks 还创建一个包含表格代码的 HTML 文件，以便在浏览器中重新装配图形。

在 Fireworks“层”面板的“网页层”中可以查看、选择和重命名切片，如图 11-1 所示。

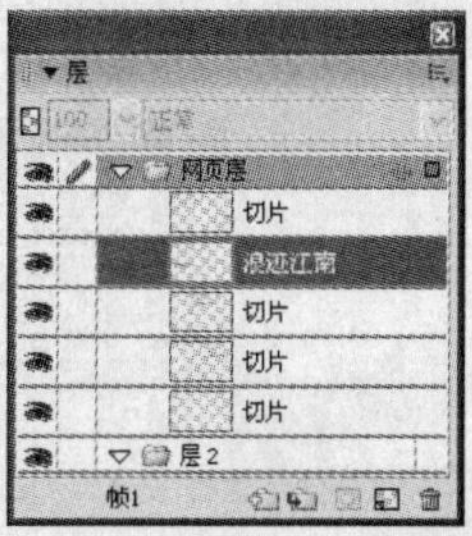

图 11-1 网页层

使用切片编辑文档具有以下 3 个优点。

- 优化：设计网页图像的基本要求之一是在保证图像质量的同时，使图像能够被快速下载。使用切片编辑文档时，可以使用最适合的文件格式和压缩设置来优化每一个独立切片。
- 交互性：在 Fireworks 中可以使用切片来创建响应鼠标事件的区域。
- 快速更新部分网页：使用切片可以轻松地更新网页中需要经常更改的部分。

例如，网页中可能包含每周更新的内容，使用切片可以快速更新而不用更换整个网页。

1. 创建切片对象

Fireworks 的“工具”面板中有一个“Web”部分，使用“Web”部分的“切片”工具 可以在画布的任意位置绘制切片。

打开一个文档，单击“切片”工具，在画布上单击拖动绘制一个矩形切片，这个切片将出现在“层”面板中的“网页层”中，在画布上出现切片引导线，如图 11-2 所示。

单击“指针”工具，将鼠标移动到切片上，单击拖动可以改变切片的位置；将鼠标移动到切片对象的边框上，单击边框顶点上的变形手柄可以改变切片的大小，也可以单击拖动切片引导线来改变切片的大小。

当试图将交互性附加到非矩形图像时，矩形切片便无法满足需要。

例如，若将变换图像行为附加到切片，而切片对象互相重叠或者形状不规则，则矩形切片可能会与交换图像交换出不理想的背景图形。

Fireworks 中可以使用“多边形切片”工具绘制任何多边形形状的切片。

在“工具”面板中，单击并按住“切片”工具按钮，选择“多边形切片”工具，在画布中单击确定多边形的顶点，绘制多边形切片，如图 11-3 所示。

图 11-2　切片对象与切片引导线

图 11-3　多边形切片

将“多边形切片”工具切换成其他工具即可结束绘制。

与矩形切片相比，多边形切片需要更多的 JavaScript 代码，因此使用过多的多边形切片会增加浏览器的处理时间。

如果要快速更新网页中的文本而无需创建图像，则可以使用“HTML”切片。

“HTML”切片可以指定在浏览器中出现普通 HTML 文本的区域。“HTML”切片不导出图像，它只导出在切片中定义的 HTML 文本。

绘制切片并选定，在“属性”面板中选择“类型”为“HTML”，如图 11-4 所示。

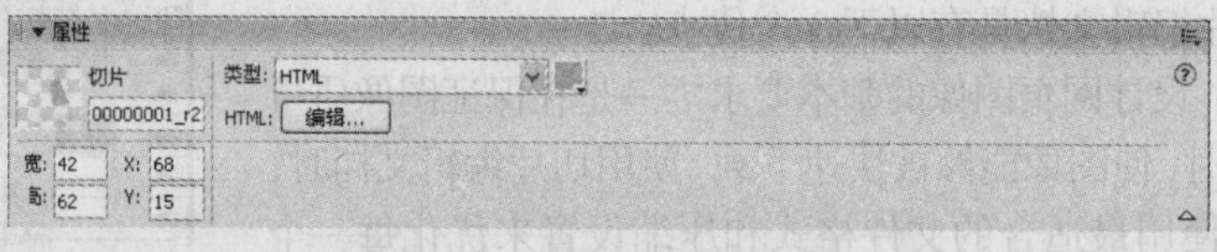

图 11-4　HTML 类型的切片属性

单击“编辑”按钮，在弹出的“编辑 HTML 切片”对话框中输入在“HTML”切片中定义的文本，还可以通过添加 HTML 标签来设置文本的格式。

单击“确定”按钮完成编辑，输入的文本和 HTML 标记以原始 HTML 代码的形式出现在切片的正文上。预览时，在切片位置显示 HTML 定义的文本，如图 11-5 所示。

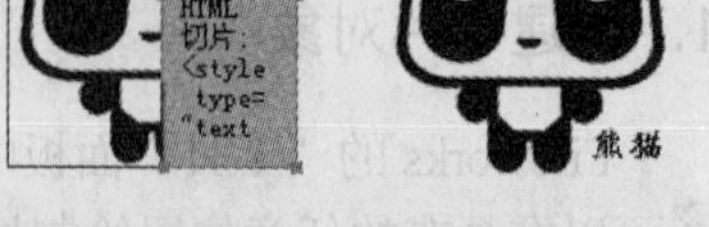

图 11-5　“HTML”切片与预览效果

创建切片还可以使用基于对象插入的方法。

使用这种方法创建的是一个矩形切片，它的区域包括所选对象最外面的边缘。选择文档中的一个或多个对象，单击“编辑”→“插入”→“矩形切片/多边形切片”命令创建切片。

如果选择了多个对象，程序会提示选择创建的方式：单一和多重。

- 单一：创建一个切片，覆盖全部所选对象的边缘。
- 多重：为每个所选对象创建一个独立的切片，如图11-6所示。

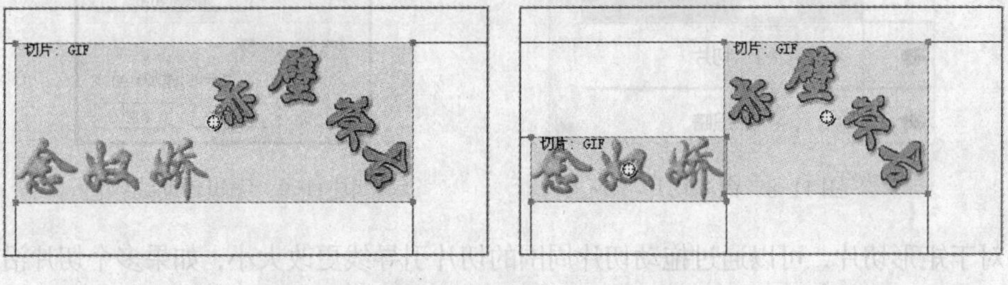

图11-6 基于对象创建单个或多重切片

使用基于对象创建切片的方法，还可以按照矢量的路径创建不规则的切片。

选择矢量路径，单击“编辑”→“插入”→“热点”命令再单击“编辑”→“插入”→“切片”命令，程序将创建一个沿着矢量路径的切片，如图11-7所示。

图11-7 通过给矢量路径创建热点来创建不规则切片

2. 设置切片的属性

使用“层”面板和“工具”面板可以控制文档中切片及切片引导线的可见性。

在“层”面板中打开“网页层”，显示所有切片，单击切片前对应的眼睛图标，控制切片的显示或隐藏。在“工具”面板的“Web”部分单击“隐藏切片和热点”按钮或“显示切片和热点”按钮，隐藏或显示所有切片和热点。

单击“窗口”→“层”命令打开“层”面板，在“网页层”中单击切片的名称选定，在“属性”面板中使用颜色选择器修改切片在画布中显示的颜色，为各个切片指定唯一的颜色还有助于对它们进行组织；在“网页层”中双击切片的名称可以对切片进行命名，为每个切片命名也有助于切片的组织，如图11-8所示。

如果切片引导线的默认颜色与画布中的内容颜色相近，为了便于编辑切片，需要修改切片引导线的显示颜色。单击“视图”→“辅助线”→“编辑辅助线”命令，打开“辅助线”对话框编辑颜色，如图11-9所示。

切片引导线定义切片的周长和位置。超出切片对象的切片引导线定义在导出时如何对文档的其余部分进行切片分割。

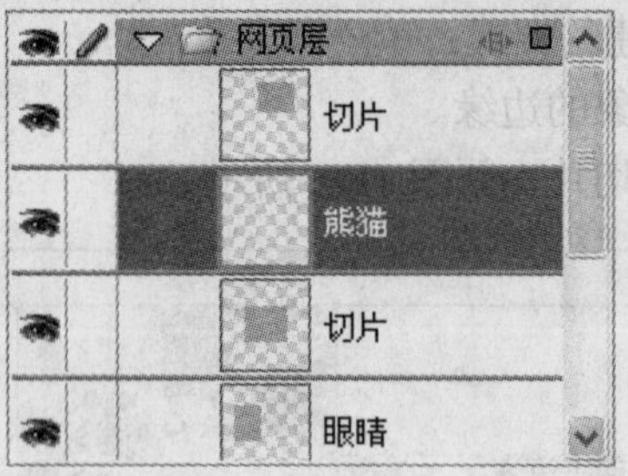

图 11-8　命名切片

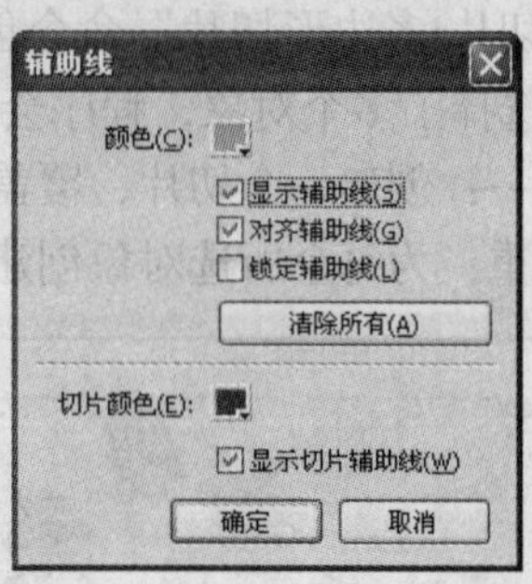

图 11-9　编辑辅助线颜色

对于矩形切片，可以通过拖动切片周围的切片引导线更改大小，如果多个切片沿同一切片引导线对齐，则可以拖动该切片引导线来同时调整这些切片的大小，如图 11-10 所示。

拖动切片引导线时，可以改变在同一坐标上的其他引导线，如图 11-11 所示。

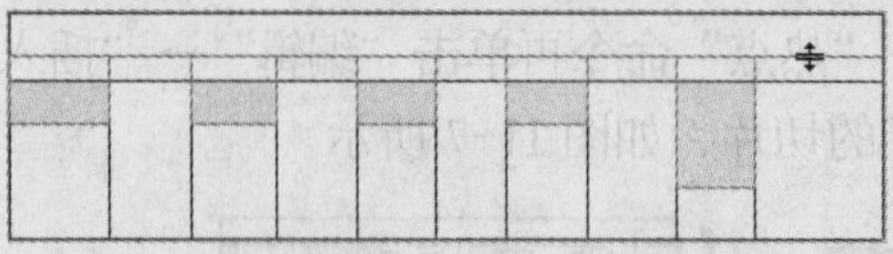

图 11-10　拖动多个切片

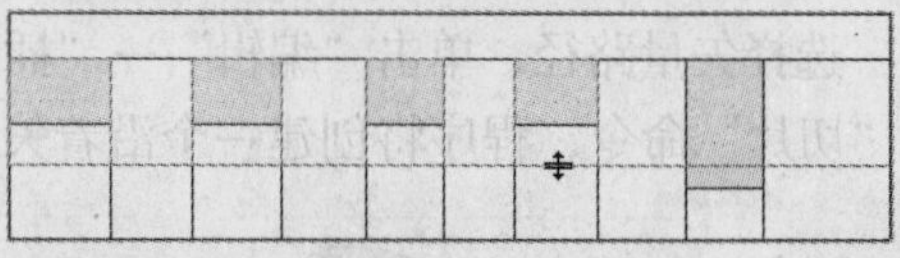

图 11-11　移动同一坐标上的切片引导线

按住〈Shift〉键拖动切片引导线时，经过的切片引导线也将一起移动。对矩形切片还可以使用“变形”工具改变切片大小，矩形切片在改变大小时保持矩形。

对于非矩形切片，不能通过移动切片引导线来调整其大小。非矩形切片不能使用“变形”工具，但是可以使用“倾斜”和“扭曲”工具改变切片形状；通过拖动切片顶点，也可以改变切片的形状。

在“属性”面板中可以选择切片的类型，可以对切片进行命名，修改切片的尺寸和位置，选择切片导出的格式以及切片的链接属性等，如图 11-12 所示。

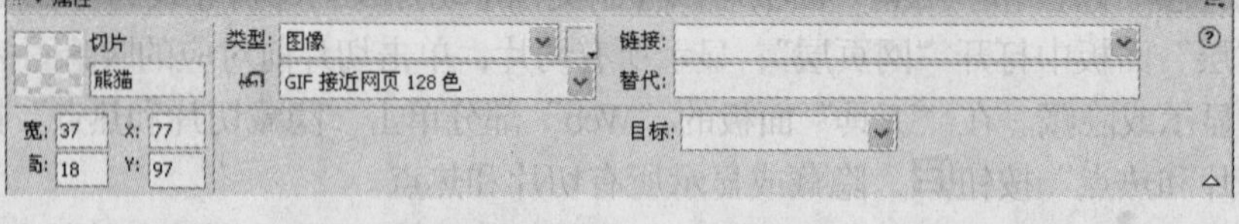

图 11-12　编辑切片属性

第 2 节　热　点

使用热点可以使较大图像中的某一区域产生交互效果，并将图像区域链接到 URL 地址。通过从包含热点的文档中导出 HTML 文件，可以在 Fireworks 中创建图像映射。

如果希望图像的某些区域链接到其他网页，但不需要这些区域响应鼠标事件，则可以使用热点。如果要使用相同的文件格式和优化设置导出整个图像，则也可以使用热点和图像映射。切片要求浏览器的资源比热点和图像映射多，因为浏览器必须下载附加的HTML代码，并且需要重新装配切片图像。

1. 创建热点

在图像中确定区域后，就可以创建热点，然后为它们指定链接、弹出菜单、状态栏消息和替代文本等。创建热点与创建切片的方法相同，有两种方法。

首先，创建热点可以使用“工具”面板“Web部分”的热点工具，如图11-13所示。

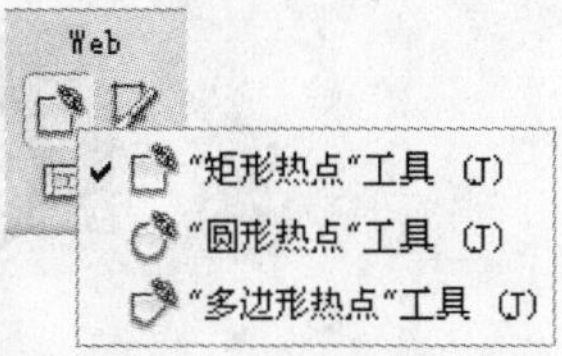

图11-13 热点工具

单击“矩形热点”工具或“圆形热点”工具，在画布中单击拖动，可以绘制“矩形”或“圆形”热点，如图11-14所示。

绘制热点时，按住空格键可以拖动热点，改变热点的位置，松开空格键后可以继续绘制。使用“指针”工具或“部分选定”工具也可以拖动热点。

热点不必总是矩形或圆形的，使用“多边形热点”工具可以创建由多个点组成的多边形热点。在处理复杂的图像时，使用多边形热点是一个很好的方法。

单击“多边形热点”工具，在画布中单击确定多边形的顶点，这些顶点会连接起来构成一个多边形，如图11-15所示。

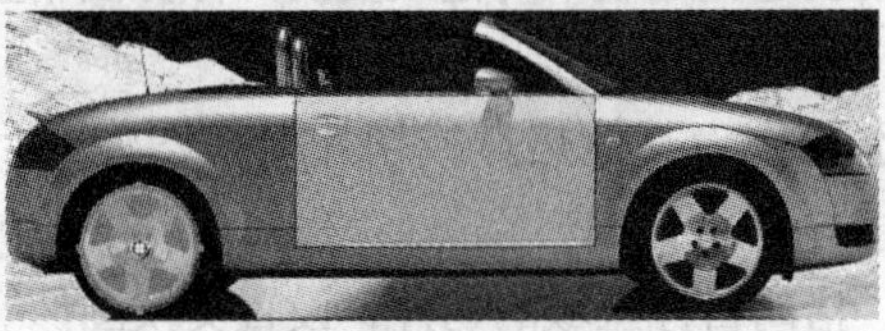

图11-14 绘制热点

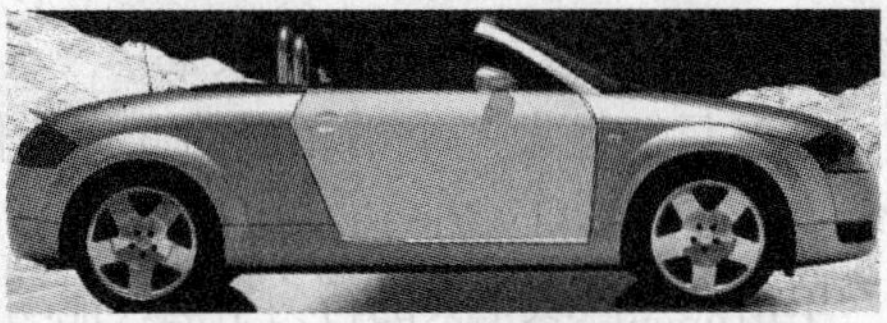

图11-15 多边形热点

除了使用热点工具外，还可以选择对象插入热点。选择一个或多个对象，单击“编辑”→“插入”→“热点”命令，为对象创建一个热点；与插入切片相同，可以选择为多个对象创建“单一”热点或“多重”热点。

选择矢量路径，单击“编辑”→“插入”→“热点”命令，可以创建一个沿着矢量路径的不规则形状的热点。

热点可以使用“工具”面板中的“变形”、“扭曲”、“倾斜”等工具任意改变形状。

选择热点，在“属性”面板中可以改变热点的形状，在“形状”菜单中可以选择“矩形”、“圆形”或“多边形”。将“圆形”热点转换成“多边形”热点可以进行一些特殊的变形，如图11-16所示。

在“属性”面板中，热点的显示颜色、URL链接、替换文字、目标框架以及尺寸和坐标的设置方法与切片相同。

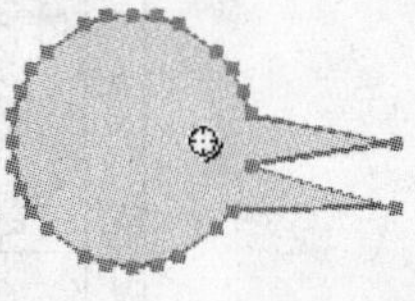

图11-16 变形“圆形”热点

2. 导出热点

在一个图像中创建了多个热点之后，必须将它导出为图像映射。

导出图像映射时，将生成包含有关热点及相应 URL 的映射信息的图像和 HTML 文件，如图 11-17 所示。

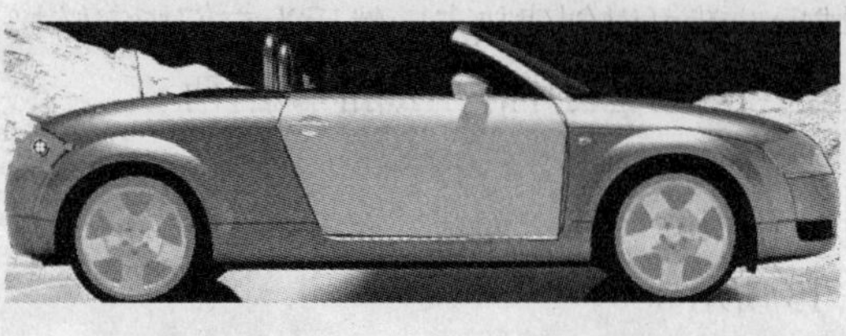

图 11-17　多个热点导出图像映射

单击“文件”→“导出”命令，打开“导出”对话框，在“HTML”菜单中选择“复制到剪贴板”，Fireworks 会把这个图像导出到剪贴板中，可以直接粘贴到 Dreamweaver 或其他 HTML 编辑器中使用。

导出为 HTML 和图像的方法与导出切片相同，此时可以选择图像保存的文件夹。

3. 对切片使用热点

首先，可以使用热点创建变换图像。

如果目标区域是由切片定义的，则可以使用创建交互效果的拖放变换图像方法，直接向热点附加不相交的变换图像效果。

热点只能触发一个不相交的变换图像，不能作为其他热点或切片变换图像的目标区域。

单击热点区域中央的行为手柄，拖动鼠标，指向目标区域的切片，设置交换图像。使用帧交换图像，在“帧”面板中编辑帧，并在帧中设置热点交互图像时显示的内容。

此时，单击热点或目标切片可以看到热点指向目标切片的连线，如图 11-18 所示。

在图 11-18 中，创建了 4 个热点，添加指向圆形切片的交换图像行为。移动鼠标到连线上时，鼠标指针变成“✂”形状，此时单击鼠标可以选择删除行为。

可以直接在切片上使用热点。当图像较大，而只需要一部分区域来触发图像区域内的交换图像行为时，可以在切片上建立热点，如图 11-19 所示。

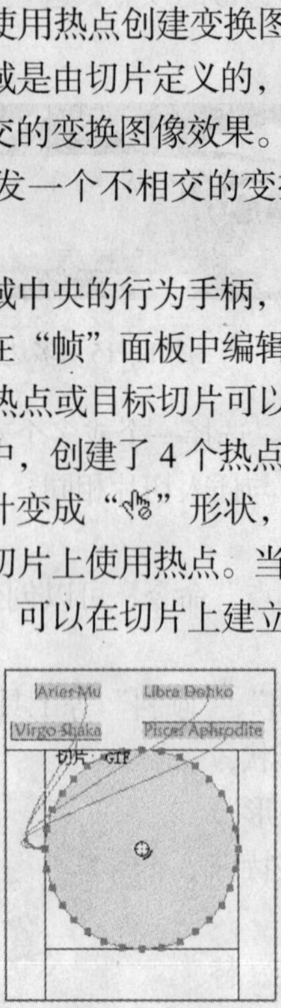

图 11-18　行为连线

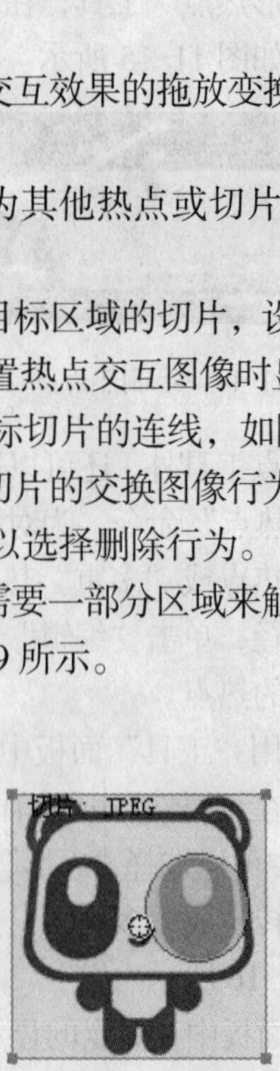

图 11-19　在切片上使用热点

此时，使用文本所在区域响应事件，在整个切片区域变换图像，如图 11-20 所示。

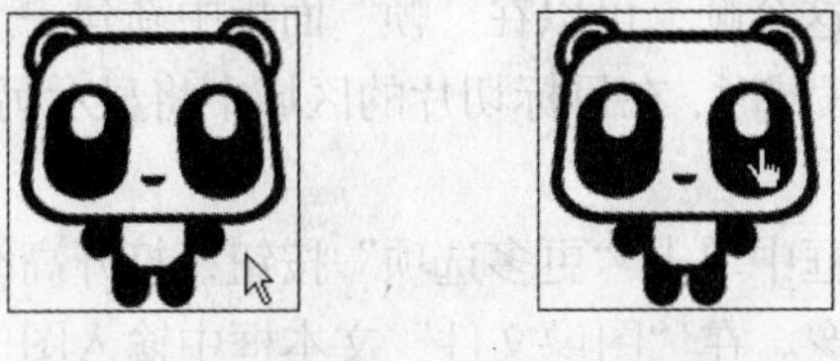

图 11-20　使用图像中的热点变换图像

单击热点，在“行为”面板可以修改热点交换图像行为的响应事件。在“行为”面板中还可以对热点添加除导航栏行为外的其他行为，设置行为的方法与为切片添加行为相同。

第 3 节　设置切片交互效果

在 Fireworks 中创建交互效果的基本元素是切片对象。切片中央的一个带十字的圆形是切片的行为手柄，切片左上角显示切片名称，如图 11-21 所示。

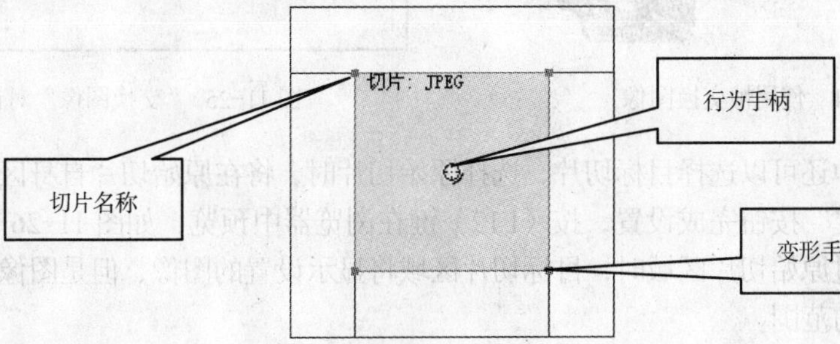

图 11-21　切片

Fireworks 提供了两种使切片产生交互效果的方式。

（1）直接拖放变换图像方法

拖放变换图像方法是创建变换图像和交换图像效果的快速而有效的方法，是使切片产生交互效果的最简单方法。只需拖动切片的行为手柄并将其放在目标切片中，即可快速创建简单的交互效果。

打开一个文档，单击“切片”工具按钮，在画布中绘制两个切片。单击其中一个切片，移动鼠标至行为手柄上，此时指针变成手形，单击拖动至另一切片，如图 11-22 所示。

此时，弹出“交换图像”对话框，在对话框中可以选择交换的帧，如图 11-23 所示。

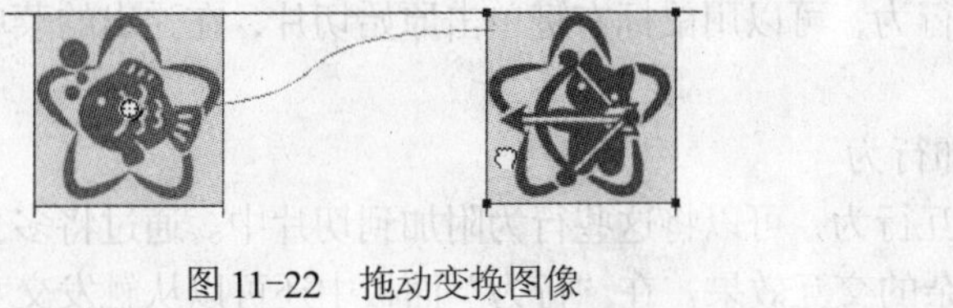

图 11-22　拖动变换图像

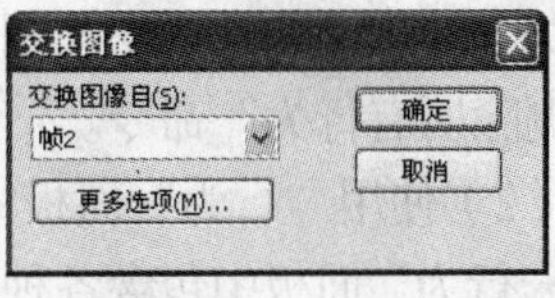

图 11-23　交换图像的帧选择

在下拉菜单中选择一个帧，单击“确定”按钮。

如果此时文档中没有这个帧，可以在“帧”面板中新建一个帧，再在这个帧中添加内容。当鼠标经过原始切片区域时，在目标切片的区域中将显示另一帧中的内容，如图 11-24 所示。

在“交换图像”对话框中单击“更多选项”按钮，打开高级设置，在对话框中可以选择交换本地计算机中的图像。在“图像文件”文本框中输入图像的路径，或者单击文件夹按钮可以选择图像，如图 11-25 所示。

图 11-24　使用帧交换图像

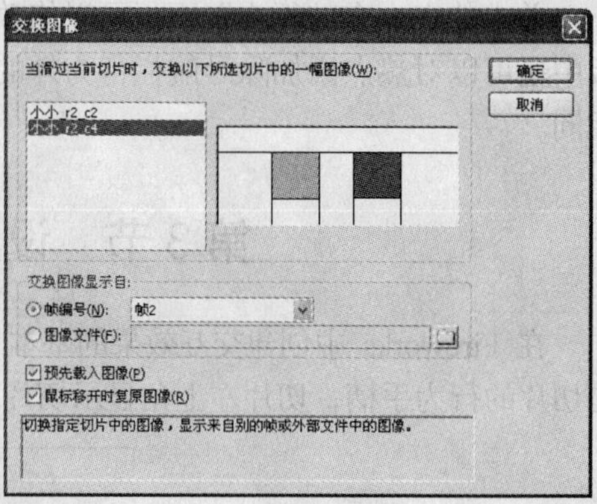

图 11-25　“交换图像”对话框

在对话框中还可以选择目标切片，选择原始切片时，将在原始切片自身区域内交换图像。单击“确定”按钮完成设置，按〈F12〉键在浏览器中预览，如图 11-26 所示。

当鼠标经过原始切片区域时，目标切片区域将显示设置的图像，但是图像会压缩或扩展以适应切片的范围。

如果拖动行为手柄指向原始切片，或在“交换图像”对话框中选择原始切片为目标切片，可以为原始切片区域创建一个鼠标经过图像；还可以为一个切片设置多个目标切片，在这些切片区域中都将发生交换图像的行为，如图 11-27 所示。

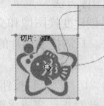

图 11-26　使用另一图像交换

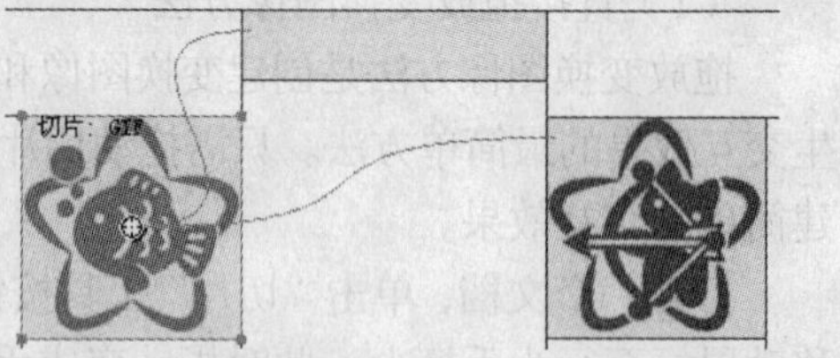

图 11-27　多个切片交换图像

如果要取消切片的交换图像行为，可以用鼠标右键单击原始切片，在弹出的菜单中选择“删除所有行为”命令。

（2）使用“行为”面板添加行为

“行为”面板中包含各种交互行为，可以将这些行为附加到切片中。通过将多个行为附加到单个切片，可以创建更复杂的交互效果。在“行为”面板中还可以从触发交互行为的多种鼠标事件中进行选择。

选择切片，单击“行为”面板中的“+”按钮，打开添加行为菜单，如图 11-28 所示。

1）简单变换图像：通过将“第 1 帧”用作“弹起”状态以及将“第 2 帧”用作“滑过”状态来向所选切片添加变换图像行为。

添加此行为后，第 2 帧中创建的图像将作为切片区域的“滑过”状态。“简单变换图像”行为实际上是包含“交换图像”和“恢复交换图像”行为的组合。

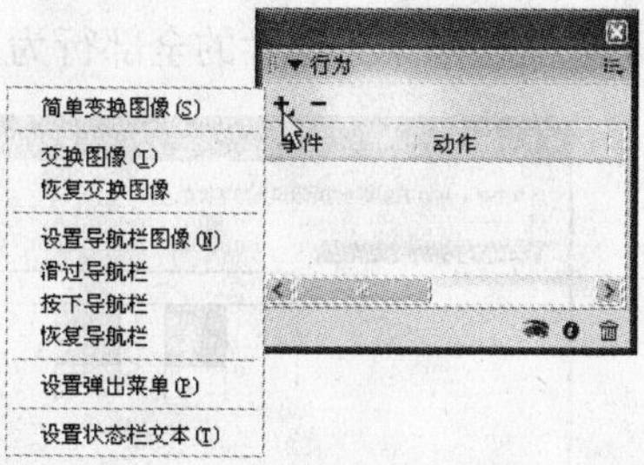

图 11-28　在“行为”面板中添加行为

2）交换图像：使用另一个帧的内容或外部图像文件来替换指定切片区域中的图像，单击此命令会打开“交换图像”对话框的高级设置，编辑行为的方法与拖动变换图像相同。

3）恢复交换图像：将目标对象恢复为它在“第 1 帧”中的默认外观，在“交换对象”对话框的高级设置中选中“鼠标离开时复原图像”选项，可以实现相同的功能。

4）设置导航栏图像：添加此行为用于将切片设置为 Fireworks 导航栏的一部分，导航栏的每一部分都必须添加此行为。选择切片，单击此命令，打开对话框，如图 11-29 所示。

在对话框中，导航栏预览部分显示了导航栏中包含的切片，选中“载入时显示按下图像”选项可以用来表示此切片指示当前打开的页面。

当创建一个包含“包括按下时滑过的状态”或“载入时显示按下图像”状态的按钮时，默认情况下自动添加此行为。当创建两种状态的按钮时，程序会为其切片添加“简单变换图像”行为；当创建 3 种或 4 种状态的按钮时，程序会为其切片添加“设置导航栏图像”行为。

5）滑过导航栏：指定当前所选切片的“滑过”状态，还可根据需要指定“预先载入图像”状态和“包括按下时滑过”状态，如图 11-30 所示。

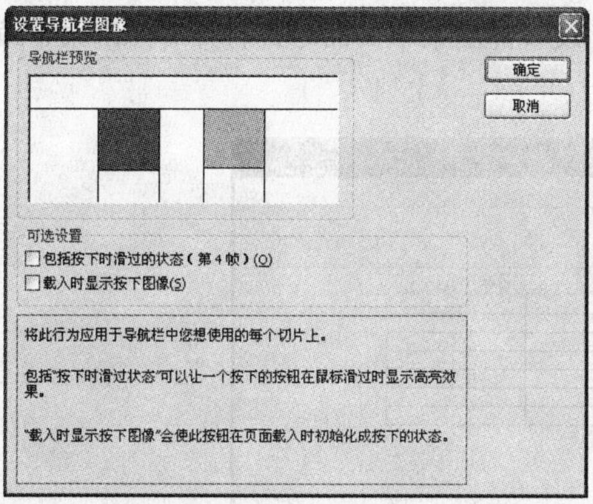

图 11-29　设置导航栏图像

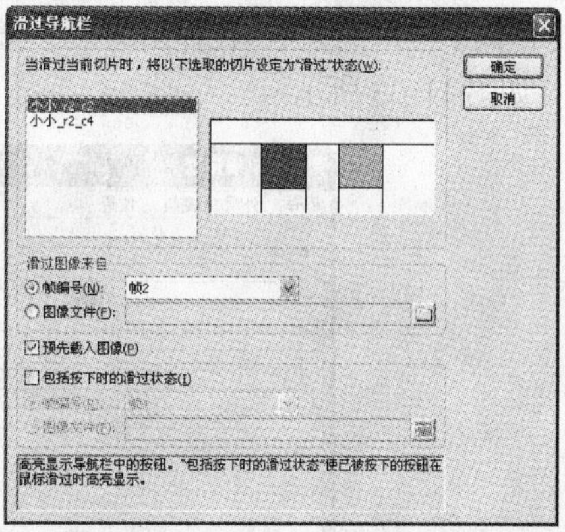

图 11-30　设置导航栏“滑过”状态

6）按下导航栏：设置当前所选切片的“按下”状态及“预先载入图像”状态，如图 11-31 所示。

7）恢复导航栏：将导航栏中的所有其他切片恢复到各自的“弹起”状态。

“设置导航栏图像”行为实际上是一个包含“滑过导航栏”、“按下导航栏”和“恢复导航栏”等行为的组合。单击“行为”面板中的“切换组合行为的可见性”按钮，可以查看导航栏中某一切片的全部行为，如图 11-32 所示。

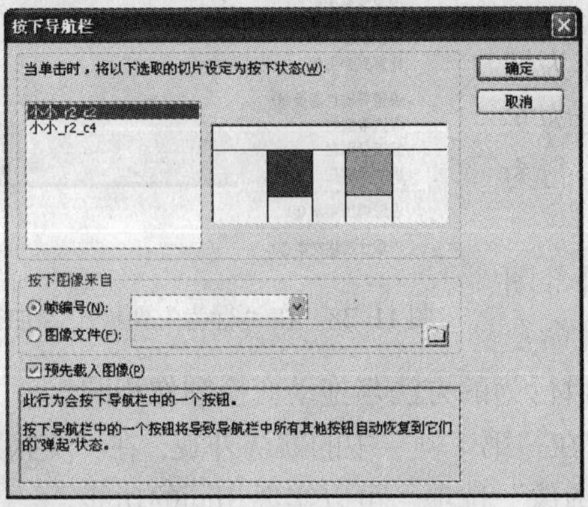

图 11-31　设置导航栏“按下”状态

图 11-32　导航栏切片的全部行为

在“行为”面板中，还能够对现有行为进行编辑，可以指定触发该行为的鼠标事件类型（如 onClick），不能更改“简单变换图像”和“设置导航栏图像”的事件。

选择切片，在“行为”面板中选择某一行为，单击该行为事件旁边的箭头，从弹出菜单中选择一个新的事件，有以下几种类型的事件：onMouseOver 在指针滑过触发器区域时触发行为；onMouseOut，在指针离开触发器区域后触发行为；onClick，在单击触发器对象时触发行为；onLoad 在载入网页时触发行为。

在“行为”面板中，选择某一行为，单击“行为属性”按钮或双击行为的名称，可以编辑行为的属性；单击“删除”按钮或单击“–”按钮可以删除行为。

8）设置弹出菜单：使用此行为可以将弹出菜单附加到切片上。选择切片，在“行为”面板中单击“+”按钮，在弹出的菜单选择“设置弹出菜单”命令，打开“弹出菜单编辑器”，如图 11-33 所示。

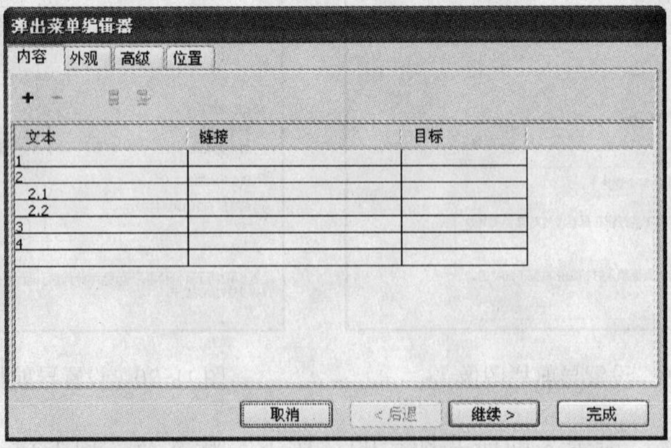

图 11-33　弹出菜单编辑器

Fireworks 中的弹出菜单设置与 Dreamweaver 中的“弹出菜单”行为设置类似。首先，在“内容”部分添加菜单命令，输入菜单命令的文本、链接和目标等，单击“继续”按钮进行外观设置，打开“外观”选项卡，如图 11-34 所示。

Fireworks 的弹出菜单可以对单元格使用图像，在“外观”选项卡中选择弹出菜单为水平菜单或垂直菜单，选择“弹起”状态和“滑过”状态的样式，单击“继续”按钮打开“高级”选项卡，如图 11-35 所示。

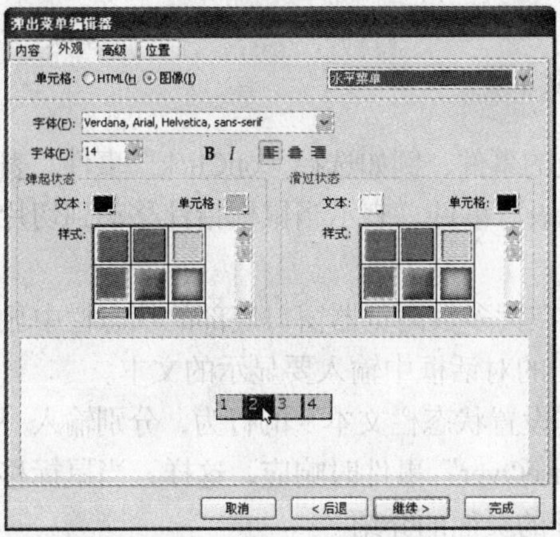

图 11-34　编辑弹出菜单的外观

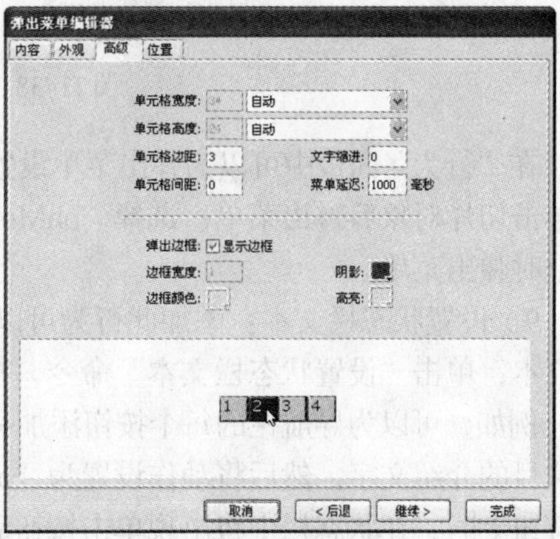

图 11-35　弹出菜单单元格设置

在“高级”选项卡中，设置单元格、边框的属性以及“菜单延迟”的时间，单击“继续”按钮打开“位置”选项卡，如图 11-36 所示。

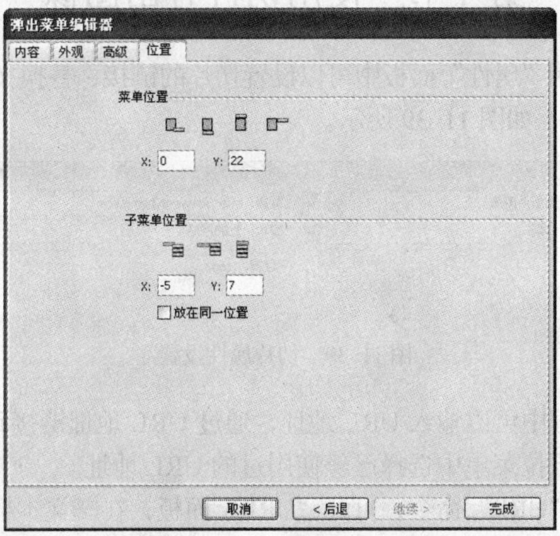

图 11-36　弹出菜单的位置

在“位置”选项卡中，可以设置弹出菜单与弹出子菜单相对切片的位置，可以单击按钮对象选择，也可以输入 X、Y 坐标确定位置。单击“完成”按钮添加“弹出菜单”行为，在画布中选择切片，可以查看弹出菜单的位置，如图 11-37 所示。

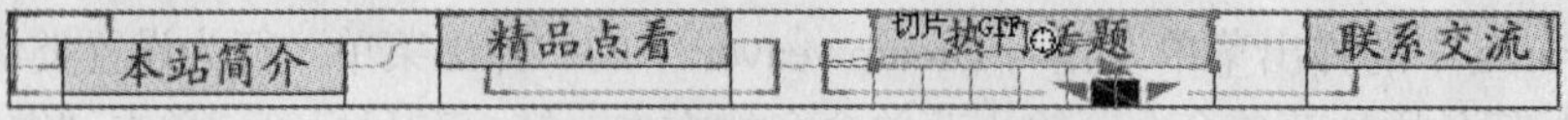

图 11-37　添加了弹出菜单的切片

按〈F12〉键在浏览器中预览弹出菜单的效果，如图 11-38 所示。

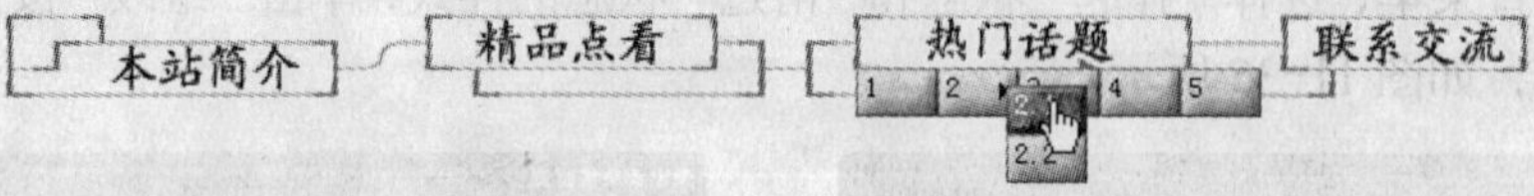

图 11-38　弹出菜单效果

在“行为”面板中可以为弹出菜单设置响应的事件，例如选择“onClick”事件，表示在单击切片对象后弹出菜单；选择“onMouseOver”事件，表示当鼠标指针移动到切片对象上时弹出菜单。

9）设置状态栏文本：添加此行为可以定义在大多数浏览器窗口底部的状态栏中显示的文本，单击“设置状态栏文本”命令，在弹出的对话框中输入要显示的文本。

例如，可以为导航栏的每个按钮添加一个“设置状态栏文本”的行为，分别输入一段该栏目的介绍文字，然后将动作设置为“onMouseOver”事件时响应，这样，当鼠标移动到按钮上时，在状态栏中将出现单击按钮后打开的页面的介绍。

Fireworks 文档中使用鼠标右键单击切片，在弹出的菜单中也可以单击选择添加的行为，选择“删除所有行为”命令可以删除所选切片的所有行为。

第 4 节　使用切片导出图像

单击选择切片，在“属性”面板中可以设置切片的链接、替换文本、目标等，还可以进行“导出切片设置”，如图 11-39 所示。

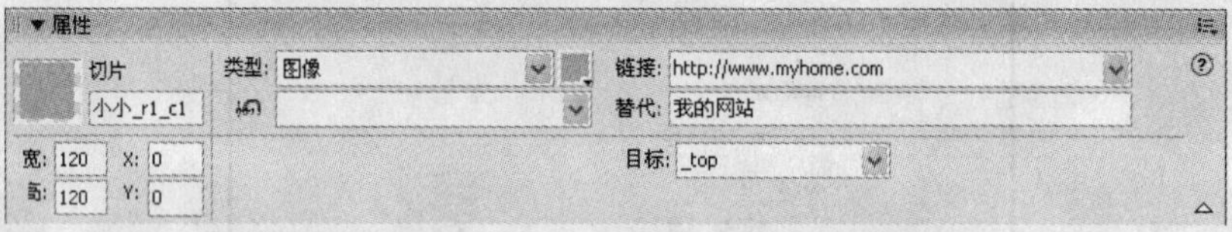

图 11-39　切片属性设置

在“链接”文本框中可以输入 URL 地址，通过 URL 地址链接到 Internet 中的网站或特定文件。也可以在下拉菜单中选择已经使用过的 URL 地址。

单击“窗口”→“URL”命令，打开“URL”面板，在文本框中输入 URL 地址，单击“+”按钮添加到列表中，以便于在多个切片中重复使用。

在“Alt”文本框中输入图像载入前显示的替换文本；在“目标”菜单中选择链接的目标；在“属性”面板的“切片”文本框中输入切片名称，或者在“层”面板中双击切片名称重新命名，可以为切片提供唯一的名称。

Fireworks 将导出时从切片生成的文件用设定的名称来命名。如果未在“属性”面板或

“层”面板中输入切片名称，则 Fireworks 将在导出时自动命名切片。

单击“文件”→“导出”命令，打开“导出”对话框，如图 11-40 所示。

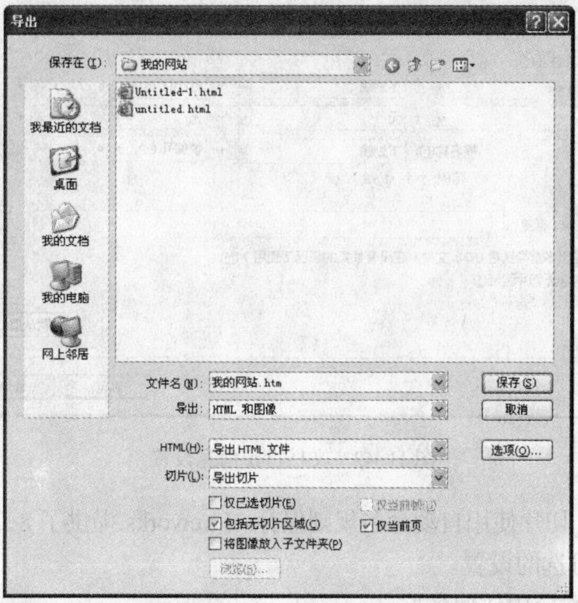

图 11-40 “导出”对话框

在“文件名”文本框中输入名称，程序会自动为文件添加扩展名；选择“保存类型”为“HTML 和图像”，程序将文档导出为一个 HTML 文件，并保存对图像的各个切片；在“HTML”和“切片”菜单中可以选择如何导出 HTML 及对图像进行切片；选中“将图像放入子文件夹”选项，单击“浏览”按钮为各个切片区域选择保存的位置。

单击“选项”按钮，打开“HTML 设置”对话框，设置导出的 HTML 文件。在“常规”选项卡中可以选择导出的“HTML 样式”，一般使用默认值，如图 11-41 所示。

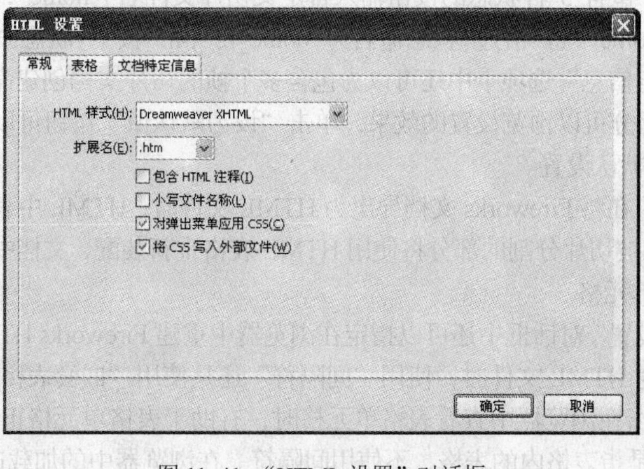

图 11-41 “HTML 设置”对话框

单击“文档特定信息”标签，打开“文档特定信息”选项卡，如图 11-42 所示。

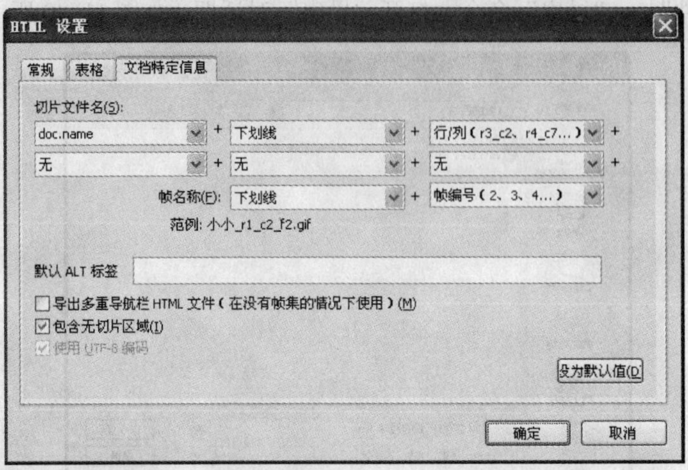

图 11-42　文档特定信息设置

在默认情况下，切片使用自动命名规则保存。Fireworks 提供了 8 个部分命名切片，每一部分都包括一组可选的设置。

- 无：不向元素应用任何名称。
- doc.name：命名元素采用文档的文件名。
- 切片：向命名中插入“slice”一词。
- 切片编号（1、2、3...）、(01、02、03...)、(A、B、C...)、(a、b、c...)：根据所选的样式，按数字顺序或字母顺序对元素进行命名。
- 行/列（r3_c2、r4_c7...）：指定 Web 浏览器用来重建切片图像的表格的行和列。
- 下划线、句点、空格、连字符：元素通常使用这些字符作为与其他元素的分隔符。

如果一个切片包含多个帧，则默认情况下 Fireworks 将为每个帧的文件添加一个数字。例如，如果为一个包含 3 种状态的按钮输入自定义切片文件名“home”，则程序会将“弹起”状态命名为“home”，将“滑过”状态命名为“home_f2”，将“按下”状态命名为“home_f3”。

在“文档特定信息”选项卡中还可以为包含多个帧的切片文档创建命名惯例。在选项卡中的“范例”部分可以预览设置的效果，单击“设为默认值”按钮可以将现有设置作为所有 Fireworks 的默认设置。

切片还定义了在将 Fireworks 文档导出为 HTML 文件时，HTML 中表格结构的显示方式。导出时，图像被切片分割的部分将使用 HTML 表格重新装配，文档中的切片被转换成 HTML 表格中的单元格。

在“HTML 设置”对话框中还可以指定在浏览器中重建 Fireworks HTML 表格的方式，可以选择在导出为 HTML 文件时，使用“间隔符”还是使用“嵌套表格”。

- 间隔符是指在浏览器中查看表格单元格时，有助于表格单元格正确对齐图像。
- 嵌套表格是指表格内的表格，不使用间隔符。在浏览器中的加载速度可能比较慢，但是由于没有间隔符，编辑其 HTML 代码会比较容易。

单击“表格”标签打开“表格”选项卡，如图11-43所示。

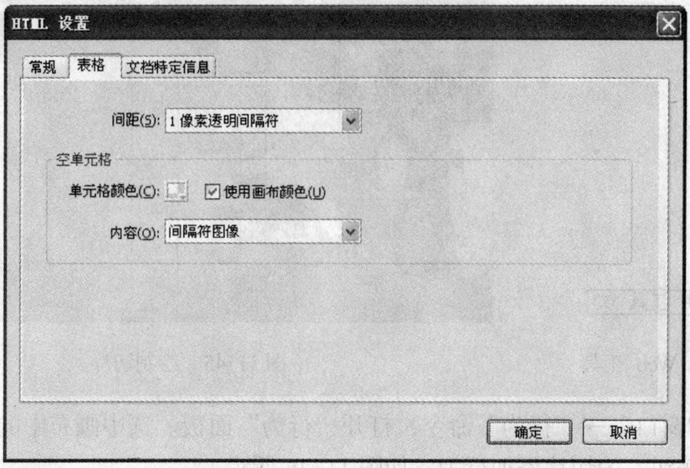

图11-43 设置HTML表格

在“间距”弹出菜单中选择一个间距选项。

- 嵌套表格-无间隔符：创建不包含间隔符的嵌套表格。
- 单一表格-无间隔符：创建不包含间隔符的单一表格。此选项可能会显示不正确。
- 1像素透明间隔符：使用1×1像素的透明GIF作为间隔符，间隔符大小可按需要在HTML中进行调整。此选项可沿表格顶部生成一个高度为1像素的行，并沿表格右侧生成一个宽度为1像素的列。

可以为“HTML”切片选择单元格颜色。

- 选中“使用画布颜色”选项，使单元格的背景色与文档画布的背景色相同。
- 取消选中“使用画布颜色”选项，单击颜色选择器，可以选择使用另一种颜色，该颜色仅适用于“HTML”切片，“图像”切片继续使用画布颜色。

在“内容”弹出菜单中选择要在空单元格中放置的内容。

- 无：使空单元格保持空白。
- 间隔符图像：在空单元格中放置一个小的透明图像，图像名为“spacer.gif”。
- 不换行空格：在空单元格中放置一个HTML空格标记，单元格显示为中空。

在“导出”对话框或者“HTML设置”对话框的“文档特定信息”选项卡中，取消选择“包括无切片区域”选项，导出的HTML文件才会出现空单元格。

第5节 实战演练——创建切片和热点

本章的实战演练，通过创建切片和热点来介绍Fireworks中切片和热点工具的使用。

1）首先，运行Fireworks，打开一个图片文件。在图片中绘制切片和热点使用的是“工具”面板“Web”部分的工具，如图11-44所示。

2）单击“工具”面板中的“切片”工具，在画布中绘制若干切片，如图11-45所示。

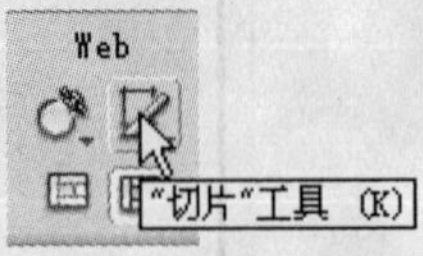

图 11-44 Web 工具

图 11-45 绘制切片

3）单击"窗口"→"行为"命令，打开"行为"面板。选中画布中的切片，在面板中单击"+"按钮，为切片添加行为，如图 11-46 所示。

4）在画布中直接用鼠标右键单击切片，也可以为切片添加行为，如图 11-47 所示。

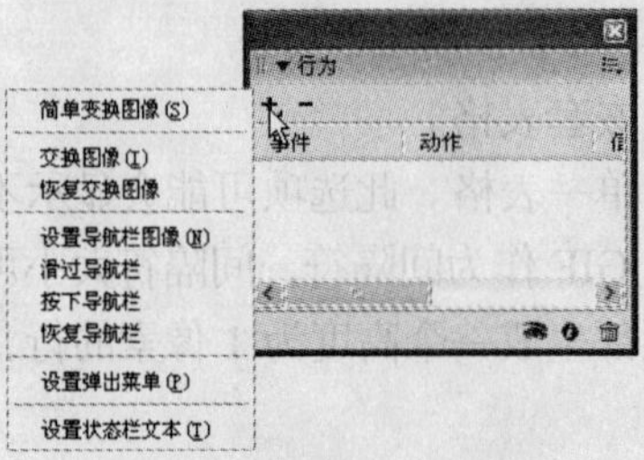

图 11-46 从"行为"面板添加行为

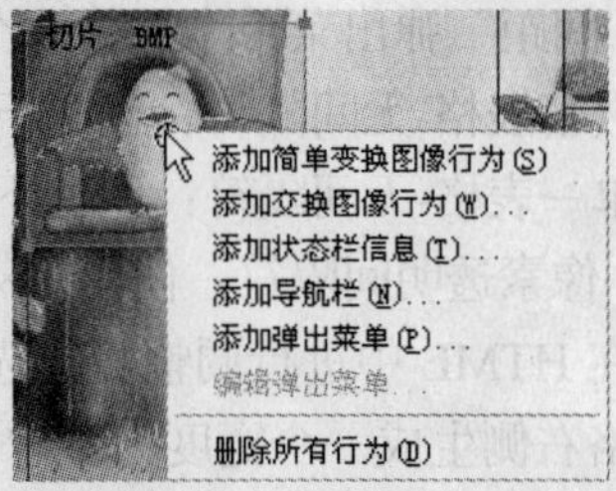

图 11-47 直接为切片添加行为

5）单击某一命令，例如"添加交换图像行为"命令，打开"交换图像"对话框，根据提示添加行为，如图 11-48 所示。

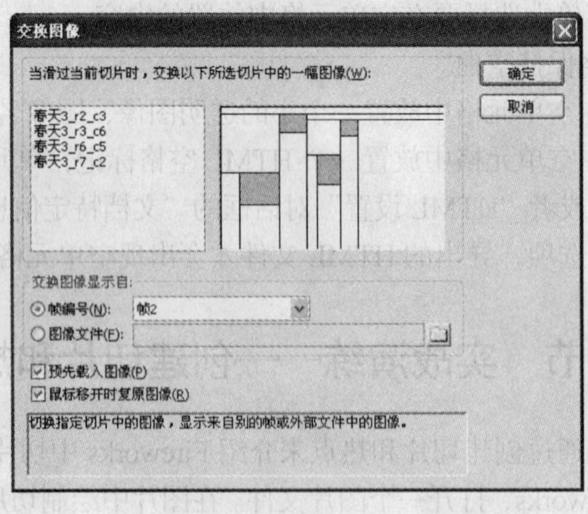

图 11-48 添加交换图像行为

6）单击"工具"面板"Web"部分的"热点"工具按钮，可以在画布中绘制热点。

绘制热点及为热点添加行为的方法与切片类似，在“属性”面板中还可以为切片或热点设置链接等属性，如图 11-49 所示。

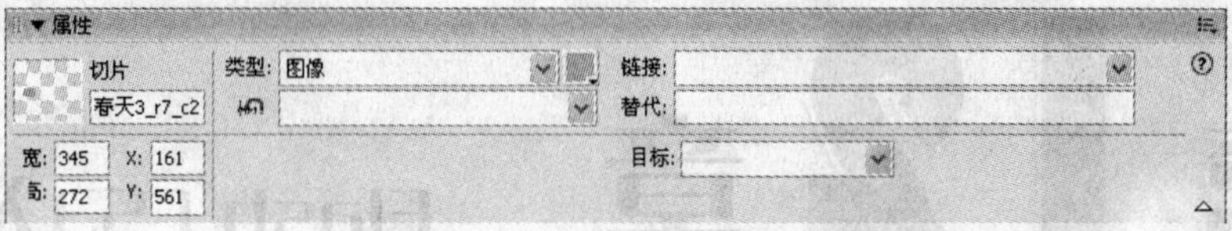

图 11-49　修改切片或热点属性

第 6 节　练　一　练

1）熟悉 Fireworks 程序中创建切片和热点的工具。

2）绘制两个切片，使鼠标单击其中一个切片时，另一切片产生交换图像。

试一试

在“行为”面板中修改“交换图像”行为的事件为“onClick”。可以使用哪两种方法产生交换图像效果？

3）在画布中绘制多种切片效果，如图 11-50 所示。

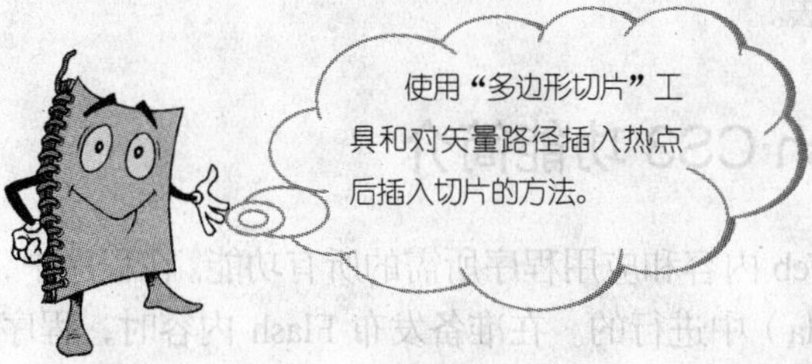

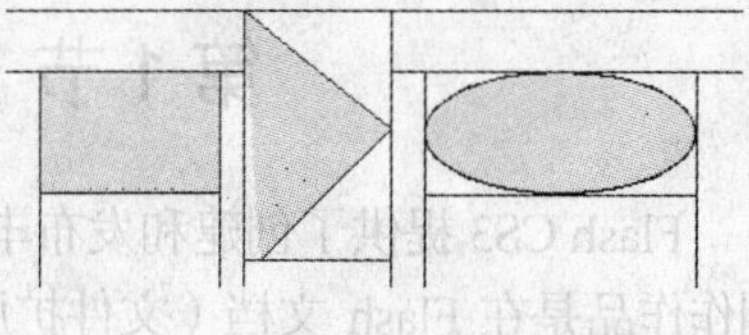

图 11-50　绘制切片

4）在图像中使用切片并对切片添加行为，创建一个导航栏，如图 11-51 所示。

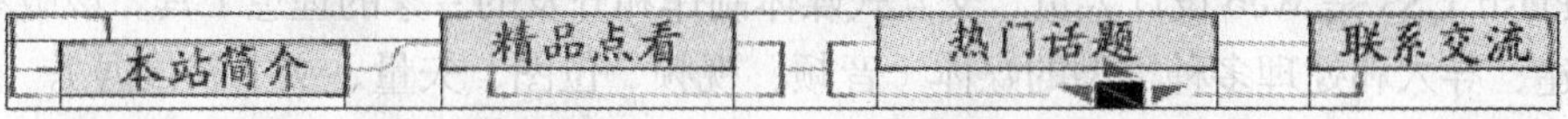

图 11-51　导航栏

5）为上题中任意一个按钮添加弹出式菜单，包含 4 个命令和 1 个包含两个命令的子菜单，如图 11-52 所示。

6）将上题中的文档导出为 HTML 文件，并将切片图像保存在指定的文件夹。

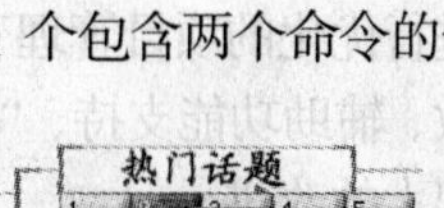

7）在图像中绘制多个热点，为每个热点创建一个链接。

图 11-52　弹出式菜单

第 12 章　Flash CS3入门

Flash 是一种新兴的网络媒体格式，可以使用 Flash CS3 制作精美的 Flash 动画。

Flash 是一个创作工具，是由 Adobe 公司推出的交互式矢量图和 Web 动画的标准。从简单的动画到复杂的交互式 Web 应用程序，Flash 可以通过添加图片、声音和视频，创建丰富多彩的 Flash 媒体。Flash 还包含了许多特殊功能，使 Flash 不仅功能强大而且易于使用。

本章将介绍 Flash CS3 的工作环境、Flash 工具的简单使用及创作和发布 Flash 作品的基础知识。学习这一章，希望读者能够简单了解 Flash 的使用，并借助之前的绘图知识进行简单的创作。时间轴是 Flash 创作的重要组成部分，学习 Flash 必须要对时间轴及帧、图层等作充分的了解，并掌握这些元素的用法。

第 1 节　Flash CS3 功能简介

Flash CS3 提供了创建和发布丰富的 Web 内容和应用程序所需的所有功能。在程序中，创作作品是在 Flash 文档（文件扩展名为.fla）中进行的。在准备发布 Flash 内容时，程序会创建一个扩展名为.swf 的文件。

最新升级版的 Flash 有两个版本：普通版和 Professional 版。

Flash CS3 是 Web 设计人员、交互式媒体制作和开发的专家的理想工具。该版本注重于创建、导入和处理多种类型的媒体（音频、视频、位图、矢量、文本和数据）。

Flash CS3 Professional 针对的对象是高级 Web 设计人员和应用程序开发者。专业版包含普通版中的所有功能，同时还包含多个功能强大的新工具。它还提供了对团队工作流程进行优化的项目管理工具。新版本的 Flash 程序提供了更有效的设计功能，例如时间轴特效、辅助功能支持、“开始”页、更新模板等，同时在支持丰富的媒体和发布作品上也有了很大的改进。

Flash CS3 在界面和外观上都有了很大的改进，启动画面如图 12-1 所示。

在安装 Flash 时，安装程序提示是否安装 Flash Player。

Flash Player 10 确保可以在最大范围内，在各种平台、浏览器和计算机设备上以一致的方式查看和使用所有使用 Flash CS3 创作的内容。对于在 Windows XP 操作系统下，需要有 Microsoft Internet Explorer 6.0 及以上版本的 Web 浏览器来支持 Flash Player 10。

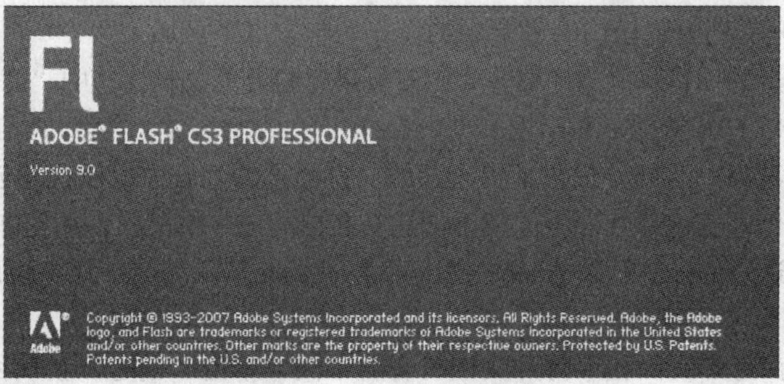

图 12-1 Flash 启动画面

第 2 节 Flash CS3 工作环境

Adobe Flash CS3 和 Flash CS3 Professional 的工作区均由以下部分组成：一个可以用来放置媒体内容的舞台；一个包含菜单和命令，用于控制应用程序功能的主工具栏；一个用于组织和修改媒体资源属性的“属性”面板；一个包含用于创建和修改矢量图形的工具的“工具”面板及其他多个功能面板。

打开 Flash 程序，程序界面中间会首先出现“开始”页，如图 12-2 所示。

图 12-2 程序界面中的“开始”页

“开始”页是 Flash CS3 中新增的功能，它可以使用户可以在开始操作前或在应用程序窗口中未打开文档时轻松访问最常用的操作。包含以下区域。

- 打开最近的项目：在这一部分可以查看最近打开的文档，其中“打开”按钮可以用于打开“打开文件”对话框。
- 创建新项目：这部分提供了可创建的文件类型的列表，以便快速创建新文件。
- 从模板创建：这部分列出了用于创建新文档的最常用模板，并允许从列表中选择。
- 扩展：这一部分链接到 Adobe - Adobe Exchange Web 站点，用户可以在这里下载附加应用程序和信息。

程序界面在打开文档和未打开文档时有所不同，单击“创建”新项目部分的“Flash 文档”按钮，可以看到打开文档时的程序见面，即 Flash 的工作环境。

1. 标题栏

每个应用软件都有标题栏。Flash 的标题栏具有和 Dreamweaver、Fireworks 相似的功能，主要用来显示当前文档的文件名，同时也包含一组窗口控制按钮，如图 12-3 所示。

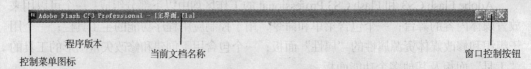

图 12-3　标题栏

和 Dreamweaver 一样，当文档不是最大化显示时，每个文档的窗口还有一个标题栏，显示文档的名称及窗口控制按钮，并用星号（*）表示改动未被保存。

2. 菜单栏

在没有打开文档时，Flash 的主菜单中只包含 6 组菜单，分别为“文件”、“编辑”、“命令”、“控制”、“窗口”和“帮助”。这些菜单中也只包含少部分的 Flash 命令，当打开文档时，主菜单中将显示 9 组菜单，包含 Flash 中几乎所有的命令，如图 12-4 所示。

图 12-4　菜单栏

- 文件：包含文档新建、打开或保存等命令及导入、导出与发布作品的命令。
- 编辑：文档或对象等的编辑命令，主要有剪切、复制和粘贴等。
- 视图：包含编辑区域或文档对象的显示及一些辅助设计的设置命令。
- 插入：包含在文档中插入元件、图层、帧等内容的命令。
- 文本：有关文本样式及文本对齐等的命令。
- 命令：Flash 程序中的特殊命令。
- 控制：Flash 影片或动画的播放与预览控制命令，如播放、暂停等。
- 窗口：打开或关闭程序中的面板工具等的命令，以及文档窗口的切换等。
- 帮助：Flash 使用的帮助内容。

3. 工具栏

在“窗口”菜单中的“工具栏”子菜单中可以选择要显示的工具，Flash 中一共有 3 种工具栏：“主工具栏”、“控制器”和“编辑栏”，其中“编辑栏”只有在打开文档时才会出现，如图 12-5 所示。

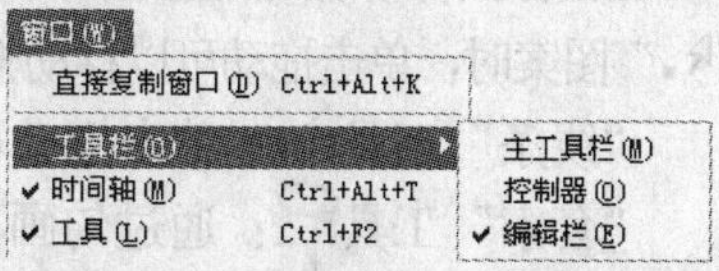

图 12-5 选择工具栏

（1）主工具栏

主工具栏的按钮可以执行“文件”和“编辑”菜单中的一些相关的命令，从左向右依次为新建、打开、转到 Bridge、保存、打印、剪切、复制、粘贴、撤销、重做、紧贴至对象、平滑、伸直、旋转或倾斜、缩放和对齐，如图 12-6 所示。

（2）控制器

控制器是用于控制 Flash 动画和影片播放的一组按钮，相当于“控制”菜单中的一组命令。初次打开时，“控制器”为一独立的面板，单击拖动“控制器”到“主工具栏”可以将它们组合，如图 12-7 所示。

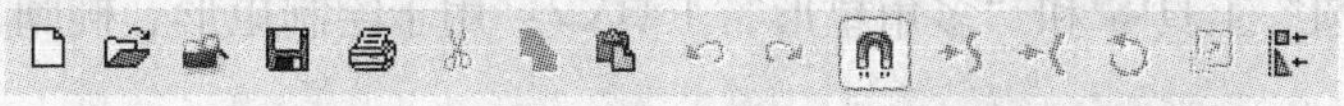

图 12-6 主工具栏

图 12-7 控制器

（3）编辑栏

只有在打开文档时才出现“编辑栏”，并对应于该文档，如图 12-8 所示。

图 12-8 编辑栏

左上角显示的是 Flash 程序中的“隐藏时间轴”，右上角有“显示百分比”，“场景”显示在它们的下方。

“编辑栏”左侧的后退按钮用于从元件编辑模式退出到场景，中间的文字部分显示的是场景及元件的名称，右侧的下拉菜单用于选择文档的显示比例。

单击右侧的“编辑场景”按钮，在弹出的菜单中显示文档中所有的场景，单击选择要编辑的场景；单击“编辑元件”按钮，在弹出的菜单中显示文档包含的元件，单击选择要编辑的元件。

4. 工具面板

程序界面的左侧有一个“工具”面板，包含一组用来绘制、涂色、选择和修改图像以及更改舞台的视图等的工具，如图 12-9 所示。

“工具”部分包含 16 个按钮和 3 个按钮组，共有 24 种不同工具。

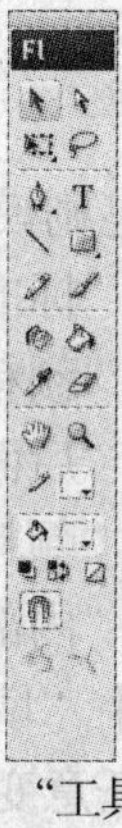

图 12-9 “工具”面板

“选择”工具：使用“选择”工具可以选择全部对象。

选择时，单击某一对象或在场景中单击拖动形成一个矩形框包围待选对象。

“部分选取”工具：用于选取和修改矢量路径。

当鼠标指针移动到矢量路径上出现“↖▫”图案时，单击拖动可以修改路径；当鼠标指针变成“↖▪”图案时，单击拖动可以移动整个路径。

“线条”工具：单击拖动可以绘制直线。

“套索”工具：通过勾画不规则或直边选择区域的方法选择对象。

“钢笔”工具：使用“钢笔”工具可以绘制矢量曲线及在矢量图像上增加路径，包括3个模式。

- “添加锚点工具”模式：使用“添加锚点工具”可以在绘制好的路径上增加一个新的锚点。
- “删除锚点工具”模式：使用“删除锚点工具”可以将路径上多余的锚点删除。
- “转换锚点工具”模式：此工具可以将不带方向线的转角点转换为带有独立方向线的转角点。

“文本”工具：编辑文本的工具。使用方法与Fireworks中的“文本”工具类似。

“矩形”工具、“椭圆”工具和“多角星形”工具：用于绘制矩形、椭圆、多边形等图形的工具。

“铅笔”工具：可以绘制任意曲线。选择“铅笔”工具，在“选项”部分有一个按钮组，包含3个模式。

- “伸直”模式：对绘制的形状进行平整处理，转换为最接近的三角形、椭圆、矩形等形状，不保留圆角。
- “平滑”模式：自动将绘制的形状平滑，基本不保留圆角。
- “墨水”模式：保留手画的效果，可以自由绘制。

“刷子”工具：可以使用填充颜色在场景中绘制笔刷效果。选择“刷子”工具，在“选项”部分有5个选项，如图12-10所示。

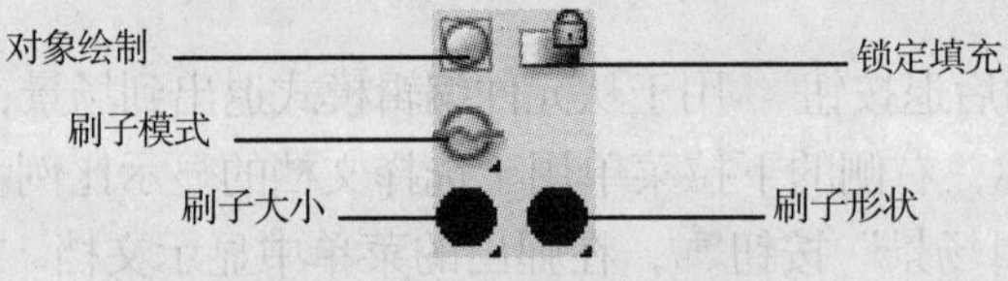

图12-10 “刷子”工具的选项

“笔刷模式”有以下几种。

- “标准绘画”模式：可在场景内的任何区域进行涂色。
- “颜料填充”模式：可在填充区域内涂色，不能对笔触线条涂色。
- “后面绘画”模式：在对象后方涂色，不覆盖当前对象。
- “颜料选择”模式：只在选定填充区域内涂色。
- “内部绘画”模式：只在对象的填充区域内涂色。

选中“填充锁定”，将整个场景作为一个大的渐变，控制在具有渐变的区域涂色。

“任意变形”工具：对图形对象进行缩放、扭曲、旋转、倾斜及封套等变形操作。

选择该工具，在“修改-变形”中提供了 9 种变形方式。

- “扭曲”选项：自由移动对象的边和角。
- “封套”选项：通过控制对象的多个节点使对象任意扭曲变形。
- “缩放”选项：拖动调整对象大小和长宽比例。
- “旋转与倾斜”选项：使用鼠标拖动使对象旋转或倾斜。
- “缩放和旋转”选项：使用鼠标拖动使对象缩放或旋转。
- “顺时针旋转 90 度”选项：使对象顺时针旋转 90°。
- “逆时针旋转 90 度”选项：使对象逆时针旋转 90°。
- “垂直翻转”选项：使对象垂直翻转 180°。
- “水平翻转”选项：使对象水平翻转 180°。

“渐变变形”工具：对线性、放射状及位图等填充进行大小调整、旋转和变形。

“墨水瓶”工具和“颜料桶”工具：对对象的笔触和填充分别着色。选择“颜料桶”工具时，“选项”部分有与“刷子”工具相似的设置：“空隙模式”和“锁定填充”。其中，“空隙模式”有 4 种选项。

- “不封闭空隙”模式：不允许有空隙，只填充封闭区域。
- “封闭小空隙”模式：允许有小空隙。
- “封闭中等空隙”模式：允许有中型空隙。
- “封闭大空隙”模式：允许有大空隙。

“滴管”工具：对笔触和填充进行取样，并将对应的样式应用于对象。

“橡皮擦”工具：执行擦除工作，擦除部分或全部线条、填充及形状。选择“橡皮擦”工具时，“选项”部分有擦除的模式设置及附属工具，如图 12-11 所示。

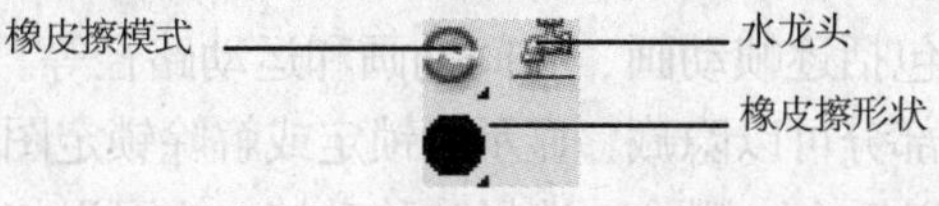

图 12-11 “橡皮擦”工具的选项

其中，“擦除模式”有 5 个选项。

- “标准擦除”模式：擦除鼠标经过的所有笔触和填充。
- “擦除填色”模式：擦除鼠标经过的所有填充颜色，不擦除笔触。
- “擦除线条”模式：只擦除笔触，不擦除填充。
- “擦除所选填充”模式：擦除当前所选填充，不擦除其他填充与笔触。
- “内部擦除”模式：只能在填充区域内部进行擦除，不擦除区域外的内容。

使用“水龙头”工具，可以擦除所选取区域的所有内容，单击笔触或填充区域可以直接擦除。

“工具”面板的“查看”部分用于查看场景中的对象。其中，“手形”工具用于移动场景，观察对象；“缩放”工具用于放大或缩小场景，有两个不同的选项：“放大”和“缩小”。

“颜色”部分中的颜色选择器用于设置笔触和填充的颜色，使用方法和 Fireworks 相同。

“颜色”部分的 3 个按钮分别为用于设置笔触和填充颜色为黑色和白色的“黑白”按钮；设置笔触或填充颜色为无色的“没有颜色”按钮；使笔触和填充的颜色互换的“交换颜色”按钮。

5. 时间轴

时间轴是用于组织和控制影片在不同时间播放不同图层和不同帧的工具。

时间轴的主要组成部分是帧、图层和播放头。

- 与电影胶片一样，Flash 文档也将时间的长度分为帧。帧是 Flash 中的一个时间单位。
- 图层相当于堆叠在一起的多张幻灯胶片，每个图层都包含可以在舞台中显示的不同图像。文档中的图层排列在时间轴左侧的一个列表中，图层中包含的所有帧都显示在该层名称右侧的一行中。
- 时间轴顶部的时间轴标题指示图层控制及帧编号。在帧编号的中间有一个播放头，播放头指示在舞台中当前显示的帧，即表示播放影片的开始位置。

时间轴状态显示在时间轴的底部，它指示当前帧的编号、帧频以及到当前帧为止的运行时间。时间轴底部还包含一些绘图操作按钮，如图 12-12 所示。

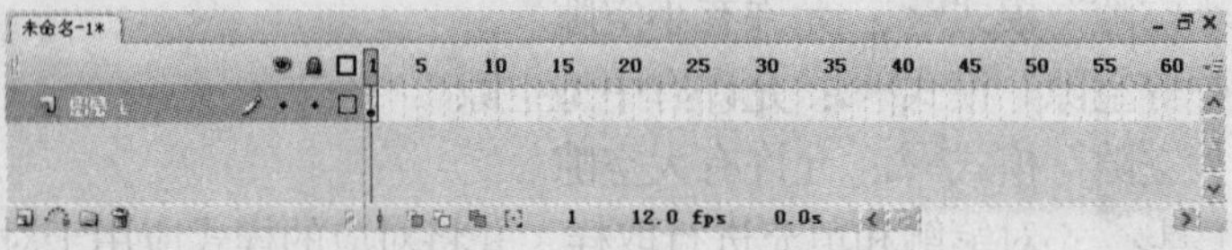

图 12-12　时间轴

在时间轴中可以更改帧的显示方式，也可以显示帧内容的缩略图。时间轴显示在文档中哪些地方有动画内容，包括逐帧动画、补间动画和运动路径等。

时间轴中的图层控制部分可以隐藏、显示、锁定或解除锁定图层以及将图层内容显示为轮廓。在时间轴中还可以插入、删除、选择和移动帧，也可以将帧拖动到同一图层中的不同位置，或者拖到不同的图层中。

6. 舞台与场景

舞台是 Flash 程序中放置图像内容的矩形区域，这些图像内容包括矢量、文本框、按钮、导入的位图图像及视频剪辑等。

在使用 Flash 创作时，若要在屏幕上查看整个舞台，或要在高缩放比率情况下查看图像的特定区域，可以放大和缩小以更改舞台的视图。

- 单击“工具”面板上的“缩放”工具，在“选项”区域选择“放大”或“缩小”，在舞台上单击某一对象可以使对象放大或缩小。
- 单击“工具”面板上的“缩放”工具，在“选项”区域选择“放大”或“缩小”，在舞台上单击拖动形成一个矩形选框，可以使选框中的内容放大或缩小。
- 单击“视图”→“放大”或“缩小”命令，可以放大或缩小整个舞台。
- 在“视图”→“缩放比率”子菜单中可以选择缩放的比率，还可以选择“显示帧”、

“显示全部”或“符合窗口大小”命令，这些命令也可以在“编辑栏”的显示比例菜单中选择。

最大的缩放比率取决于显示器的分辨率和文档大小。舞台上的最小缩小比率为 8%，最大放大比率为 2000%。

舞台放大时，使用“手形”工具可以移动舞台查看对象，而不必改变缩放比率。按住空格键单击“手形”工具可以临时切换。

在“视图”菜单，选择显示网格、辅助线或标尺，有助于在舞台上精确地定位对象。

场景是影片中组织内容的工具，包含所有可用的对象。

场景使用舞台显示和编辑内容，每一个场景都有一个独立的舞台。影片将按文档中顺序播放各个场景中的内容。

单击“插入”→“场景”命令，可以在文档中插入一个新的场景，在新的场景中可以使用相同的方法添加内容。

单击“编辑栏”的“编辑场景”按钮可以在场景之间切换。

7. 功能面板

Flash 程序将功能集中在一些面板上，使用面板提供一个按钮或选项。

使用 Flash 的功能面板，可以查看、组合和更改资源及其属性，可以显示、隐藏面板或调整面板的大小，也可以组合面板并保存自定义的面板设置，从而能更方便地管理工作区。

“属性”面板是一个特殊的功能面板。它可以显示当前文档、文本、元件、形状、位图、视频、组、帧或工具等的信息和设置，以反映正在使用的工具或资源的属性，并能够快速地使用常用功能进行编辑。

使用“窗口”菜单中的命令或子菜单可以打开面板。

例如，单击“窗口”→“行为”命令或按〈Shift+F3〉组合键，打开“行为”面板，如图 12-13 所示。

单击面板左上角的标题可以直接显示或隐藏面板；单击右上角的选项菜单按钮可以打开选项菜单，菜单中一般包含面板控制命令及面板功能有关的命令。

（1）历史记录

单击“窗口”→“其他面板”→“历史记录”命令或者使用快捷键〈Ctrl+F10〉，打开“历史记录”面板。默认情况下，“历史记录”面板显示为一个浮动的窗口，如图 12-14 所示。

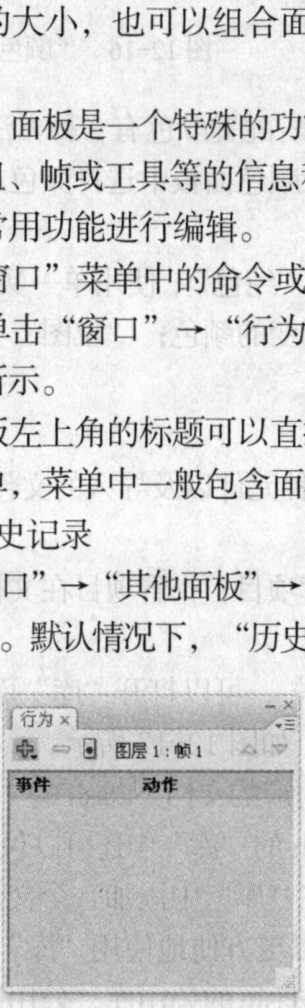

图 12-13　“行为”面板

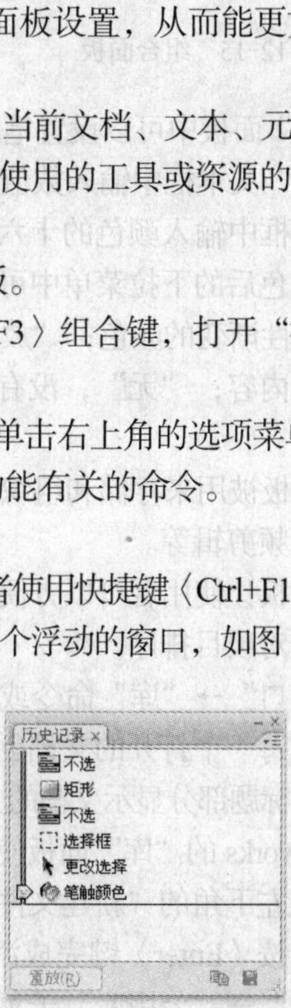

图 12-14　“历史记录”面板

若要将窗口组合到界面中，可以移动鼠标指针到面板的标题前面，单击拖动窗口。将窗口拖动到组合的面板中某一位置，出现蓝色线条时，松开鼠标可以将面板组合到该位置，如图 12-15 所示。

使用“历史记录”面板时，只要单击拖动面板中的箭头滑块，将其拖动到需要的步骤处即可。此时舞台中显示在这一历史步骤时的内容，适合在撤销多个操作时使用。

（2）颜色

单击“窗口”→“颜色”命令或者使用快捷键〈Shift+F9〉，可以打开“颜色”面板，如图 12-16 所示。

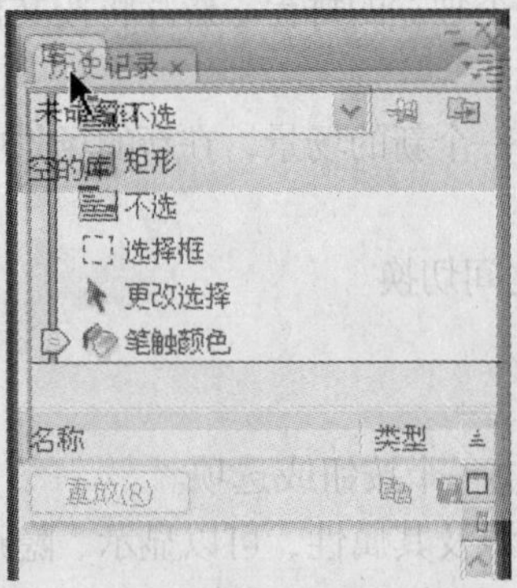

图 12-15　组合面板

图 12-16　“颜色”面板

在“颜色”面板中可以设置笔触或填充的颜色效果，配置颜色有 3 种方法：在“红”、“绿”、“蓝”文本框中输入数值或单击拖动滑块、在颜色面板中选择颜色或者直接在颜色下面的文本框中输入颜色的十六进制值。

在填充颜色后的下拉菜单中可以选择填充的方式：“纯色”，使用单一颜色填充；“线性”，使用线性渐变的颜色；“放射状”，使用发射渐变的颜色；“位图”，选择位图对象作为填充的内容；“无”，没有填充。

（3）库

“库”面板被用来存储和组织在 Flash 中创建的各种元件以及导入的文件，包括位图、声音文件和视频剪辑等。

“库”面板让使用者可以方便地组织文件夹中的库项目，查看项目在文档中使用的频率，并按类型对项目排序。

单击“窗口”→“库”命令或使用快捷键〈Ctrl+L〉，可以打开“库”面板。在 Flash 中，程序会为每一个打开的文档创建一个“库”面板，如图 12-17 所示。

在面板的标题部分显示文档的文件名，表示“库”对应的文档。Flash 的“库”面板的使用方法与 Fireworks 的“库”面板使用方法相同，在 Flash 的“库”中还可以包含声音对象。

单击面板左下角的“新建文件夹”按钮，可以在“库”中添加一个文件夹，输入文件夹的名称，按〈Enter〉键完成添加。使用文件夹可以更方便地使用“库”。

在“窗口”→“公用库”子菜单中可以选择使用 Flash 的公用库，公用库中包含了很多实用的内容。

（4）场景

单击“窗口”→“其他面板”→“场景”命令或使用快捷键〈Shift+F2〉，打开“场景”面板。“场景”面板也是一个浮动的窗口，如图 12-18 所示。

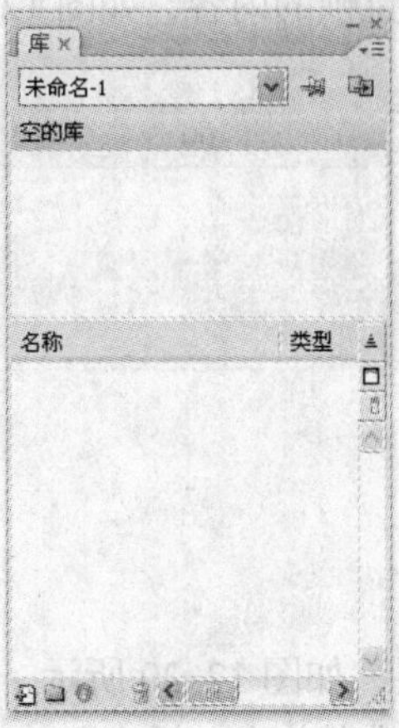

图 12-17 “库”面板

图 12-18 “场景”面板

在“场景”面板中可以任意选择场景，除了通过菜单命令添加场景外，还可以单击“添加场景”按钮，此时将在选中的场景后面添加一个场景；单击“直接复制场景”按钮可以在所选场景的后面复制一个相同的场景；单击“删除场景”按钮可以删除所选场景。

播放影片时，Flash 将按照“场景”面板中的排列顺序依次播放各场景的内容。在面板中单击拖动场景名称可以改变它们的相对位置。

除了以上几种面板外，Flash 中还有很多其他面板，可以执行各种不同的功能。

Flash CS3 提供了多种自定义的方式，可以保存当前使用的面板布局，以便下次使用时可以更加方便。单击“窗口”→“工作区”→“保存当前”命令，在弹出的对话框中输入要保存的布局的名称，单击“确定”按钮即可保存布局。使用时，可以在“窗口”→“工作区”→“管理”子菜单中管理已经保存的布局。

第 3 节　时间轴的使用

时间轴实际上是一个特殊的功能面板，主要组成部分为帧、图层和播放头。默认情况下，时间轴显示在程序界面的顶部，在舞台的上面。要更改其位置，可以像移动面板一样将时间轴停放在程序界面的底部或任意一侧，也可以使时间轴成为一个浮动的窗口。

移动鼠标至时间轴底部，当指针变成上下方向箭头时，单击拖动可以调整时间轴的大小，从而更改可以显示的图层数目。如果有多个图层，并且无法在时间轴中全部显示时，可以通过使用时间轴右侧的滚动条来查看其他的层。

移动鼠标至图层和帧的分隔栏位置，当指针变成左右方向箭头时，单击拖动可以改变显示图层名称的长度或显示帧的数目。

单击时间轴右上角的“帧视图”按钮，在弹出菜单中可以选择帧显示的方式。例如，在菜单中选择“预览”命令，可以在时间轴的帧视图中预览帧的内容，如图 12-19 所示。

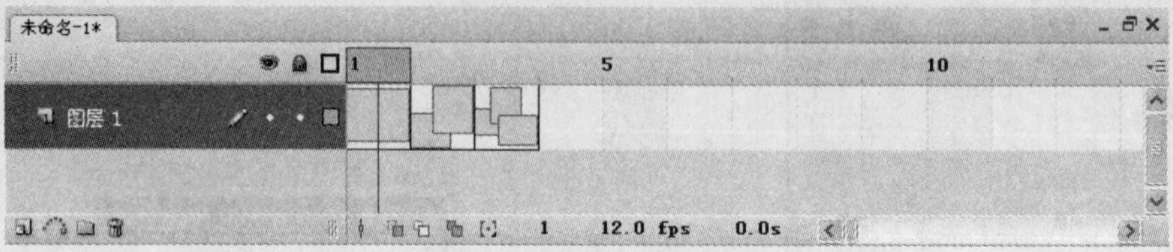

图 12-19　预览帧内容

1. 时间轴中的图层

在时间轴的左侧列表中显示文档某一场景的所有图层，如图 12-20 所示。

若要在列表中新建图层，可以单击左下角的按钮，或者单击“插入”→“时间轴”→“图层”命令，或者在列表中单击鼠标右键，在弹出菜单中选择“插入图层”命令。此时，程序将在当前所选的图层上方创建一个图层。

为了方便管理，可以在图层中建立文件夹。单击左下角的按钮，在图层列表中新建一个文件夹。在列表中，双击图层名称或图层文件夹的名称可以修改其名称，为图层或图层文件夹命名也便于进行管理。

若要选择某一图层，可以直接在列表中单击图层名称，或者在单击该图层中的任意一个帧。单击选择舞台中的某一对象时，也可以选中该对象所在的帧及图层。

将鼠标移动到列表中的图层名称上，单击拖动可以改变图层的相对位置，也可以将图层拖到文件夹中，如图 12-21 所示。

图 12-20　时间轴中的图层

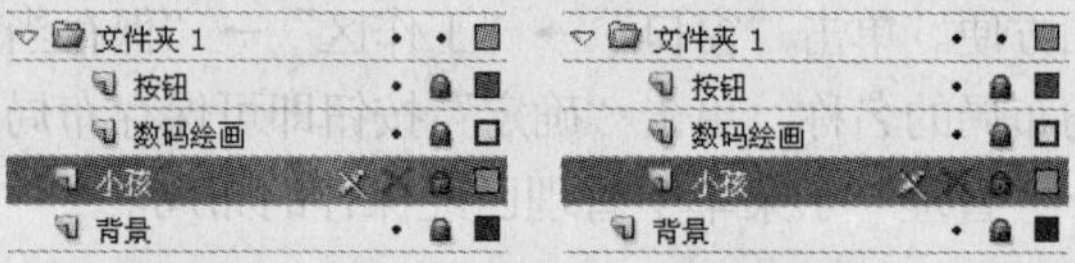

图 12-21　将图层拖到文件夹中

若要删除当前所选图层或图层文件夹，可以单击时间轴中的按钮，或者用鼠标右键单击该图层或图层文件夹，在弹出的菜单中选择“删除图层”命令。

在列表中，还可以为图层创建引导层。创建引导层可以单击按钮或鼠标右键单击这一图层，在弹出菜单中选择“添加引导层”命令，如图 12-22 所示。

鼠标右键单击某一图层，在弹出菜单中选择“引导层”命令，可以将该层转换为引导层，并显示为图标。引导层在最终影片中不显示。

时间轴中的图层有 3 种不同的状态，如图 12-23 所示。

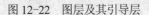

图 12-22　图层及其引导层

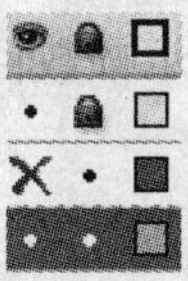

图 12-23　图层状态

（1）隐藏/显示图层

指示的一栏表示图层的显示方式，黑色圆点表示显示图层，红色的叉表示隐藏图层。单击黑色圆点或红色的叉可以改变图层的显示方式，单击图标可以显示或隐藏全部图层。显示或隐藏图层文件夹时，文件夹中所有的图层都随着文件夹显示或隐藏。

（2）锁定/解除锁定图层

指示的一栏表示图层是否锁定，未锁定的图层显示黑色圆点，锁定的图层显示图标。单击黑色圆点或图标可以锁定或解除锁定图层，单击最上面的图标可以锁定或解除锁定所有图层。

和显示/隐藏图层一样，锁定图层文件夹时，文件夹中所有的图层都被锁定。被锁定的图层中的内容，既不可以被选择也不可以被修改。

（3）线框模式

单击图层中对应的图标可以将图层中的内容显示为线框模式，再次单击图标可以切换为非线框模式。线框模式中，舞台上的对象都只显示轮廓线，显示的颜色是图层线框的默认颜色。

在每一栏中，单击拖动鼠标可以同时改变多个图层的状态，当前图层的前面还会有铅笔图案指示图层是否可编辑。

2. 时间轴中帧的类别

在时间轴中一共有 4 种帧：空帧、普通帧、空白关键帧和关键帧，如图 12-24 所示。

- 空帧：空白区域的所有帧都是空帧，这个图标代表空帧的结尾。
- 普通帧：关键帧后面的一段灰色部分中所有帧都是普通帧，这部分也叫延伸帧。这个图标代表普通帧的结尾。
- 空白关键帧：没有添加内容的帧，用空心圆圈表示。
- 关键帧：包含内容的帧，用实心圆圈表示。

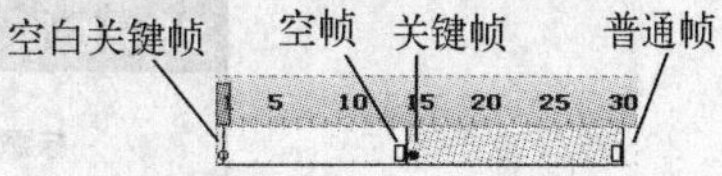

图 12-24　帧

过渡帧：箭头部分表示补间动画，在 Flash 中可以实现动作和形状的渐变效果。在两个关键帧之间的帧称为过渡帧。

3. 时间轴中帧的操作

时间轴中，鼠标右键单击帧，在弹出的菜单中可以对帧进行操作，如图 12-25 所示。有关帧的具体操作，将在帧动画的制作过程中详细介绍。

在时间轴中，若要移动播放头的位置，可以直接在需要的位置单击该处的帧，或者单击时间轴顶部显示帧数目的一栏中对应的位置。

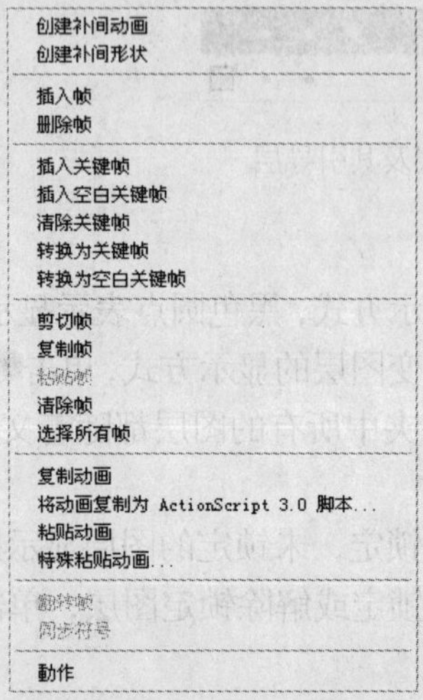

图 12-25　帧操作菜单

在时间轴的底部，有一组按钮可以用于设置和编辑时间轴，如图 12-26 所示。

图 12-26　时间轴设置

单击“播放到滚动头”按钮，可以使播放头所在的帧在时间轴中开头显示。左起向右第 2 到第 4 个按钮分别为“绘图纸外观”、“绘图纸外观轮廓”、“编辑多个帧”和“修改绘图纸标记”，可以用于显示洋葱皮；右侧显示当前所在帧、帧频和播放到当前帧所需时间。

双击帧频，打开“文档属性”对话框，此时可以修改帧频等属性；也可以直接在舞台上单击鼠标右键，在弹出菜单中选择“文档属性”命令打开，如图 12-27 所示。

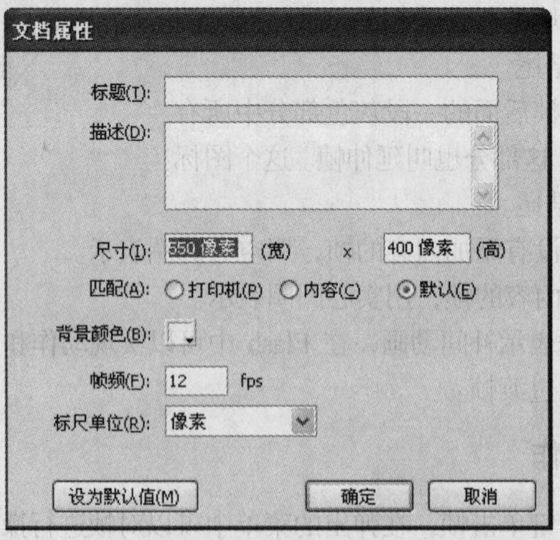

图 12-27　“文档属性”对话框

在对话框中可以设置文档的宽和高、背景颜色、标尺单位及帧频等，单击“设为默认值”按钮可以使用默认设置。

设置不同的帧频，动画会以不同的速度播放，显示不同的效果。

第4节 优化作品

Flash 的影片大多通过互联网发布，发布的格式为 SWF 格式，一般情况下文件的体积较大，下载和观看都不是很方便。因此，在发布之前有必要对 Flash 制作的影片进行优化设计，在优化设计后对影片进行测试，使影片在发布时具有最佳的性能。

1. 精简 Flash 文件体积的方法

Flash 在导出 SWF 文件时，已经对文档进行了部分优化，例如重复的图形只导出一次、嵌套的分组自动转换为单一分组等。在设计时还可以做一些其他的优化。

- 尽量使用元件，对于多次使用对象，应考虑将其制作成元件，然后在影片中调用其实例。这样可以大大减少下载的时间。
- 在影片中使用元件时，最好使用影片剪辑，减少图形元件的使用。
- 如果可能，尽量使用补间动画。因为补间动画比逐帧动画占用的资源要少得多。
- 避免使用位图制作动画，位图可以用来制作背景。
- 使用图层区分一些可变化的对象和没有任何变化的对象。
- 使用声音文件时，如果可能的话可以使用 MP3 格式的音乐，因为 MP3 格式是目前最小的文件格式。
- 尽量将动画中的图像元素组合起来，可以选中这些元素，单击“修改”→“组合”命令或使用快捷键〈Ctrl+G〉。
- 对于动画中的曲线，可以使用“修改”→“形状”→“优化”命令进行优化；尽量减少虚线、点线等的使用，因为实线比虚线等节约很多资源；“铅笔”工具绘制的曲线又比“刷子”工具绘制的曲线更节约。
- 使用文本时，尽量使用单一字体，减少嵌入式字体的使用。
- 减少渐变色和透明色的使用。
- 对于 Flash 中使用的脚本，重复使用的代码可以使用函数形式表示，尽量使用局部变量，减少使用全局变量。

2. 测试影片

发布 Flash 作品之前，需要对文档进行测试，确保动画可以平滑地播放以及影片可以取得预期的效果。

Flash CS3 中使用 Flash Player 10 播放器进行测试。

单击“控制”→“测试影片”命令，Flash 在一个新的窗口中测试影片。可以在这里观看影片的播放效果。

第 5 节　发　　布

在准备将 Flash CS3 的作品提供给观众时，可以将其发布以进行回放。

默认情况下，“发布”命令将创建 Flash SWF 文件，以及将 Flash 内容插入浏览器窗口中的 HTML 文档。如果要更改发布设置，Flash 将使用该文档保存更改。

为了以多种方式快速地发布文档，可以创建发布配置文件，以便命名和保存“发布设置”对话框的不同配置。在创建发布配置文件之后，还可以将其导出以便在其他文档中使用，或者供在同一项目上工作的同事使用。

单击“文件”→“发布设置”命令，打开“发布设置”对话框，如图 12-28 所示。

选择“格式”选项卡，选择发布文件的格式并为发布的文件命名，如图 12-29 所示。

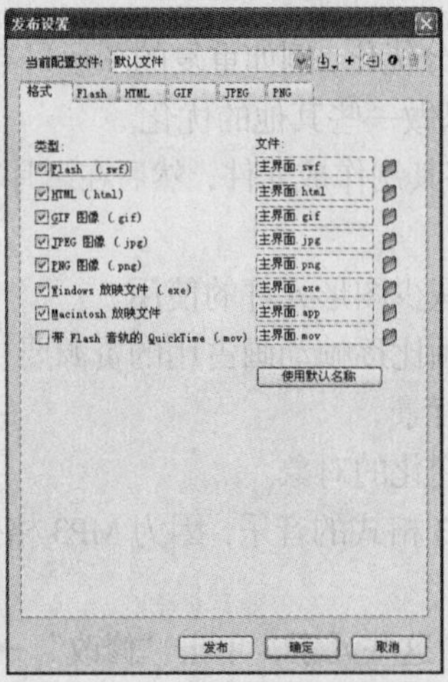

图 12-28　“发布设置”对话框

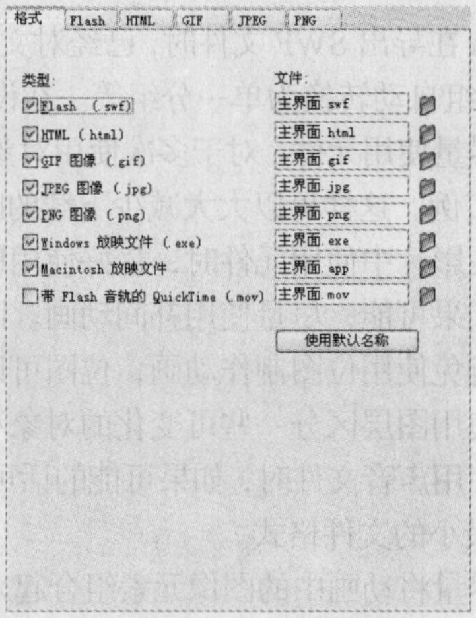

图 12-29　发布格式

若要发布 Flash 文档，必须首先选择发布文件的格式，然后设置文件格式。在对话框中建立的发布配置将随文档一起保存。选择发布的格式，在对话框中会出现对应的选项卡。

（1）发布为 SWF 文件

选择“Flash”选项卡，此选项卡可用于设置发布影片的播放器的版本、加载顺序、ActionScript 版本、Flash 相关选项、设置发布密码、脚本时间限制、JPEG 品质、音频流与音频事件的设置、本地回放安全性的设置等。

（2）发布为 HTML 文件

选择“HTML”选项卡，播放 Flash 作品需要一个能激活 SWF 文件并指定浏览器设置的 HTML 文档。该文档会由选项卡中的 HTML 参数自动生成。

在此选项卡中可以设置模板的类型、尺寸、设置回放功能、品质、窗口模式、HTML 对齐方式、缩放类型、Flash 对齐方式等。

HTML 参数确定 Flash 影片出现在窗口中的位置、背景颜色、文件大小等，并设置<object>和<embed>标记的属性。在选项卡中更改设置，更改的设置会覆盖 SWF 文件中的设置。

（3）发布为 GIF 格式文件

GIF 动画文件提供了一种简单的方法来导出简短的动画序列，以便于在网页中使用。Flash 可以优化 GIF 动画文件，并且只存储逐帧更改。选择“GIF”选项卡，设置文件的尺寸、回放、外观设置、透明属性等。

（4）发布为 JPEG 格式文件

JPEG 格式可将图像保存为高压缩比的 24 位位图。通常，GIF 格式对于导出线条绘画效果较好，而 JPEG 格式更适合显示包含连续色调（如照片、渐变色或嵌入位图）的图像。

默认情况下，Flash 会将 SWF 文件的第 1 帧导出为 JPEG 文件。在“JPEG”选项卡中可以设置 JPEG 文件的尺寸和品质等。

（5）发布为 PNG 格式文件

PNG 是唯一支持透明度（Alpha 通道）的跨平台位图格式。它是 Fireworks 的默认文件格式。选择“PNG”选项卡，可以设置 PNG 文件的尺寸及外观等。

单击“发布”按钮发布文件，也可以单击“文件”→“发布”命令或使用快捷键〈Shift+F12〉。Flash 将为每一种格式发布一个文件，文件保存在 Flash 源程序所在文件夹。

第 6 节　实战演练——文字特效

本章的实战演练，通过创建 Flash 文档并使用 Flash 工具绘制动画来介绍 Flash 的基本功能和使用方法。

步骤 1：创建新文档并输入文字

1 启动 Flash CS3，创建一个新空白文档。

2 在“工具”面板上选择“文本工具”T，在舞台上输入文字“白雪公主”，如图 12-30 所示。

图 12-30　输入文字

步骤 2：编辑字体

在“工具”面板中选择“选择工具”，单击刚才输入的文本。单击“属性”按钮，打开“属性面板”，改变字体为金梅古印浮体白字，调整字体大小为 58，效果如图 12-31 所示。

图 12-31　编辑字体

步骤 3：分离

1 第 1 次分离。在“工具”面板中选择“选择工具”，选择文本，单击“修改”→“分离”命令，此时“白雪公主”一个文字层分离为 4 个字符，其属性是静态文本，如图 12-32 所示。

2 第 2 次分离，将文本变成图形。再次单击“修改”→“分离”命令，此时“白雪公主”4 个字符分离为图形，其属性已变为，如图 12-33 所示。

图 12-32　分离为 4 个字符

图 12-33　分离为图形

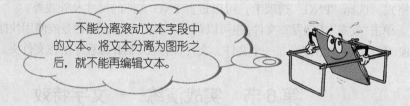

不能分离滚动文本字段中的文本。将文本分离为图形之后，就不能再编辑文本。

步骤 4：填充颜色

1 局部填充颜色。在“工具”面板中选择“套索工具”，选择“白雪”上局部，在调色板中选择颜色值为“#FF0099”的颜色，如图 12-34 所示。

2 局部填充颜色。在“工具”面板中选择“索套工具”，选择“白雪”下局部，在调色板中选择颜色值为“#660099”的颜色，如图 12-35 所示。

图 12-34　局部填充颜色 1

图 12-35　局部填充颜色 2

3 局部填充颜色。在“工具”面板中选择“选择工具”，选择“公”全部，打开调色板，选择渐变填充，如图 12-36 所示。

4 填充颜色和加线条颜色。在“工具”面板中选择“选择工具”，选择“主”全部，在调色板中选择颜色值为“#FFCC00”的颜色。再在“工具”面板中选择“墨水瓶工具”，选择“笔触颜色工具”，选择颜色值为“#003399”的颜色，鼠标变为，单击“主”的边缘，如图 12-37 所示。

图 12-36　局部填充颜色 3

图 12-37　填充颜色和加线条颜色

步骤5：进行变形

1 在“工具”面板中选择“选择工具”，选择“白雪公主”全部，再在“工具”面板中选择 “任意变形工具”，单击“缩放”按钮进行文本大小缩放。

2 单击 “封套”按钮，拖动顶部切线手柄，得到字体的变形效果，如图12-38所示。

图12-38 使用封套变形

试一试

“封套”命令不能修改元件、位图、视频对象、声音、渐变、对象组或文本。如果所选的多种内容包含以上任意内容，则只能扭曲形状对象。想一想要修改文本，首先要将字符转换为何种对象？

第7节 练 一 练

1)创建一个新的Flash文档,设置舞台大小为“300×200”像素,背景色为“#CCCCCC”。

2）使用“文本”工具，在舞台上添加一段文本，字体为“隶书”，字号为“48”，颜色为“#330099”，对文字进行变形，如图12-39所示。

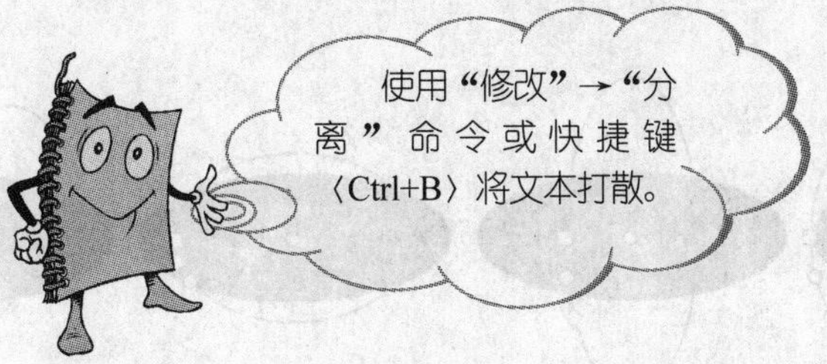

使用“修改”→“分离”命令或快捷键〈Ctrl+B〉将文本打散。

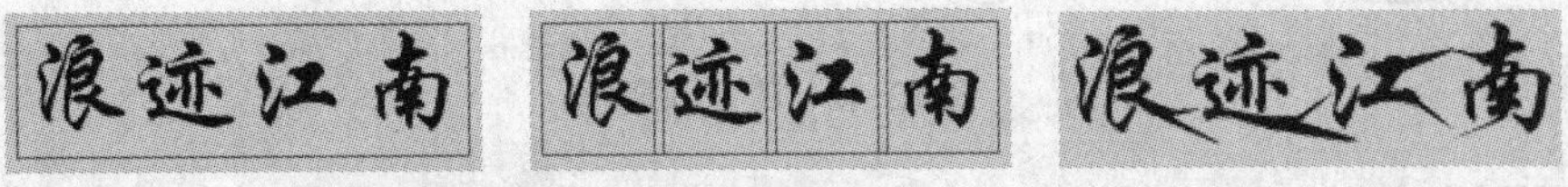

图12-39 将文本打散两次后变形

3）修改文档背景为白色，输入相同的文本，使用“任意变形”工具使文本旋转和缩放变形等，如图12-40所示。

原形 左右翻转 上下翻转

图12-40 变形

4）在舞台上导入位图，并将位图转换成矢量图。

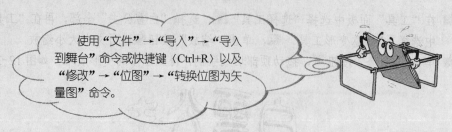

使用“文件”→“导入”→“导入到舞台”命令或快捷键〈Ctrl+R〉以及“修改”→“位图”→“转换位图为矢量图”命令。

5）导入位图，使用“魔术棒”工具和“橡皮擦”工具擦除背景，如图 12-41 所示。

想一想

导入的位图如何打散？

图 12-41　擦除位图背景

6）在舞台上绘制一个椭圆，为椭圆填充渐变色，并使用“填充渐变”工具改变填充，如图 12-42 所示。

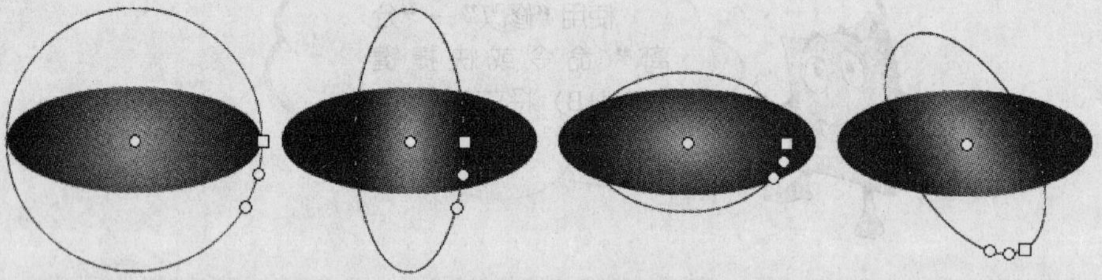

图 12-42　改变渐变色

7）使用“钢笔”工具绘制矢量路径，并进行编辑。

第13章 制作Flash动画

Flash CS3 提供了多种在文档中包含动画和特定效果的方法。利用时间轴特效可以很容易将对象制作为动画，还可以利用运动或形状变化创建补间动画，或者可以通过在时间轴中更改连续帧的内容来创建逐帧动画。

制作 Flash 动画的过程中，经常会遇到很多重复使用多次的元素。如果每次使用时都要重新制作这些元素，不但给制作者带来很多麻烦，而且会使最终生成的 Flash 文件相当大，不易于在网络上发布。于是，Flash 中引入了“元件”这一重要概念。

在这一章中，将介绍有关元件的一些基本概念和创建方法，以及如何使用元件创建实例和实例的编辑方法等。

第 1 节　元件、实例的概念和作用

在 Flash CS3 中，元件是指一个可以重复使用的影片剪辑、按钮或者是图形，又称“符号”。每个元件都可以拥有自己的帧、图层及场景。通常，元件是保存在“库”中的，使用时，只要将所需的元件从“库”中拖至“场景”中即可。

用户创建的元件会自动保存在当前文档的“库”中，元件也可以包括从其他程序中导入的相应文件。使用者还可以直接从 Flash CS3 的公用库中调用适合的元件。

实例是指出现在舞台上的元件，或者是嵌套在其他元件中的元件。实例是元件在舞台上的具体应用，对实例进行编辑不会影响引用这个元件的其他元素。

元件的应用可以使 Flash 文档的编辑变得更加容易。

当需要对文档中重复运用多次的元素进行修改时，只要修改其对应的元件，程序会自动根据修改的内容对所有包含此元件的实例进行更新。

同时，利用同一个元件，可以创建若干个基本形状相似的实例。这样，不仅操作方便，而且由于保存一个元件比保存多个重复元素要节省空间，Flash 文档中元件的应用还可以显著地减小文件的大小，并可以加速网络上动画的播放。

第 2 节　元件的创建和编辑

1．元件的类型

元件的类型是指元素在动画中的表现形式。每个元件都有自己独立且唯一的时间轴和

舞台，以及几个层。创建元件时要选择元件类型，这取决于在文档中如何使用该元件。

元件的类型有 3 种：影片剪辑、按钮和图形。

（1）影片剪辑

影片剪辑元件可以是一个静态图像，也可以是一个小电影。它可以拥有独立于主时间轴之外的多帧时间轴。此外，影片剪辑还可以包含交互式控件、声音元件以及其他元件。

（2）按钮

按钮元件的功能和一般按钮的功能一样。使用按钮元件可以创建响应鼠标单击、滑过或者其他动作的交互式按钮，实现程序与浏览者之间的交互动作。按钮元件中可以插入其他类型的元件，但是不能插入按钮元件。

（3）图形

图形元件主要用于静止的图形，并可用来创建动画中可重复使用的元件。图形元件可以拥有自己的时间轴，但必须与主时间轴同步。交互式控件和声音元件在图形元件中不起作用。

2. 创建新元件

通过使用包含动画的元件，使用者可以在很小的文件中创建包含大量动作的 Flash 应用程序。如果有重复或循环的动作，例如鸟的翅膀上下翻飞这种动作时，应该考虑在元件中创建动画。

在创作或运行时，还可以使用公共库中的资源向文档添加元件。

Flash 文档中，创建一个新元件有两种方法：直接将舞台上的特定对象转换为元件；创建一个空的元件，然后在元件编辑模式下制作或者导入内容。

（1）将舞台上的特定对象转换为元件

单击“选择工具”按钮，在舞台上选取要转换为元件的对象，执行以下操作之一。

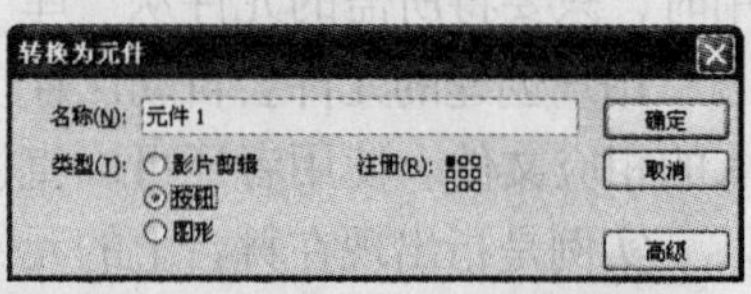

图 13-1　“转换为元件”对话框

- 单击鼠标右键，在弹出的快捷菜单中选择“转换为元件”命令。
- 单击菜单“修改”→“转换为元件”命令。
- 单击菜单“窗口”→“库”命令，打开“库”面板，将所选元素拖到“库”面板中。

程序会弹出“转换为元件”对话框，用来设置元件的基本属性，如图 13-1 所示。

- 名称：在此文本框里输入元件名称，Flash 默认的名称从元件 1 按顺序编号。
- 类型：确定元件的类型，可以选择定义元件为影片剪辑、按钮或者图形，Flash 中默认的元件类型与上次使用时的设置相同。
- 注册：在正方形的九个点中确定一个点，以便在相应的位置放置元件的中心点。

单击“高级”按钮可以对元件属性进一步设置，如图 13-2 所示。

在高级属性对话框中，可以对元件的链接、源属性进行设置。

元件属性设置完成后，单击“确定”按钮，Flash 便将所选定的元素转换为元件，此时，舞台上的元素依然存在，并成为元件的实例。

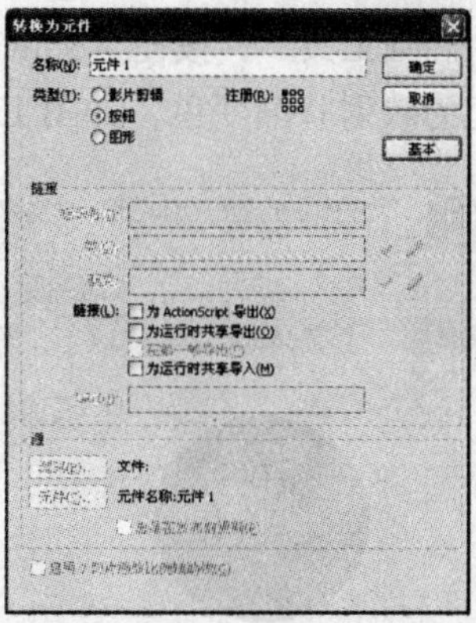

图 13-2　元件高级属性设置

（2）创建一个新元件

除了将舞台上的特定元素转换为元件外，还可以直接创建一个新元件，以创建一个名为“小球”的图形元件为例。

首先，执行下面 3 种操作之一。

使用“插入”→“新建元件”命令。

- 选择菜单“窗口”→“库”命令，打开“库”面板，单击面板左下角的“新建元件”按钮。
- 选择菜单“窗口”→“库”命令，打开“库”面板，单击面板右上角的按钮，出现库选项菜单，选择“新建元件”命令。

图 13-3　“创建新元件”对话框

然后，在弹出的“创建新元件”对话框中，设置元件的名称和类型，这里，设置元件名称为“小球”，元件类型为图形，如图 13-3 所示。

单击“确定”按钮，Flash 程序会自动将此元件放入库中，并同时切换至元件编辑模式。

在元件编辑模式下，元件名称将出现在舞台上面的位置，同时，舞台中心会有一个十字表示元件的注册点，如图 13-4 所示。

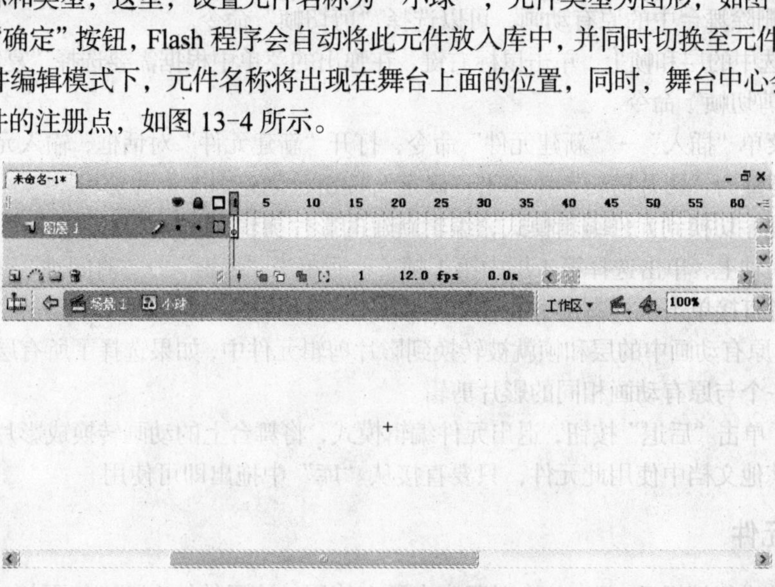

图 13-4　元件编辑模式

在元件编辑模式下，使用“椭圆工具”，按住〈Shift〉键在舞台上拖动画一个圆，然后用“颜料桶工具”将圆内填充为放射状渐变色，如图 13-5 所示。

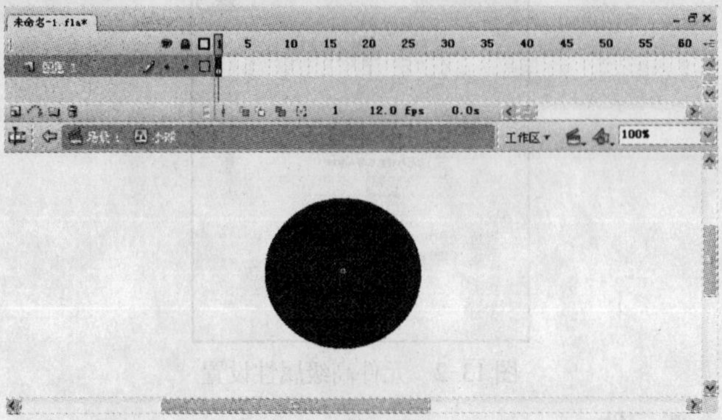

图 13-5　图形元件“小球”

此时，一个名为“小球”的图形元件便创建成功了。单击舞台左上方的按钮，退出元件编辑模式，回到场景舞台。

（3）将舞台上的动画转换为影片剪辑

如果在舞台上已经创建了一个动画文档，若需要将它重复使用，或者作为一个实例使用，则可以将它转换成一个影片剪辑元件，放在“库”中。此过程与将舞台上的特定元素转换成元件并不一样。

首先，在主时间轴上单击选择要使用的层和帧，如果要选择所有层的所有帧，可以单击鼠标右键，在弹出菜单中选择“选择所有帧”命令。

然后，执行以下任意一种操作。

- 单击菜单“编辑”→“时间轴”→“复制帧”命令，如果想在转换为影片剪辑元件后删除舞台中的原有动画，可以选择“剪切帧”命令。
- 在选中的层和帧上，单击鼠标右键，在弹出的菜单中根据需要选择“复制帧”或者“剪切帧”命令。

单击菜单“插入”→“新建元件”命令，打开“新建元件”对话框，输入元件的名称，选择元件类型为“影片剪辑”，单击“确定”按钮，创建一个影片剪辑。

此时程序切换到元件编辑模式，编辑新建的影片剪辑。

在时间轴上，单击选择第 1 层中第 1 帧，然后单击“编辑”→“时间轴”→“粘贴帧”命令，或者直接单击鼠标右键，在弹出的菜单中选择“粘贴帧”命令。

这样，原有动画中的层和帧就被转换到影片剪辑元件中，如果选择了所有层和所有帧，便创建了一个与原有动画相同的影片剪辑。

此时，单击“后退”按钮，退出元件编辑模式，将舞台上的动画转换成影片剪辑元件。如果要在其他文档中使用此元件，只要直接从“库”中拖出即可使用。

3. 编辑元件

对元件进行编辑后，Flash 会对程序中所有使用过该元件的实例进行更新。Flash CS3 中提供了 3 种编辑元件的方式：编辑、在当前位置编辑、在新窗口中编辑。

（1）编辑

使用“编辑”模式进行编辑时，Flash 由场景舞台切换至元件编辑模式，然后对所选元件进行编辑。此时，在舞台左上方的编辑栏里，会显示场景名称和当前编辑的元件名称。

使用“编辑”模式进行元件编辑的步骤如下。

首先，选择场景舞台中需要编辑的元件的实例，执行以下任意一种操作。

- 单击鼠标右键，从弹出的快捷菜单中选择“编辑”命令。
- 单击菜单“编辑”→“编辑元件”命令。
- 单击菜单“窗口”→“库”命令，打开“库”面板，双击其中的元件图标。
- 单击菜单“窗口”→“库”命令，打开“库”面板，选中需要编辑的元件，单击鼠标右键，在弹出的菜单中选择“编辑”命令；或者选中元件之后，单击“库”面板右上角的▾≡按钮，在弹出的库选项菜单中选择“编辑”命令。

此时，Flash 切换至元件编辑模式，可以根据需要在舞台上对元件进行编辑。如果要更改注册点，可以拖动舞台上的元件。程序使用一个十字准线指示注册点的位置。

编辑完成后，单击舞台左上角的“后退”按钮或单击场景名称，返回到文档编辑状态。

（2）在当前位置编辑

使用“在当前位置编辑”命令是使需要编辑的元件在场景舞台中进行编辑，可以清楚地了解元件与场景中其他元素的相对位置，以便对元件进行更好地编辑。此时，场景中的其他元素以灰显方式出现，从而与正在编辑的元件区别开来。同时，在舞台左上方的编辑栏里，会与“编辑”模式一样，显示场景名称和当前编辑的元件名称，如图 13-6 所示。

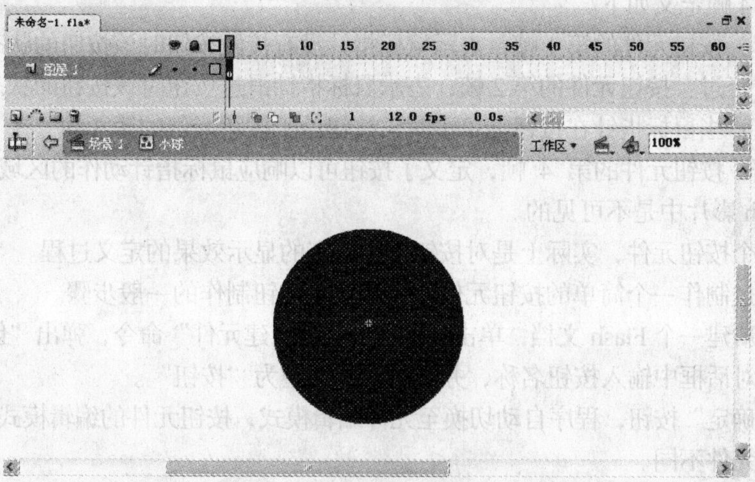

图 13-6　在当前位置编辑模式

使用“在当前位置编辑”模式进行元件编辑的步骤如下。

首先，选择场景舞台中需要编辑的元件的实例，执行以下任意一种操作。

- 在场景舞台上双击该元件的一个实例。
- 使用菜单“编辑”→“在当前位置编辑”命令。
- 单击鼠标右键，在弹出的快捷菜单中选择“在当前位置编辑”命令。

然后根据需要在舞台上对元件进行编辑。注册点的更改模式与“编辑”模式相同。编辑完成后，单击舞台左上角的“后退”按钮或单击场景名称，返回到文档编辑状态。

（3）在新窗口中编辑

使用“在新窗口中编辑”命令可以在一个单独的窗口中编辑元件。此时，可以同时看到该元件和主时间轴。正在编辑的元件名称会显示在舞台左上方的编辑栏内。

使用“在新窗口中编辑”模式进行元件编辑的步骤如下。

首先，选择场景舞台中需要编辑的元件的实例，单击鼠标右键，在弹出的快捷菜单中选择“在新窗口中编辑”命令。

然后，根据需要在舞台上对元件进行编辑，注册点的更改方式与上面两种模式相同。编辑完后，单击舞台右上角的关闭按钮关闭新窗口，在原来的场景舞台中单击鼠标左键即可回到文档编辑状态。

对元件进行编辑时，Flash 程序将更新文档中包含该元件的所有实例，以反映编辑的结果。编辑元件时，可以使用任意绘画工具、导入介质或创建其他元件的实例。

4．制作控制播放的按钮

在 Flash 动画中，按钮是经常用来控制影片播放的一种元件。每个按钮元件实际上是一个 4 帧的交互影片剪辑。当定义一个元件的类型为按钮元件时，Flash 会创建一个包含 4 个帧的时间轴。前 3 帧显示按钮的 3 种可能状态，第 4 帧定义按钮的活动区域。

时间轴实际上并不播放，它只是对指针运动和动作做出反应，跳到相应的帧。

按钮的 4 帧定义如下。

- 弹起：按钮元件的第 1 帧，表示鼠标指针没有接触按钮时该按钮的状态。
- 指针经过：按钮元件的第 2 帧，表示鼠标指针滑过按钮时该按钮的状态。
- 按下：当鼠标指针在按钮上单击时，按钮处于按钮元件的第 3 帧“按下”状态。
- 点击：按钮元件的第 4 帧，定义了按钮可以响应鼠标指针动作的区域。此区域在 Flash 影片中是不可见的。

创建一个按钮元件，实际上是对按钮 4 个状态的显示效果的定义过程。

下面通过制作一个简单的按钮元件，介绍一下按钮制作的一般步骤。

首先，新建一个 Flash 文档，单击“插入”→“新建元件”命令，弹出“创建新元件”对话框，在对话框中输入按钮名称，并选择元件类型为“按钮”。

单击“确定”按钮，程序自动切换至元件编辑模式，按钮元件的编辑模式与图形元件或影片剪辑元件不同。

按钮元件编辑模式中，时间轴的标题是一个显示 4 个标签（弹起、指针经过、按下和点击）的连续帧，其中第 1 帧（弹起）是一个空白关键帧。这 4 个帧代表按钮的 4 种不同状态，如图 13-7 所示。

单击选择“弹起”帧，使用“工具”面板中的“椭圆工具”，在舞台上绘制一个椭圆，填充颜色为紫色。使用“选择工具”选中整个椭圆，单击拖动，使椭圆中心与十字重合。

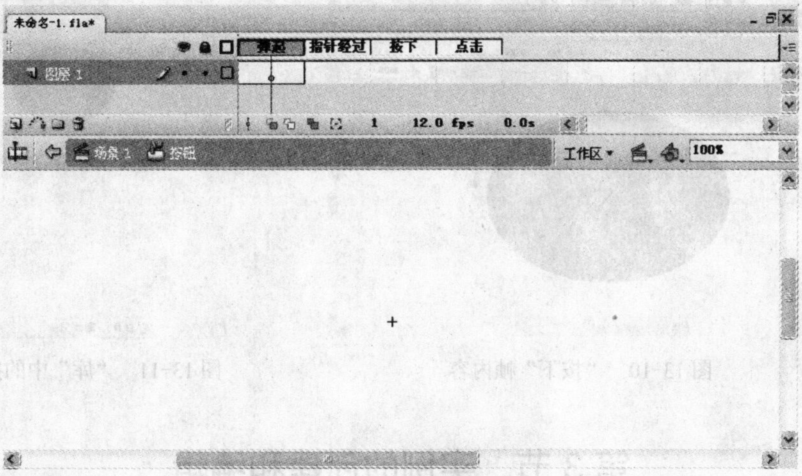

图 13-7　按钮元件编辑模式

单击时间轴上的按钮，插入一个新图层“图层 2”。在（图层 2）的第一帧，用“线条工具”制作一个三角形，内部填充为深紫色，如图 13-8 所示。

选中“图层 1”中的“指针经过”帧，单击鼠标右键，在弹出菜单中选择“插入关键帧”命令，舞台上出现“弹起”帧的内容，修改填充颜色为淡紫色，如图 13-9 所示。

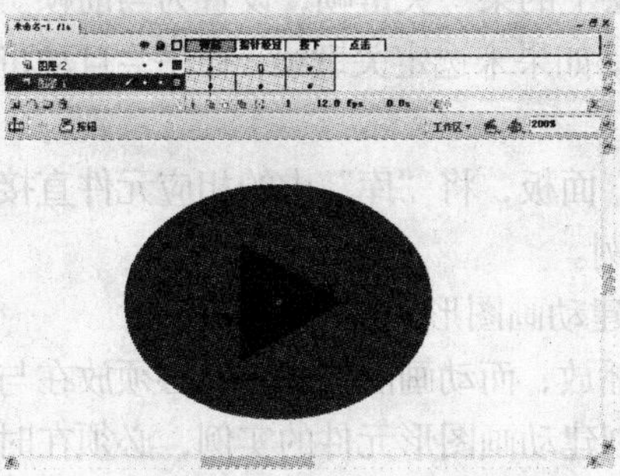

图 13-8　“弹起”帧内容

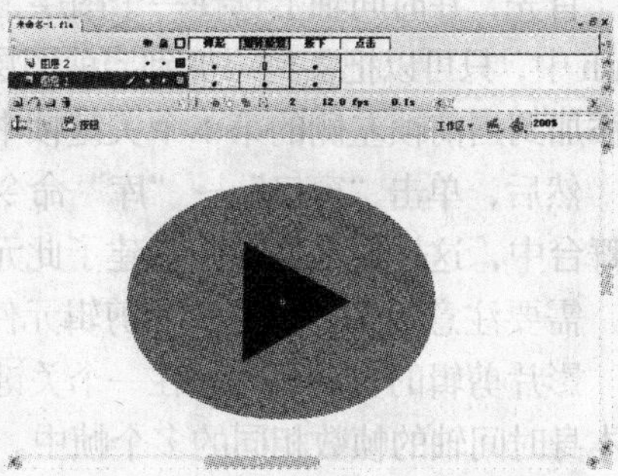

图 13-9　“指针经过”帧内容

使用同样的方法，在“按下”帧中插入关键帧，舞台上出现 “指针经过”帧中的内容。单击选择“图层 2”，在“图层 2”中删除深紫色三角形，使用“矩形工具”绘制一个深紫色矩形，如图 13-10 所示。

最后创建“点击”帧。“点击”帧在舞台上不可见，它只定义该按钮响应事件的区域。为“点击”帧添加内容时，应确保“点击”帧中的图形是一个实心区域，并且它的大小足以包含其他帧中的所有图形元素。如果没有指定“点击”帧的内容，“弹起”状态的图像会被用作“点击”帧。

按钮制作完成，按钮元件将会出现在当前文档的“库”中，如图 13-11 所示。

完成之后，单击“编辑”→“编辑文档”命令或单击窗口左上角的后退按钮，回到场景。从“库”面板中将按钮元件拖到舞台中即可创建该按钮元件的实例。对按钮加入相应动作，即可实现按钮对影片的控制功能。

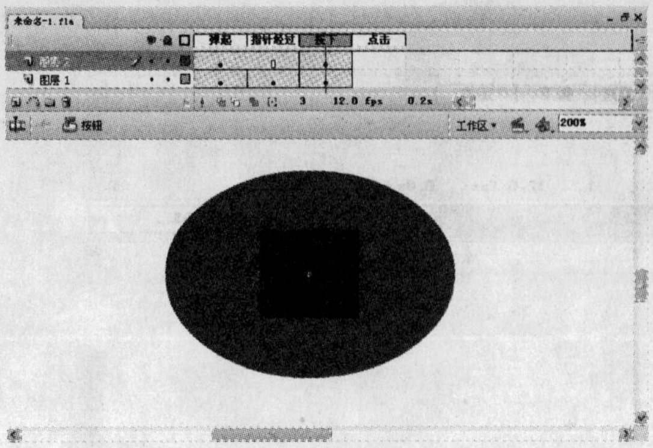

图 13-10 “按下”帧内容

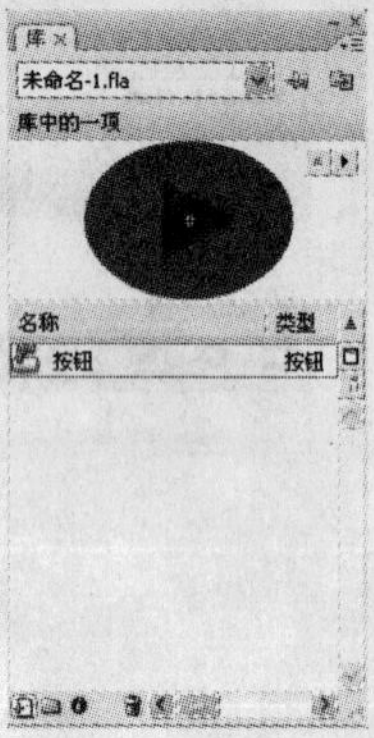

图 13-11 “库”中的按钮元件

第 3 节 实例的创建和编辑

1. 用元件创建实例

实例是元件在 Flash 影片中的实际应用。元件创建后，便被保存在文档的“库”中，“库”中的元件可以在影片的任何位置创建实例。

首先，在时间轴上选择一个图层，单击选择该层上的某一关键帧，设置为当前帧。在 Flash 中，只可以把实例添加到当前图层的关键帧中。如果未选定关键帧，程序会自动将实例添加到当前帧左侧的第 1 个关键帧中。

然后，单击“窗口”→“库”命令，打开“库”面板，将“库”中的相应元件直接拖至舞台中，这样便在舞台中创建了此元件的一个实例。

需要注意的是，创建影片剪辑元件的实例与创建动画图形元件的实例不同。

影片剪辑的实例只需放在一个关键帧中便可以播放，而动画图形的实例必须放在与元件本身时间轴的帧数相同的多个帧中。因此，若要创建动画图形元件的实例，必须在时间轴上使用“插入”→“时间轴”→“帧”命令或按〈F5〉键添加一定数量的帧，这些帧将会包含该图形元件。

2. 编辑实例

在 Flash 文档中，每个元件实例都有各自的属性，这些属性独立于其对应元件。使用者可以对实例的名称、颜色、类型等属性进行编辑。此外，还可以设置图形实例的动画效果，将一个实例与另外一个元件进行交换等。

编辑实例时，单击舞台上的实例，此时，舞台下方的“属性”面板中将显示实例的属性，如图 13-12 所示。如果“属性”面板没有显示，可以单击“窗口”→“属性”命令。

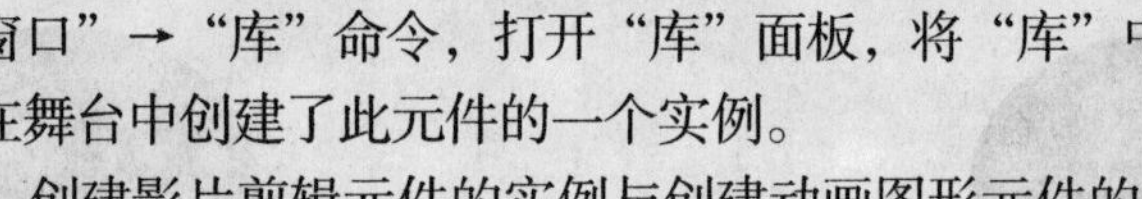

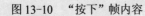

图 13-12 实例的属性

“属性”面板左上角的“元件行为”下拉列表中显示了实例的类型，在这个列表下面的“实例名称”文本框中输入该实例的名称。此文本框下方的“宽”、“高”显示为实例的尺寸，图标表示更改实例尺寸时是否锁定纵横比。

“属性”面板右侧有一个“颜色”下拉菜单，可以用来编辑实例的颜色、亮度、色调、Alpha值及颜色的高级效果。如果不对实例进行编辑，那么实例的属性将和对应的元件完全相同。对实例的修改只对该实例有影响，并不会影响对应的元件及包含此元件的其他实例。

（1）更改实例的颜色

每个实例都有独立的颜色属性，更改每个实例的颜色可以制作出各种不同的渐变效果和颜色效果。使用“属性”面板可以直接编辑实例的颜色属性。

首先，选中舞台上的相应实例。在舞台下方的“属性”面板中，选择“颜色”下拉菜单中的命令，包括以下5个选项。

1）无：表示无颜色效果。

2）亮度：用于调节图像的相对亮度或暗度，度量范围从“–100%（黑）”到“100%（白）”。

选择此选项，直接在菜单后的文本框中输入一个数值，也可以单击文本框后的箭头拖动滑块来调节亮度。

3）色调：用于给实例增加某种色调。

单击颜色选择器按钮，在调色板中选择需要的颜色，然后使用色调滑块设置色调百分比，范围从“0%（透明）”到“100%（完全饱和）”。单击箭头拖动滑块，或者在文本框中直接输入数值调节色调。另外，还可以在“RGB”文本框中输入红、绿和蓝三色的值来配置颜色。

4）Alpha：用于设置实例的透明度，范围从“0%（完全透明）”到“100%（完全饱和）”。

若要调整Alpha值，可以单击文本框后的箭头，拖动滑块，也可以直接在文本框中输入一个数值。

5）高级：选择“高级”选项，在面板中会出现“设置”按钮。单击此按钮，可以弹出“高级效果”对话框，如图13-13所示。

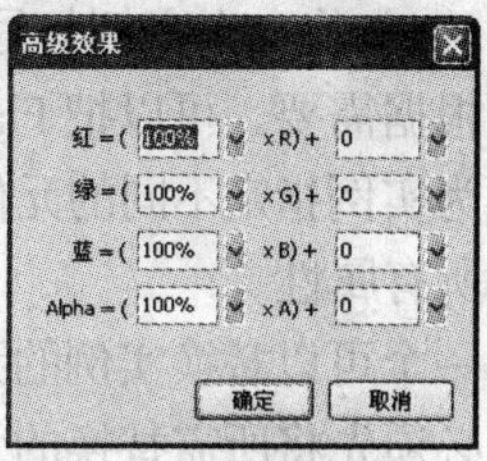

图13-13　“高级效果”对话框

此时，在对话框中可以分别设置实例的RGB、透明度的值。该选项在设置一些较复杂的属性时十分有用，单击左侧的按钮，拖动滑块可以按指定的百分比降低颜色或透明度的值；而单击右侧的按钮拖动滑块可以按常数值降低或增加颜色或透明度的值。

（2）更改实例的类型

每个实例最初的类型都是与其对应的元件相同。

然而，在实际应用中，实例最初的类型可能并不适合当前场景中的应用，因此，必须在使用中适当更改实例的类型。

在舞台上选中实例后，便可通过“属性”面板更改实例的类型。在“属性”面板左上角的下拉菜单中，有3种实例类型可以选择：影片剪辑、按钮和图形。

当改变了实例的类型后，“属性”面板的选项也会出现对应的变化。这时，可以根据需要使用这些选项对实例的属性进行设置。

（3）设置图形实例的动画

Flash 文档中，可能包括一些含有动画序列的图形实例。

动画图形元件的时间轴是与放置该元件文档的时间轴一致的，也就是说，影片如果停止，那么图形元件中的动画也必将停止。

相比之下，影片剪辑元件拥有自己独立的时间轴，不会受主时间轴的影响。

因为动画图形元件使用与主文档相同的时间轴，所以在文档编辑模式下显示它们的动画序列；而影片剪辑元件作为一个静态的对象出现在舞台上，并不会作为动画出现在 Flash 的编辑环境中。

利用“属性”面板，使用者可以选择图形实例中动画序列的播放方式。

首先，在舞台上选中所需更改类型的实例。在舞台下方的“属性”面板中，单击“交换”按钮右侧的下拉菜单，选择一个动画选项，如图 13-14 所示。

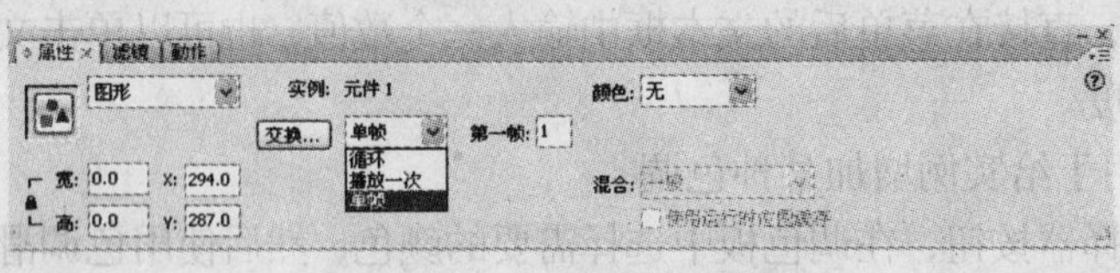

图 13-14　动画图形元件的属性

共有 3 种选项。

- 循环：按照当前所编辑的实例占用的帧数来循环，包含该实例中所有动画序列。
- 播放一次：从指定的帧开始播放动画序列，直到动画结束，然后停止。
- 单帧：只显示动画序列的一帧，使用者必须指定要显示的是哪一帧，在“第一帧”文本框中输入数值即可。

（4）将一个实例与另一个元件交换

根据需要，可以把 Flash 文档中的一个实例用另一个元件替换。

为实例指定不同的元件之后，程序可以在舞台上显示不同的实例内容，并保留原始实例的所有属性。

一个可以替换实例的元件必须是已经存在于当前文档的“库”中的元件。如果不在“库”中，必须先将所需替换的元件导入到“库”中方可使用。

首先，在舞台上选中所需更改的实例，在舞台下方出现“属性”面板，显示实例的属性。单击面板中的“交换”按钮，弹出“交换元件”对话框，如图 13-15 所示。

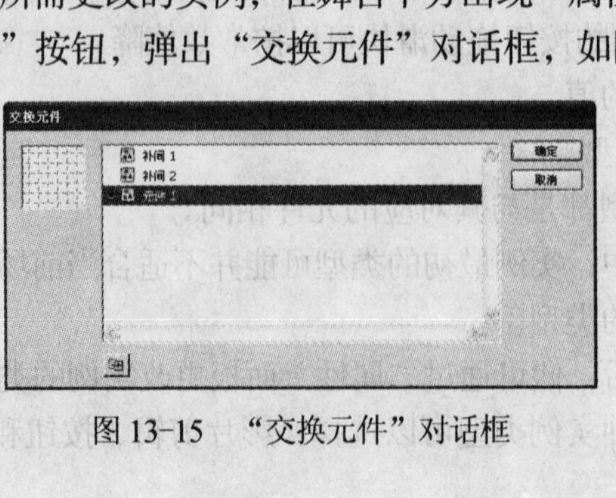

图 13-15　“交换元件”对话框

在对话框的列表中显示的是当前文档的“库”中所包含的元件，选择其中一个元件，用来替换当前实例对应的元件。

若要复制选定的元件，可以单击对话框左下角的“直接复制元件”按钮。单击“确定”按钮，完成交换。

第 4 节　引导层动画

在 Flash CS3 中制作运动轨迹的动画时，如果不设置物体运动的轨迹，程序将默认物体的运动为直线运动。若要使物体沿着某条特定的曲线运动，可以使用 Flash 中的引导层动画，将轨迹曲线作为文档中的辅助线，使物体沿着一定的轨迹运动。在发布 Flash 文档时，引导层的内容不会显现出来。

1. 引导图层

Flash CS3 中提供了两种引导层：普通引导层和运动引导层。

这两种引导层分别有一个对应的标示元件。

（1）普通引导层

普通引导层是在普通图层的基础上建立的，起辅助静态定位的作用，多用于版式，主要用来辅助制作 Flash 动画。用户可以在普通引导层上进行绘画和编辑，但是其内容不会出现在最后发布的 Flash 影片中。

另外，在制作 Flash 文档的过程中，如果使用者需要查看当没有某一图层的内容时影片的发布效果，则可以将这一图层转换为普通引导层。如果对测试效果不满意，还可以将这一图层的普通引导层取消。

（2）运动引导层

运动引导层与普通引导层不同，它在制作动画时起运动路径的引导作用。运动引导层是独立于普通图层之外的一种图层形式，主要用于辅助其他图层中对象的运动和定位。

运动引导层中放置的唯一内容便是运动路径。

补间实例、组或文本块等都可以沿着这些路径运动。同时，还可以将多个图层链接到同一运动引导层，使不同图层中的多个对象沿着相同路径运动。

作为引导层的一种，运动引导层中的内容也不会出现在最后发布的 Flash 影片中。

2. 制作引导层动画

引导层分为普通引导层和运动引导层两种，引导层动画的制作也相应地有两种方法。

其中普通引导层的制作比较简单，只要用鼠标右键单击要转换为引导层的普通图层，在弹出的菜单中选择“引导层”命令即可。

此时，对应的普通图层前的标示元件变为，表示此图层已经转换为普通引导层。如果要取消转换，可以用鼠标右键单击此引导层，在弹出的菜单中单击“引导层”命令取消选定即可。

相比之下，制作运动引导层的步骤比较复杂。

首先，单击选定要创建运动引导层的图层，执行以下任意一种操作。

- 单击鼠标右键，在弹出的菜单中选择“添加引导层”命令。
- 单击“插入”→“时间轴”→“运动引导层”命令。
- 单击“时间轴”面板左下角的“添加引导层”按钮。

此时，相应图层的上方便创建了一个运动引导层。在运动引导层的关键帧中，可以使用“铅笔”、“直线”等绘图工具绘制出一定的轨迹路径。

一般情况下，在制作 Flash 动画时，可以在同一个运动引导层下插入多个被引导的图层，使多个被引导图层中的内容沿着同一运动引导层的路径运动，用来创建内容较多，但变化不多的较为复杂的动画效果。

在图层和运动引导层之间建立链接的方法有以下几种。

- 单击所选图层拖到运动引导层的下面，该图层在运动引导层下面以缩进形式显示，同时，该图层上的所有对象自动与运动引导层中的运动路径对齐。
- 单击选择运动引导层引导的某一图层，创建一个新图层，新图层也成为被引导图层。该图层上补间的对象将自动沿着运动路径补间。
- 在运动引导层下面选择一个图层，单击“修改”→“时间轴”→“图层属性”命令，在弹出的“图层属性”对话框中选中“被引导”选项，如图 13-16 所示。

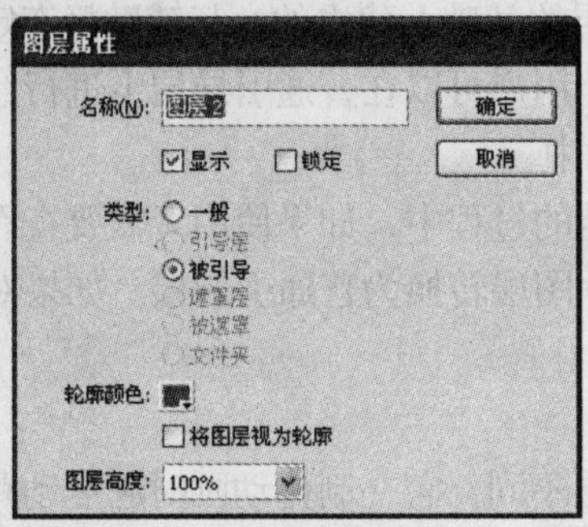

图 13-16　“图层属性”对话框

另外，如果在制作过程中对创建的运动不满意，可以断开图层和运动引导层之间的链接。

选择要断开链接的图层，将选中的图层直接拖动到运动引导层上，或者单击菜单“修改”→“时间轴”→“图层属性”命令，在弹出的“图层属性”对话框中选择“类型”为“一般”即可断开图层与运动引导层的链接。

制作一个沿着定义的轨迹运动的小球

首先，新建一个 Flash 文档，在“时间轴”面板上双击图层名称，命名为“小球”。

使用“工具”面板上的“椭圆”工具，按住〈Shift〉键在舞台上单击拖动绘制一个圆形。

单击“时间轴”面板左下方的“添加引导层”按钮，为“小球”图层创建一个运动引导层，程序默认的名称为“引导层：小球”。

选中引导层，使用“工具”面板中的“铅笔”或“钢笔”工具，在舞台上绘制一条光滑的轨迹曲线，如图 13-17 所示。

根据设计的动画的长度，选择动画的帧数。用鼠标右键单击引导层的第 40 帧，在弹出菜单中选择“插入帧”命令，在第 40 帧位置插入一个普通帧。

为了使小球能够产生运动，还需要为小球创建补间动画。用鼠标右键单击“小球”图层中的关键帧，在弹出菜单中选择“创建补间动画”命令，为小球创建补间。

此时，小球显示为一个带边框的对象，其中心自动吸附到轨迹上，如图 13-18 所示。

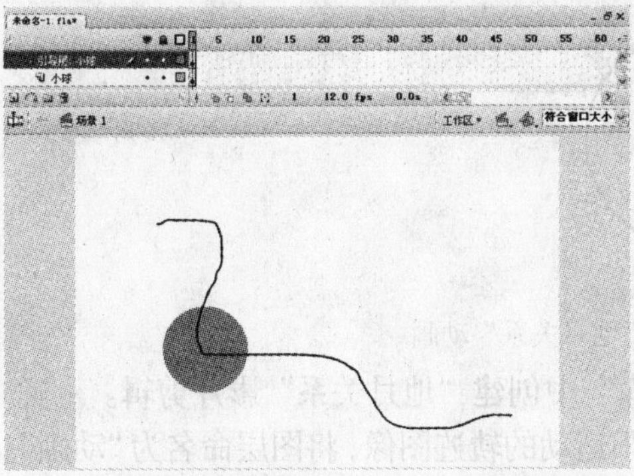

图 13-17 绘制小球与轨迹曲线

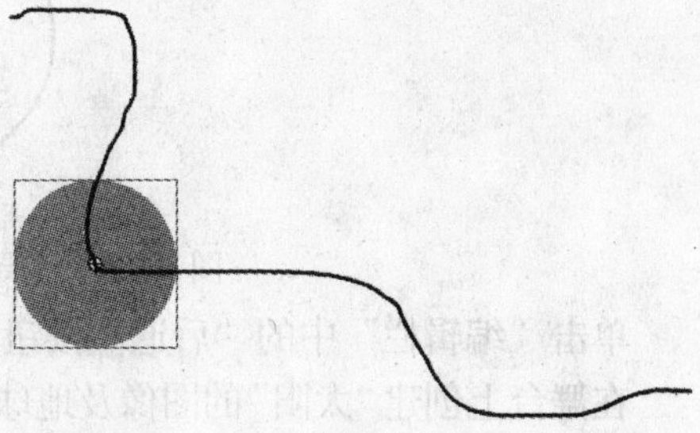

图 13-18 为小球创建补间动画

用鼠标右键单击“小球”图层的第 40 帧，在弹出菜单中选择“插入关键帧”命令，在第 40 帧位置插入一个关键帧。此时，在第 1 帧到第 40 帧之间变成浅蓝色区域，并出现黑色箭头，在图层中创建了一个补间动画，如图 13-19 所示。

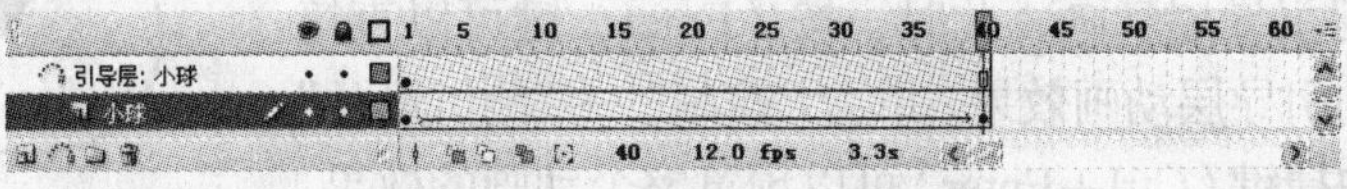

图 13-19 图层中的补间动画

选中“小球”图层中的第 1 帧，在舞台上将小球拖至轨迹线的端点附近。拖动过程中，小球会变成一个透明轮廓，中心出现一个空心圆圈，圆圈会吸附在轨迹线的端点上。

使用同样的方法，在第 40 帧处将小球拖至轨迹线的另一端点，使其与端点重合。

此时，补间运动创建完成，按〈Enter〉键可以预览动画效果。小球将沿着引导层中的轨迹运动，当导出动画时，引导层中的内容不会显示出来。

3. 引导层动画高级制作

运用引导层动画，可以制作复杂的动画效果。

例如，可以使用引导层动画制作太阳、地球、月亮之间的行星运动关系，制作日、地、月的相对运动效果必须使用元件。

首先，新建一个 Flash 文档。单击“插入”→“新建元件”命令，打开“创建新元件”对话框，新建一个元件，选择类型为“影片剪辑”，命名为“地月关系”。

在元件编辑模式中，创建一个月球围绕地球旋转的引导层动画。创建引导层中的轨迹时，可以使用“橡皮擦”工具擦去封闭曲线的一小部分，使曲线称为轨迹，如图 13-20 所示。

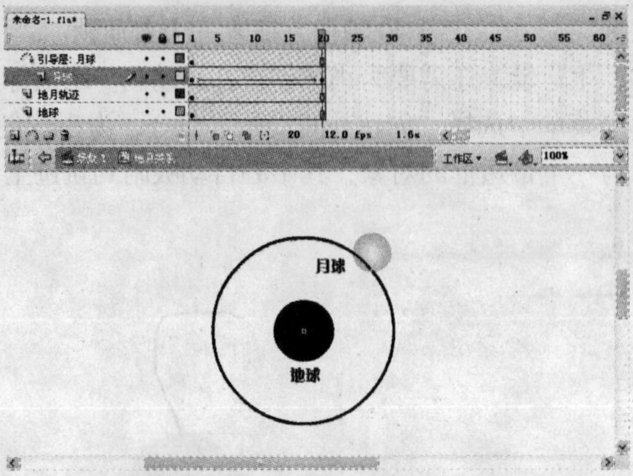

图 13-20　引导层制作“地月关系”动画

单击“编辑栏”中的“后退”按钮，在“库”中创建“地月关系”影片剪辑。

在舞台上创建“太阳”的图像及地球围绕太阳运动的轨迹图像，将图层命名为“动画”。然后，单击“创建引导层”按钮，为“动画”图层创建一个运动引导层，在引导层中复制轨迹图像的内容，使用“橡皮擦”工具擦去一小部分使它称为运动轨迹。

选择“动画”图层，从“库”中向舞台上拖动之前的元件创建一个实例。

实例的大小可以使用“任意变形”工具进行调整。

为实例创建引导层动画，此时，按〈Enter〉键可以直接观察实例对象的引导层动画效果。单击“控制”→“测试影片”命令或者使用快捷键〈Ctrl+Enter〉可以预览整个动画的效果，如图 13-21 所示。

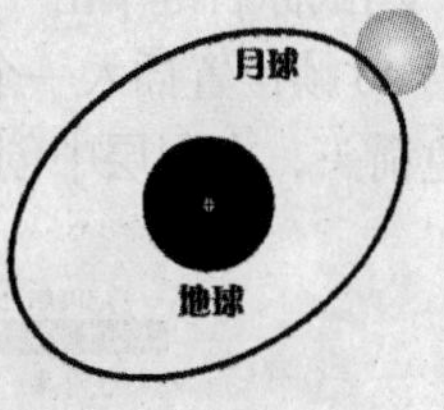

图 13-21　行星运动关系

使用引导层还可以制作不同对象沿着同一轨迹运动的效果，以及多个雪花在天空中飞舞的动画等。

第 5 节　遮 罩 动 画

遮罩动画是一种特殊的 Flash 动画效果，它可以用来制作特殊效果的动画，例如聚光灯效果、书写效果等。

遮罩动画的实现是应用遮罩图层的结果。

1. 建立遮罩图层

遮罩图层可以有选择地显示图层的某些部分或下方图层的内容，通过控制被遮罩图层中的内容的显示，制作一些复杂的动画效果。

遮罩图层的原理就像是在墙上开一个窗口，透过这个窗口就可以看到外面的内容。

首先，在 Flash 文档中创建一个图层，在舞台上绘制内容，作为被遮罩的图层。

然后，单击“时间轴”面板左下方的按钮，创建一个新图层。用鼠标右键单击图层名称，在弹出菜单中选择“遮罩层”命令，将图层转换为遮罩层。

此时，在时间轴上，遮罩层的名称前面显示▣图标，被遮罩的图层名称会向后缩进并显示▣图标。

在遮罩层上可以绘制或导入一定形状的图形、文字或元件的实例。

Flash 会忽略遮罩层中的位图、渐变色、透明、颜色和线条样式。在遮罩层中的任何填充区域都是完全透明的，而任何非填充区域都是不透明的。

在遮罩层下方的图层自动链接到遮罩层，用鼠标右键单击遮罩层或被遮罩图层，被遮罩图层中内容会透过遮罩层上的填充区域显示。此时，两个图层都将被锁定，如图 13-22 所示。

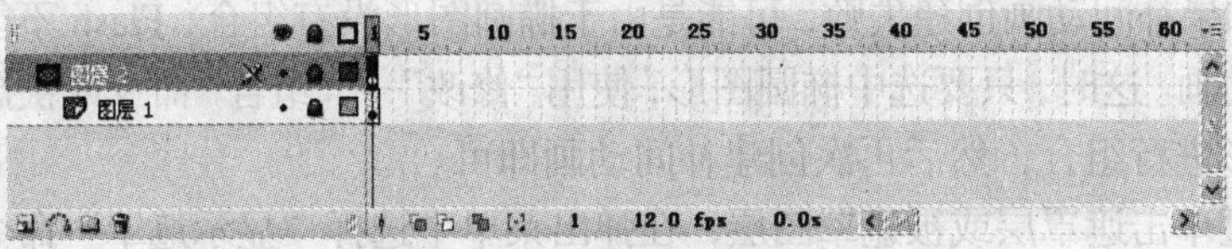

图 13-22　创建遮罩层

如果要对遮罩层或者被遮罩层进行编辑，必须单击▣图标解除其锁定状态。而在 Flash 中显示遮罩效果时，可以直接锁定遮罩层和被遮罩层。

在制作的过程中，还可以将多个图层组织在同一遮罩层下来创建复杂的动画效果。此时，可在遮罩层下面直接插入新图层，Flash 默认其为被遮罩图层。

执行以下任意一个操作可以将其他已创建的图层转换为被遮罩图层。

- 单击图层，将图层拖动到遮罩层下面的虚线位置，松开鼠标。
- 单击“修改”→“时间轴”→“图层属性”命令，在弹出的“图层属性”对话框中选择“类型”为“被遮罩”。

此外，根据需要，还可以随时中断遮罩层的链接，这样就能取消遮罩的屏蔽效果。选中要断开链接的图层，然后执行以下任意一种操作。

- 单击被遮罩的图层，将图层拖到遮罩层的上方。
- 单击“修改”→“时间轴”→“图层属性”命令，在弹出的“图层属性”对话框中选择“类型”为“一般”。
- 在时间轴上，用鼠标右键单击图层名称，在弹出的菜单中单击“遮罩层”命令取消选择。

对于链接到同一遮罩层的多个图层，可以只断开其中某一个图层与遮罩层的链接。

2. 制作遮罩动画

使用 Flash CS3 可以为遮罩层创建进一步的动态效果。

对于遮罩层中的填充形状，可以使用补间形状；对于文本对象、图形实例或影片剪辑等，可以使用补间动画；还可以在遮罩层中加入 ActionScript 脚本，使其跟踪鼠标的运动等。

下面就介绍一个简单的运动遮罩动画。

首先，新建一个 Flash 文档，使用前面介绍的方法，在时间轴上创建遮罩层和被遮罩的图层，分别命名为“遮罩”和“文本”。

选择“文本”图层，单击“工具”面板上的“文本工具”，在“属性”面板中设置文本的字体为“楷体”，字号为“80”，颜色为黑色，在舞台上输入“遮罩动画”4 个字。

在“文本”图层的第 20 帧位置单击鼠标右键，在弹出菜单中选择“插入帧”命令。

选择遮罩层，单击“工具”面板中“椭圆工具”，在舞台上绘制一个椭圆，使用“指针”工具移动椭圆，使椭圆覆盖在“遮”字上，如图 13-23 所示。

然后，在遮罩层的第 20 帧位置单击鼠标右键，在弹出菜单中选择“插入关键帧”命令。选中新建的关键帧，在舞台上使用“指针”工具移动椭圆图形，使椭圆覆盖在“画”字上。

在遮罩层上任意一帧的位置单击鼠标右键，在弹出菜单中选择“创建补间动画”命令。创建好补间动画后，运动遮罩动画便创建完成了，按〈Enter〉键可以预览补间动画的效果。

此时，如果补间动画创建失败，可能是由于椭圆图形没有组合，Flash 不能对打散的元素创建补间动画。这时，只要选中椭圆图形，使用“修改”→“组合”命令或快捷键〈Ctrl+G〉将打散的图形进行组合，然后再次创建补间动画即可。

鼠标右键单击遮罩层或被遮罩图层，在弹出菜单中选择“显示遮罩”命令或者锁定两个图层，然后，单击“控制”→“测试影片”命令或使用快捷键〈Ctrl+Enter〉，预览 Flash 动画的遮罩效果。

动画创建了使用聚光灯从左向右照出文字的效果。其中部分帧的效果如图 13-24 所示。

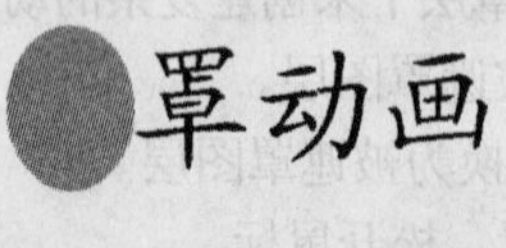

图 13-23　绘制遮罩层内容

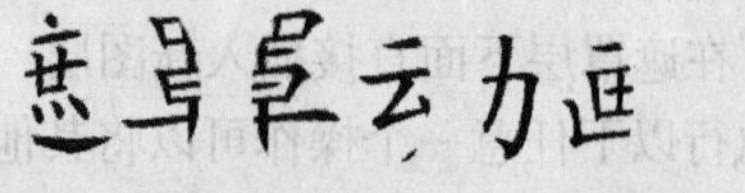

图 13-24　运动遮罩动画

3. 利用遮罩制作放大镜效果

利用遮罩层还可以创建其他的特殊动画效果，除了上面介绍的简单的运动遮罩动画外，还可以通过添加简单的鼠标动作，制作放大镜效果。

首先，新建一个 Flash 文档，设置文档的尺寸为“400 × 300”像素。双击时间轴上的图层名称，将其重新命名为“背景”。

使用“文件”→“导入”→“导入到舞台”命令，在弹出的对话框中选择一张图片导入，导入的图片为书法作品“兰亭”。此图片将以位图形式自动保存在当前文档的“库”中。

单击选中导入的图像，在“属性”面板中修改尺寸为“400 × 300”像素，设置 X、Y 坐标为“0.0”和“0.0”，使其与舞台完全重合。

单击“插入”→“新建元件”命令，新建一个元件，选择“类型”为“影片剪辑”，命名为“放大层”，单击“确定”按钮，切换至元件编辑模式。

在元件编辑模式中，将“库”面板中名为“兰亭”的位图拖至舞台中央，选中位图，在“属性”面板中修改尺寸为“800 × 600”像素，即“背景”图层的两倍，设置 X、Y 坐标为“–400.0”和“–300.0”。

新建一个“影片剪辑”元件，命名为“遮罩”。打开元件编辑模式，将时间轴上的图层命名为“放大层”，从“库”面板中将“放大层”影片剪辑元件拖至舞台中央，选中元件的实例，在“属性”面板中将其实例名称命名为“bj”。

新建一个名为“遮罩”的图层。选中此图层的第 1 帧，单击“工具”面板中的“椭圆”

工具，按住〈Shift〉键在舞台中央绘制一个圆，作为放大镜。然后，用鼠标右键单击“遮罩”图层，在弹出菜单中选择“遮罩层”命令，遮罩层动画效果便创建成功了。

如果直接在舞台上使用“遮罩”元件的实例，那么“背景”图层中的图片与“放大层”图层中的图片的尺寸不同，将导致放大镜效果中放大的内容与原对象之间的位置偏差。因此，必须在这里加上特定动作，使放大层对象的坐标位置能够随着鼠标的移动与原背景对象的坐标位置进行匹配。

编辑“遮罩”元件，为了方便制作动作效果，在时间轴上新建一个图层，命名为“效果”。选择此图层的第 1 帧，单击“窗口”→“开发面板→“动作”命令或按〈F9〉键，打开“动作”面板，在“动作”面板右侧的代码窗口中输入以下代码：

```
“setProperty("bj", _x, (200-_x)*2);
setProperty("bj", _y, (150-_y)*2);”
```

在“效果”图层的第 2 帧位置插入一个关键帧，在“动作”面板的代码窗口中添加相同代码，如图 13-25 所示。

在“放大层”和“遮罩”两个图层的第 2 帧位置分别插入一个普通帧。单击“编辑栏”中的后退按钮，返回场景。在时间轴上插入一个新图层，命名为“遮罩”。选中第 1 帧，将“库”中的“遮罩”元件拖至舞台上，并在“属性”面板中将其命名为“fdj”。

为了使放大镜能够自由移动，在这里又要加入一段代码，以实现一定的动作。单击“背景”图层的第 1 帧，在“动作”面板右侧的代码窗口输入下面的代码：

```
“startDrag("/fdj", true);”
```

有关 ActionScript 脚本的内容将在后面相关章节中介绍。如果对 ActionScript 脚本的函数不熟悉，可以选择某一帧，在“动作”面板上单击 按钮，在弹出菜单中选择相应命令添加代码或者在左侧上面的列表中选择函数，双击应用到代码窗口。

使用遮罩动画制作出放大镜效果，预览其效果，如图 13-26 所示。

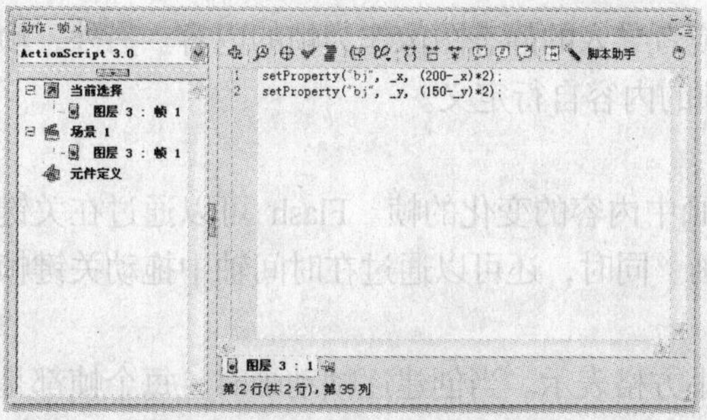

图 13-25　在“动作”面板中添加代码

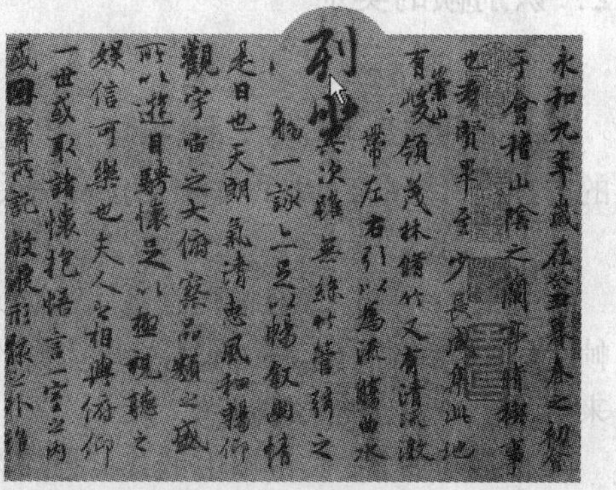

图 13-26　放大镜效果图

第6节　使用帧制作动画

Flash 动画的基本原理是在一段时间内连续播放多帧的内容，形成动画。由于帧与帧之间的时间间隔很短，而图像之间的差异也较小，再加上人眼的视觉停留，就形成了连续的动态效果。

实际上，在 Flash 动画中，每一帧中的内容都是一幅静态的画面，只有当播放头在时间轴上以一定速度移动时，才会显示出动画的效果。在学习 Flash 的过程中，使用帧制作动画是制作动画的最基本方法。

1．帧的概念

在 Flash 动画中，帧与图层一样，都是最基本的概念，帧的应用贯穿了动画制作的始终。电影放映时，其画面是由一格一格的胶片按照先后顺序播放出来的。与胶片一样，Flash 文档也将时长分为帧。简单的说，帧就是 Flash 动画中的胶片，用户在其中存放一定的图像内容，然后在播放的时候将其按照一定顺序放映出来。

在 Flash 中，时间轴是对帧进行操作的场所。在时间轴上，每一个小方格就是一个帧，默认情况下，程序每隔 5 帧用数字标示一次，如图 13-27 所示。

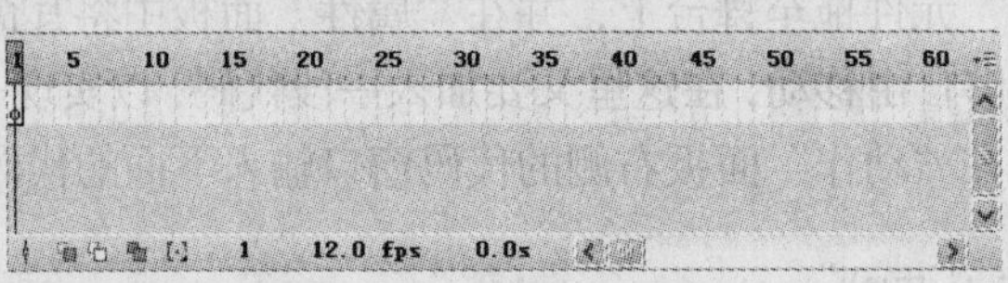

图 13-27　帧在时间轴上的显示

帧在时间轴上的排列顺序决定了一个动画的播放顺序，至于每帧有什么具体内容，则需在相应的帧的工作区域内进行制作。

在 Flash 中可以采用定义帧的方法来制作动画。然而，只要起始关键帧和结束关键帧中定义内容，再根据有关设置，Flash 就会自动模拟中间的变化过程，如缩放、旋转、变形等。

2．识别帧的类别

（1）普通帧

普通帧即是一般意义上的帧，它以绘制或者导入的静态图像作为帧的内容。另外，帧的内容也可以由 Flash 程序根据首尾两关键帧的内容自行定义。

（2）关键帧

关键帧有别于普通帧，它是用来定义动画中内容的变化的帧。Flash 可以通过在关键帧之间补间或者填充帧，从而生成流畅的动画。同时，还可以通过在时间轴中拖动关键帧来更改补间动画的长度。

在时间轴上，关键帧用带有实心圆点的小方格表示。当创建逐帧动画时，每个帧都是关键帧；而在补间动画中，可以只在动画的始末位置定义关键帧，让 Flash 利用补间自动创建关键帧之间的内容。

Flash 将在两个关键帧之间形成一个浅蓝色或浅绿色背景的箭头，用来显示补间动画之间的帧，如图 13-28 所示。

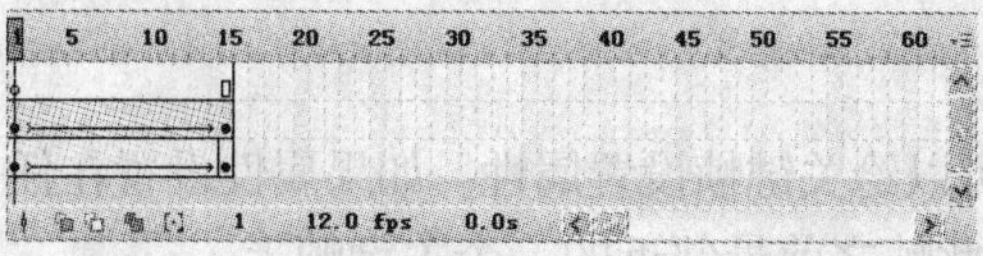

图 13-28 关键帧及其补间动画

由于 Flash 文档保存每一个关键帧中的内容，所以最好只在有变化的位置创建关键帧。

（3）延伸帧

制作 Flash 动画的过程中，常常需要让一幅静态的图像跨越多个帧存在，那就必须在图层上延伸普通帧。新添加的所有帧都会保存之前的关键帧中的内容。在时间轴上，延伸帧用灰色表示。

（4）过渡帧

两个关键帧之间的部分就是过渡帧，它们是起始关键帧动作向结束关键帧动作变化的过渡部分。与延伸帧一样，过渡帧也用灰色表示。

（5）空白关键帧

空白关键帧是关键帧的一种，是没有放置内容的关键帧。空白关键帧的用途很大，尤其是那些要进行动作调用的场合，常常是需要空白关键帧的支持的。

在时间轴上，空白关键帧显示为带有空心圆点的小方格。在空白关键帧中添加内容之后，空白关键帧即可转换成关键帧。

3. 快速掌握帧的操作

Flash CS3 中，对帧的操作包括复制帧、剪切帧、删除帧、插入帧、插入关键帧等，在时间轴上可以对帧进行各种编辑。

下面简单介绍一下 Flash 中比较常用的一些帧操作。

（1）插入帧

插入帧有多种方法，一是用鼠标右键单击时间轴上要插入帧的位置，在弹出菜单中选择“插入帧”命令；二是单击选中要插入帧的位置，单击“插入”→“时间轴”→“帧”命令或者按〈F5〉键。

“插入关键帧”和“插入空白关键帧”的方法与“插入帧”的方法类似，只要分别选择“插入关键帧”和“插入空白关键帧”命令或使用菜单命令。

（2）清除关键帧

“清除关键帧”命令与“删除帧”命令不一样，此命令只对关键帧有效，并且当选择此命令后，Flash 将删除所选关键帧中的内容，并将其转换为普通帧。

用鼠标右键单击时间轴上需要清除的关键帧，在弹出菜单中选择“清除关键帧”命令。

（3）转换为关键帧

这是将普通帧转换为关键帧的命令。转换为关键帧也有多种方法，一是用鼠标右键单击时间轴上需要转换为关键帧的普通帧，在弹出菜单中选择“转换为关键帧”命令；二是选择某一普通帧，单击“修改”→“时间轴”→“转换为关键帧”命令或按〈F6〉键。

“转换为空白关键帧”的方法与“转换为关键帧”的方法类似。

4. 设置帧的属性

在 Flash CS3 中只可以给关键帧设置属性。如果属性设置在任一普通帧上，Flash 会自动将设置的属性转移到此帧之前最邻近的一个关键帧上。

在时间轴上单击选定任一关键帧，在舞台下方会出现对应帧的“属性”面板。“属性”面板可以使用“窗口”→“属性”命令打开，如图 13-29 所示。

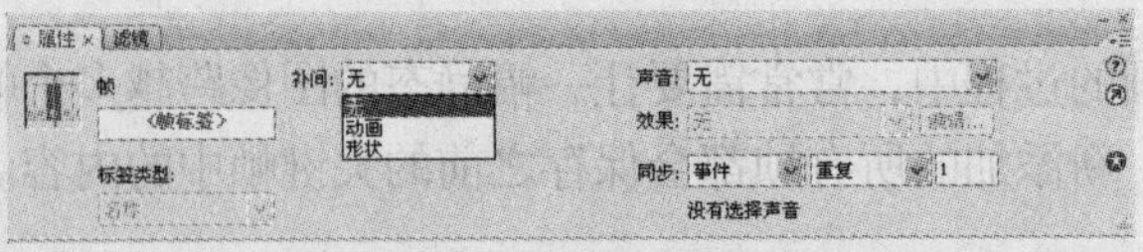

图 13-29　帧的“属性”面板

“属性”面板分为 3 个部分。最左边一部分是用来设置帧的标记。在“帧”标识下方的“帧标签”文本框中输入标签的名字，然后在“标签类型”下拉菜单中选择标签的类型。

帧标签的类型分为 3 种：名称、注释、锚记。为某个帧输入标签后，会在时间轴上该帧的位置添加对应的类型标记，并以所定义的名字进行标示，如图 13-30 所示。

“属性”面板的中间部分是用来设置帧的补间动画属性，其中“补间”菜单有 3 种选项：“无”表示无补间效果，“动画”表示创建补间动画，“形状”则表示创建补间形状。

选择“动作”后，面板将出现以下选项，如图 13-31 所示。

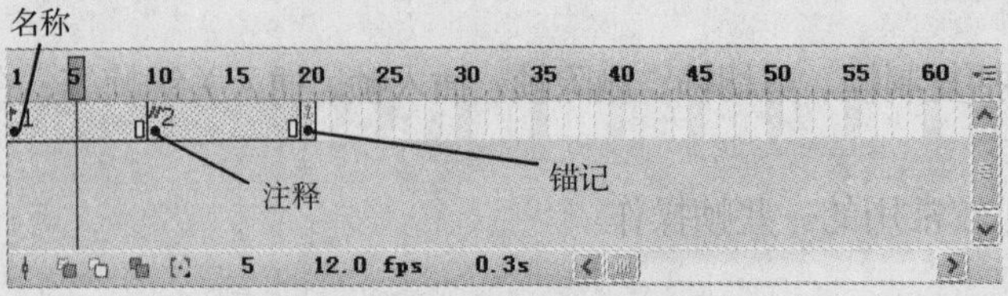

图 13-30　3 种帧标签分别对应的标识

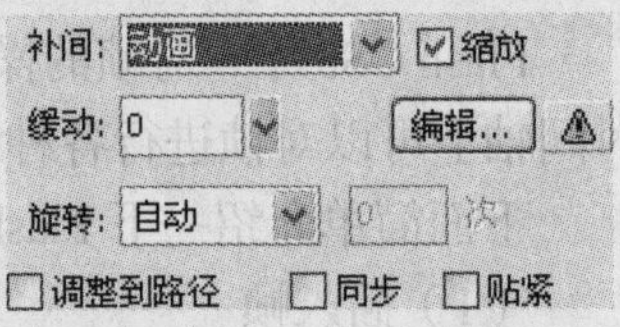

图 13-31　动作选项

1）缓动：“缓动”可以使动画实例的运动表现出先快后慢，或者先慢后快的效果。

拖动滑块向上增大简易值，这将减慢运动的结束部分；而拖动滑块向下则减小简易值，同时减慢运动的开始部分。Flash 中默认的简易值为零，即保持速度一致。

2）旋转：“旋转”可以控制动画实例的旋转方向和次数。

在下拉菜单中有“自动”、“顺时针”和“逆时针”3 个选项。选择顺时针或逆时针旋转时，还必须在右侧的文本框中输入旋转次数，否则不会出现旋转效果。

3）调整到路径：可以使动画实例沿着路径来改变方向。

4）同步：对动画实例进行同步校准，确保实例中的影片剪辑能够正确循环。

5）贴紧：可以使动画实例自动吸附到制定的路径上运动。

而当选择“形状”时，面板也会出现相应的选项，如图 13-32

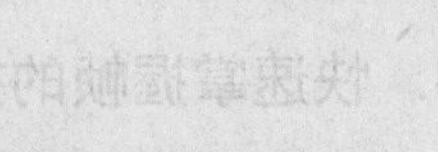

图 13-32　形状选项

所示。

其中，“混合”选项中有两种选择：分布式和角形。分布式可以使形状的变化更为平滑；而角形可使形状在变化过程中保持其外观的边角直线。

当在帧中导入声音文件时，“属性”面板最右边部分可以用来设置帧的声音效果。

另外，帧还有一个很重要的属性：帧频。帧频是动画播放的速度，以每秒播放的帧数为度量单位。帧频太慢会使动画的效果看起来一顿一顿的，而帧频太快又会使动画的细节变得模糊。

只能给整个 Flash 文档指定一个帧频，所以最好在创建动画之前设置帧频。使用“修改”→“文档”命令，在弹出的“文档属性”对话框的“帧频”文本框中输入数值可以设置帧频。

在 Web 上，一般情况下每秒 12 帧(fps)的帧频通常会得到最佳的效果，但是标准的运动图像速率是 24fps。动画的复杂程度和播放动画的计算机运行速度将会影响回放的流畅程度。因此，必须在各种计算机上测试动画，以确定最佳帧频。

5．使用帧——制作手写字动画效果

逐帧动画是利用帧中的内容不断变化来制作动画的一种方法，它是通过舞台上每一帧的内容不断发生变化，从而在播放时产生连续的画面效果，形成动画。

逐帧动画与传统视频动画的制作原理相同，但是逐帧动画所需的关键帧数相对其他形式的动画而言比较大。

创建逐帧动画需要将时间轴上每个帧都定义为关键帧，然后在每个关键帧中创建不同的图像内容。所以，逐帧动画的时间轴显示为一系列带实心圆点的小方格，如图 13-33 所示。

逐帧动画中，每个新建的关键帧中包含的内容与之前的关键帧是一样的，因此用户对于各帧内容的控制比较容易，可以简单修改帧中的内容来创建动画，易于产生连贯的动画效果。

下面就简单介绍一下手写字动画效果的制作方法。

首先，新建一个 Flash 文档。单击“工具”面板中的“文本”工具，在“属性”面板中设置文本的字体“经典行书简”，字号“96”，颜色黑色，在舞台上输入“手写字”3 个字。

使用“指针”工具选择文本，连续使用两次“修改”→“分离”命令，直至文本被完全打散，如图 13-34 所示。

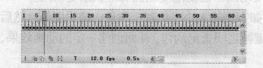

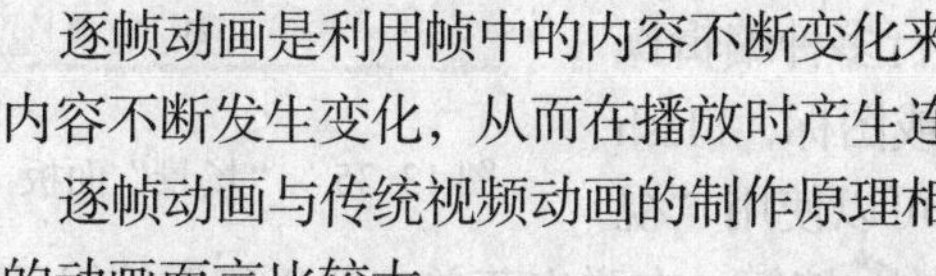

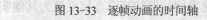

图 13-33　逐帧动画的时间轴

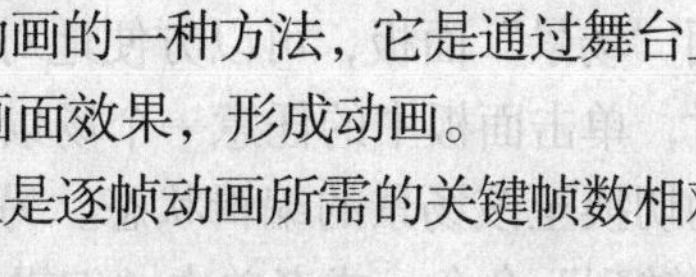

图 13-34　完全打散的文本

使用鼠标右键单击第 2 帧，在弹出菜单中选择“插入关键帧”命令，插入一个关键帧。此时，第 2 帧的内容与第 1 帧完全一样。单击“工具”面板中的“橡皮擦”工具，在舞台上将“字”的最后一笔轻轻擦除。

然后，使用同样的方法在时间轴第 3 帧位置插入关键帧，用“橡皮擦”工具擦除“字”

的倒数第2笔。按照这样的步骤，将舞台上的图像按照写字的逆顺序逐渐擦除，每擦除一笔就插入一个关键帧，直至最后将“手写字”3个字完全擦去。在擦除过程中，可以选择不同的橡皮擦形状和大小，也可以放大图像以保证擦除的效果。

在时间轴上单击鼠标右键，在弹出菜单中选择“选择所有键”命令，再次单击鼠标右键，在弹出菜单中选择“翻转帧”命令。此时，按〈Enter〉键预览可以看到书写文字的效果。

第7节 使用场景

场景是Flash提供的用来按照一定主题组织文档的工具。

当发布包含多个场景的Flash文档时，文档中的场景将按照一定的顺序进行播放，即一个场景中的内容全部播放完之后再接着播放下一个场景中的内容。文档中的所有帧是按场景顺序连续播放的。

场景的顺序显示在“场景”面板中，可以使用“窗口”→“其他面板”→“场景”命令，打开“场景”面板，如图13-35所示。

图13-35 “场景”面板

利用“场景”面板，可以方便地对场景进行多种编辑操作。此时，单击面板中的任意一个场景的名称或图标，Flash便会自动切换至该场景的编辑状态。另外，也可以使用“视图”→“转到”命令，或者单击“编辑栏”中的按钮，在弹出菜单中选择所需编辑的场景名称切换至该场景。

“场景”面板的右下角有3个按钮，分别为“重制场景”按钮、“添加场景”按钮、“删除场景”按钮。

在Flash制作过程中，由于某些原因，可能要对场景的名称和顺序进行更改。在“场景”面板中可以直接更改。在面板中单击所需修改的场景名称，然后输入新名称更改场景的名称；若要更改文档中场景的顺序，只要在面板中将场景名称拖到不同的位置即可。

第8节 制作渐变动画

使用Flash CS3可以制作两种类型的渐变动画：运动渐变动画和形状渐变动画。

在某一关键帧中设置实例的各种属性，如实例的大小、位置、颜色、透明度等，然后在其他关键帧中改变这些属性，在这两个关键帧之间指定动作，从而创建一定的动画效果，即运动渐变动画。

在某一关键帧中安排实例，然后在其他帧中改变实例的形状甚至直接更换为其他实例，在这两个关键帧之间指定动作，这时创建的动画为形状渐变动画。

1. 制作运动渐变动画

使用运动渐变可以通过改变实例、群组、文字的各种属性，制作出一些简单的动画效果，如翻转、移动等动画。

此外，由于在Flash中还可以改变实例、文字等的颜色设置，因此，使用运动渐变还可以制作淡入淡出或者颜色渐变的效果。

如果改变的对象是群组或者文本，则必须先将其转换为元件才可继续创建动画。当用户改变了关键帧时，Flash将会自动重新插入帧。

设计一个小球从近处向远处移动，并逐渐消失的运动渐变效果。

首先，新建一个Flash文档，设置文档属性。

单击“工具”面板上的“椭圆”按钮，在面板的“颜色”部分取消笔触颜色，设置填充颜色为黑色。按住〈Shift〉键，在舞台左下角单击拖动鼠标绘制一个圆。

选中时间轴上第1帧，单击鼠标右键，在弹出菜单中选择“创建补间动画”命令。此时舞台中的小球自动变成一个实例，周围带有边框，中心有一个十字标记。

选择时间轴上第60帧位置，使用“插入”→“时间轴”→“关键帧”命令，或者单击鼠标右键，在弹出菜单中选择“插入关键帧”命令，插入一个关键帧。此时，两个关键帧之间便创建了补间动画，默认情况下为动作补间。

选中第60帧的关键帧，使用“指针”工具将实例从舞台左下角拖到舞台右上角。此时，小球的运动制作完成，按〈Enter〉键可以看到小球从左下角向右上角移动的效果。

选中第60帧的关键帧，使用“指针”工具选中小球实例，单击“任意变形”工具，在“选项”部分选择“缩放”按钮，拖动小球实例的变形手柄使小球缩小；也可以在“属性”面板中，单击🔒按钮，按比例修改图形的宽或高。此时按〈Enter〉键可以看到小球在移动中逐渐变小的效果。

选中第60帧的关键帧，使用“指针”工具选中小球实例，在“属性”面板中的“颜色”下拉菜单中选择“Alpha”，在其后的文本框中输入数值，或者单击箭头拖动滑块，使“Alpha”的值变成“0%”。

此时，使用快捷键〈Ctrl+Enter〉测试影片，可以看到设计时的效果。

运动渐变动画中还可以与其他的动画效果结合，创建复杂的运动渐变动画。例如，将引导层与运动渐变动画效果结合起来就可以创建引导层动画。

2．制作形状渐变动画

使用形状渐变动画，可以创建类似于形变的效果，使一个形状看起来随着时间的变化而变成另一个形状。

另外，形状渐变还可以制作出图形的位置、大小和颜色的变化。

在同一时刻最好只制作一个形状渐变动画，多个形状渐变可能会产生意外的效果。如果需要同时为几个图形制作形状渐变动画，所有的图形必须处于同一个图层上。

简单的形状渐变动画只需要在开始关键帧中绘制或者导入一定的图像，在结束关键帧中绘制或者导入另一图像，然后，在两个关键帧之间创建补间动画，在“属性”面板中修改“补间”的类型为“形状”即可。Flash将会自动计算并显示中间的变形效果。

如果需要控制更复杂的形状变化，可以使用形状提示。它可以控制原始形状某一部分在移动过程中变成新的形状。

选择起始关键帧，单击“修改”→“形状”→“添加形状提示”命令，插入形状提示。

形状提示使用字母 a 到 z 表示，用于标识起始形状和结束形状中对应的点，每个形状渐变中最多可以插入 26 个形状提示。

移动起始关键帧和结束关键帧中的相同字母表示的形状提示，使它们对应到形状中的某一点，对应的形状提示显示为黄色和绿色。没有定义的形状提示为红色。

使用形状渐变动画，设计制作一个由矩形变为人形的动画效果。

首先，新建一个 Flash 文档。

在舞台上使用“矩形”工具绘制一个矩形，不绘制笔触。

使用鼠标右键单击时间轴第 20 帧，在弹出菜单中选择“插入空白关键帧”命令，插入一个空白关键帧。选中这一空白关键帧，单击“工具”面板上的“文本”工具，在“属性”面板中设置文本的字体为“Webdings”，字号为“96”，颜色为黑色。在舞台上输入字母“m”，此时，舞台上出现一个黑色的人形字符，如图 13-36 所示。

使用鼠标右键单击时间轴上两个关键帧之间的任意一帧，在弹出菜单中选择“创建补间动画”命令，创建补间动画。

打开“属性”面板，在“补间”下拉菜单中选择“形状”命令，设置补间动画的类型为形状渐变动画。

选中第 20 帧，此时舞台上的人形字符显示为一个实例，单击“修改”→“分离”命令或使用快捷键〈Ctrl+B〉，将人形字符实例打散。

由于之前创建了补间动画，第 1 帧中的矩形也变成一个实例，使用同样的方法将矩形打散，在舞台上单击鼠标，看到两个关键帧之间的部分出现黑色箭头，并且显示为浅绿色。

设计的形状渐变动画便创建完成，按〈Enter〉键可以预览动画效果。Flash 根据起始关键帧和结束关键帧中的内容，自动计算并显示中间各帧的图像，如图 13-37 所示。

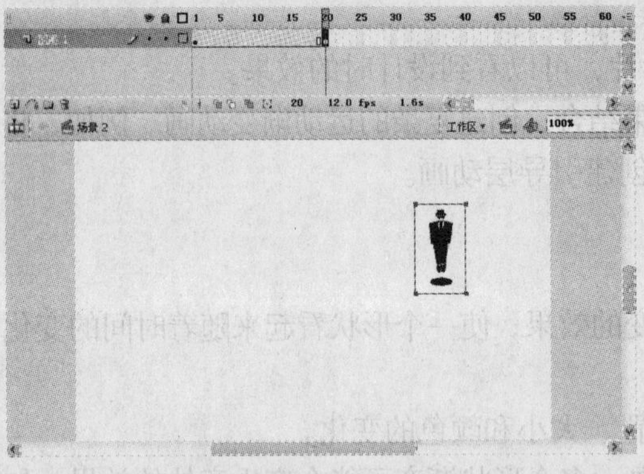

图 13-36　人形字符

图 13-37　形状渐变动画的中间图像

然后，可以使用 Flash 的形状提示控制图形的变形。

单击时间轴上第 1 帧，使用“修改”→“形状”→“添加形状提示”命令，舞台上出现形状提示 a，将其移到适当的位置。单击第 20 帧，将 a 移动到相应位置。这样，在动画中，第 20 帧中标识的位置将由第 1 帧中对应的位置变形得到，如图 13-38 所示。

图 13-38　使用形状提示

重复上述步骤，增加更多的形状提示，并分别设置对应的变形位置。按〈Enter〉键就可以看到加上形状提示之后的动画效果了。

可以根据需要查看所有形状提示，或者删除形状提示。

若要查看所有形状提示，可以单击“视图”→“显示形状提示”命令。只有当包含形状提示的图层和关键帧处于活动状态下，“显示形状提示”命令才可使用。

若要删除形状提示，只要选择起始关键帧或者结束关键帧，将所需删除的形状提示直接拖离舞台即可。如果要删除形状渐变中的所有形状提示，则可以单击“修改”→“形状”→“删除所有提示”命令。

在制作形状渐变动画的过程中，必须注意以下几个问题。

- 形状渐变动画不可以直接作用在群组、元件实例、文本或者位图图像上。如果要对这些对象进行形状渐变，必须将这些元素打散或分离。
- 在较为复杂的形状渐变或形状相差很大的变形中，最好在开始关键帧和结束关键帧之间再插入一个关键帧，创建一个中间形状，这样在生成形状渐变的动画时，动画衔接得将会更加自然流畅。
- 在使用形状提示控制的复杂形状渐变动画中，发生变化的两个图形的形状越简单，变形效果越好。
- 使用形状提示时，应确保形状提示的排列顺序合乎逻辑，最好将各个形状提示沿着同样的转动方向依次放置。

第9节 实战演练——跑车的广告动画

本章的实战演练，将制作一个跑车的广告动画。在这个动画中，要制作出跑车先快后慢的变速效果。

步骤 1：导入位图并转换为矢量图

1 启动 Flash CS3，创建一个空白文档，文档大小为“1100 × 450”像素，背景颜色为“白色”。

2 单击菜单“文件”→“导入”→“导入到库”命令，选择素材文件夹里的“跑车”和“轮子”两个位图进行导入，这时库里已经分别有“跑车”和“轮子”两个素材文件。

3 鼠标指在图层 1 上的第 1 空白关键帧上，把库中的“跑车”拖到舞台中间。“跑车”出现在舞台上，如图 13-39 所示。这个“跑车”素材是格式为 JPG 的图片，导入到 Flash 之后类型为位图。现在要把位图转换为矢量图。

图 13-39 将库中“跑车”拖到舞台上

4 单击菜单“修改”→“位图”→“转换位图为矢量图”命令，弹出“转换位图为矢量图”对话框，其各选项参数的设置如图13-40所示。

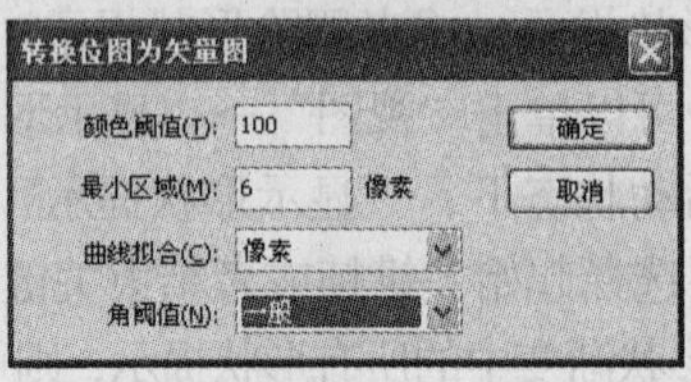

图13-40 “转换位图为矢量图”对话框

5 设置完成后，单击“确定”按钮，此时舞台上的图片已变为矢量图，如图13-41所示。

图13-41 此图已是矢量图

6 用鼠标单击舞台空白的地方，再单击图片中蓝色区域，这时矢量图中的蓝色区域为选中状态，如图13-42所示。按下〈Delete〉键，删除蓝色区域，只剩下汽车部分，如图13-43所示。现在舞台上只有汽车，把汽车进行组合。

图13-42 选择图中蓝色部分

7 把库中的“车轮”也拖到舞台空白处，转换为矢量图，仍将蓝色区域删除，只剩下车轮部分。把车轮部分进行组合，以方便操作。保持比例，把车轮调整到合适的大小，如图13-44所示。

图13-43 删除图中蓝色部分

图13-44 调整车轮大小

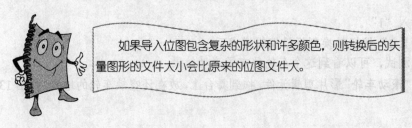

> 如果导入位图包含复杂的形状和许多颜色，则转换后的矢量图形的文件大小会比原来的位图文件大。

步骤 2：制作车轮滚动效果

1 选中车轮，把这个车轮转换为影片剪辑元件，元件名称为“滚动车轮”。

2 双击库中的“滚动车轮”影片剪辑元件，进入元件编辑模式，如图 13-45 所示。

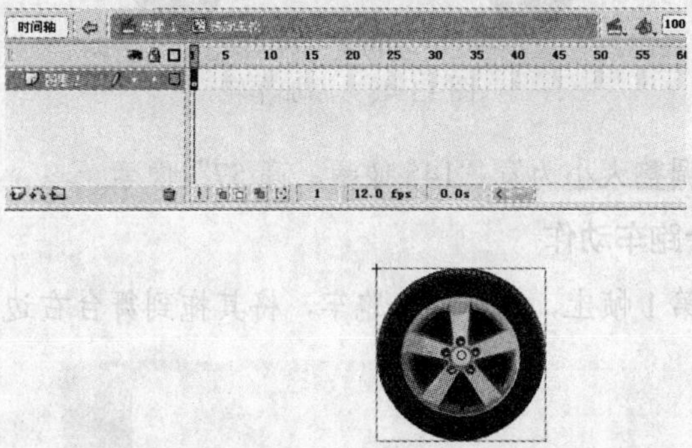

图 13-45　“滚动车轮”元件编辑模式

3 在第 25 帧处，添加一个关键帧，如图 13-46 所示。

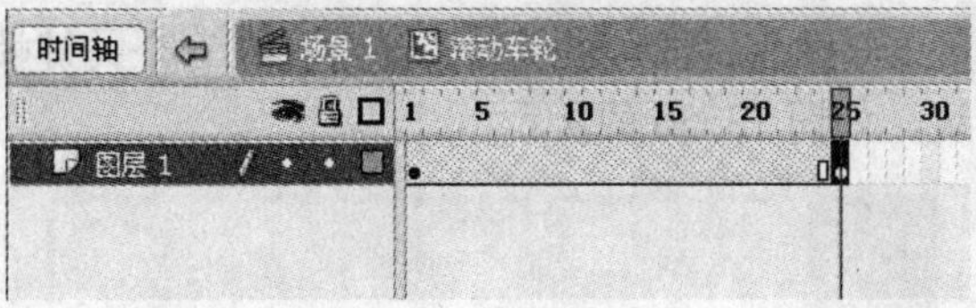

图 13-46　添加一个关键帧

4 在第 1 帧与第 25 帧之间，创建补间动画，补间动画选项里选择“动画”，如图 13-47 所示。

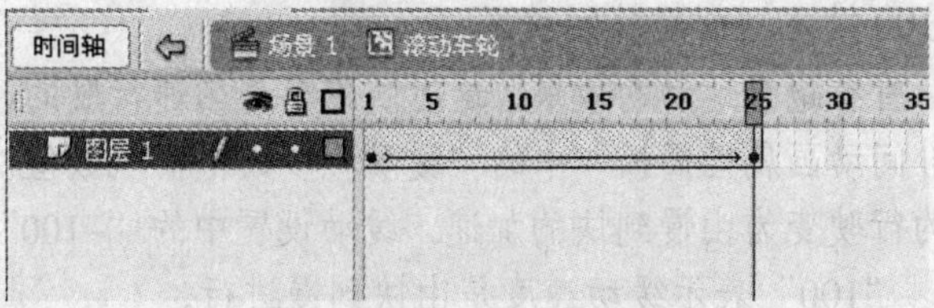

图 13-47　创建补间动画

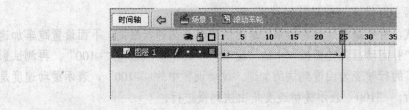

5 打开“补间动画”属性面板，在“旋转”下拉列表框中选择“逆时针”，在“旋转次

数”中输入“1”。

6 单击“场景1”按钮转换到场景编辑模式下。

7 进行影片测试，可以看到这个车轮已有了滚动效果。

8 将库中的“滚动车轮”影片剪辑元件，拖到舞台上，放在还空缺车轮的地方，如图13-48所示。

图13-48 添加车轮

9 选中整个跑车，调整大小为宽“145像素、高57”像素。

步骤3：制作整个跑车动作

1 鼠标指在图层1第1帧上，选中整个跑车，将其拖到舞台右边，如图13-49所示。

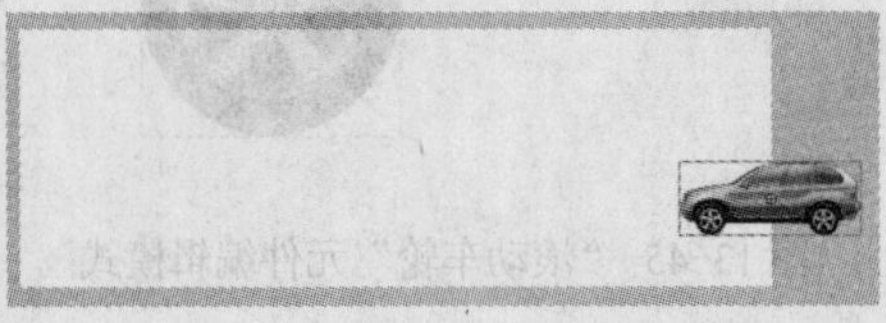

图13-49 设置跑车的第1帧

2 鼠标指在图层1第100帧上，添加关键帧，鼠标指在这个关键帧上，选中整个跑车，将其拖到舞台左边，如图13-50的所示。

图13-50 设置跑车的第100帧

3 在第1帧到第100帧之间创建补间动画。

4 进行影片测试，看看跑车运动的效果。这时候跑车是匀速行驶的，下面设置跑车加速的效果。在“补间动画属性面板”中的“缓动”参数中输入数值“-100”。再测试影片，这时跑车的行驶变为由慢到快的加速。缓动设置中的“-100”，表示缓动速度是由慢到快进行；“100”表示缓动速度是由快到慢进行。

步骤4：添加背景

此时跑车动画制作已经完成了，可是这个动画背景有些单调，需要添加一个背景，丰富整个动画效果。

1 新建一个图层，将素材文件夹里的“沙漠”图片导入到库，将库中的“沙漠”拖到舞台中间，并调整到合适的位置，如图13-51所示。

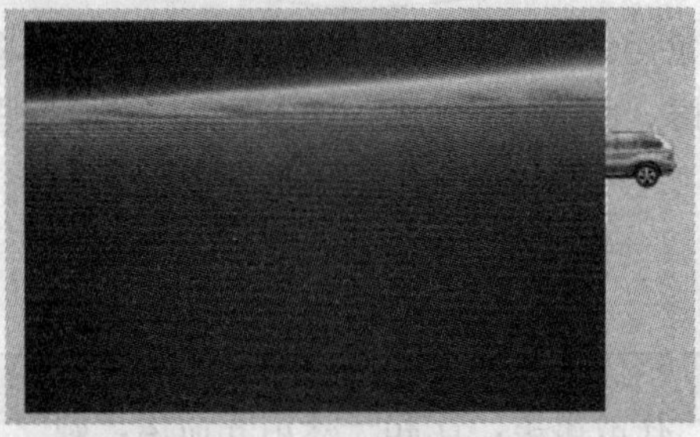

图13-51 调整背景

2 这个背景的图层在跑车图层之上，调换一下两个图层的位置。

3 测试影片，看一看动画效果。

步骤5：导出影片，保存文档

1 单击菜单“文件”→“导出”→“导出影片”菜单命令，选择路径，填写影片名称，单击“保存”按钮即可。

2 把文档也进行保存，以便于进一步编辑或是修改。

第10节 练一练

1）创建一个按钮元件。

2）创建一个影片剪辑元件，元件的内容为一个引导层动画。

3）使用逐帧动画制作一个汉诺塔移动的过程介绍，如图13-52所示。

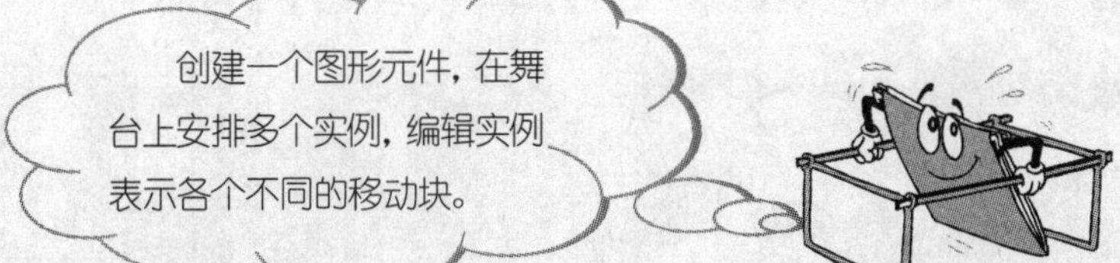

创建一个图形元件，在舞台上安排多个实例，编辑实例表示各个不同的移动块。

图13-52 逐帧动画制作的演示过程

4）使用遮罩层创建活动公告板的效果。

使用遮罩层中的填充内容作为显示的窗口，将文本内容作为一个对象，创建补间动画使文本由下向上移动，如图13-53所示。

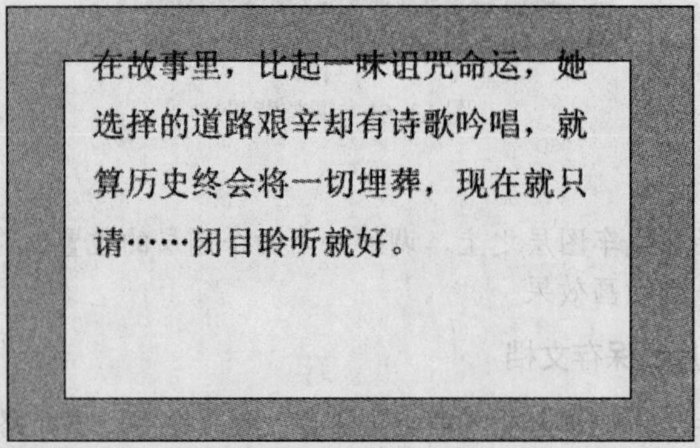
在故事里，比起一味诅咒命运，她
选择的道路艰辛却有诗歌吟唱，就
算历史终会将一切埋葬，现在就只
请……闭目聆听就好。

图13-53　活动公告板

5）分别创建一个运动渐变动画和一个形状渐变动画。

试一试

理解并分辨运动渐变动画和形状渐变动画对对象的要求。

第14章 用Flash制作MTV

由于Flash中能够使用音乐这一媒体，越来越多的人使用Flash来制作MTV。

在这一章中，将介绍如何在Flash中创建MTV，介绍MTV中音乐的使用以及歌词内容的安排。创建一个Flash MTV时，首先，应根据音乐设计MTV的内容和画面。制作时，需要结合多种动画制作方法来组织MTV的场景，反映设计的内容。

本章通过介绍一个Flash MTV实例《Rain》，向读者讲解使用Flash制作MTV的过程，并指出制作中的一些需要注意的问题。

第1节 Flash MTV简介

首先，先简单介绍一下Flash MTV。随着Flash技术的广泛应用，使用Flash制作的MTV也越来越多地在Internet中流传。

其实，用Flash制作MTV、并不是一件很难的事情，但是需要使用多方面的经验和技巧，例如变换场景、处理音乐、声像同步等，因此，制作Flash MTV应该首先学习使用Flash的基本知识，打好基础。

制作Flash MTV最精彩的部分就是反映制作者对歌曲意境的体会和对歌曲内涵的理解。选择自己喜欢的音乐，对歌曲的旋律和歌词意境有充分的理解，这是做一个好的Flash MTV的基本前提。

理解歌曲之后，可以在脑海中构思MTV的整体意境和画面的效果，然后根据自己想要表达的内容和设计时要达到的效果，收集制作相关的文字、图片等材料。

准备好一定的素材，便可以正式开始制作。

制作过程中，如果使用多个场景，必须将各个场景的内容布置好，并使各个场景之间的衔接连续流畅。

另外，使音乐与歌词同步也是一个重要的问题。

制作实例时，只使用了一个场景，主要运用了帧动画、补间动画、引导层动画和遮罩层动画等合成动画技巧。

第 2 节　准 备 音 乐

对于一个 Flash MTV 来说，音乐是它的灵魂，所有其他的内容都必须根据音乐的风格来确定。制作 MTV 之前，必须首先准备好音乐素材，选择一首喜欢的歌曲。

选择音乐的基本要求就是制作者必须对音乐的内容有一定理解和情感体会。在制作的内容中表达自己真实的情感。只有制作者自己对音乐有很深的理解和体会，才能在 Flash MTV 作品中用恰当的场景内容来表达自己的真情实感，引起观看者的共鸣。

准备一首范晓萱的歌曲《Rain》，以此为例简单介绍如何使用 Flash 制作 MTV。

第 3 节　音乐的设置

Flash CS3 提供了使用声音的多种方式，可以使声音独立于时间轴连续播放，或使动画和一个音轨同步播放。向按钮添加声音可以使按钮具有更强的互动性，通过声音淡入淡出还可以使音轨更加优美。

选择了用来制作 MTV 的音乐后，还需要对音乐的属性进行设置，例如播放方式、声音类型等。Flash 中有两种类型的声音：事件声音和音频流。

事件声音必须完全下载才能开始播放，除非明确停止，它将一直连续播放直至音乐结束。这种类型比较适合于短小的按钮声音设置，或者无限循环的背景音乐。

音频流在 Flash 动画的前几帧下载了足够的数据后就开始播放，而且音频流可以通过和时间轴同步，在 Web 站点上进行播放。这种类型的声音比较适合制作 Flash MTV 时使用，可以较为方便地实现歌词与音乐的同步。

1. 导入音乐

单击“文件”→“新建”命令，新建一个 Flash 文档。

首先，为了设计 Flash MTV 的效果，还可以对文档的属性进行设置。

单击“属性”面板中的“550×400”像素按钮，在弹出的“文档属性”对话框中将文档的背景颜色更改为浅蓝色，尺寸设置为“750×500”像素。

使用声音文件时，需要先将所需的文件导入到文档中。单击“文件”→“导入”→“导入到库”命令，在弹出的“导入到库”对话框中选择需要的声音文件，然后单击“确定”按钮将文件导入到“库”中，导入的文件成为一个声音元件。

单击“窗口”→“库”命令，打开“库”面板，可以看到导入的声音元件。在“库”面板的预览部分，单击可以播放声音，查看效果，如图 14-1 所示。

对声音元件还必须进行一些基本设置，双击元件名称前图标或使用鼠标右键单击元件名称，在弹出菜单中选择“属性”命令，打开“声音属性”对话框，如图 14-2 所示。

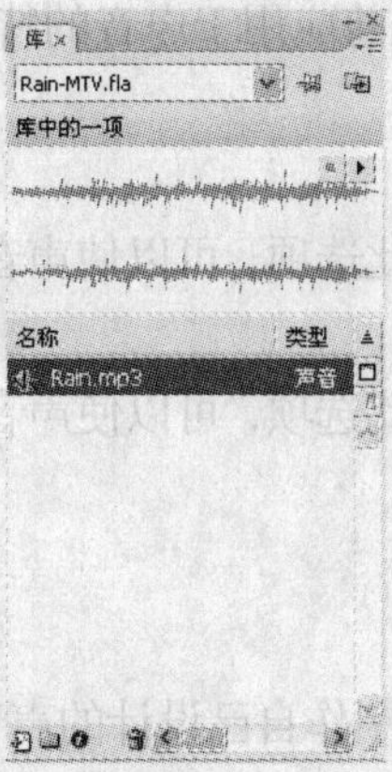

图 14-1　“库”面板中的声音元件

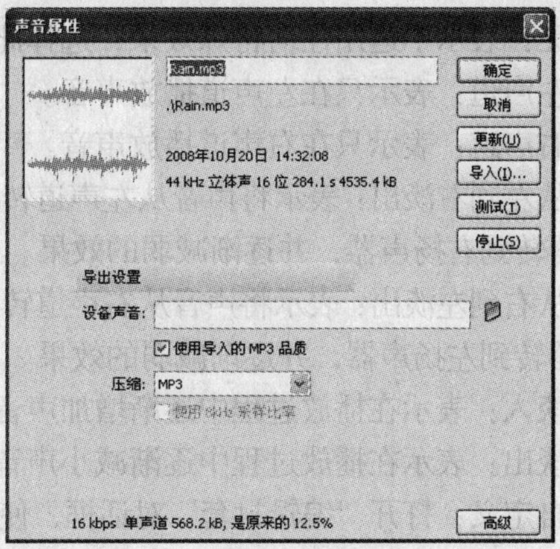

图 14-2　“声音属性”对话框

Flash CS3 支持多种声音文件格式，例如 WAV、MP3、AIFF 等。

MP3 格式的声音数据经过了压缩，比 WAV 或 AIFF 声音的数据都小，当使用 WAV 或 AIFF 文件时，最好使用 16 位 22 kHz 单声。

但是，Flash 只能导入采样比率为 11 kHz、22 kHz 或 44 kHz，8 位或 16 位的声音。在导出文档时，Flash 会把声音转换成采样比率较低的声音。

在对话框中，单击取消选中“使用导入的 MP3 品质”选项，出现“比特率”和“品质”选项，根据需要在下拉菜单中选择，调整声音的大小及效果，从而可以改变导出时的 SWF 文件的大小和效果。

将声音文件导入到“库”中后，便可以将声音作为元件重复使用。

在 Flash 文档中，声音和其他类型的符号可以放置在同一图层中。

当播放影片时，由于播放的声音不会受到放置音乐的图层顺序的影响，因此，为了方便对声音进行组织和编辑，可以为声音建立单独的“音乐”图层，在“音乐”图层中可以独立地编辑声音。

在文档中添加声音时，只要将元件从“库”中直接拖到舞台上即可。

2. 设置音乐效果

文档中的声音文件被安排在时间轴上。

此时，不但可以选择其播放效果、声音类型等，还可以对其进行编辑，以产生更多的变化效果。这些操作都可以在“属性”面板中完成。在时间轴上选择“音乐”图层，在舞台下方会出现“属性”面板，在面板的右半部分可以编辑声音的属性，如图 14-3 所示。

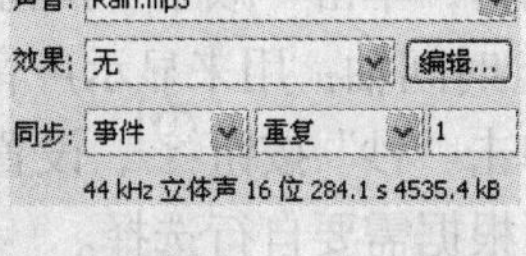

图 14-3　在“属性”面板中编辑声音

在面板中有 3 个不同的选项。

“声音”选项：在下拉菜单中，可以选择当前文档的“库”中已有的声音文件，也可以选择“无”选项，表示不使用任何声音文件。

“效果”选项：在下拉菜单中选择声音的播放效果。

● 无：表示不运用任何特殊效果，选择此选项可以删除之前应用于声音的特效。

● 左声道：表示只在左声道播放声音。

● 右声道：表示只在右声道播放声音。

● 从左到右淡出：表示将声音从左声道转到右声道。选择此选项，可以使声音产生从左扬声器转到右扬声器，并逐渐减弱的效果。

● 从右到左淡出：表示将声音从右声道转到左声道。选择此选项，可以使声音产生从右扬声器转到左扬声器，并逐渐减弱的效果。

● 淡入：表示在播放过程中逐渐增加声音的音量。

● 淡出：表示在播放过程中逐渐减小声音的音量。

● 自定义：打开“编辑封套”对话框，使用此对话框可以制作自己设计的声音特效。

在面板中，单击“效果”选项右侧的“编辑”按钮，也可以打开“编辑封套”对话框，如图14-4所示。

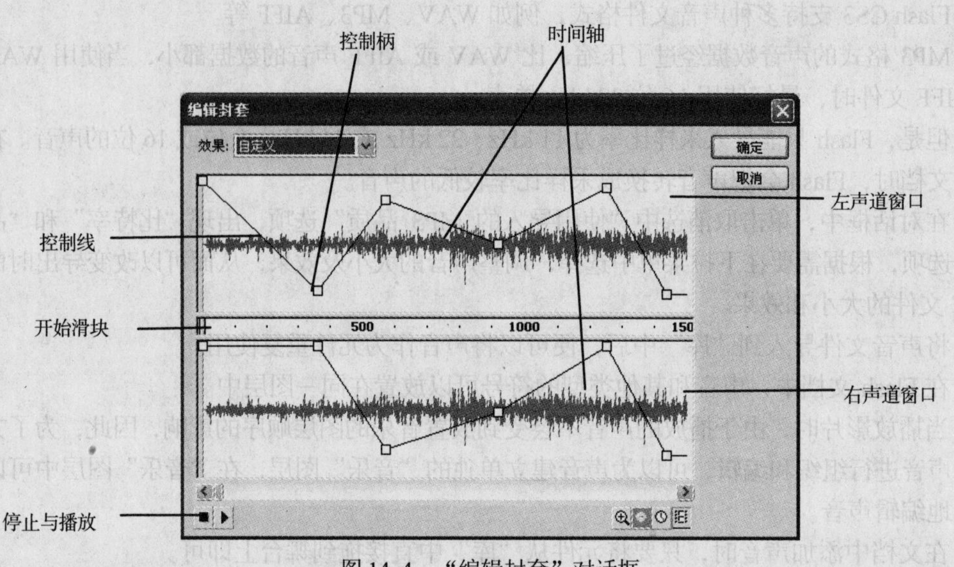

图14-4 “编辑封套”对话框

在对话框中，可以使用“效果”选项选择声音的效果，在一定效果的基础上还可以自己编辑声音特效。“编辑封套”对话框包括以下几个部分。

● 左、右声道窗口：窗口中显示当前所选声音的数字波形，并可对其进行编辑。其中，上层窗口为左声道，下层窗口为右声道。

单击窗口右下方的“放大”按钮可放大波形窗口的显示比例，从而对声音进行更精确的编辑；单击“减小”按钮则可缩小显示比例。

● 时间轴：用来显示声音持续的秒数或帧数。

单击“秒”按钮，设置时间轴的单位为秒；单击“帧”按钮，使单位切换为帧，用户可根据需要自行选择。

● “开始”与“结束”滑块：在时间轴上，由可拖曳的两个滑块组成，用来确定运用实例中声音的起始位置和结束位置。

在 Flash 中，用这两个滑块确定相同实例的不同使用部分，可以使声音产生不同的效果。同时，这样做还可以明显减小文档的大小。

- 控制线和控制柄：左、右声道各有一条控制线，用鼠标在窗口中任意位置单击可以产生控制柄。

控制线和控制柄可以用来调节播放时特定点声音的音量，音量大小与控制柄到时间轴的距离成正比关系。当控制线或控制柄触及时间轴时，此处声音的音量为零。

每一声道的控制柄最多只能产生 8 个。若要取消其中某个控制柄，只需将其选中并拖出声道窗口即可。

- “停止”与“播放”按钮：使用对话框左下角的■与▶按钮可以预览设置的效果，控制开始或停止播放。

“同步”选项：该选项的内容是指 Flash 影片与声音的配合方式。

- 事件：这是 Flash 默认的声音同步类型。为声音文件选择“事件”选项，声音会随某一事件发生而同步播放。

事件类型的声音以声音为主，即影片会等待声音下载完才开始播放；若声音先下载完，则不会等待影片下载完成，声音将自行播放。

另外，该类声音独立于时间轴而存在，它从其起始关键帧开始播放，直至声音播放结束或被强行终止，不会受影片播放结束的影响。

- 开始：如果所选声音文件已在时间轴的其他位置播放，选用此选项后，Flash 将不会再次播放所选实例。
- 停止：选用此选项可使指定的声音文件停止播放。当时间轴上存在多个事件声音时，可指定其中某些实例为静音。
- 数据流：此类型可使声音文件与 Flash 动画保持同步。

如果 Flash 动画获取帧的速度不够快，它会自行跳过这些帧播放。

当 Flash 动画停止播放时，声音文件也会立即停止。另外，这种类型的声音的播放长度受到声音文件占用的帧数限制，Flash 只播放声音所在帧范围内的声音。

选定声音的“同步”类型后，在其后的下拉菜单中可以选择声音文件在 Flash 影片中的播放次数，其中有两个选项。

- 重复：选用此选项后，可在其后的文本框中输入所需重复的次数。
- 循环：可设定声音文件在整个 Flash 影片的播放过程中循环播放。一般情况下，这种设置可以用来创建影片的背景音乐，这样可以减小文档所用声音文件的大小。

可以根据要制作 Flash MTV 的播放要求，对声音文件的播放效果进行简单的设置。一般情况下，在制作 Flash MTV 的过程中，只需选择声音文件的类型为“数据流”，然后为要播放的音乐设置一定长度的帧即可。

第 4 节　歌词的输入

一般都会在 Flash MTV 中使用歌词来表达音乐的内容。如何使歌词与音乐达到同步效果，也是使用 Flash 制作 MTV 的过程中需要特别注意的问题。

1. 设置 MTV 的长度

Flash MTV 的长度可以由它使用的音乐的长度确定。如果选择音乐的类型为“数据流”，那么，需要为 Flash MTV 中的音乐选择一定数量的帧。

在时间轴上选择“音乐”图层后，从“库”中向文档添加音乐，此时，时间轴上的空白关键帧的符号发生变化。

图层第 1 帧方格的空心圆圈上方出现一条短横线，这表示此时声音文件只位于第 1 帧中，如图 14-5 所示。

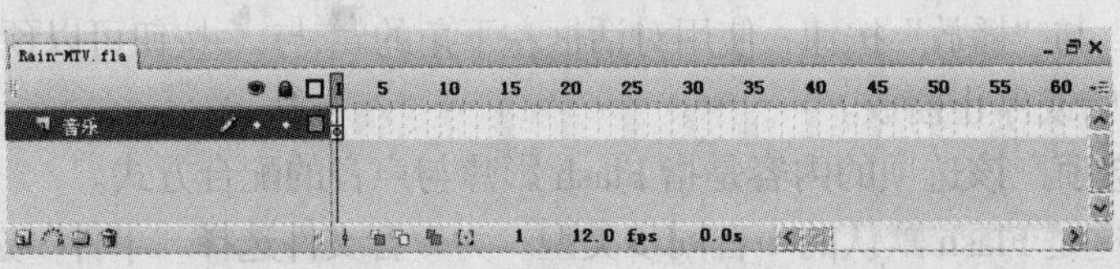

图 14-5 声音文件位于第 1 帧中

设置 MTV 的长度，即在时间轴上为音乐选择一定数量的帧。

移动鼠标至包含声音文件的帧方格上，单击该帧的同时按住〈Alt〉键。此时，鼠标指针会出现一个“+”符号。按住鼠标沿着时间轴将第 1 帧向右拖动，直到时间轴上出现空帧为止。这时，先松开鼠标左键，再松开〈Alt〉键，时间轴上相应帧的位置就会出现声音文件的波形，如图 14-6 所示。

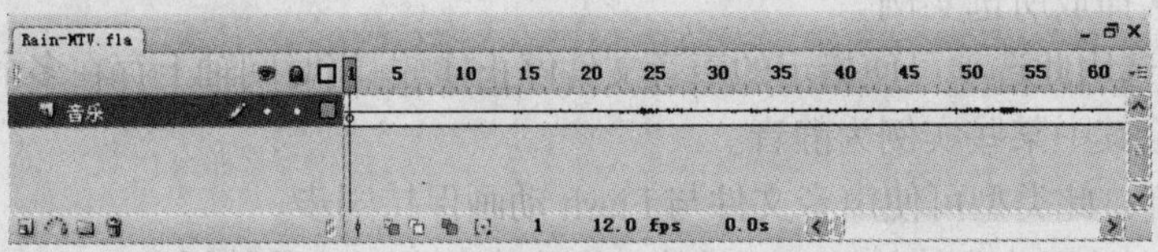

图 14-6 时间轴中的声音波形

拖动鼠标设置好音乐的长度后，在最后一帧会有一个包含此声音文件的关键帧。单击拖动此关键帧可以继续增加音乐的长度。当音乐的帧数超过音乐的长度时，音乐完全展开，按〈Enter〉键即可完整地播放整段音乐了。同时，MTV 的帧数也已经确定。

一般的歌曲在 Flash 中可能会有太多的帧数，例如使用的歌曲《Rain》一样，由其声音文件决定的帧数长达三千多帧。这时，可以在“编辑封套”对话框中拖动“结束”滑块，将声音文件的后半部分舍弃。同时，在结束部分使用控制柄，将此处声音的音量逐渐减小至零，从而创建出结尾部分淡出的效果，使得音乐的结束自然流畅。

使用数据流的音乐，可以直接设置 MTV 为一定的长度，在固定数目的帧中播放音乐的前面部分。

2. 设置歌词

MTV 的长度确定以后，下一步便是为 MTV 中的音乐设置歌词。

首先，为了便于编辑和管理歌词内容，在时间轴中新建一个图层，命名为“歌词”。

可以将一首歌曲分成若干小节进行制作，例如定义一句歌词为一小节。将歌词分成多个小节有助于保持歌词内容与音乐的同步。

为了便于查找和编辑歌词内容，可以在时间轴上对歌词小节进行标注。

已经将声音文件的同步类型设置为“数据流”，因此可以用〈Enter〉键或者鼠标拖动的方法来试听音乐。将播放头移动到音乐的第1帧，按〈Enter〉键，开始播放。

当出现第1句歌词时，再次按〈Enter〉键使音乐暂停。在“歌词”图层中选择暂停时播放头所在的帧，单击鼠标右键，在弹出菜单中选择“插入空白关键帧”命令，插入一个空白关键帧。

选择插入的空白关键帧，在舞台下方的“属性”面板中设置此帧的标签为“1”，时间轴上即会出现相应的标志，如图14-7所示。

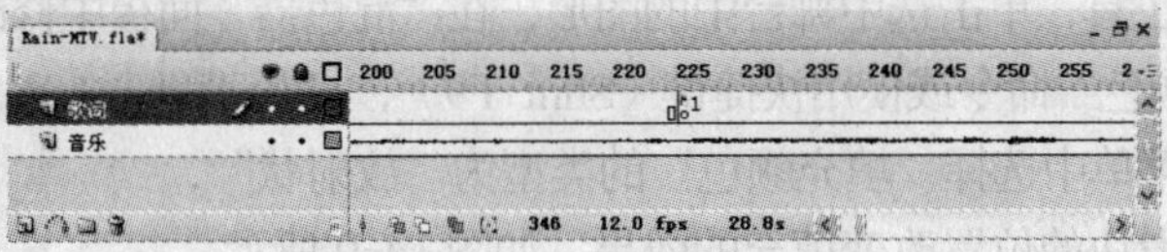

图14-7 对空白关键帧添加标签

继续试听音乐，用同样的方法给其他的歌词小节进行标注。

3. 添加歌词

单击“窗口”→“库”命令，打开“库”面板。单击面板左下角的“新建文件夹”按钮，新建一个文件夹，命名为“歌词”。

创建一系列图形符号，按照划分的歌词小节在符号中分别输入相应的歌词，并根据歌词内容分别用标注的歌词小节命名。最后，将所有的此类符号都放入“歌词”文件夹中，如图14-8所示。

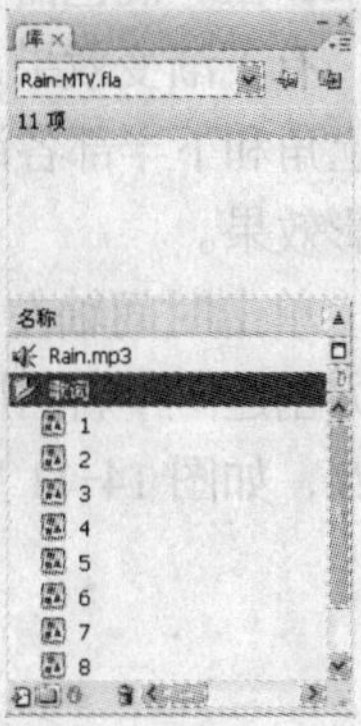

图14-8 在“库”中创建“歌词”文件夹

根据需要，可以用不同的方法将歌词添加到Flash影片中去，使之产生不同的效果，如将其设置为不同字体，或者使用渐入渐出效果等。并不是所有的歌词都要放置到影片当中，有时，音乐的某一部分可以根据制作者的要求用一定的Flash动画内容来表达。

第5节 制作动画

在Flash MTV中，动画是表现整个场景意境的重要元素。制作者需要根据场景的要求，利用各种制作动画的技巧，创建多种形式的动画来构成Flash MTV的内容。

可以事先制作好动画或图形素材，这些素材都将保存在“库”中，以便于在制作Flash MTV时使用。

1. 手工绘图

Flash CS3提供了全面的绘图工具，可以在Flash任意创建矢量图形。矢量图形是与分辨率无关的。可以将图形调整到任意大小，或以任何分辨率显示它，而不会影响其清晰度。另外，与下载类似的位图图像相比，下载矢量图形的速度比较快。

制作动画的过程中，如果要创建有特色的动画效果，一般都是直接在 Flash 中进行手工绘图。可以从 Flash 的“工具”面板中选择绘图工具，在舞台上绘制图形。

在设计歌曲《Rain》的 MTV 时，需要使用到水滴效果。为了实现水滴下落的形状渐变，需要一个水滴的图形。将水滴简单绘制为一个圆，使用一些渐变颜色表达水滴的效果。

在 Flash 文档中单击“插入”→“新建元件”命令，新建一个图形元件，命名为“水滴”，单击“确定”按钮打开元件编辑模式。

绘图时，使用“工具”面板上的“椭圆”工具，在面板的“颜色”部分选择“笔触颜色”，单击“没有颜色”按钮☐，取消笔触颜色；在颜色选择器中设置“填充颜色”为浅蓝色。然后按住〈Shift〉键，在舞台上单击拖动鼠标，绘制一个圆形。

选择“指针”工具，单击选中舞台中的图形，在“混色器”面板中修改图形的填充颜色。单击“窗口”→“颜色”命令或使用快捷键〈Shift+F9〉，打开“颜色”面板，在下拉菜单中选择“填充颜色”的类型为“放射状”，单击调整放射线上滑块的位置改变填充的效果，如图 14-9 所示。

此时，舞台中选中的圆形对象会出现如真实水珠一般的渐变效果，在“混色器”中调整到满意为止，如图 14-10 所示。

有了渐变效果，还需要让水滴有立体的光晕效果，在圆形的左上角和下半部各添加一个渐变效果，可以使水滴产生视觉上的光影效果。

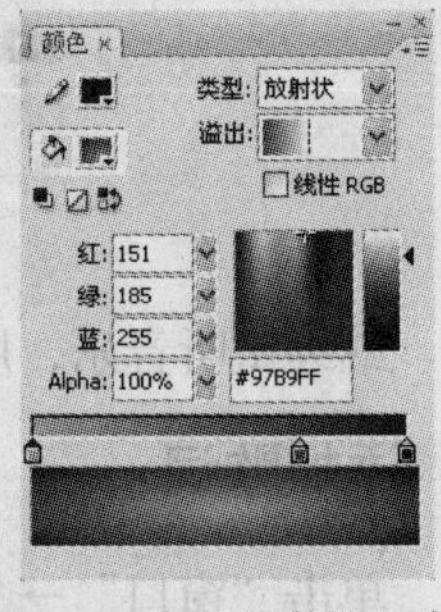

图 14-9　在“混色器”中改变填充效果

单击时间轴左下角的“插入图层”按钮☐，在当前图层的上方创建一个新图层。在新图层中，使用“椭圆”工具绘制两个椭圆，如图 14-11 所示。

图 14-10　渐变色彩

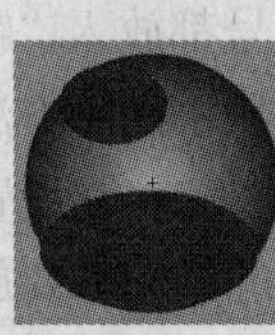
图 14-11　光晕制作

在“混色器”面板中修改椭圆的填充颜色，使用比圆形更淡的渐变颜色反映光的效果，如图 14-12 所示。

在舞台上观察修改的效果，直到满意为止。

单击“任意变形”工具，旋转左上角的椭圆对象，并将两个椭圆移动到适当位置，完成水滴的制作，如图 14-13 所示。

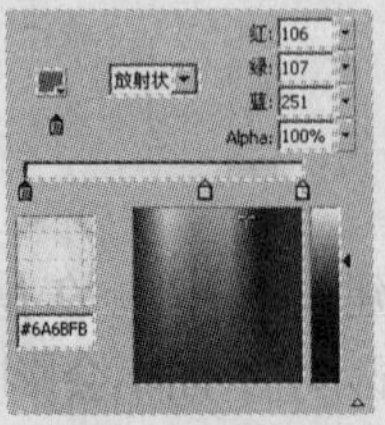

图 14-12　光晕渐变色彩

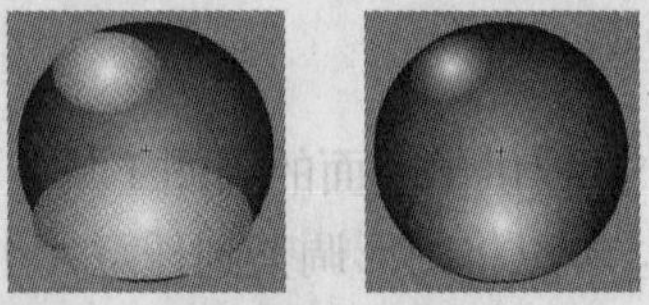
图 14-13　水滴的立体光影效果

在新建图层中添加椭圆对象的好处是，添加到图形中的椭圆对象不会覆盖切除圆形对象的内容，可以移动椭圆和圆形的相对位置。

当水滴滴到地面时，会形成水晕，向四周散开。可以使用逐帧动画的办法创建这样一个效果。

首先，单击“插入”→“新建元件”命令，新建一个影片剪辑，命名为“水晕”。在该图层中创建关键帧，向各个帧添加内容，如图 14-14 所示。

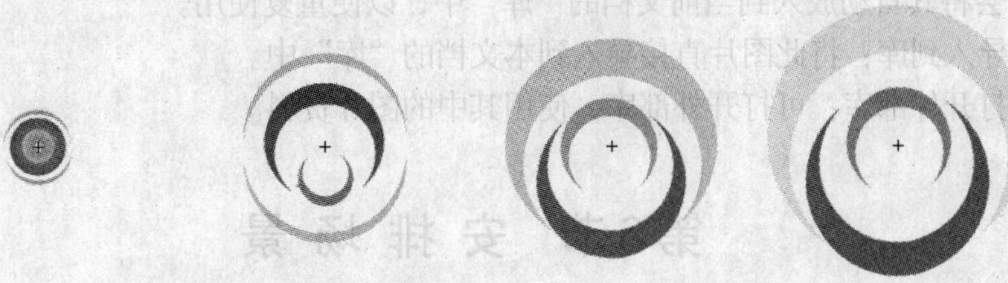

图 14-14　水晕效果

水的波纹可以使用两圆切割的方法获得。在“工具”面板上，单击“椭圆”工具，取消笔触颜色，选择填充颜色。按住〈Shift〉键，在舞台上单击拖动鼠标绘制一个圆。

设置笔触的颜色为红色，在舞台上绘制一个新的圆，使新的圆覆盖原来的圆中的部分。单击“指针”工具，选中新的圆的填充部分，按〈Del〉键删除填充部分，如图 14-15 所示。

移动鼠标至新圆的轮廓上，按住〈Shift〉键单击选中所有的笔触内容，按〈Del〉键删除。此时，剩余部分的内容可以用来制作水纹。使用多个水纹，在“混色器”面板中修改每个水纹的“Alpha”值，使它们产生明暗效果。

在影片剪辑中安排水滴和水纹，利用逐帧动画使其产生水滴落地时的水晕效果。

使用“铅笔”、“线条”等工具绘制一个图形元件“伞”。使用时，通过对伞面区域填充不同的颜色可以制作多把不同的伞，如图 14-16 所示。

图 14-15　切除圆的一部分

图 14-16　“铅笔”工具手绘的伞

通过使用多种绘图工具，手绘创建 Flash MTV 所需要的一些图片，并制作简单的动画元件，例如水滴滴落、水珠闪光、雨点下落等。

利用 Flash 工具手绘的图片，一般都制作成元件放在“库”中，以便于制作 MTV 时调用其实例。

2. 使用已有的图片

用 Flash 制作 MTV 时，为了简化制作过程，还可以直接使用已有的图片素材来创建场景动画。在 Flash CS3 中，使用已有图片的方法非常简单。使用“文件”→“导入”子菜单可以选择不同的导入方式。

- 导入到舞台：可将图片直接导入到当前舞台中，直接创建一个实例。同时，Flash 会将其自动放入到当前文档的“库”中，以便重复使用。
- 导入到库：将此图片直接导入到本文档的“库”中。
- 打开外部库：可打开外部库，使用其中的图片资料。

第6节　安 排 场 景

准备好制作 Flash MTV 的素材后，便可以在场景中安排这些素材来创作 Flash MTV。

首先，应在导入音乐的文档中设计 Flash MTV 的开始画面。使用“矩形”工具绘制一个矩形，颜色为黑色，在“属性”面板中设置矩形的宽为 500 像素，高为 100 像素。设置矩形的 x、y 坐标为“0.0”和“0.0”，使矩形位于舞台的最上方。

绘制另一矩形，在“属性”面板中设置为相同大小，设置 x、y 坐标为“0.0”和“300.0”。此时，矩形位于舞台最下方，整个舞台形成一个屏幕的效果，如图 14-17 所示。

图 14-17　MTV 开始画面

在 MTV 开头，使用手写字动画来显示歌名“Rain”，为了更好地产生手写字的效果，创建引导层动画，用水珠来描绘手写字时的笔迹。动画效果如图 14-18 所示。

图 14-18　手写字与笔迹效果

介绍歌手的名字时，使用了文本对象从舞台底部旋转跳出的运动渐变效果。

新建一个图层，命名为“歌手”，从手写字动画播放结束的那一帧起，为文本对象创建补间动画，开始的关键帧中的文本对象安排在舞台下方，结束的关键帧中的文本对象安排在歌名的下方。单击创建补间动画的帧，在“属性”面板中动画的属性，如图 14-19 所示。

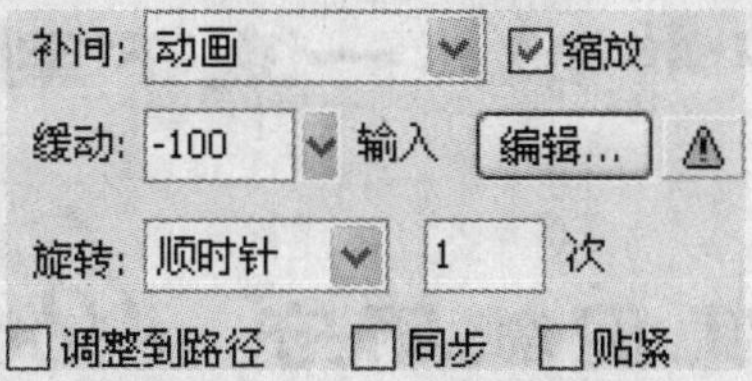

图 14-19　补间动画属性

使用遮罩层动画创建拉开屏幕的效果，在遮罩层中创建一个矩形的形状渐变动画。通过增大矩形的宽，被遮罩的图层中的内容将慢慢展现出来。

在“库”中创建了雨点下落效果的影片剪辑元件，向被遮罩的图层中添加影片剪辑的实例。通过设置多个实例从不同位置开始播放，形成下雨的效果。屏幕中播放的动画，伞的运动使用了形状渐变动画和运动渐变动画，树叶的运动则使用了引导层动画。

前 4 句歌词分别从右、左下、左、右 4 个方向进入舞台，然后再离开。实现的方法是为每句歌词对象创建不同的运动渐变动画，如图 14-20 所示。

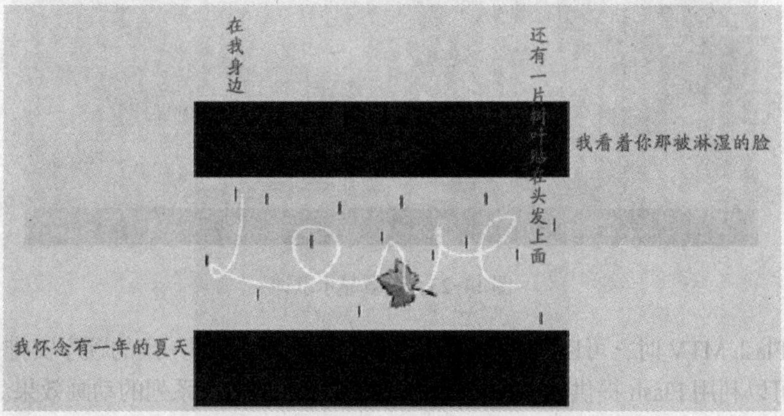

图 14-20　前 4 句歌词的设置

接下来的两句歌词分别在舞台中央淡入和淡出。可以先将文本打散为图像，然后，对图像使用形状渐变动画，并分别改变开始帧和结束帧中图像的“Alpha”值，使歌词产生淡入和淡出的效果，如图 14-21 所示。

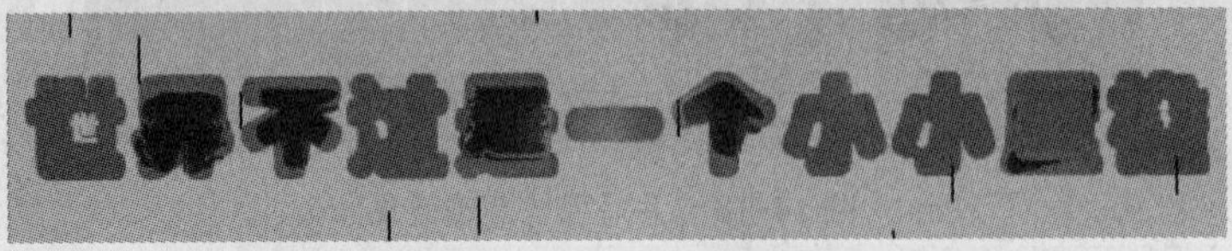

图 14-21　淡入淡出的文字

后一句歌词逐词跳出，每个文本对象的效果都是使用运动渐变实现，在这一部分还插入了一个产生水滴效果的影片剪辑，如图 14-22 所示。

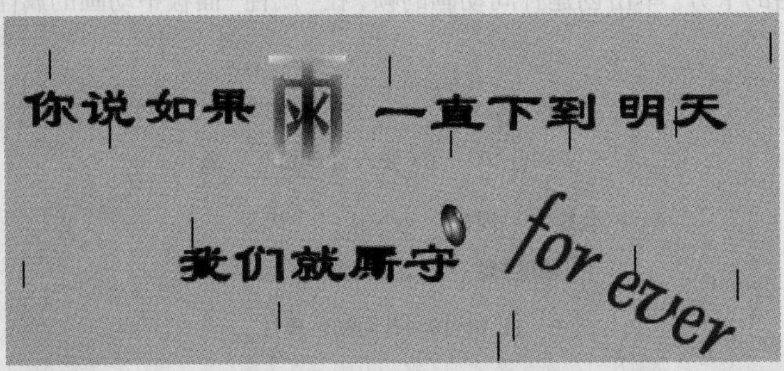

图 14-22　分段弹出的歌词

使用了遮罩动画使最后的大段歌词从舞台右下方缓缓移至右上方，在舞台左边使用制作好的元件“水晕”产生心形图案上的水晕效果，如图 14-23 所示。

图 14-23　遮罩显示歌词

制作 Flash MTV 时，可以根据设计的思路，在场景中按照一定的顺序安排一些图形，同时，还可以利用 Flash 提供的各种合成动画的方法，创建一系列的动画效果。

使用按钮动作或者在对象上添加 ActionScript 命令，可以使 MTV 具有一定的互动性。

第 7 节　实战演练——为“跑车广告动画”添加音效

本章的实战演练，将通过实际操作对动画中音乐的编辑进行介绍。

步骤 1：导入“声音”到“库”

1 打开制作的“跑车广告动画”文档。

2 单击菜单“文件”→“导入”→“导入到库”命令，选择素材文件夹里的“跑车音效”。“库”中增加了“跑车音效”声音元件，如图 14-24 所示。

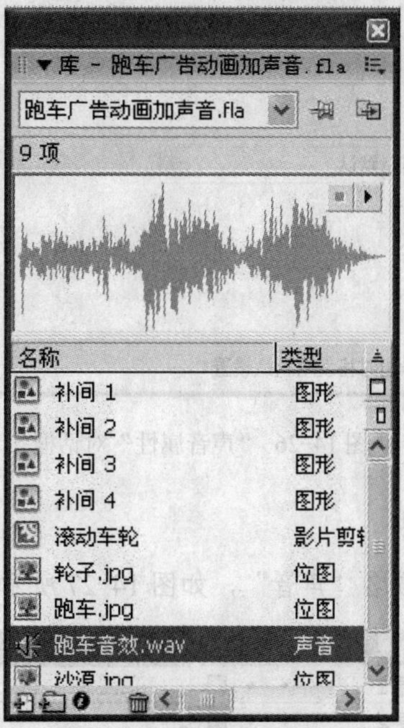

图 14-24　导入声音到库

3 在“库”中，可以看到“跑车音效”的类型是声音。当鼠标单击声音文件时，面板上出现“声音预览”窗口，如图 14-25 所示，单击“播放”按钮▶，可听取当前声音文件；单击“停止”按钮■，可停止播放声音文件。

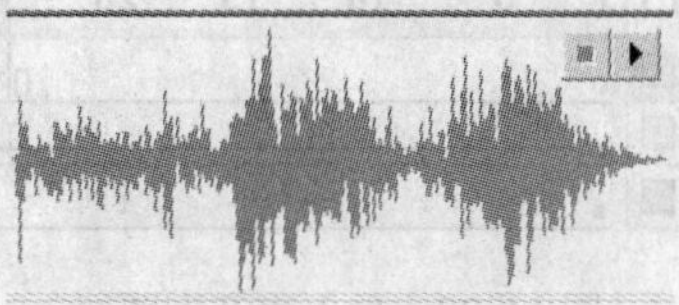

图 14-25　“声音预览”窗口

4 双击“库”中“跑车音效.wav”声音元件名称前的按钮，打开“声音属性”对话框，设置其中的参数如图 14-26 所示，单击“确定”按钮即设置好声音的属性。

图 14-26 “声音属性”对话框

步骤 2：导入声音到图层

1 在时间轴上新建图层，取名“声音”，如图 14-27 所示。

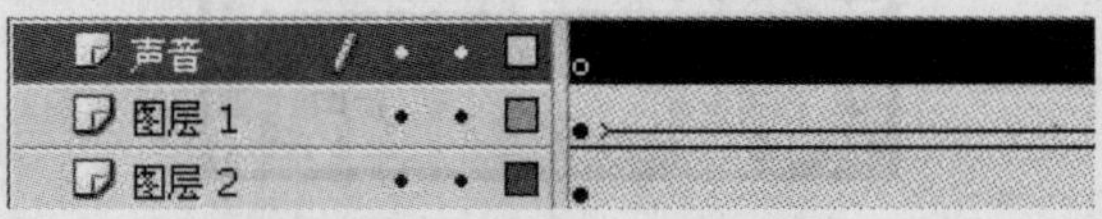

图 14-27 新建“声音”图层

2 在“声音”图层第 25 帧上单击，然后将“库”中的“跑车音效”元件拖到舞台上，此时“声音”图层有些改变，如图 14-28 所示。

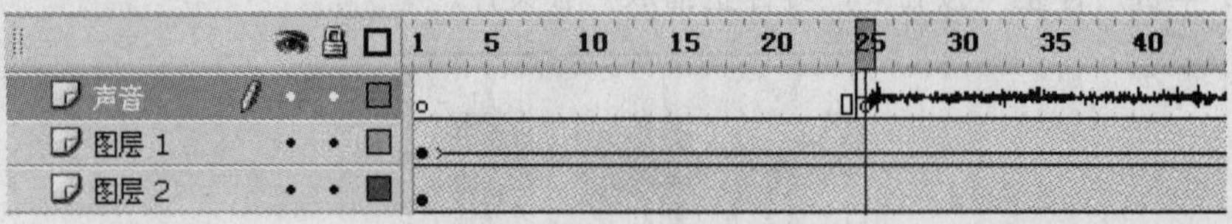

图 14-28 导入声音到图层

3 打开声音的“属性面板”，在“属性面板”中编辑声音效果，参数设置如图 14-29 所示。

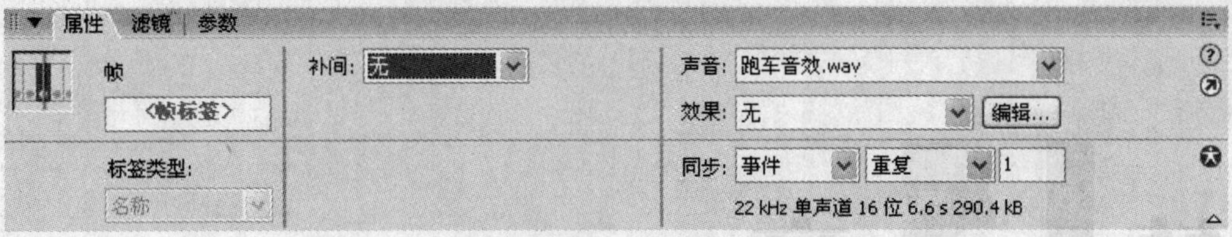

图 14-29 声音“属性”面板

4 单击“效果”后的“编辑”按钮，弹出“编辑封套”对话框，参数设置如图 14-30 所示。单击“确定”按钮关闭“编辑封套”对话框，声音属性就设置完成了。

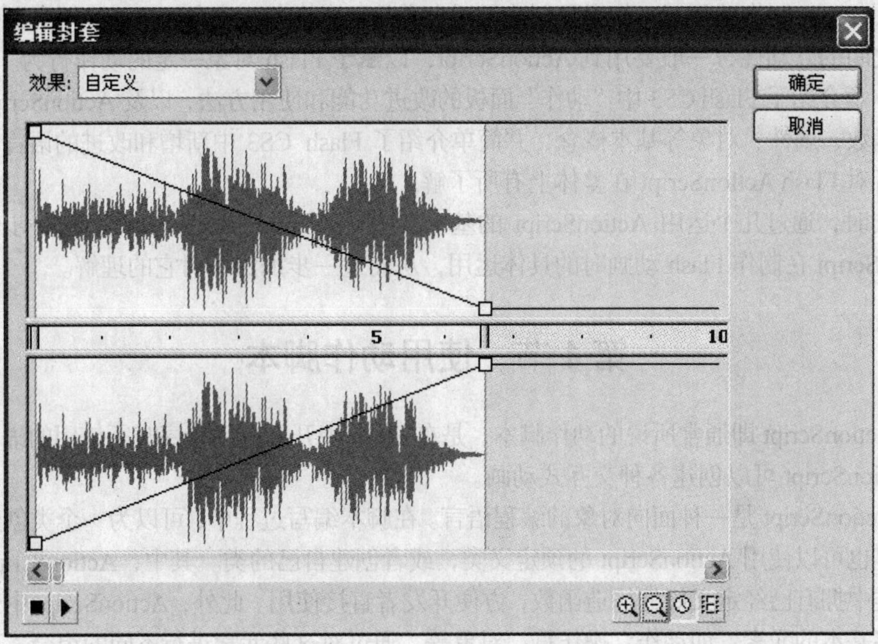

图 14-30 “编辑封套”对话框

步骤 3：测试和导出影片

测试影片，观看当前动画效果。

第 8 节 练 一 练

选择自己喜欢的音乐，设计制作一个 Flash MTV。

第15章 利用Flash制作交互式动画

用 Flash 制作动画时，如果要创造灵活多变的元素形象，或者要进一步增强制作者与用户之间的互动性，一般要用到 ActionScript，以赋予 Flash 对象一定的动作行为。

本章介绍了 Flash CS3 中“动作”面板的改进功能和使用方法，以及 ActionScript 的动作、函数、属性、对象等基本概念，并简单介绍了 Flash CS3 中新增和改进的语言元素，让读者对 Flash ActionScript 在整体上有所了解。

同时，通过几个运用 ActionScript 的基本实例的制作方法讲解，使读者进一步学习到 ActionScript 在制作 Flash 动画时的具体运用，从而进一步加深了对它的理解。

第 1 节　使用动作脚本

ActionScript 即通常所说的动作脚本，是在 Flash 中开发应用程序时所使用的语言。使用 ActionScript 可以创建各种交互式动画。

ActionScript 是一种面向对象的编程语言。在脚本编写过程中，可以为一个类创建多个对象，也可以使用 ActionScript 的预定义类，或者创建自己的类。其中，ActionScript 的预定义类中拥有已经定义好的构造函数，方便开发者直接使用。此外，ActionScript 中还提供了许多基本的元素，如动作、操作符、对象等。通过对这些元素进行不同的组合，可以实现各种不同的动画效果。

在 Flash 中，要给特定的对象指定动作，必须使用“动作”面板。

“动作”面板是 Flash 提供的编写动作脚本的开发环境。在 Flash 的早期版本中，开发者在“动作”面板中可以以常规和专家两种模式工作。

- 常规模式：通过填写选项和参数来创建代码。
- 专家模式：直接在“脚本”窗格中添加命令。

而在 Flash CS3 和 Flash CS3 Professional 中，只能将命令直接添加到“动作”面板的脚本编辑框中。然而，开发者仍然可以在左侧工具箱中双击所需的命令，将其直接拖至右侧编辑框，也可以使用脚本编辑器上方的“将新项目添加到脚本中”按钮向脚本中添加命令。

“动作”面板默认的打开位置是在舞台下方，如果没有显示，可以使用“窗口”→“开发面板”→“动作”命令，或者直接按快捷键〈F9〉。

打开“动作”面板后，在舞台上选择需要加入动作的对象，这样“动作”面板就处于激活状态，同时在右侧的脚本编辑框中显示出此对象原本已有的脚本语句。

Flash CS3 中，“动作”面板在其布局、风格和功能方面也做了很多更新，增加了查找、替换和调试功能，以及在线帮助功能，从而使它更便于使用。与以前的 Flash 版本相比，现在的“动作”面板在其左侧增加了一个新的脚本导航器。脚本导航器是 Flash 文件结构的可视化表示形式，开发者可以在这里浏览 Flash 文件，以查找动作脚本代码，如图 15-1 所示。

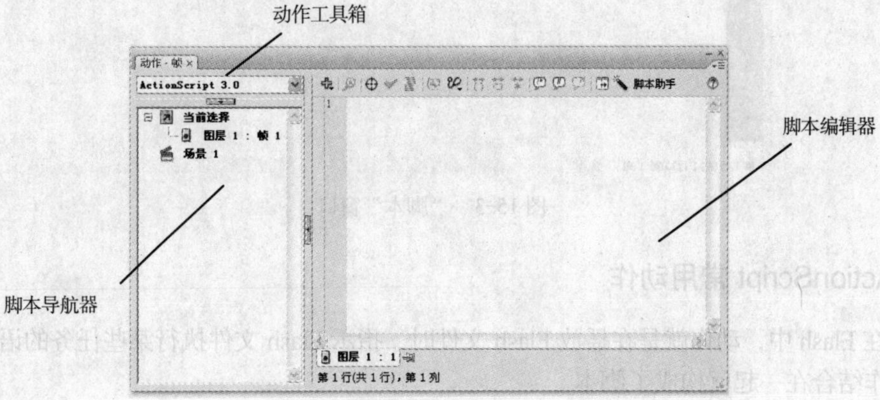

图 15-1　Flash CS3 的“动作”面板

在 Flash CS3 Professional 中，开发者还可以使用独立于“动作”面板的脚本窗口来编写和编辑外部脚本文件。脚本窗口中支持语法颜色、代码提示和其他首选参数，还有“动作”工具箱。若要显示“脚本”窗口，使用“文件”→“新建”命令，在弹出的“新建文档”对话框中选择相应脚本文件即可，如图 15-2 所示。

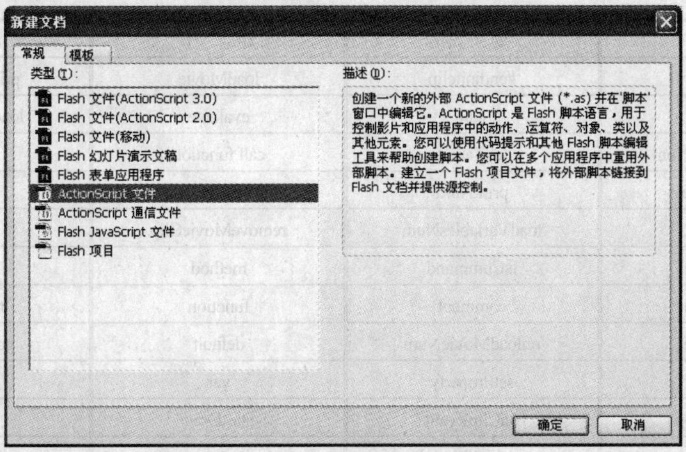

图 15-2　“新建文档”对话框

同时，编辑多个脚本文件时，文件名显示在沿脚本窗口顶部的选项卡上，如图 15-3 所示。

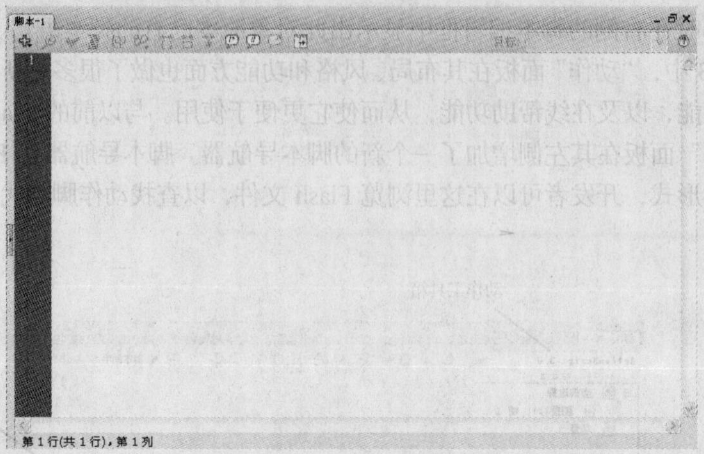

图 15-3 “脚本”窗口

1. ActionScript 常用动作

在 Flash 中，动作就是在播放 Flash 文件时，指示 Flash 文件执行某些任务的语句。多种动作结合在一起就构成了脚本。

动作可以独立执行，互不干扰。如果开发者要使动作之间互相影响，可以使用“嵌入”动作，即在一个动作中使用另一个动作。

Flash 的 ActionScript 包括赋值语句、条件语句、循环语句等类型的语句。使用 ActionScript 动作，可以创建多种互动式效果，如控制 Flash 动画的播放、响应用户事件及很多其他丰富的动画效果。表 15-1 列出了 ActionScript 中的一些基本动作。

表 15-1 ActionScript 的基本动作

动　作	动　作	动　作	动　作
break	#endinitclip	loadMovie	printAsBitmap
switch	call	evaluate	loadMovieNum
printAsBitmapNum	tellTarget	call function	for
loadVariables	printNum	toggleHighQuality	case
for..in	loadVariablesNum	removeMovieClip	trace
clearInterval	fsCommand	method	return
unloadMovie	comment	function	nextFrame
set variable	unloadMovieNum	default	gotoAndPlay
on	setProperty	var	delete
gotoAndStop	onClipEvent	startDrag	with
do while	if	play	stop
while	duplicate	ifFrameLoaded	preFrame
stopAllSounds	movieClip	else	include
prevScene	stopDrag	else if	#initclop
print	swapDepths		

下面简单介绍一下 ActionScript 的一些常用动作。

（1）break：跳出循环

break 动作出现在一个循环中，如 for、for…in、do while 或 while 循环，或者出现在与 switch 动作内特定 case 语句相关联的语句块中。

break 动作可命令 Flash 跳过循环体的其余部分，停止循环动作，并执行循环语句之后的语句。当使用 break 动作时，Flash 解释程序会跳过该 case 块中的其余语句，转到包含它的 switch 动作后的第 1 个语句，使用 break 动作还可跳出一系列嵌套的循环。

（2）call：调用指定帧

call 动作执行被调用帧中的脚本，而不将播放头移动至该帧。一旦执行完该脚本，局部变量将不再存在。其基本语句为：

call（frame）

参数：

frame：被调用帧的顺序或名称。

（3）comment：注释

ActionScript 中可以添加注释语句，使用 comment 动作可以添加注释语句。

（4）continue：继续循环

continue 动作出现在几种类型的循环语句中，它在每种类型的循环中的行为方式各不相同。

在 while 循环中，continue 可使 Flash 解释程序跳过循环体的其余部分，并转到循环的顶端，然后在该处再次进行条件测试。

在 do while 循环中，continue 可使 Flash 解释程序跳过循环体的其余部分，并转到循环的底端，然后在该处再次进行条件测试。

在 for 循环中，continue 可使 Flash 解释程序跳过循环体的其余部分，并跳回循环的顶端，重新进行条件测试。

在 for…in 循环中，continue 可使 Flash 解释程序跳过循环体的其余部分，并跳回循环的顶端，循环变量的数值变化后重新执行循环。

（5）delete：删除对象

删除由 reference 参数指定的对象或变量，如果删除成功，返回 true，否则返回 false 值。如果 reference 参数不存在，或者不能被删除，则 delete 动作可能失败并返回 false 值。

预定义的对象和属性以及由 var 声明的变量不能删除。同时，不能使用 delete 删除影片剪辑。其基本语句为：

```
delete reference
```

参数：

reference：要删除的变量或对象的名称。

（6）do while：do while 循环

执行循环体，然后判断循环条件，若为 true，则继续执行循环体，否则结束循环。其基本语句为：

```
do{
statement(s)
}while(condition)
```

参数：condition：循环条件。

statement(s)：循环体，当条件为true时被执行。

（7）else：否则

指定当if语句中的条件返回false时要运行的语句。其基本语句为：

```
else statement;  else {…statement(s)…}
```

参数：statement(s)：如果if语句中指定的条件为false时执行的替代语句系列。

（8）evaluate：调用自己写的函数

创建一个新的空行并插入一个分号（；）以便在“动作”面板中编写要计算的语句。

（9）for：for循环

for循环结构。一些属性无法用for或for…in动作进行枚举，如Array对象的内置方法：Array.sort和Array.reverse，不包括在Array对象的枚举中，而影片剪辑属性也不能枚举。其基本语句为：

```
for(init;condition;next){
    statement(s);
}
```

参数：init：循环变量。

condition：循环执行条件，计算结果为true或false值。在每次循环前都要计算该条件，当条件的计算结果为false时退出循环。

statement(s)：循环体。

（10）for…in：列举对象中的子对象（child）

循环通过数组中对象或元素的属性，并为对象的每个属性执行statement。For…in结构迭代所迭代对象的原型链中对象的属性。如果child的原型为parent，则用for…in迭代child的属性，也将迭代parent的属性。其基本语法为：

```
for(variableIterant in object){
statement(s);
}
```

参数：variableIterant：迭代变量的变量名，引用数组中对象或元素的每个属性。

object：重复的对象名称。

statement(s)：每次迭代执行的指令。

（11）function：声明自定义函数

用来声明自定义的用来执行特定任务的函数。其基本语句为：

```
function functionname([parameter(),parameter1,…parameterN){
  statement(s)
  }
```

参数：functionname：自定义函数的名称。

parameter：一个标识符，表示要传递给函数的参数。

statement(s)：为 function 的函数体定义的任何动作脚本指令。

（12）getURL：获取 URL

将来自特定 URL 的文档加载到窗口中，或将变量传递到位于所定义 URL 的另一个应用程序。其基本语句为：

```
getURL(url[,window[,"variables"]])
```

参数：url：获取文档的 URL。

window：一个可选参数，指定文档应加载到其中的窗口或 HTML 框架。

Variables：用于发送变量的 get 或 post 方法。如果没有变量，则省略此参数。

（13）gotoAndPlay：跳转播放

将播放头转到场景中指定的帧并从该帧开始播放。如果未指定场景，则播放头将转到当前场景中的指定帧。其基本语句为：

```
gotoAndPlay (Scene,frame)
```

参数：scene：播放头将转到的场景名称。

frame：播放头将转到的帧的编号或标签。

（14）gotoAndStop：跳转停止

将播放头转到场景中指定的帧并停止播放。如果未指定场景，则播放头将转到当前场景中的帧。其基本语句为：

```
gotoAndStop (scene,frame)
```

其参数含义可参考 gotoAndStop 动作。

（15）if：条件语句

对条件进行计算以确定影片中的下一步动作，若为 true，则 Flash 将运行条件后面{}内的语句，否则 Flash 跳过{}运行其后的语句。

（16）include：读入外部的 ActionScript 程序文件（*.as）

当对 Flash 文件进行测试、发布或导出时，此动作将被调用。其基本语句如下：

```
#include"filename.as"
```

参数：filename.as：要添加到“动作”面板的脚本的文件名，其中，“.as”为推荐的文件类型。

（17）loadMovie：在不关闭当前 Flash 播放器的情况下，播放另外的影片。

在播放原始影片的同时，将 SWF 或 JPEG 文件加载到 Flash Player 中。loadMovie 动作可以同时显示几个影片，并且无需加载另一个 HTML 文档就可以在影片之间切换。

当使用 loadMovie 动作时，必须指定 Flash Player 中将加载到的级别或目标影片剪辑。如果指定级别，则该动作变成 loadMovieNum 动作。如果影片加载到目标影片剪辑，则可使用该影片剪辑的目标路径来定位加载的影片。

加载到目标的影片或图像会继承目标影片剪辑的位置、旋转和缩放属性。

使用 unloadMovie 动作则可删除使用 loadMovie 动作加载的影片。

其基本语句为：

```
loadMovie("url", level/target[,variables])
```

参数：url：要加载的 SWF 文件或 JPEG 文件的绝对或相对 URL。

target：指向目标影片剪辑的路径。

variables：一个参数，指定发送变量所使用的 HTTP 方法。

（18）loadVariables：引入外部文件中的变量值

从外部文件读取数据，如文本文件，或由 CGI 脚本、ASP、PHP 或 Perl 脚本生成的文件，并设置 Flash Player 级别或目标影片剪辑中变量的值。此动作还可用于使用新值更新活动影片中的变量。其基本语句为：

loadVariables("url",level/"target"[,variables])

参数：url：变量所处位置的绝对或相对 URL。

level：指定 Flash Player 中接收这些变量的级别的整数。

target：指向接收所加载变量的影片剪辑的目标路径。在 level 和 target 中只能指定两者之一，不能同时指定两者。

variables：一个可选参数，用来指定发送变量所使用的 HTTP 方法。

（19）on：鼠标或键盘事件的触发条件

这个动作一般与按钮配合使用，作用是当使用者在这个按钮上进行某一指定的鼠标或键盘操作后，执行指定的动作。在 Flash 中，有以下几种操作。

press：鼠标在按钮上按下左键时产生效果。

release：鼠标在按钮上按下左键，然后放开时产生效果。

releaseOutside：鼠标在按钮上按下左键，然后在按钮之外放开时产生效果。

rollOut：鼠标滑过按钮然后移开时产生效果。

rollOver：鼠标滑过按钮时产生效果。

dragOut：在按钮上按住鼠标左键，然后将鼠标移出按钮区域之外时产生效果。

dragOver：在按钮上按住鼠标左键，然后移出按钮区域之外，再移回按钮上时产生效果。

keyPress：按下指定键时产生效果。

其基本语句为：

```
on(mouseEvent){
```

```
statement(s);
}
```

参数：mouseEvent：称作“事件”的触发器。当发生此事件时，执行后面{}中的语句。mouseEvent 参数的值可为上述效果中的任意一个值。

statement(s)：发生 mouseEvent 时要执行的指令。

（20）onClipEvent：MovieClip 的事件触发器

在对动画片段实体指定的事件发生时响应。其基本语句为：

```
onClipEvent(movieEvent){
statement(s);
}
```

参数：movieEvent：一个称作“事件”的触发器。当事件发生时，执行后面{}中的语句。可以为 movieEvent 参数指定下面的任意值。

load：影片剪辑一旦被实例化并出现在时间轴中时，即启动此动作。

unload：在从时间轴中删除影片剪辑之后，此动作在第 1 帧中启动。

enterFrame：以影片帧频不断地触发此动作。首先处理与 enterFrame 剪辑事件相关的动作，然后才处理附加到受影响帧的所有帧动作脚本。

mouseMove：每次移动鼠标时启动此动作。

mouseDown：当按下鼠标左键时启动此动作。

mouseUp：当释放鼠标左键时启动此动作。

keyDown：当按下指定键时启动此动作。

data：当在 loadVariables 或 loadMovie 动作中接收数据时启动此动作。

（21）play：播放

开始播放动画。

（22）return：在函数中返回一个值

指定由函数返回的值。return 动作计算表达式的值并将结果作为它在其中执行的函数的值返回。return 动作导致函数停止运行，并用返回值代替函数。

如果单独使用 return 语句，则返回值为 null。其基本语句为：

```
return[expression]
return
```

参数：expression：作为函数值计算并返回的字符串、数字、数组或对象。

（23）Set variable：设置变量

为变量赋值。其基本语句为：

```
set(variable, expression)
```

参数：variable：保存 expression 参数值的标识符。

expression：分配给变量的值。

（24）setProperty：设置属性

当影片播放时，更改影片剪辑的属性值。其基本语句为：

```
setProperty("target",property,value/expression)
```

参数：target：到要设置其属性的影片剪辑实例名称的路径。

property：要设置的属性。

value：属性的新文本值。

expression：计算结果为属性新值的公式。

（25）startDrag：拖动动画实例

使目标影片剪辑在影片播放过程中可拖动。使用此动作一次只能拖动一个影片剪辑。执行 startDrag 动作后，影片剪辑保持可拖动状态，直到被 stopDrag 动作明确停止为止，或者直到为其他影片剪辑调用了 stopDrag 动作为止。其基本语句为：

```
starDrag(target,[lock,left,top,right,bottom])
```

参数：target：要拖动的影片剪辑的目标路径。

lock：一个布尔值，指定可拖动影片剪辑是锁定到鼠标位置中央 true，还是锁定到用户首次点击该影片剪辑的位置上 false，此参数是可选的。

left、top、right、bottom 相对于影片剪辑父级坐标的值，这些坐标指定该影片剪辑的约束矩形，这些参数也是可选的。

（26）Stop：停止

无条件停止当前正在播放的影片。

（27）stopAllSounds：停止播放所有声音

在不停止播放头的情况下，停止影片中当前正在播放的所有声音文件，设置到流的声音在播放头移过它们所在的帧时将恢复播放。

（28）swapDepths：交换两个 MovieClip 动画的层深

交换两个 MovieClip 动画的层深，即改变它们在显示时的上下位置。

（29）trace：跟踪调试

在测试模式下，计算表达式并在输出窗口中显示结果。其基本语句为：

```
trace(expression)
```

参数：expression：要计算的表达式。

（30）while：循环语句

测试表达式，只要表达式为 true，就重复执行循环体中的语句或语句序列。其基本语句为：

```
while(condition){
statement(s);
```

```
}
```

参数：condition：每次执行 while 动作时都要重新计算的表达式，也即循环的条件语句。

statement(s)：条件的计算结果若为 true 时要执行的指令。

（31）with：关于……对象

允许用户使用参数指定一个对象，如影片剪辑等，并使用一定的语句计算对象中的表达式和动作。其基本语句为：

```
with(object){
statement(s);
}
```

参数：object：动作脚本对象或影片剪辑的实例。

statement(s)：{}中包含的动作或者动作组。

2．ActionScript 运算符

ActionScript 中，运算符是指定如何组合、比较或修改表达式值的字符。它对其执行运算的元素称为操作数。运算符是 Flash 动作脚本语言的基本组成元素之一。

ActionScript 中的运算符分为数值运算符、比较运算符、字符串运算符、逻辑运算符、按位运算符、等于运算符、赋值运算符，以及点运算符和数组访问运算符等 9 种运算符。

- 数值运算符：数值运算符可以执行加法、减法、乘法、除法运算，也可以执行其他算术运算。它包括加（+）、减（–）、乘（*）、除（/）、取模（%）、递增（++）和递减（–）7 种简单运算。另外一些复杂的数值操作，其函数已经包括在 Flash 的预定义对象 Math 中，可以直接调用。
- 比较运算符：比较运算符用于比较表达式的值，然后返回一个布尔值：true 或 false，这些运算符最常用于循环语句和条件语句中。它包括小于（<）、大于（>）、小于或等于（<=）和大于或等于（>=）4 种基本运算符。
- 字符串运算符：“+”运算符在处理字符串时会有特殊效果，它会将两个字符串操作数连接起来。

如果“+”运算符的操作数中只有一个是字符串，则 Flash 会将另一个操作数转换为字符串。

另外，比较运算符“>”、“>=”、“<”和“<=”在处理字符串时也有特殊的效果。这些运算符会比较两个字符串，以确定哪一个字符串按字母数字顺序排在前面。

只有在两个操作数都是字符串时，比较运算符才会执行字符串比较。如果只有一个操作数是字符串，动作脚本会将两个操作数都转换为数字，然后执行数值比较。

- 逻辑运算符：逻辑运算符是用在逻辑类型的数据中间，也就是用于连接布尔变量（true 或者 false）的。Flash 中提供的逻辑运算符有 3 种：逻辑与（&&）、逻辑或

（||）和逻辑非（!）。

- 按位运算符：按位运算符是在内部处理浮点数的运算符，它将浮点数转换为 32 位整型。执行的确切运算取决于运算符，但是所有的按位运算都会分别评估 32 位整型的每个二进制位，从而计算新的值。按位运算符包括按位“与”（&）、按位“或”（|）、按位“异或”（^）、按位“非”（～）、左移位（<<）、右移位（>>）以及右移位填零（>>>）。
- 等于运算符：可以使用等于 (==) 运算符确定两个操作数的值或标识是否相等。这一比较运算会返回一个布尔值（true 或 false）。

如果操作数为字符串、数字或布尔值，它们会按照值进行比较。

如果操作数为对象或数组，它们将按照引用进行比较。ActionScript 中的等于运算符有 4 种：等于（==）、严格等于（===）、不等于（!=）、严格不等于（!==）。

- 赋值运算符：赋值运算符是定义变量时用来赋值的。可以使用赋值运算符给同一表达式中的多个变量赋值，也可以使用复合赋值运算符联合多个运算。

赋值运算符的种类比较多，包括赋值（=）、相加并赋值（+=）、相减并赋值（-=）、相乘并赋值（*=）、求模并赋值（%=）、相除并赋值（/=）、按位左移位并赋值（<<=）、按位右移位并赋值（>>=）、右移位填零并赋值（>>>=）、按位“异或”并赋值（^=）、按位“或”并赋值（|=）以及按位“与”并赋值（&=）。

- 点运算符和数组访问运算符：在 Flash 中，可以使用点运算符（.）和数组访问运算符（[]）来访问内置或自定义的动作脚本对象属性，包括影片剪辑的属性。

点运算符在左侧使用对象名称，而在右侧使用属性或变量的名称。属性或变量名称不能是字符串或评估为字符串的变量，它必须是一个标识符。而数组访问运算符也可以用在赋值语句的左侧。这使用户可以动态设置实例、变量和对象的名称。

点运算符和数组访问运算符执行相同的功能，但是点运算符将标识符作为其属性，而数组访问运算符则会将其内容评估为名称，然后访问已命名属性的值。

3. ActionScript 常用函数

除了 ActionScript 动作和运算符之外，Flash ActionScript 中还包含多种函数，可以用来制作各种动态效果。

一般在使用函数时，都必须传递特定的值给函数，这样的值称为“参数”。该函数对参数进行运算，最后返回一个结果值。

但是，也有一些函数并没有返回值，调用这种函数主要是为了完成某种操作。

Flash ActionScript 中，函数可以分为预定义函数和自定义函数两种。

（1）预定义类函数

预定义类函数又称为系统函数，它是由 Flash 系统提供的函数，可以直接调用。

在 Flash 中，调用预定义函数的唯一方法就是通过“动作”面板。

单击所要添加动作的对象，打开“动作”面板。在“动作”面板左侧的动作工具箱中单击函数类别前按钮，选择所需函数并双击，此时，所选函数即显示在右侧的脚本编辑框中；然后在相应括号中输入函数要求的参数即可。如果对 ActionScript 比较熟悉，也可以直接在脚本编辑框中输入语句。

ActionScript 中提供了共有 12 个封装好的类，包括一些常量类，它们分别是：全局函数、全局属性、语句、运算类、内置类、常数、编译器指令、类型、否决的、数据组件、屏幕和组件。

它们的具体用法请参考 ActionScript 字典。

另外，为了方便初学者的使用，Flash 中 ActionScript 还增加了“索引”类，用黄色标明，显示出与其他类的不同。在“索引”类中，Flash 按照一定的顺序列出了 ActionScript 的所有动作、运算符以及函数语句，并简单介绍了各自的使用方法。

（2）自定义类函数

在 Flash 的 ActionScript 中，可以使用 function 语句来定义函数。定义函数的一般语句如下所示。

```
function functionname([parameter1,parameter2,…]){
statement(s);
}
```

在 ActionScript 中，还可以在表达式中直接使用 function 语句来完成一个函数功能，而不必去定义一个带有函数名的函数。

除此之外，ActionScript 中的函数还可以不显示参数定义的数据类型，程序在调用函数的时候，只要参数在数量上一致，程序就会自动确定参数的类型，并将它作为这个函数的一个局部变量来使用。而在函数内部定义的局部变量将在函数执行完毕的时候被释放。

任何一个函数都是定义在某一个确定的时间轴上，调用它们需要使用目标路径，否则难以实现函数功能。

（3）Flash CS3 中的改变

为了使开发者更为方便地使用动作脚本语言编写坚实的脚本，Flash CS3 在 ActionScript 方面提供了几项改进措施，其中包括新增的和经改进过的语言元素。

- Array.sort() 和 Array.sortOn() 方法可用来添加参数以指定附加的排序选项，例如升序和降序排序，排序时是否区分大小写等。
- Button.menu、MovieClip.menu 和 TextField.menu 属性与新增的 ContextMenu 和 ContextMenuItem 类一起用于将上下文菜单项与 Button、MovieClip 或 TextField 对象相关联。
- ContextMenu 类和 ContextMenuItem 类用于自定义上下文菜单，当用户在 Flash Player 中用鼠标右键单击 (Microsoft Windows) 或按住〈Ctrl〉键并单击 (Macintosh) 时，将显示此菜单。
- Error 类以及 throw 与 try…catch…finally 命令可用于实现更可靠的异常处理。
- LoadVars.addRequestHeader() 和 XML.addRequestHeader() 方法用于添加或更改用 POST 动作发送的 HTTP 请求标头（例如，Content-Type 或 SOAPAction）。
- MMExecute() 函数可用于从动作脚本中发出 Flash JavaScript API 命令。

（仅限于 Windows）当用户使用鼠标滚轮滚动时，将生成 Mouse.onMouseWheel 事件侦听器。

- MovieClip.getNextHighestDepth() 方法用于在运行时创建 MovieClip 实例，并且确保它们的对象在父影片剪辑的 z 顺序空间中呈现在其他对象的前面。
- MovieClip.getInstanceAtDepth() 方法用于以深度作为搜索索引来访问动态创建的 MovieClip 实例。
- MovieClip.getSWFVersion() 方法用于确定加载的 SWF 文件支持哪个版本的 Flash Player。
- MovieClip.getTextSnapshot() 方法和 TextSnapshot 对象用于处理影片剪辑中静态文本字段内的文本。
- MovieClip._lockroot 属性用于指定影片剪辑将作为加载到其中的任何影片剪辑的 _root，或者指定影片剪辑中 _root 的含义在该影片剪辑加载到另一个影片剪辑中时将保持不变。
- MovieClipLoader 类用于在将文件加载到影片剪辑的过程中监视文件的进度。
- NetConnection 类和 NetStream 类用于对本地视频文件（FLV 文件）进行流式处理。
- PrintJob 类使用户能够更多地控制 Flash Player 中的打印。
- Sound.onID3 事件处理函数可用于访问与包含 MP3 文件的 Sound 对象关联的 ID3 数据。
- Sound.ID3 属性可用于访问 MP3 文件中的元数据。
- System 类有了新的对象和方法，而且 System.capabilities 对象有了几个新属性。
- TextField.condenseWhite 属性可用于从浏览器中呈现的 HTML 文本字段中删除多余的空白。
- TextField.mouseWheelEnabled 属性用于指定当鼠标指针位于文本字段上并且用户滚动鼠标滚轮时，文本字段的内容是否应滚动。
- TextField.StyleSheet 类可用于创建包含文本格式设置规则（例如，字体大小、颜色和其他格式样式）的样式表对象。
- TextField.styleSheet 属性可用于将样式表对象附加到文本字段上。
- TextFormat.getTextExtent()方法接受一个新参数，它所返回的对象包含一个新成员。
- XML.addRequestHeader()方法可用于添加或更改用 POST 动作发送的 HTTP 请求标头（例如，Content-Type 或 SOAPAction）。

当开发者使用这些新元素时，必须在发布时设置其目标播放器为 Flash Player 7，否则运行将会出现错误，或者脚本将不会正常工作。

要更改播放器的版本，可单击场景舞台，在下方出现的“属性”面板中单击 设置... 按钮，这时，系统会弹出“发布设置”对话框。

单击“版本”下拉选项框，选择所需播放器版本即可，如图 15-4 所示。

在 Flash CS3 中，其文档的默认播放器即为 Flash Player 9，可不另行设置。

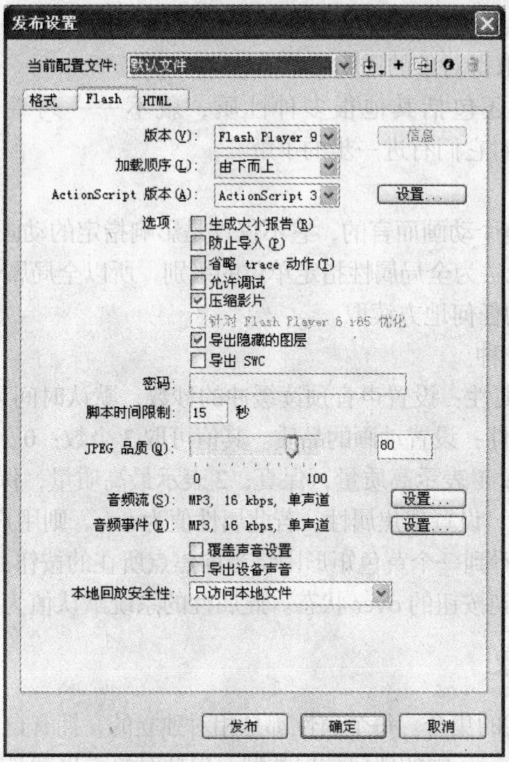

图 15-4 “发布设置”对话框

4. ActionScript 属性

ActionScript 属性分为实例属性和全局属性两种类型。

（1）实例属性

实例属性是指 Flash 文件中，各个实例的大小、颜色、链接等各方面的性质，一般包括下面几个方面。

- _x 和_y 属性：以像素为单位，获得动画片段 X、Y 位置属性，通常以舞台左上角为基准。
- _width 和_high 属性：一般也是以像素为单位，获得对象的宽度和高度。
- _xscale 和_yscale 属性：按百分比进行测量。它们获得对象在宽度和高度上的缩放比例，默认值为 100。
- _rotation 属性：获得对象现在的旋转角度，范围在 0～360 之间。
- _url 属性：是动画片段所在的存放地址。
- _target 属性：取得目标所在的路径，包括目标的名称。
- _name 属性：取得对象的实例名称。
- _visible 属性：设置对象的可见情况，默认状态为 true。当设置为 false 时，程序将隐藏动画片段实例，并且在该片段中的按钮或帧都无效。

● _totalframe 属性：取得目标的总帧数。

● _alpha 属性：取得对象的透明度值。

当然，实例属性还包括其他很多种性质，就不一一列举了，以后在实际应用 ActionScript 的时候会对它们有进一步的了解。

（2）全局属性

全局属性是对于整个动画而言的，它不仅仅是影响指定的动画片段，而对整个 Flash 动画都有影响。因为无法为全局属性指定单位的级别，所以全局属性的目标域无效。它们的值可以从主时间轴的任何地方读取。

全局属性主要有 3 种。

● _soundbufime 属性：设置声音预读缓冲的秒数，默认时间为 5s。

● _highquality 属性：设置动画的品质。其值可取 3 个数：0、1、2，其中，0 表示低质量，不保真；1 表示高质量，保真；2 表示最高质量，保真。

● _focusrect 属性：设置聚焦属性。若此属性值为 true，则用户在使用〈Tab〉键来回切换按钮时将看到一个黄色矩形围绕当前焦点所在的按钮；若此属性值为 false，则用户只能看到按钮的 over 状态。此属性的系统默认值为 true。

5. ActionScript 对象

对象是一系列属性的集合。每个属性都是相对独立的，拥有自己的名称和值。属性的值可以是 Flash ActionScript 中的任何数据类型，包括对象，也就是说，对象是可以互相兼容的。

定义对象，或对对象的属性值进行编辑，使用点运算符“.”。

例如：

world.china.hangzhou

hangzhou 是 china 的一个属性，而 china 又是 world 的一个属性。

另外，Flash 中还可以包括一些自定义的对象，用来处理特定的信息。

如果用户希望创建自己的对象，为影片增加互动性，组织动画的相关信息，就可以使用自定义的对象，并对它们进行分类编组。这样有利于简化程序，方便程序中的重复使用。

第 2 节　在动画中添加链接

随着网络的发展和技术要求的提高，Flash 动画成了网站制作重要的组成部分。这就要求 Flash 动画中能够动态地添加链接，以满足网站和用户的需要。在 Flash 动画中添加链接，应用最多的动作就是“getURL”动作。

在舞台上单击所需添加链接的对象，在“动作”面板中加入以下语句：

```
getURL( “URL” );
```

其中，URL 为链接的绝对地址或者相对地址。

加入 URL 地址后，链接自动生成，如图 15-5 所示。

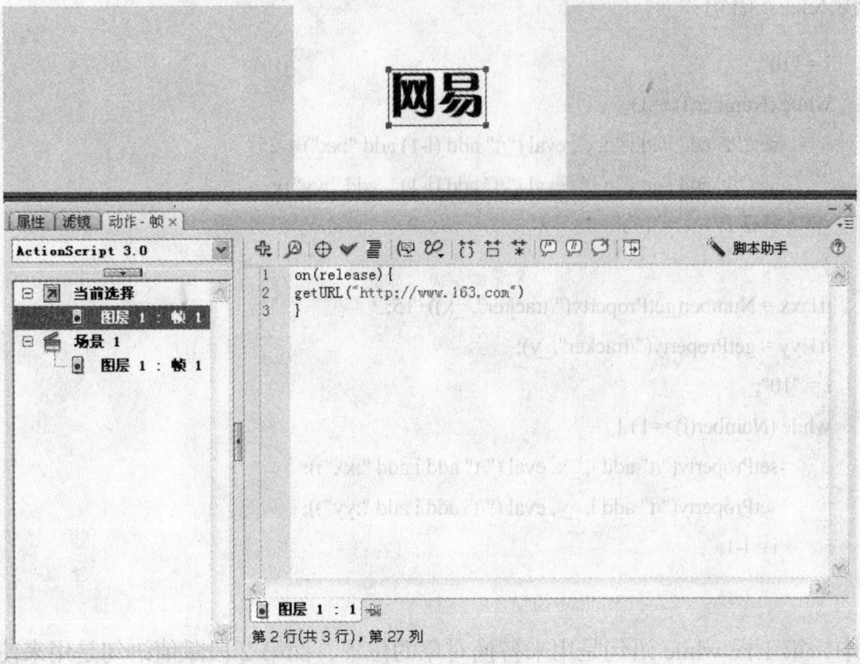

图 15-5　给按钮实例添加链接

此时，按〈Ctrl＋Enter〉组合键预览动画。单击按钮“网易”，便可以直接在浏览器中链接至“www.163.com”（网易）网站。

第 3 节　制作文字跟踪鼠标效果

首先，新建一个 Flash 文档，设置其尺寸为“300×200”像素，背景颜色为白色。

然后，使用“插入”→“新建元件”命令，新建一个名为“浪”的影片剪辑元件，单击“确定”按钮，切换至元件编辑模式。

选择“工具”面板里的“文本”工具，设置其字体为楷体，字号 30，颜色为红色。在舞台上插入文本“浪”，将其打散为图形，再将它组合，如图 15-6 所示。

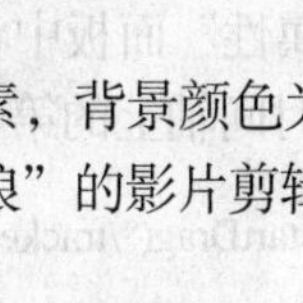

图 15-6　制作包含文字的影片剪辑元件

然后，用同样的方法分别制作影片剪辑元件“迹”、“江”、“南”、“l”、“j”和“n”。

另外，需要新建一个空白的影片剪辑元件，命名为“定位”。这个元件是在动画中用来定位的，因此不需要创建任何内容。

新建一个影片剪辑元件，命名为“效果”，专门用来添加 ActionScript 脚本语言，设置 ActionScript 动作效果。

在其元件编辑窗口，选中第1帧，打开舞台下方的“动作”面板，在脚本编辑器的编辑框中输入以下语句：

```
i = "10";
while (Number(i)>=1) {
    set("/t" add i add ":xx", eval ("/t" add (i-1) add ":xx") + 25);
    set("/t" add i add ":yy", eval ("/t" add (i-1)   add ":yy"));
    i = i-1;
}
/t1:xx = Number(getProperty("/tracker", _x))+15;
/t1:yy = getProperty("/tracker",_y);
i = "10";
while (Number(i)>=1) {
    setProperty("/t" add i, _x, eval ("/t" add i add ":xx"));
    setProperty("/t" add i, _y, eval ("/t" add i add ":yy"));
    i = i-1;
}
```

其中，第1段while语句是用来替换对象的位置，而第2段赋值语句是用来使其重新获得初始位置，最后一段while语句是用来重新写入对象的坐标。

单击时间轴第2帧，插入空白关键帧。然后在“动作”面板的脚本编辑框内输入语句：

```
gotoAndPlay(1)
```

这个动作使Flash文件播放到此帧时，返回至第1帧处，这样可使动作重复进行。

单击“后退”按钮⇦，返回至场景舞台，将元件库中的“定位”元件拖至舞台中，在下方的“属性”面板中将其命名为“tracker”，如图15-7所示。

单击时间轴上的第1帧，在下方的“动作”面板编辑框中输入语句：

```
startDrag("/tracker",true);
```

使得“定位”元件始终能被鼠标所拖动，从而形成跟随鼠标的效果。

单击时间轴上的第3帧，插入关键帧，从库中将所有影片剪辑元件按照一定的顺序放入舞台中，如图15-8所示。

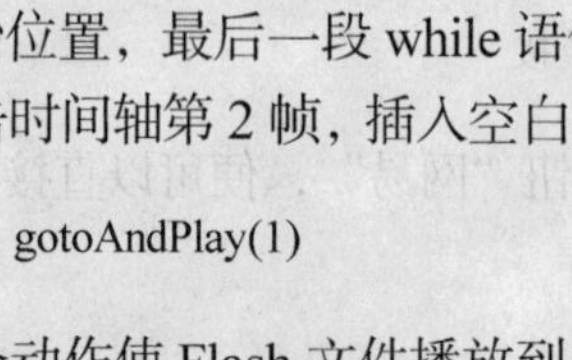

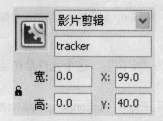

图15-7　在“属性”面板中给影片剪辑实例命名

图15-8　将所有元件拖入舞台

其中，名为“j”的影片剪辑元件应使用两次。然后在舞台下方的“属性”面板中将字母实例的名称分别改为“t1”、“t2”、“t3”、“t4”、“t5”、“t6”、“t7”、“t8”。

然后，选中时间轴上的第 2 帧，在“动作”面板中输入语句：

```
stop();
```

现在，所有步骤都已设置完毕，按〈Ctrl+Enter〉组合键即可预览动画。此时，当鼠标移动时，文字“浪迹江南 ljjn”将始终跟着鼠标一起移动，产生跟踪鼠标的效果，如图 15-9 所示。

同时，文字在移动的过程中，还会出现一定的变化效果。这样的 Flash 小程序既简单又生动有趣，很适合应用在个人主页或者其他文件中。

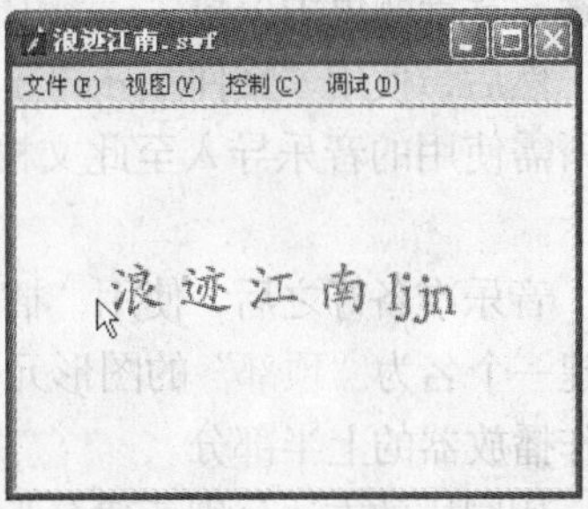

图 15-9　鼠标跟踪效果示意图

第 4 节　制作“狡猾”的小球

首先，新建一个 Flash 文档，设置其尺寸为“400×300”像素，背景颜色为黑色。

然后，使用“插入”→“新建元件”命令，新建一个名为“小球”的影片剪辑元件。

选择“工具”面板里的“椭圆”工具绘制一个圆，设置其填充颜色为白色到银灰色放射状色。在黑色背景下，小球就显得比较有立体感了，如图 15-10 所示。

单击“后退”按钮⇦，回到场景舞台，从“库”面板中将“小球”元件拖至舞台中央，在下方的“属性”面板里将此实例命名为“ball”。

选中小球实例，打开舞台下方的“动作”面板，在脚本编辑框中为小球赋予以下动作：

```
on(rollOver){
    _y=random(300);
    _x=random(300);
}
```

图 15-10　创建“小球”元件

此段语句的功能是：当鼠标移动到小球上时，系统随机给定小球一个任意新坐标，使得小球在瞬间之内移动至新位置，从而形成逃逸效果。

这样，在预览影片时可以发现，不管鼠标以什么方向接近小球，小球都会在鼠标接近的瞬间向一定方向移动开去。因此，无论如何，“狡猾”的小球都是不会被鼠标触及的。

第 5 节　制作音乐播放器

制作音乐播放器之前，必须先设计出其特定风格和功能效果。然后，就可以按照设计方案正式进行制作了。

这里，制作一个简单的音乐播放器，以黑色为背景，外观为金属质感的小球，可以进行伸缩，从而展现各个功能按钮，实现播放、停止等基本功能。

首先，新建一个Flash文档，设置其尺寸为“400×300”像素，背景颜色为黑色。

然后，使用“文件”→“导入”→“导入到库”命令，将所需使用的音乐导入至此文档的“库”中，如图15-11所示。

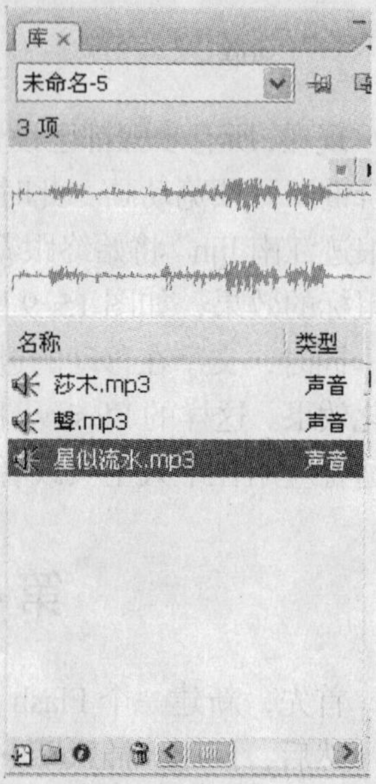

图15-11 导入音乐

音乐准备好之后，使用“插入”→“新建元件”命令，新建一个名为“顶部”的图形元件。在其中绘制一个半圆，用作播放器的上半部分。

用同样的方法分别新建名为“底部”、“声音标识”、“枝干”及“界面”的图形元件。“底部”图形元件用作播放器的下半部分。而“声音标识”图形元件中绘制一个扬声器图案，以显示其播放器特征。

将“顶部”、“底部”和“声音标识”图形元件分别放置在“界面”图形元件中，组合成播放器的初始界面，如图15-12所示。

接着创建声音文件。使用“插入”→“新建元件”命令，新建一个名为“音乐1”的影片剪辑元件。在时间轴的第3帧插入关键帧，打开“属性”面板，在“声音”下拉选项框中选择音乐“星似流流.mp3”，在“同步”下拉选项框中选择“事件”，如图15-13所示。

图15-12 播放器初始界面

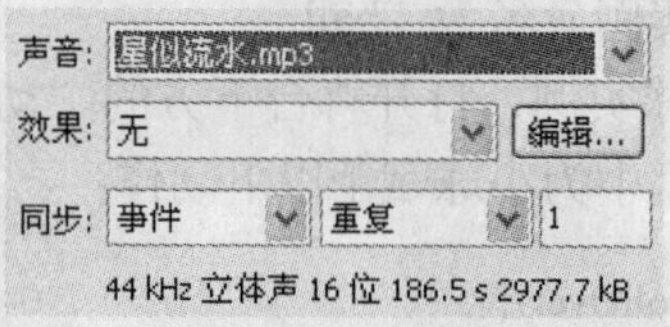

图15-13 音乐属性设置

由于要求音乐能够在用户的控制下进行播放，因此，在时间轴上添加一个新图层，命名为“效果”，用来控制音乐的动作。单击“效果”图层第1帧，在“动作”面板上添加如下帧动作：

```
stop();
```

这样音乐就不会自动播放了。

用同样的方法创建“音乐2”和“音乐3”影片剪辑元件，将其余两段音乐插入其中。

创建按钮元件，用来控制音乐的播放。使用“插入”→“新建元件”命令，新建一个名为“1”的按钮元件，用来控制第1段音乐，如图15-14所示。

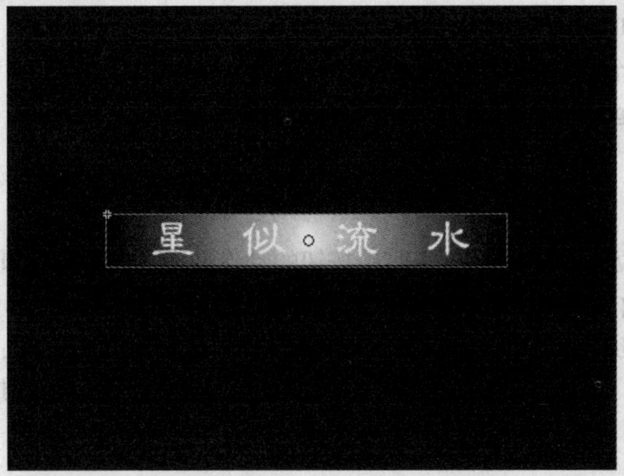

图 15-14 按钮“1”

用同样的方式创建“2”、“3”、“停止”、“展开”和“恢复”按钮元件。

一切基本元素创建完毕后，将它们组合成播放器，并加入相应的动作。

首先，重新命名图层 1 为“初始界面”图层，将“库”中的“界面”图形元件拖至场景舞台中央，并将“展开”图形元件覆盖在圆形区域内，组合成播放器界面的初始状态。

单击此图层的第 2 帧和第 20 帧，分别插入空白关键帧。并在第 1 帧处给按钮“展开”加入以下动作：

```
on (release) {
        play();
}
```

然后新建 9 个图层，分别命名为“音乐”、“顶部”、“底部”、“1”、“2”、“3”、“停止”、“恢复”和“动作”。

选中“音乐”图层，将“音乐 1”、“音乐 2”、“音乐 3”3 个影片剪辑元件放置在舞台上，并在下方的“属性”面板中分别命名为“music1”、“music2”和“music3”。

接下来分别编辑“顶部”图层和“底部”图层。选中“顶部”图层，在第 2 帧处插入关键帧，将“顶部”图形元件放置在舞台中央稍靠上的部分，使之与初始界面对齐。然后分别在 9、11、19 帧处插入关键帧，将 9 和 11 帧中的半圆移至舞台顶端，并在 2 和 9、11 和 19 帧之间分别加入补间动作，使半圆形成由中间向顶端及相反方向的运动。

用同样的方法编辑“底部”图层，使底部半圆也形成类似的运动。

然后，在“枝干”图层上选中第 10、19 帧，分别插入关键帧，将“枝干”图形元件调整长度后分别放置在两半圆的中间位置，在其中加入补间形状。并在第 20 帧处插入空白关键帧。

接着，选中“1”图层，在第 10 帧处插入关键帧，将“1”按钮元件放置在舞台上适当的地方。单击“1”按钮元件，在舞台下方的“动作”面板中给其加入以下动作：

```
on (release) {
```

```
        stopAllSounds();
        tellTarget ("music1") {
            gotoAndPlay(5);
        }
    }
```

然后在下一帧处插入关键帧，将赋予按钮的动作取消。以顶部半圆的运动为依据，在第 14 帧处插入空白关键帧，在这以后，按钮“1”就消失了。

用类似的方法编辑“2”、“3”、“停止”、“恢复”几个图层，并使按钮“2”、“3”、“停止”、“close”分别在第 18、14 和 11 帧处按钮消失。其中，各个按钮的动作语句分别如下：

按钮“2”：

```
    on (release) {
        stopAllSounds();
        tellTarget ("music2") {
            gotoAndPlay(3);
        }
    }
```

按钮“3”：

```
    on (release) {
        stopAllSounds();
        tellTarget ("music3") {
            gotoAndPlay(3);
        }
    }
```

按钮“停止”：

```
    on (release) {
        stopAllSounds();
    }
```

按钮“close”：

```
    on (release) {
        play();
    }
```

最后，编辑整个播放器的动作，从而实现互动效果。选中“动作”图层，在第 1、10 和 20 帧处插入关键帧，并在“动作”面板中分别加入以下语句：

```
第 1 帧：stop();
第 10 帧：stop();
第 20 帧：
stop();
gotoAndStop(1);
```

此时，一个漂亮时尚的音乐播放器便制作完成了，按〈Ctrl+Enter〉组合键即可预览其最后效果。此播放器展开界面如图 15-15 所示。

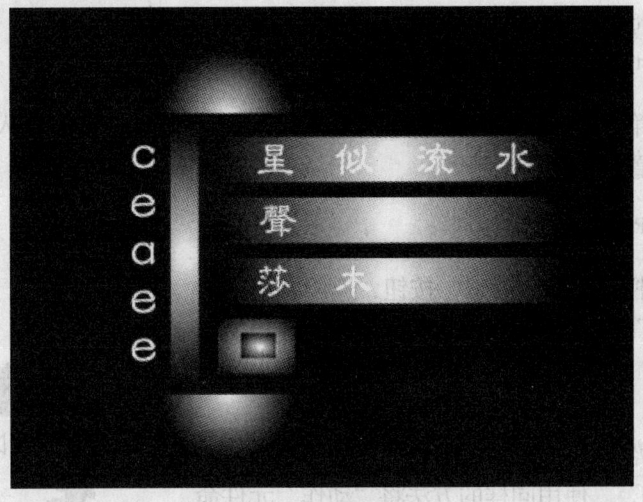

图 15-15 播放器展开界面

第 6 节 制作围绕鼠标飞舞的落叶

随着 Flash 在网络上日益广泛的应用，利用 Flash ActionScript 制作的一些小程序逐渐吸引了人们的注意。由于这些小程序简单实用，创造出的效果又十分精彩，因此在网站制作、广告设计等方面受到越来越多的重视。下面介绍一种画面精美的鼠标跟随效果的制作方法，即围绕鼠标飞舞的落叶。

首先，新建一个 Flash 文档，设置其尺寸为“400 × 300”像素，背景颜色为白色。

使用“插入”→“新建元件”命令，新建一个名为“落叶”的影片剪辑元件。在其舞台上绘制出一片落叶。

与前面所讲实例相同，新建一个影片剪辑元件，将其命名为“动作”，专门用来设置影片中的 ActionScript 效果。单击时间轴第 1 帧，在“动作”面板的脚本编辑框中输入以下动作语句：

```
startDrag("/aa", true);
setProperty("/a", _rotation, b);
b = Number(b)+20;
```

```
if (Number(b) == 360) {
      b = 0;
}
a = Number(a)+1;
duplicateMovieClip("/a", "aaa" add a, eval("a"));
if (Number(a) == 25) {
      a = 0;
}
setProperty("/a", _x, getProperty("/aa", _x));
setProperty("/a", _y, getProperty("/aa", _y));
```

然后，选中第2帧，单击鼠标右键，在弹出的快捷菜单中选择“插入空白关键帧”命令，并对此帧设置动作为：

```
gotoAndPlay(1);
```

单击“编辑栏”上的“后退”按钮，返回到场景。

使用“窗口”→“库”命令，打开“库”面板。将“落叶”元件和“动作”元件分别从“库”面板中拖至舞台上任意位置。

单击选择“落叶”元件，在舞台下方的“属性”面板将其命名为“a”。使用同样的方法将“动作”元件命名为“aa”。

此时，使用快捷键〈Ctrl+Enter〉即可预览动画效果，如图15-16所示。

图15-16　围绕鼠标飞舞的落叶效果图

第7节　实战演练——制作“单项选择题”的交互式动画

本章的实战演练，通过制作“单项选择题”的交互式动画，使读者进一步了解ActionScript的使用方法。

此动画中，问题内容在文字层，每个答案都是一个隐形按钮，答案对错提示是将一些元件单独存放在一个图层，提交是一个按钮。答完题之后，进行判断并得出成绩，按返回键重新开始答题。下面开始制作。

步骤1：新建文档并导入所需素材

1 创建一个空白文档，高“360”像素、宽“485”像素。

2 导入素材文件16-2-底纹.jpg、16-2-错号.gif、16-2-对号.gif、16-2-提交.gif到“库”。

步骤2：编辑底纹

把图层1改名为“底纹”，将“库”中的16-2-底纹.jpg拖到舞台，居于正中间。锁定此图层，方便以后的操作和编辑。

步骤 3：编辑文字

1 新建图层，命名为“文字层”。

2 输入标题“单项选择题”，字体为“方正少儿简体”、“静态文本”，字体大小为“25”，并设置居中、偏上的位置。

3 分别输入题 1、题 2 的题目和答案，并排列整齐。字体为“楷体”、“静态文本”，字体大小为“16”，如图 15-17 所示。

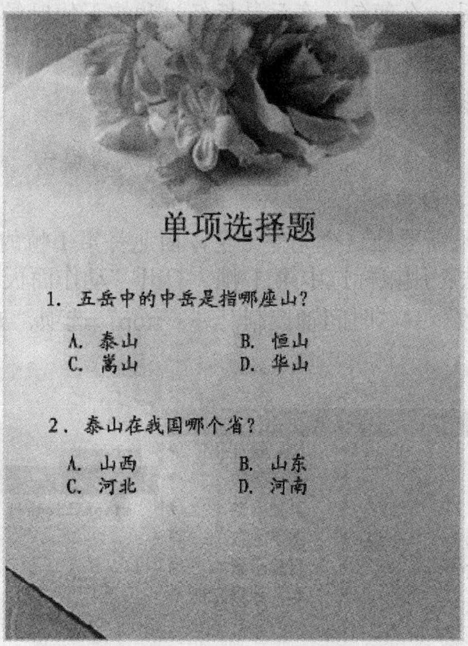
单项选择题
1. 五岳中的中岳是指哪座山?
A. 泰山　B. 恒山
C. 嵩山　D. 华山
2. 泰山在我国哪个省?
A. 山西　B. 山东
C. 河北　D. 河南

图 15-17　输入文字内容

锁定此图层，方便下一步的操作和编辑。

步骤 4：制作隐形按钮

1 新建图层，命名为“按钮层”。这个隐形按钮是对每个选项进行选择。

2 按〈Ctrl+F8〉快捷键，插入按钮元件，命名为“选项”，进入按钮元件编辑模式。

3 在按钮元件编辑模式下，绘制一个宽“65”像素、高“20”像素的矩形，取消笔触颜色，填充色选择“黑色”，将 Alpha 值设置为“2”。这个矩形几乎是透明的了，也就是需要的隐形效果。

4 再单击帧上插入帧，如图 15-18 所示。

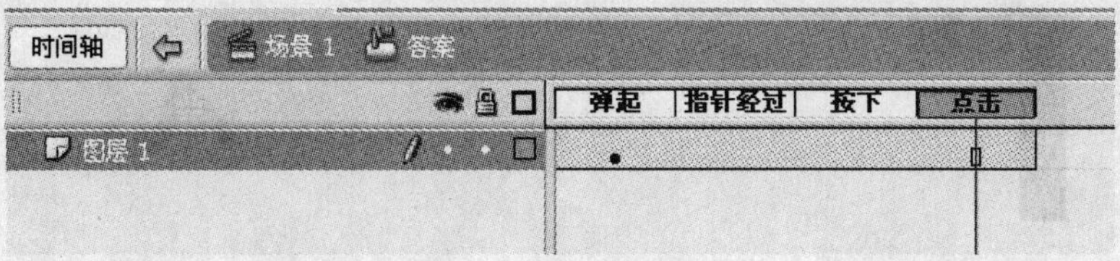
时间轴
场景 1
答案
弹起
指针经过
按下
点击
图层 1

图 15-18　插入帧

步骤 5：制作提交按钮

1 新建一个按钮元件，命名为“提交按钮”，进入按钮元件编辑模式。

2 将素材文件 16-2-提交.gif 导入到“库”。

3 将“库”中的 16-2-提交.gif 拖到舞台上，转换为矢量图。把图形外面的白色部分清除，如图 15-19 所示。

4 分别在指针经过帧、按下帧上设置关键帧，并将每个关键帧上的箭头部分填充另一个颜色，表示鼠标经过和按下的时候这个符号颜色会改变。

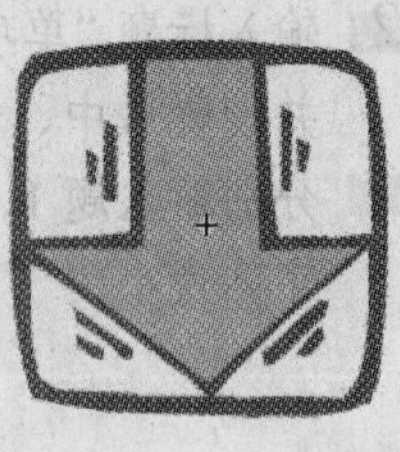

图 15-19　转换为矢量图

步骤 6：制作答案影片剪辑

1 创建影片剪辑元件，命名为“答案”，进入元件编辑模式。这个影片剪辑是选中答案后出现的 A、B、C、D 字母。

2 动画开始的时候，不需要让这个元件出现，因此将第 1 帧的动作设置为“停止”。

设置停止动作的方法：用鼠标选中第 1 帧，打开“动作面板”，单击按钮，在弹出的菜单中选择“全局函数”→“时间轴控制”→“stop”选项，如图 15-20 所示。

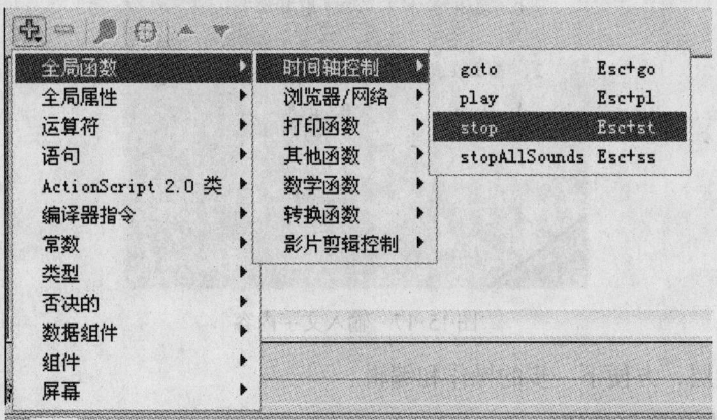

图 15-20　设置停止动作

现在“脚本编辑”窗口中出现了一个停止语句，如图 15-21 所示。

3 在第 2 帧上插入关键帧，在舞台上输入文字“A”，根据自己的喜好，选择字体和颜色。在此范例中选择“红色”、“Comic Sans MS”英文字体，如图 15-22 所示。

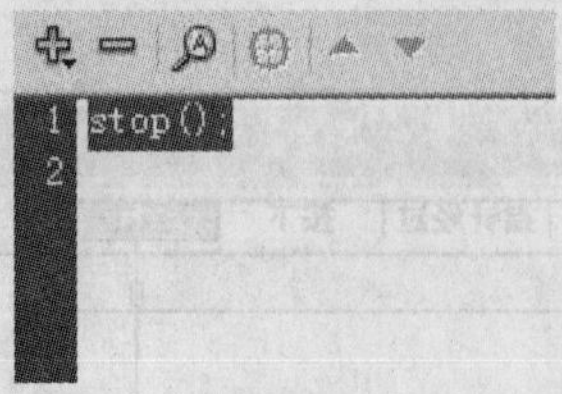

图 15-21　“脚本编辑”窗口

图 15-22　输入字母

4 在第 3 帧上插入关键帧，将此关键帧的文字改为“B”。

5 在第 4 帧上插入关键帧，将此关键帧的文字改为“C”。

6 在第 5 帧上插入关键帧，将此关键帧的文字改为“D”。

步骤 7：制作判断对错影片剪辑

1 新建影片剪辑元件，命名为“对错”。

2 将第 1 帧的动作，也设置“停止”，也就是在“脚本编辑”窗口中添加如下语句:

```
Stop();
```

3 在第 2 帧上插入关键帧，将“库”中的 16-2-对号.gif 拖到舞台，转换为矢量图，用橡皮擦等工具对图片进行修饰，并调整大小为高“50”像素、宽“50”像素，如图 15-23 所示。

4 把“库”中的 16-2-错号.gif 拖到舞台上，转换为矢量图，进行修饰，并调整大小为高“50”像素、宽“50”像素，如图 15-24 所示。

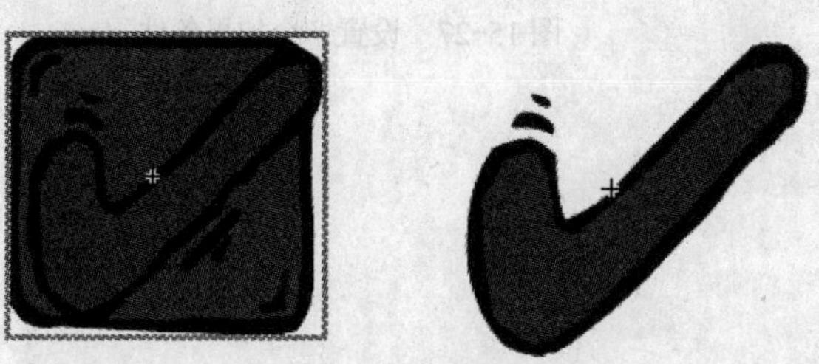

图 15-23　导入图片进行修饰

图 15-24　修饰好的错号

现在“对错”也制作好了，切换到场景模式下。

步骤 8：清理时间轴上的图层

1 清除图层，只保留“底纹”和“文字”图层，如图 15-25 所示。

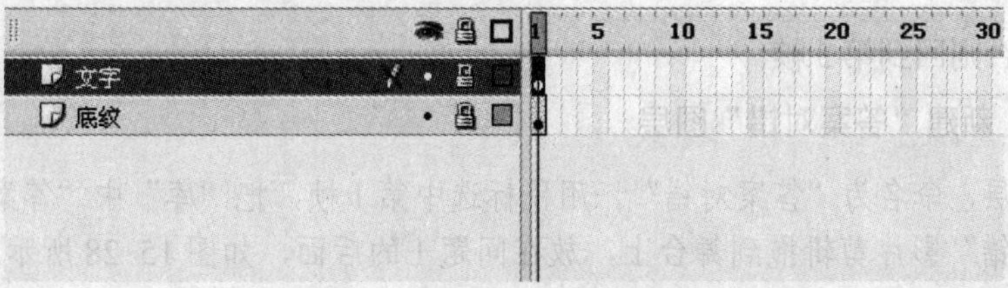

图 15-25　时间轴

2 新建图层，命名为“图层 2”，给第 1 帧的动作设置“停止”，如图 15-26 所示。第 2 帧动作设置一个“如果条件”，如图 15-27 所示。

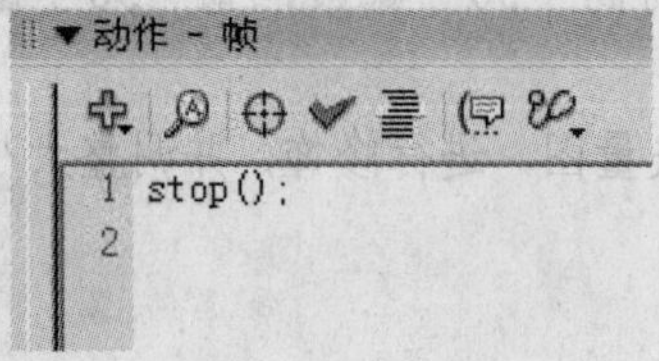

图 15-26　设置停止动作

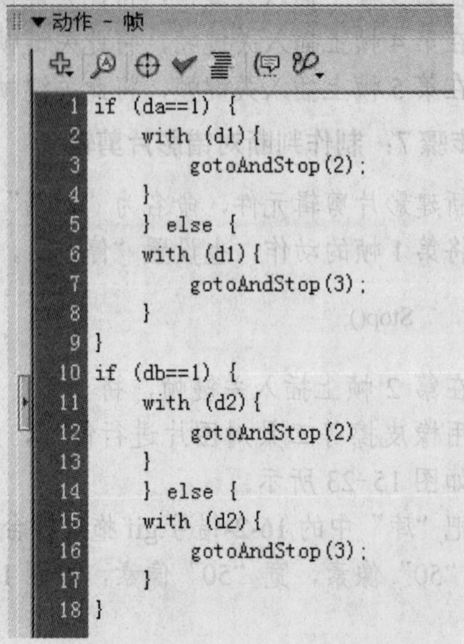

图 15-27　设置一个如果条件

其中

```
if (da==1) {
        with (d1){
                gotoAndStop(2);
```

表示：如果答案是错误的，回到第 2 帧。

其中

```
} else {
with (d1){
        gotoAndStop(3)
```

表示：否则回到第 3 帧。

步骤 9：新建“答案对错”图层

1 新建图层，命名为“答案对错”。用鼠标选中第 1 帧，把“库”中“答案”影片剪辑和“对错”影片剪辑拖到舞台上，放在问题 1 的后面，如图 15-28 所示。

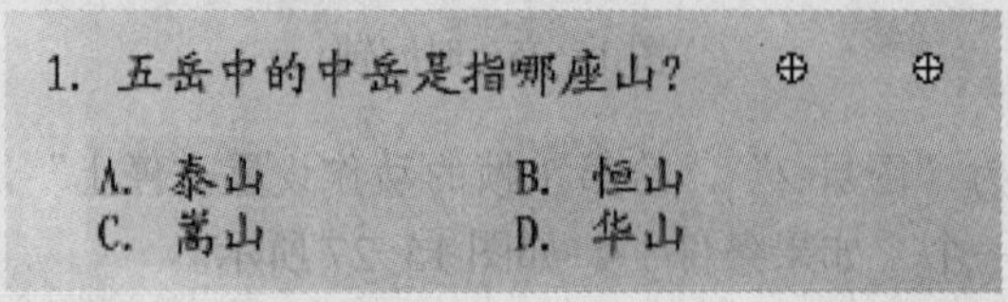

图 15-28　将元件放在问题 1 后面

"答案"影片剪辑在前，"对错"影片剪辑在后。

2 复制问题 1 后面的两个影片剪辑，粘贴到问题 2 的后面，如图 15-29 所示。

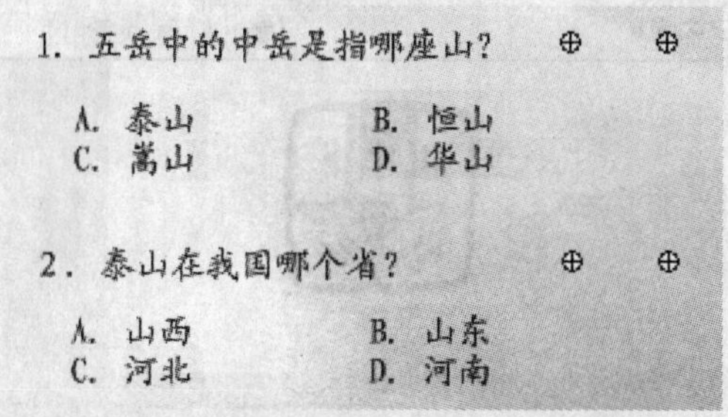

1. 五岳中的中岳是指哪座山？
A. 泰山　B. 恒山
C. 嵩山　D. 华山
2. 泰山在我国哪个省？
A. 山西　B. 山东
C. 河北　D. 河南

图 15-29　复制元件放在问题 2 后面

步骤 10：编辑图层 4

新建图层，命名为"图层 4"，用鼠标选中第 1 帧，把"库"中选项按钮（也就是做好的隐形按钮）拖到舞台上，放在问题选项上面，如图 15-30 所示。

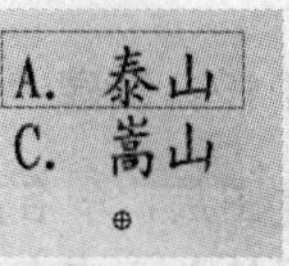

A. 泰山
C. 嵩山

图 15-30　将隐形按钮放在选项上

复制其余 7 个选项，并且都放置在选项上，如图 15-31 所示。

步骤 11：编辑图层 5

1 新建图层，命名为"图层 5"。

2 把"库"的提交按钮拖到舞台下方，将第 1 帧设置为关键帧，输入文字"提交"。这就是做完选择题后要用到的提交按钮，如图 15-32 所示。

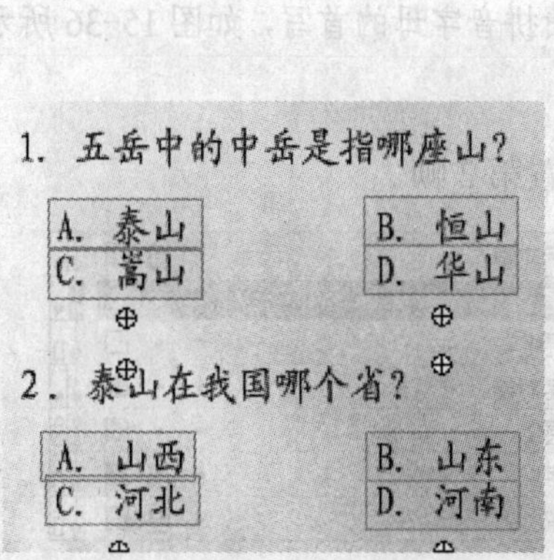

1. 五岳中的中岳是指哪座山？
A. 泰山　B. 恒山
C. 嵩山　D. 华山
2. 泰山在我国哪个省？
A. 山西　B. 山东
C. 河北　D. 河南

图 15-31　复制其余的隐形按钮

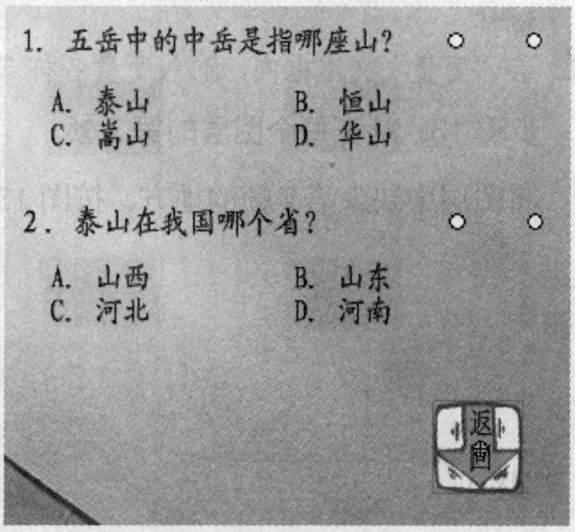

1. 五岳中的中岳是指哪座山？
A. 泰山　B. 恒山
C. 嵩山　D. 华山
2. 泰山在我国哪个省？
A. 山西　B. 山东
C. 河北　D. 河南
返回

图 15-32　提交按钮

3 在第 2 帧上插入关键帧，将这个关键帧上的文字修改为“返回”二字，如图 15-33 所示。

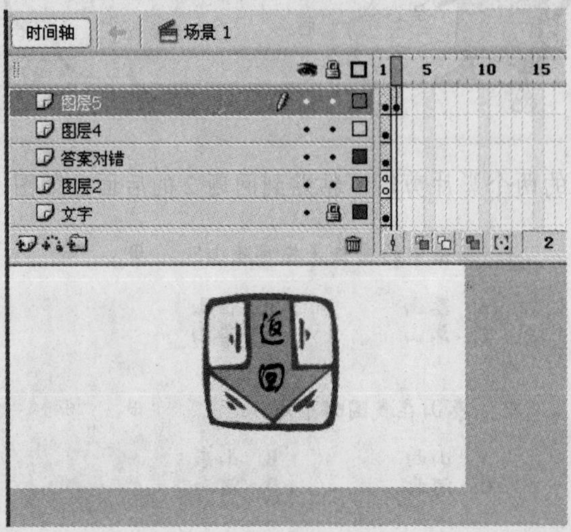

图 15-33　提交按钮的第 2 帧

步骤 12：新建“显示成绩”图层

1 新建图层，命名为“显示成绩”。在第 2 帧上插入空白关键帧，创建一个文本框，先不要输入文字，如图 15-34 所示。

2 打开“属性”面板，将文本设置为“动态文本”，如图 15-35 所示。

图 15-34　文本框

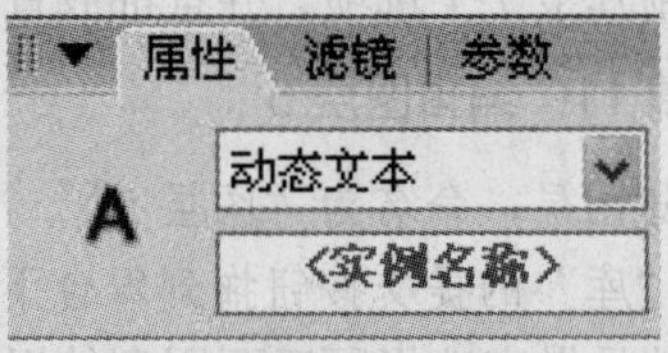

图 15-35　设置为动态文本

3 在“变量”文本框内，输入变量名称“cj”，即成绩拼音字母的首写，如图 15-36 所示。

步骤 13：补齐每个图层的第 2 帧

将图层中缺少第 2 帧的地方，按图 15-37 所示设置第 2 帧。

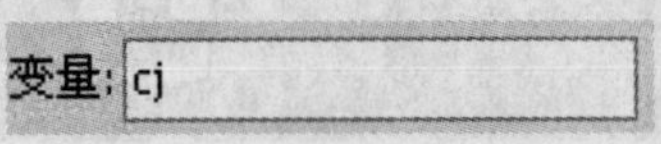

图 15-36　输入变量名称

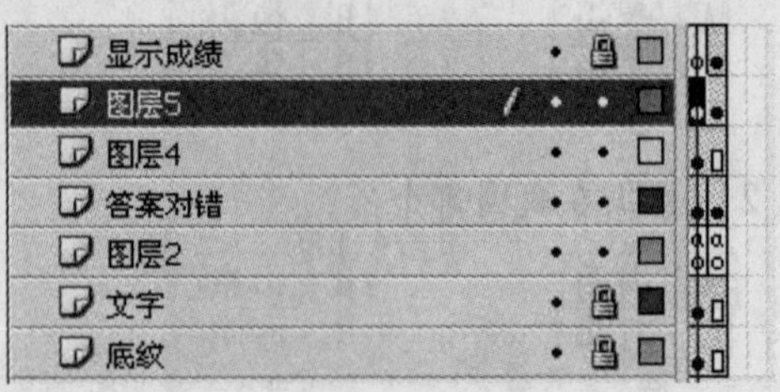

图 15-37　设置第 2 帧

步骤 14：编辑“答案对错”图层

1 在“答案对错”图层上，用鼠标选中第 1 帧，选择舞台上的“答案”影片剪辑，如图 15-38 所示。

在“属性”面板中，将实例名称命名为“t1”，如图 15-39 所示。

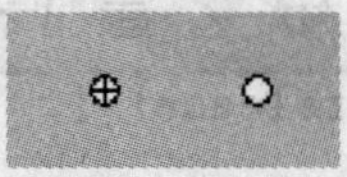

图 15-38　选择“答案”影片剪辑

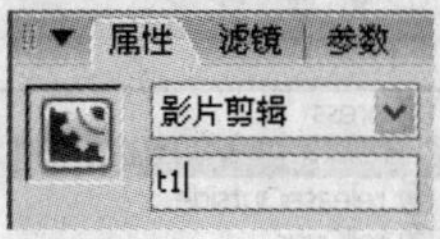

图 15-39　命名为 t1

2 选择舞台上的“对错”影片剪辑，在“属性”面板中，将实例名称命名为“d1”，如图 15-40 所示。

3 把题 2 后面的“答案”影片剪辑实例名称命名为“t2”，“对错”影片剪辑实例名称命名为“d2”。

步骤 15：给隐形按钮设置动作

1 在图层 4 上，选中题 1 中 A 选项上面的选项按钮，如图 15-41 所示。

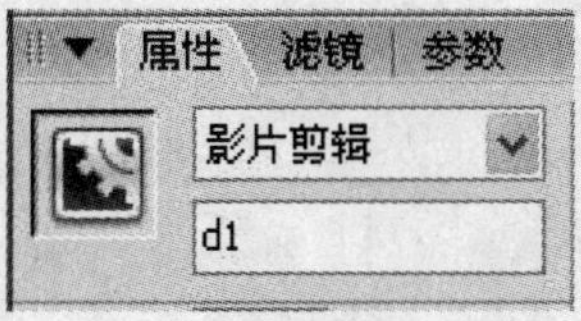

图 15-40　命名为 d1

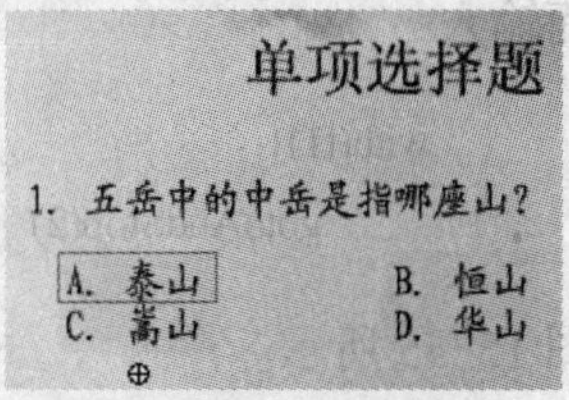

图 15-41　选中 A 选项上面的选项按钮

打开“动作”面板，单击“添加语句”按钮，选择“全局函数”→“影片剪辑控制”→“on”，如图 15-42 所示。

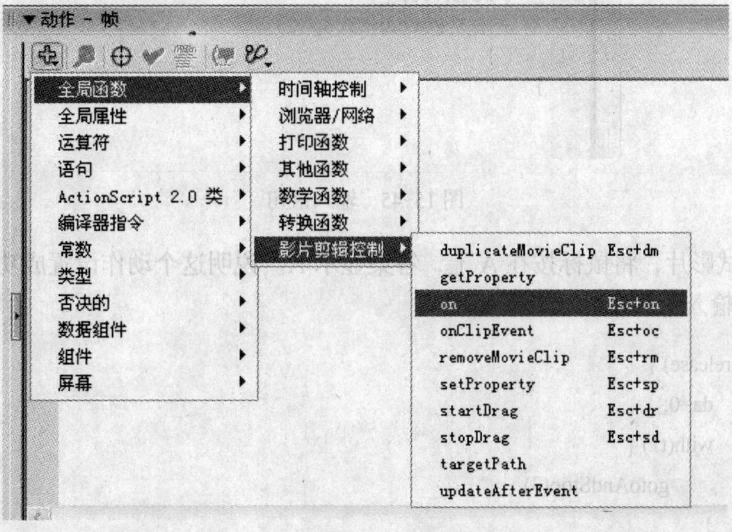

图 15-42　添加动作

这时 Flash CS3 的脚本助手会提示一些常用的动作语言，选择“release”，这是鼠标按下的意思，如图 15-43 所示。

这时“脚本编辑”窗口内添加了一个鼠标按下动作，如图 15-44 所示。

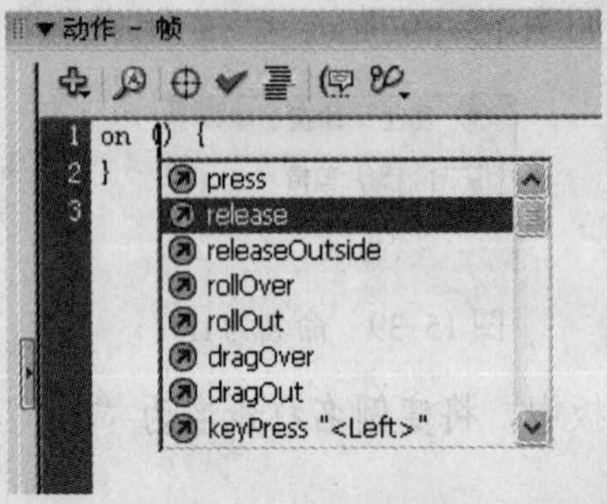

图 15-43　添加鼠标按下动作

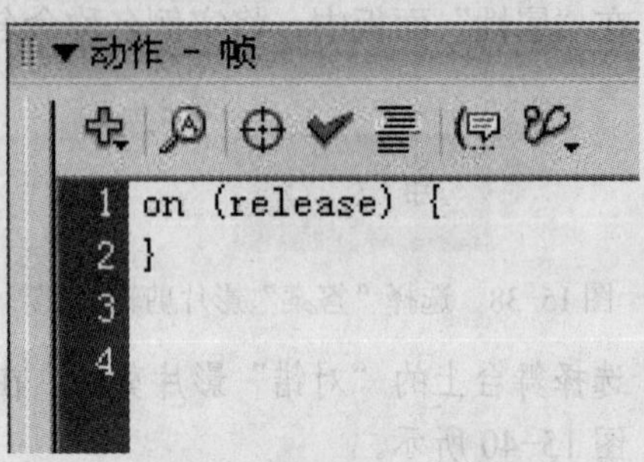

图 15-44　“脚本编辑”窗口

需要的效果是：当鼠标按下答案 A 后，将答案组件的帧跳到第 2 帧，所以在

```
on (release) {
```

后面输入

```
with(t1){
    gotoAndStop(2)
```

如图 15-45 所示。

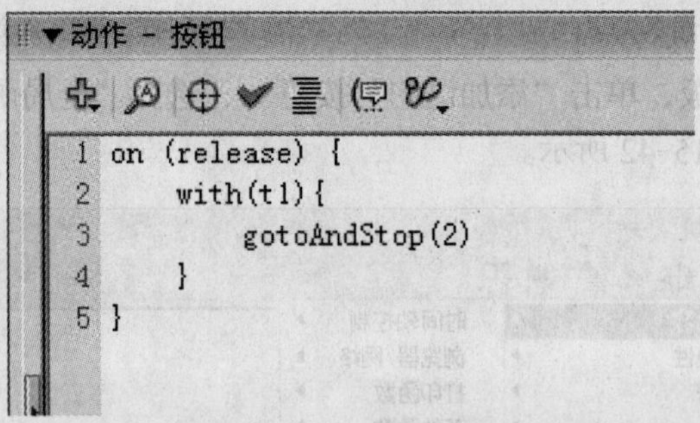

图 15-45　输入语句

现在测试影片，将鼠标按在 A 上，答案显示 A。说明这个动作设置成功了。

2　答案 B 输入语句

```
on (release) {
    da=0;
    with(t1) {
        gotoAndStop(3)
    }
```

```
}
```

3 答案 C 输入语句

```
on (release) {
    da=0;
    with(t1) {
        gotoAndStop(4)
    }
}
```

4 答案 D 输入语句

```
on (release) {
    da=0;
    with(t1) {
        gotoAndStop(5)
    }
}
```

5 将题 2 的隐形按钮也设置相同动作，注意 t1 要写成 t2。因为题 2 的隐形按钮的实例名称是 t2。

步骤 16：给提交按钮设置动作

选择答案后，还要单击提交按钮，提示答案对错的判断，现在就输入提交按钮动作代码。

1 选中图层 5 上第 1 帧，选择舞台上的提交按钮，打开“动作”窗口，在“脚本编辑”窗口中输入如下语句：

```
on (release) {
    gotoAndStop(2)
}
```

2 在第 2 帧上，选择提交按钮，打开“动作”窗口，在“脚本编辑”窗口中输入如下语句：

```
on (release) {
    with(t1){
        gotoAndStop(1)
    }
    with(d1){
        gotoAndStop(1)
    }
```

```
        with(t2){
          gotoAndStop(1)
      }
      with(d2){
          gotoAndStop(1)
      }
      gotoAndStop(1);
  }
```

步骤 17：新建图层 6

新建图层命名为“图层 6”，在第 2 帧上设置关键帧，给此关键帧输入如下语句：

```
cj1=da+db
cj=cj1*50
```

上面的语句表示：成绩 1 的值是 da+db，成绩值是成绩 1*50。

设置动作后，图层 6 如图 15-46 所示。

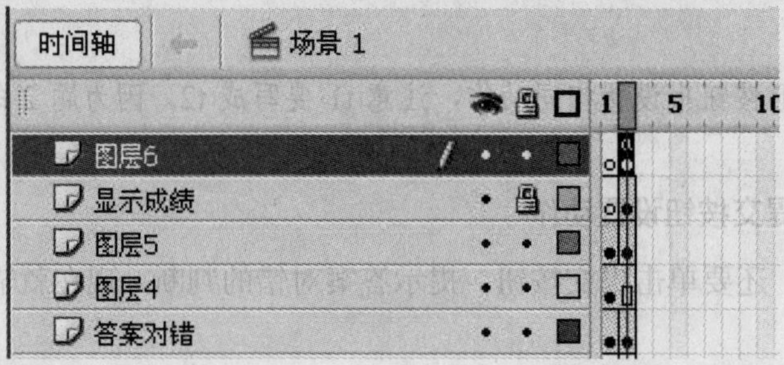

图 15-46　图层 6

步骤 18：编辑显示成绩图层

用鼠标选中显示成绩图层上的第 2 帧，创建一个静态文本，输入“成绩：　　分”，并将分数的文本放置在这段文字的空格处，如图 15-47 所示。

图 15-47　输入文字

测试影片，观看一个动画效果。至此，这个“单项选择题”制作完成。

步骤 19：导出影片并保存文档

导出影片并保存文档。要注意，在制作过程中要养成经常保存文档的习惯。

通过使用不同的脚本可以创建各种精彩的动画效果，在使用 ActionScript 脚本时，可以自己多进行编辑测试，不断地学习、创新。

第 8 节 练 一 练

1）制作一个能被鼠标拖动的小球，并设置其在按钮按下时停止鼠标拖动效果。

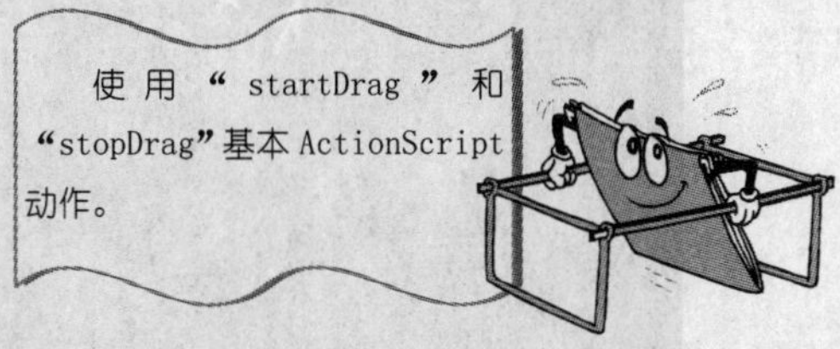

2）制作一个心形图形跟踪鼠标效果，如图 15-48 所示。

图 15-48 心形图形跟踪鼠标效果

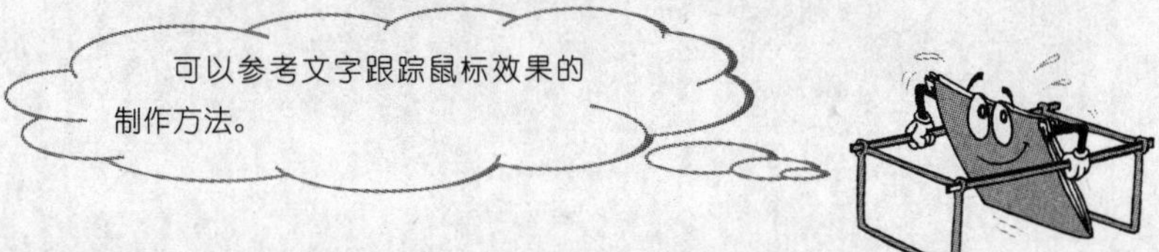

3）制作一个鼠标无法触及的小球，使用与文中不同的方法。

4）制作一个自己喜欢的风格的音乐播放器，可以设置其具有播放、停止等功能。

5）制作围绕鼠标旋转的星星，如图 15-49 所示。

图 15-49　围绕鼠标旋转的星星

第16章 三剑客综合实例

Dreamweaver CS3 是一款专业的 HTML 编辑器，可以用于对 Web 站点、Web 页面和 Web 应用程序进行设计、编码和开发。无论使用者喜欢直接编写 HTML 代码还是喜欢在可视化编辑环境中工作，Dreamweaver 都会提供多种工具，丰富使用者的创作经验。

Fireworks CS3 是用来设计和制作专业化网页图形的解决方案。它可以帮助网页图形设计人员和开发人员解决所面临的许多问题。使用 Fireworks，可以在一个专业化的环境中创建和编辑网页图形，对图像进行动画效果的处理，添加高级交互功能以及优化图像等，还可以随时创建和编辑位图和矢量图形。

Flash CS3 提供了创建和发布丰富的 Web 内容和强大的应用程序所需的所有功能。不管是设计动画还是构建数据驱动的应用程序，Flash 都提供了创作出色作品以及为使用不同平台和设备的用户提供最佳体验的工具。

Dreamweaver、Fireworks、Flash 三者可以与多种产品集成，包括 Adobe 公司的其他产品（如 FreeHand 和 Director）和其他图形应用程序与 HTML 编辑器，它们一起提供了一个真正集成的 Web 解决方案。

使用这三者的丰富功能，可以自己独立地设计和创建一个功能强大的网站。

在建站之前，需要先对网站进行规划，确定其主题。这里，将设计制作一个精美的游戏网站——游戏（GAME）。在这个网页中，包括一个漂亮的站标（Logo）图片，一个网页宣传动画，一些构成了网页版块的静态图片，这些图片和动画使得网页看起来很整齐，很美观；还有一些利用 CSS 滤镜技术处理了的图片和文字，这些文字和图片大大增强了网页的效果；另外还有一个电影字幕动画。网页分为“游戏天地”、“游戏快报”、“游戏资料片”、“模拟天堂”、“游戏之家”、“友情链接”6 个版块。

根据网站需要表达的内容，可以列出网站的主要栏目，然后再确定网站的结构，并创建导航条的内容。此时，可以使用资源管理器进行网站结构的规划。

规划好网站的结构之后，一般情况下，还需要进行网站的首页或者其他页面的草图设计。草图设计可以使用画图工具，也可以使用手工绘制。使用草图有助于设计者规划页面布局，设计网页制作中需要使用的技术。

除了规划网页的布局外，还需要设计网页的一些其他参数，例如颜色及样式等。在 Dreamweaver 中，可以在“设计”面板中定义或使用 CSS 样式。

网站规划完成后，便可以使用 Dreamweaver、Fireworks 和 Flash 进行制作了。

第 1 节　制作 Logo 图片

Fireworks CS3 是一个创建、编辑和优化网页图形的多功能应用程序，可以用来设计网页图形。它所包含的创新解决方案解决了图形设计人员所面临的主要问题。

Fireworks 中的工具种类齐全，可以创建和编辑位图和矢量图像、设计网页效果，如变换图像和弹出菜单、修剪和优化图形以减小文件大小以及通过重复性任务来节省时间。

Fireworks 可以将文档导出或另存为 JPEG、GIF 或其他格式的文件以及包含 HTML 表格和 JavaScript 的 HTML 文件，并能在网页中使用。

根据设计需要，可以利用 Fireworks CS3 制作网页中使用的图片，首先，制作用于标识网页主题的标志图案 Logo。

站点的 Logo 图片是一个站点的标志，Logo 图片一定要能体现站点的内容。本网页的 Logo 图片包含了站点的名字，能很好体现站点的内容，并且它的制作也有独到之处。制作过程如下。

1）启动 Fireworks CS3，新建一个文档，设置画布的大小为“180×115”像素，颜色设置为“白色”。

2）在画布上绘制一个矩形，填充色为“#C0FF00”，矩形的宽为“180”像素，高为“80”像素，X 坐标和 Y 坐标的值都为“0”，矩形的效果如图 16-1 所示。在画布上画一个圆，圆的直径为“60”，X 坐标和 Y 坐标的值分别为“0”和“50”，填充色为“#C0FF00”；再画一个圆，圆的直径为“50”像素，X 坐标和 Y 坐标的值分别为“79”和“50”，填充色为“#C0FF00”；再画一个圆，圆的直径为“40”像素，X 坐标和 Y 坐标的值分别为“140”和“50”，填充色为“#C0FF00”。这样，在画布上，就绘制了 1 个矩形、3 个圆形，效果如图 16-2 所示。选中所有的图形，单击“修改”→“组合”命令，将所有的图形组合在一起，组合后的效果如图 16-3 所示。

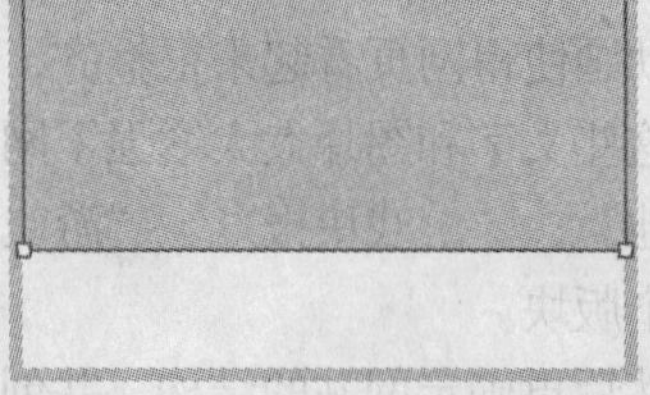

图 16-1　矩形的效果图

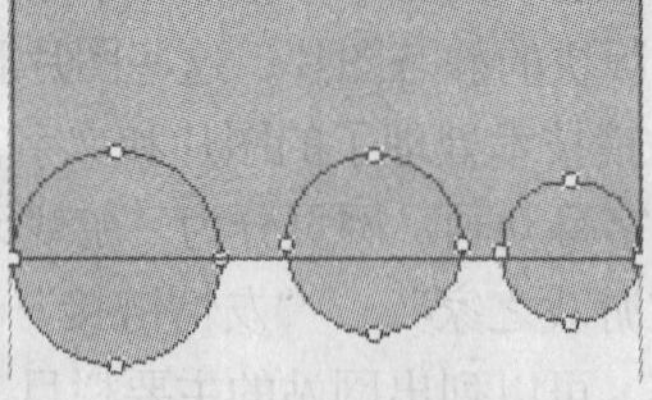

图 16-2　矩形和圆的效果图

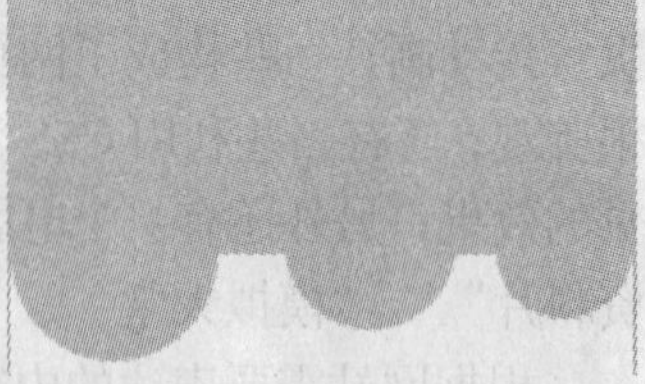

图 16-3　组合后的效果图

3）再绘制一个图 16-4 所示的矩形，填充色为“#C0FF00”，将它与原图形合并在一起。在画布上，画一个圆，圆的直径为“30”像素，X 坐标和 Y 坐标的值分别为“56”和“81”，填充色为#“C0FF00”；再画一个圆，圆的直径为“25”像素，X 坐标和 Y 坐标的值分别为“122”和“84”，填充色为“#C0FF00”。选中所有的图形，如图 16-5 所示。单击“修改”→“路径”→“打孔”命令，经过打孔处理后的图形效果如图 16-6 所示。

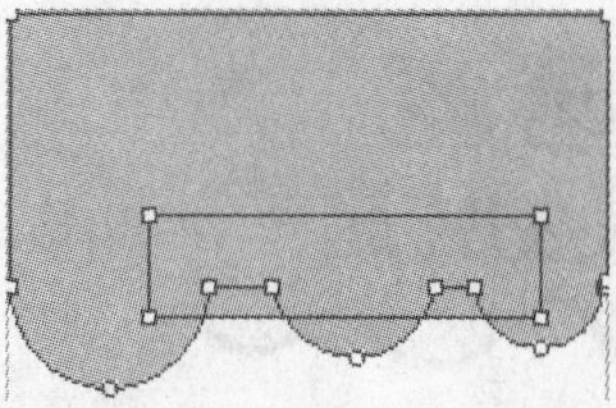

图 16-4　矩形的效果图

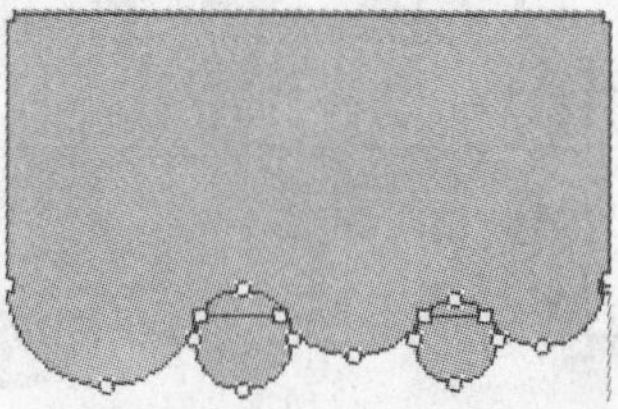

图 16-5　选中所有的图形

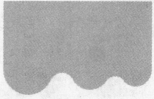

图 16-6　经过打孔处理后的图形效果图

4）选中图形，为它添加阴影效果，“投影”效果对话框如图 16-7 所示，添加阴影效果后的图形效果如图 16-8 所示。

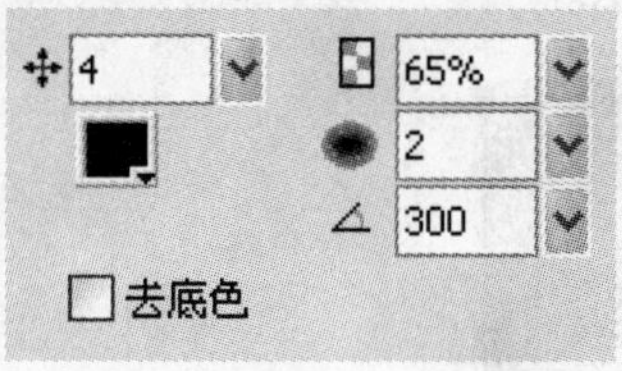

图 16-7 “投影”效果对话框

图 16-8　添加阴影效果后的图形效果图

5）在画布上，输入文字“游戏”，设置文字的字体为“华文行楷”，大小为“40”，填充颜色为“#339900”。选中文字，添加阴影效果，“投影”效果对话框如图 16-9 所示，添加阴影效果后的文字效果如图 16-10 所示。

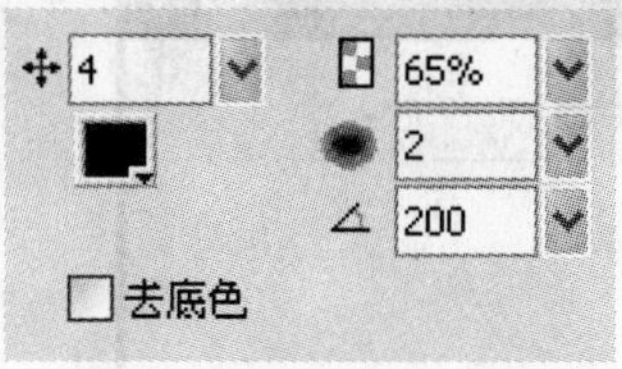

图 16-9 “投影”效果对话框

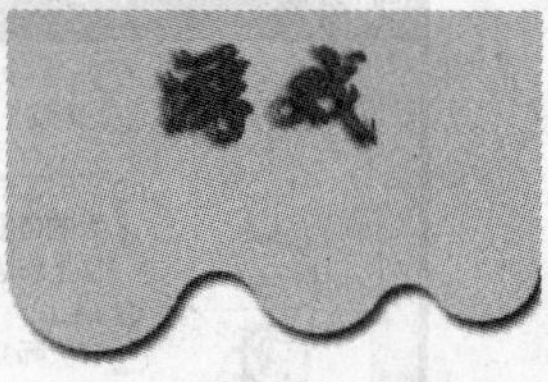

图 16-10　文字的阴影效果图

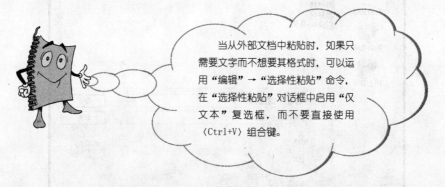

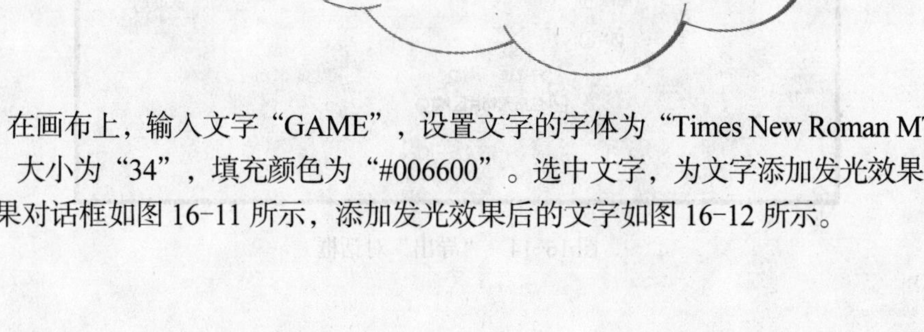
当从外部文档中粘贴时，如果只需要文字而不想要其格式时，可以运用“编辑”→“选择性粘贴”命令，在“选择性粘贴”对话框中启用“仅文本”复选框，而不要直接使用〈Ctrl+V〉组合键。

6）在画布上，输入文字“GAME”，设置文字的字体为“Times New Roman MT Extra Bold”，大小为“34”，填充颜色为“#006600”。选中文字，为文字添加发光效果，“发光”效果对话框如图 16-11 所示，添加发光效果后的文字如图 16-12 所示。

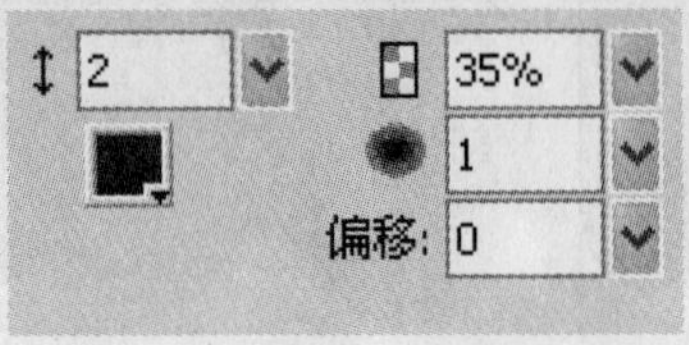

图 16-11 “发光”效果对话框

图 16-12 文字的发光效果图

7）在“工具”面板上，单击“切片”工具按钮，将图形切成两份，如图 16-13 所示。保存并导出图片，在弹出的“导出”对话框中，单击“导出”按钮，将导出的图片保存在两个文件中（因为有两个切片），如图 16-14 所示。

图 16-13 利用“切片”工具将图形切成两份

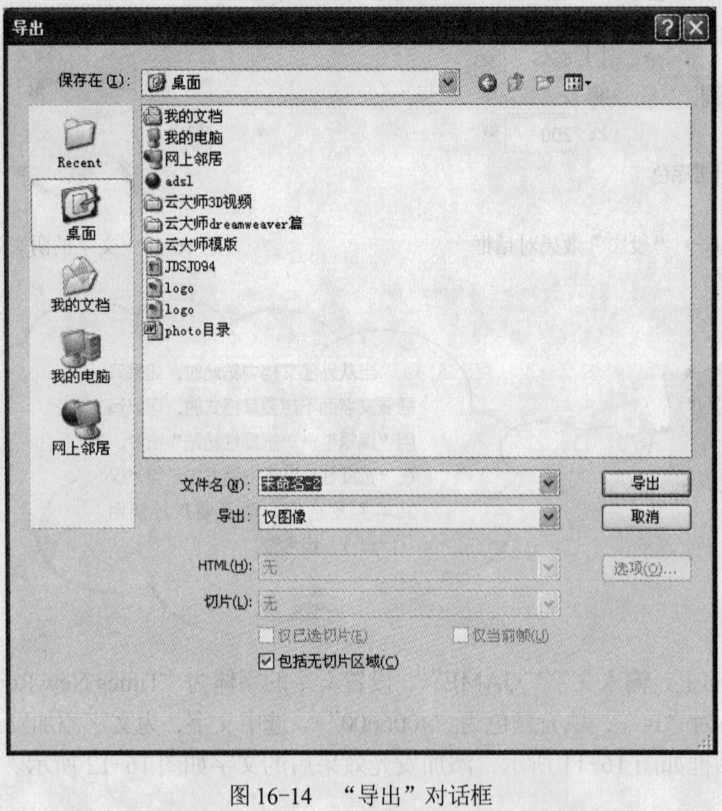

图 16-14 “导出”对话框

利用“切片”工具切分图片的目的是将较大的图片分成若干个小图片，这样可以加快文件的下载速度。

第 2 节　制作构成网页框架的静态图片

制作构成两侧版块的图片。本网页的左右两侧版块具有很鲜明的特色，除了利用前面用过的制作彩色线条的技术外，还将彩色线条与图片结合，整体上形成了比较好的效果。另外友情链接的图片和它们也很相似，在这里一并进行讲解。图片的制作过程如下。

1）打开 Fireworks CS3，新建一个文档，设置画布的大小为“180×30”像素，颜色为“白色”。

2）在画布上绘制 1 个矩形，矩形的宽为“180”像素，高为“10”像素，填充色为“#C0FF00”。在画布上绘制两个相同的圆，圆的直径为“40”像素，将这两个圆移动到图 16-15 所示的位置。再绘制一个图 16-16 所示的矩形，选中所有图形，将它们组合在一起，为这个新图形添加阴影效果，“投影”效果对话框如图 16-17 所示，图形的效果如图 16-18 所示。

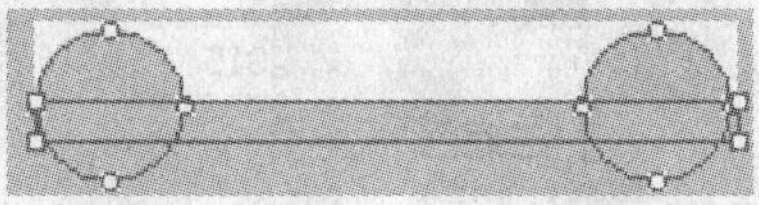

图 16-15　矩形和圆的位置关系图

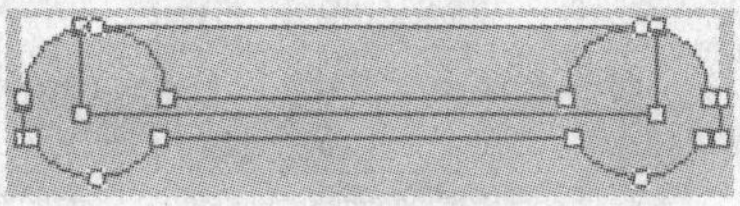

图 16-16　选中所有的图形

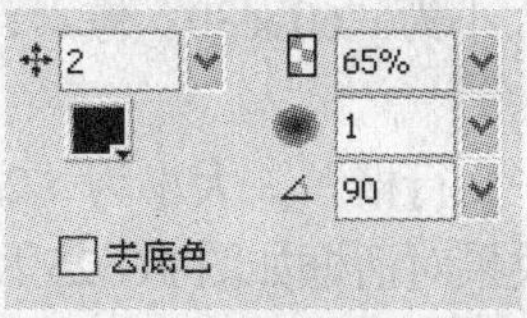

图 16-17　“投影”效果对话框

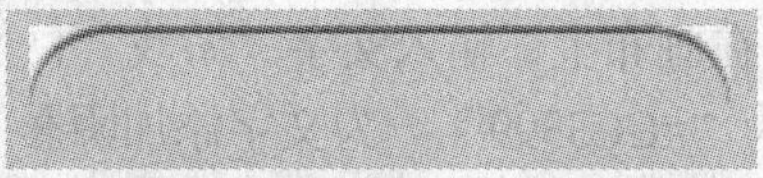

图 16-18　添加阴影效果后的图形效果图

3）在图形上绘制一个矩形，矩形的“属性”面板如图 16-19 所示，在矩形上输入文字“游戏天地”，字体为“华文行楷”，大小为“20”，颜色为“#FFFFFF”。为文字添加阴影效果，“投影”效果对话框如图 16-20 所示，文字的效果如图 16-21 所示。

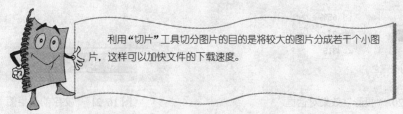

图 16-19　矩形的“属性”面板

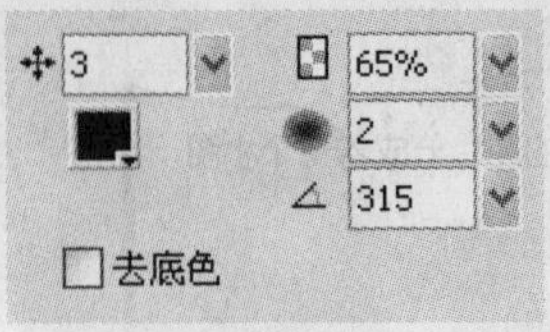

图 16-20 “投影”效果对话框

图 16-21 文字的效果图

4）保存并导出图片。单击“文件”→“另存为”命令，将画布上的文字改为“游戏快报”，效果如图 16-22 所示。

5）保存并导出图片。单击“文件”→“另存为”命令，将画布上的文字改为“友情链接”，并将矩形的边框颜色改为“红色”，效果如图 16-23 所示。保存并导出图片。

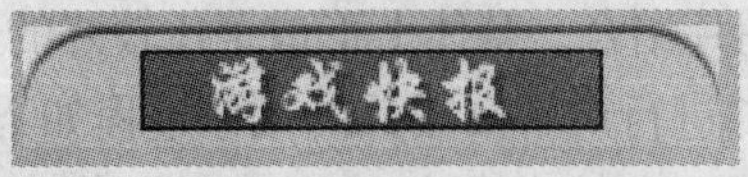

图 16-22 图片的效果图 1

图 16-23 图片的效果图 2

6）新建一个文档，设置画布的大小为宽“180”像素，高“20”像素，颜色为“白色”。将两个矩形和两个圆形合并成图 16-24 所示图形，并为图形添加阴影效果，“投影”效果对话框如图 16-25 所示，保存并输出图片。

图 16-24 图形的效果图

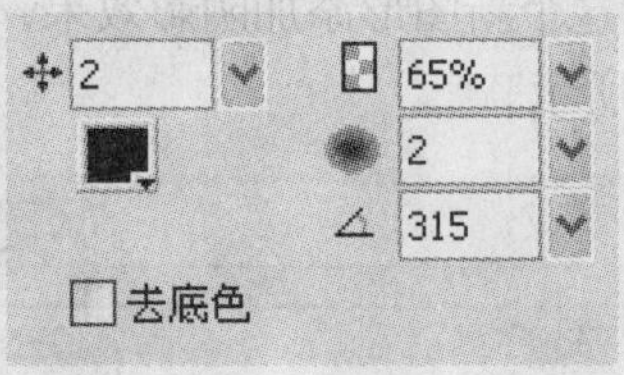

图 16-25 “投影”效果对话框

7）打开 Fireworks CS3，新建一个文档，设置画布的大小为“60 × 30”像素，颜色为“白色”。

8）在画布上，输入文字“游戏”，文字的字体为“华文行楷”，大小为“25”，填充颜色为“#CC3399”。为文字添加阴影效果，“投影”效果对话框如图 16-25 所示。文字的效果如图 16-26 所示。

9）输入文字“资料片”，文字的字体是“华文行楷”，大小是“15”，填充颜色为“#CC3399”。为文字添加阴影效果，“投影”效果对话框如图 16-25 所示。文字的效果如图 16-27 所示。

10）保存并导出图片，然后将文件换名保存，将文字修改为如图 16-28 所示。

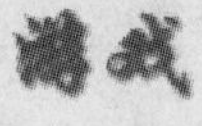

图 16-26 文字的阴影效果图

图 16-27 文字的效果图 2

图 16-28 文字的效果图 3

11）保存并导出图片，然后将文件换名保存，将文字修改为如图 16-29 所示。保存并导出图片。

12）打开 Fireworks CS3，新建一个文档，设置画布的大小为“580 × 8”像素，颜色为“白色”。

13）在画布上绘制一个矩形，矩形的宽为“580”像素，高为“6”像素。将矩形的填充方式改为“椭圆形”，“颜色编辑”对话框如图 16-30 所示。矩形的效果如图 16-31 所示，保存并导出图片，

图 16-29　文字的效果图 3

图 16-30　“颜色编辑”对话框

图 16-31　矩形的效果图

第 3 节　制作具有立体感的相片效果图片

在这里，将制作一个具有立体感的相片效果图片，制作方法如下。

1）打开 Fireworks CS3，新建一个文档，设置画布的大小为“114 × 114”像素，颜色为“白色”。

2）在画布上绘制一个矩形，矩形的宽和高都为“100”像素，填充颜色为“白色”。复制一个相同的矩形，将最初的矩形的“属性”面板设置成如图 16-32 所示，并利用“扭曲”工具将矩形做一点变形处理。两个矩形叠加的效果如图 16-33 所示。

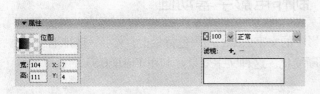

图 16-32　矩形的“属性”面板

图 16-33　两个矩形叠加的效果图

3）在画布上再绘制一个矩形，矩形宽和高都为“50”像素，X 和 Y 的值为“7”。将这个矩形的填充方式改为“线性”，“颜色编辑”对话框如图 16-34 所示。矩形的效果如图 16-35 所示。导入作为相片的图片，具有立体感的相片效果图片就制作完成了，效果如图 16-36 所示。保存并导出图片。

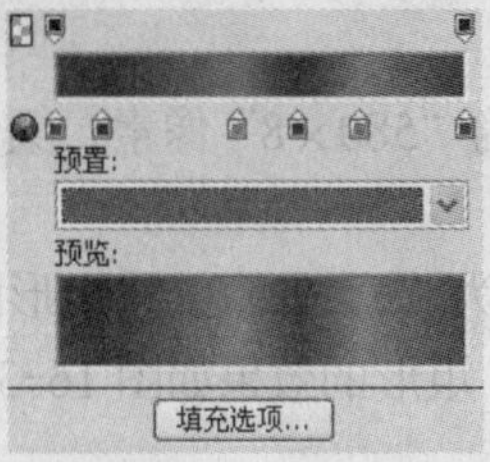

图 16-34 “颜色编辑”对话框

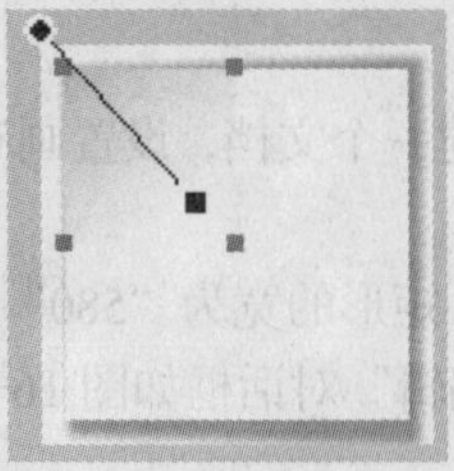

图 16-35 矩形的效果图

图 16-36 图片的效果图

第 4 节 制作网页宣传动画

在这里，利用 Flash CS3 制作一个构思很精巧的动画，制作方法前面已经讲过，这里不再赘述。制作的效果如图 16-37 所示。

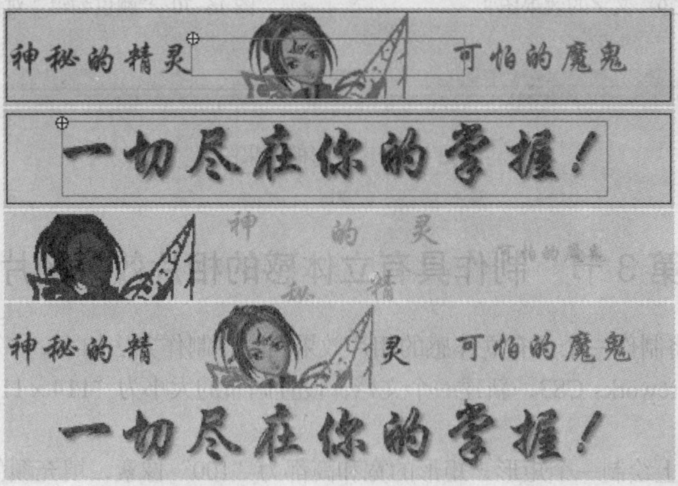

图 16-37 动画的效果图

第 5 节 制作电影字幕动画

电影字幕动画的效果是：模拟电影中的文字效果，在黑色背景上，文字一排排地出现，又一排排地消失，并且文字的颜色不断变化。这种文字效果是利用 Flash CS3 的遮罩技术来实现的。

1）打开 Flash CS3，选择“修改”→“文档”命令，将文档的大小设为“宽 160”像素、“高 120”像素，背景颜色为“黑色”。这一层的作用是实现文本的移动效果。创建一个图形元件“text”。在图形元件“text”的编辑窗口中，输入图 16-38 所示的文字。文字的字体为“华文行楷”，颜色为“白色”。

2）单击“场景 1”按钮，返回到场景 1 的编辑窗口。将图层的名字改为“Mask Text”。将鼠标定位在第 1 帧，打开“库”面板，拖入图形元件“text”的一个实例，并将实例移动到

图 16-39 所示的位置。在第 220 帧插入关键帧，将舞台上的实例移动到图 16-40 所示的位置。然后在第 1 帧创建运动渐变动画。

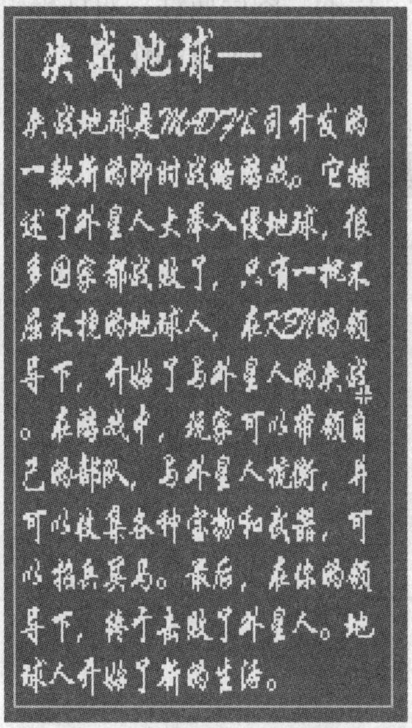
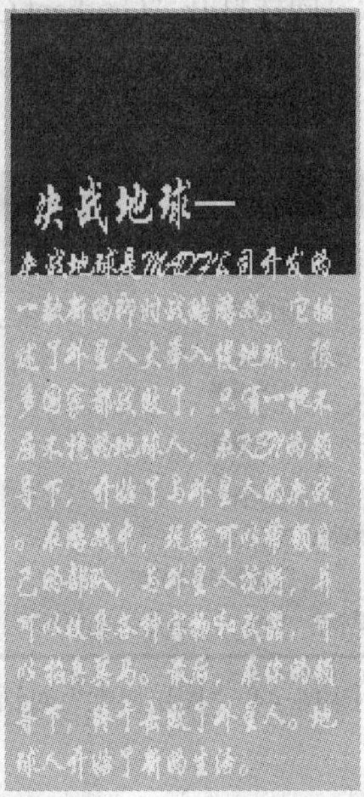
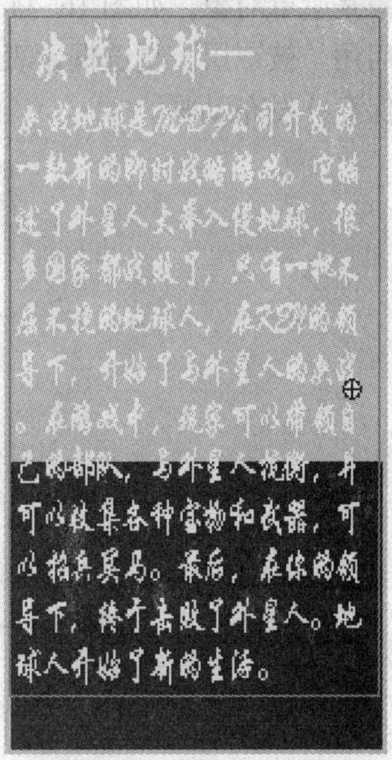

图 16-38　图形元件“text”　图 16-39　第 1 帧的效果图　图 16-40　第 220 帧的效果图

3）新建一个层，将层命名为“Gradient Color”。将鼠标定位在这一层的第 1 帧，单击“矩形”工具按钮，在舞台上画一个矩形，矩形的“属性”面板如图 16-41 所示。单击“填充色”按钮，将矩形的填充色设为如图 16-42 所示。单击“工具”面板上的“填充变形”工具按钮，然后单击矩形，在矩形上将出现颜色调节手柄，将调节手柄移动到图 16-43 所示的位置。然后在第 220 帧插入关键帧。

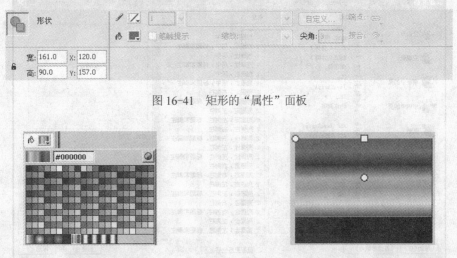

图 16-41　矩形的“属性”面板

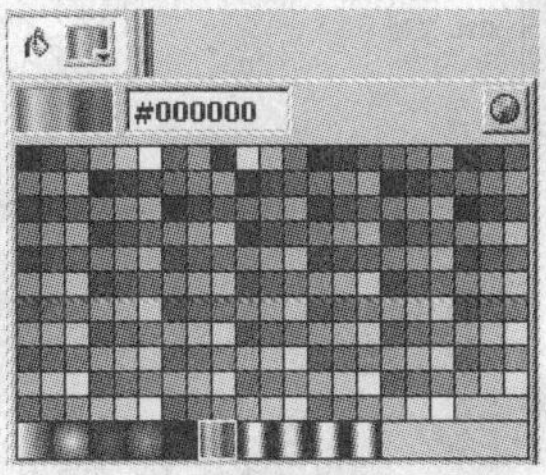

图 16-42　改变矩形的填充颜色

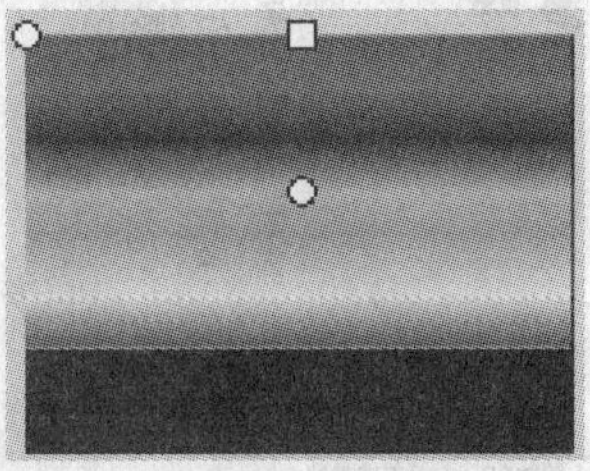

图 16-43　调整颜色调节手柄的位置

4）在“时间轴”面板上，用鼠标右键单击“Mask Text”层，在弹出的菜单中选择“属性”选项，在弹出的“图层属性”对话框中，启用“遮罩层”复选框，表示这一层中的对象是遮罩对象，如图 16-44 所示。同样打开“Gradient Color”层的“图层属性”对话框，启用“被罩层”复选框，表示这一层中的对象是被遮罩对象。这样，动画就制作完成了，保存并发布动画。

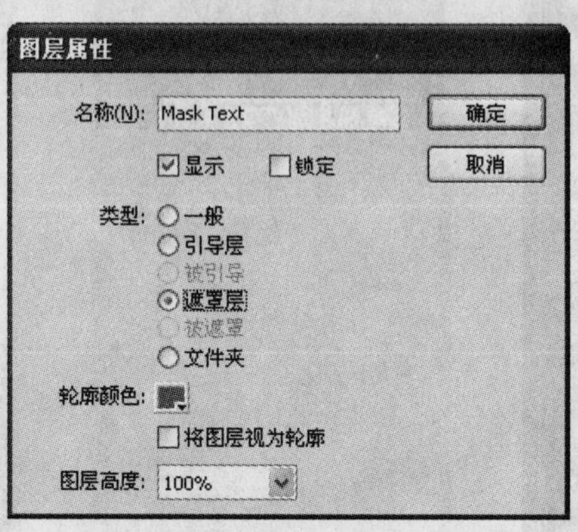

图 16-44 “图层属性”对话框

第 6 节　利用 Dreamweaver CS3 制作网页

在这一部分，首先将利用 Dreamweaver 制作出网页，然后再制作 CSS 样式，并将 CSS 样式添加到网页中，制作方法如下。

1）启动 Dreamweaver CS3，单击“文件”→“新建”命令，弹出“新建文档”对话框，如图 16-45 所示，单击“创建”按钮，新建一个文档。

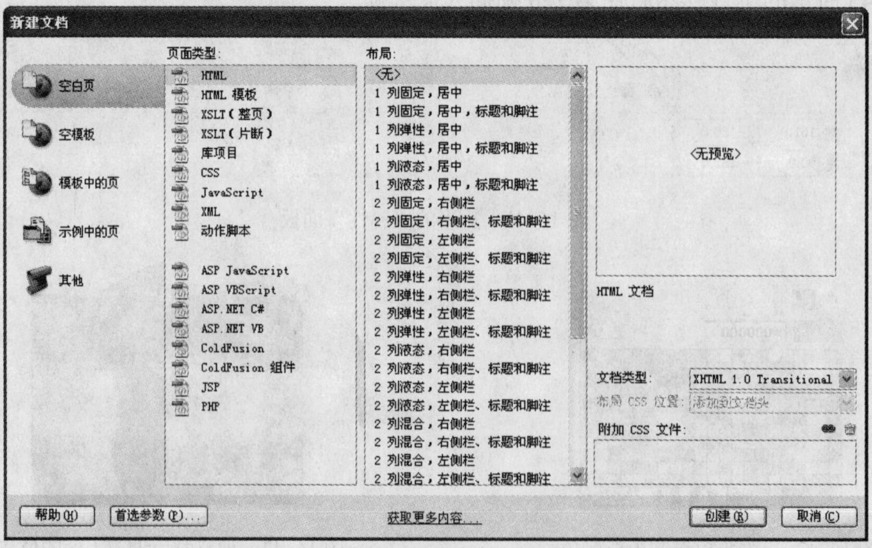

图 16-45 “新建文档”对话框

2）在“插入”工具栏中单击“布局”按钮，进入布局编辑模式，如图 16-46 所示。

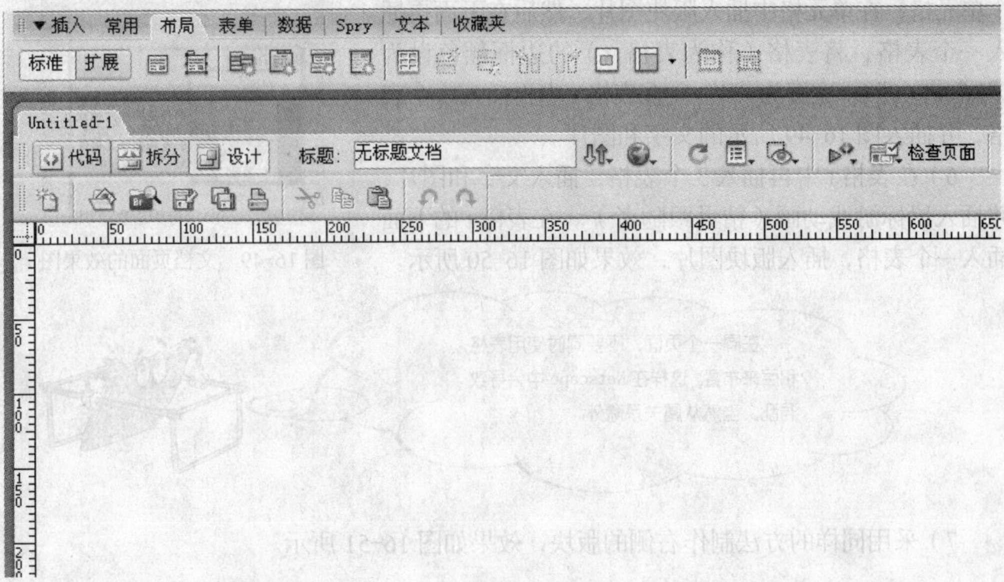

图 16-46　进入布局编辑模式

3）在工具栏中单击“绘制布局表格”按钮，在布局视图下绘制图 16-47 所示表格和单元格。

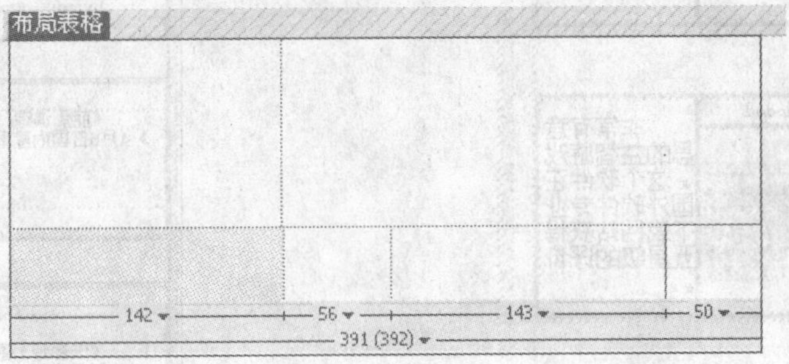

图 16-47　绘制表格和单元格

4）在绘制的表格和单元格中插入 Logo 图片和宣传动画，制作图 16-48 所示的文档页面。

图 16-48　文档页面的效果图

5）在文档页面的左侧插入一个表格，在表格中画一个单元格，在单元格中插入版块图片，然后在下面再插入一个表格，将表格（称为表格 t）的边框颜色设为“#C0FF00”，宽度为“4”。在表格 t 中再插入一个表格，并插入图 16-49 所示的文字和图片。

6）在表格 t 中再插入 3 个表格，插入文字和图片，并插入鼠标游戏动画（精灵跟随者）。在表格 t 的下面插入一个表格，插入版块图片，效果如图 16-50 所示。

图 16-49　文档页面的效果图

在同一个页面，不要同时使用表格和层来布置。这样在 Netscape 中会导致混乱，当然从属关系除外。

7）采用同样的方法制作右侧的版块，效果如图 16-51 所示。

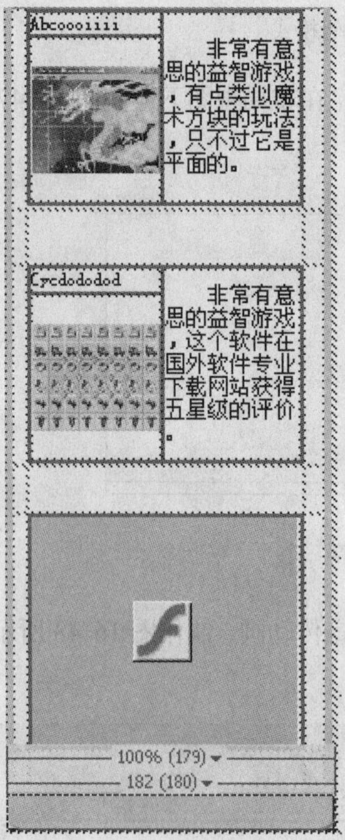

图 16-50　文档页面的效果图

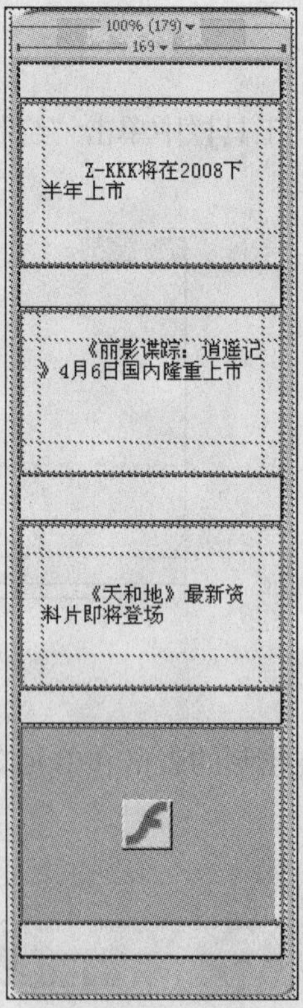

图 16-51　右侧版块的文档效果图

8）制作中间的版块，中间版块共有 3 个版块，将 3 个装载版块内容的表格的边框颜色设为“#339900”，宽度为“2”，如图 16-52 所示。

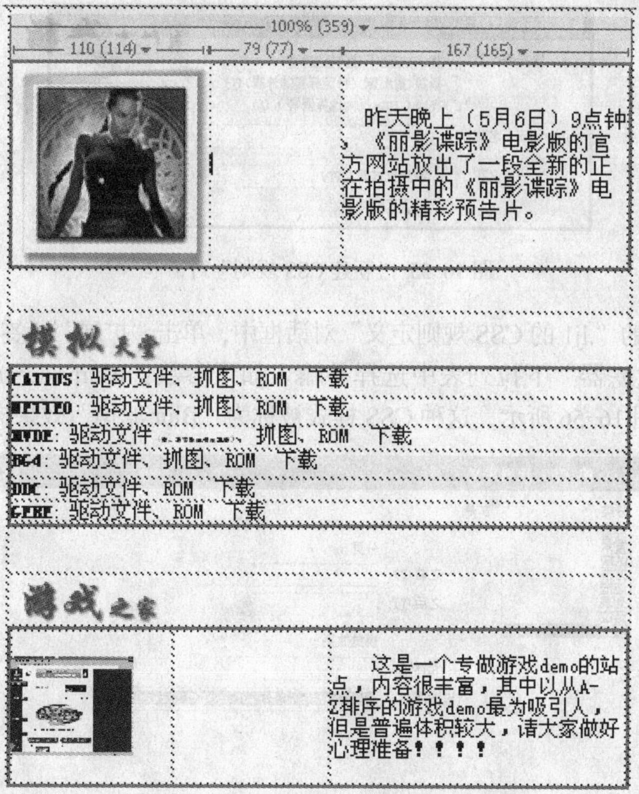

图16-52　中间版块的文档效果图

9）在文档的底部制作图16-53示的页面，作为网页的友情链接版块。

图16-53　网页的友情链接版块

10）接着制作 CSS 样式，单击“窗口”→“CSS 样式”命令，打开“CSS 样式”面板，如图16-54示。在面板上单击鼠标右键，选择“新建”选项。在弹出的“新建 CSS 规则”对话框中，输入样式的名字“.lj1”，在“选择器类型”选项中，选择“类（可应用于任何标签）”单选按钮，在“定义在“选项中选择“仅对该文档”单选按钮，这样就定义了一个在该文档内有效的自定义CSS样式—.lj1,“新建CSS规则”对话框如图16-55所示。

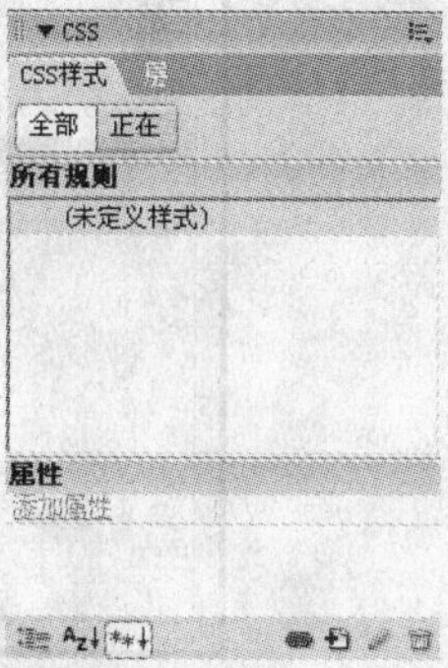

图16-54　“CSS样式”面板

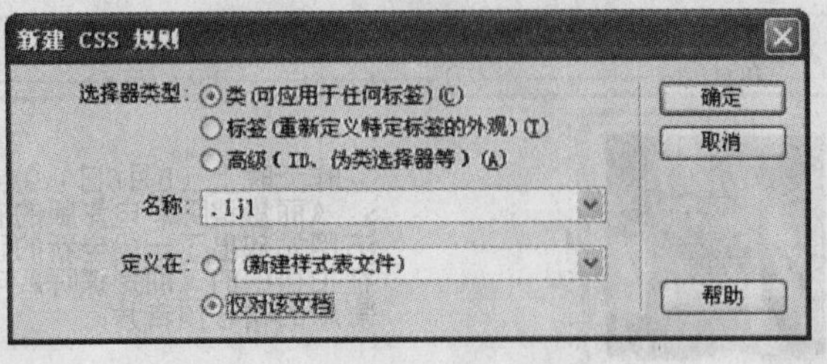

图 16-55 “新建 CSS 规则”对话框

11）在弹出的“.lj1 的 CSS 规则定义”对话框中，单击“扩展”标签，切换到“扩展”选项卡，在“过滤器”下拉列表中选择并输入如下参数：Blur(Add=true,Direction=135, stretch=10)，如图 16-56 所示，这种 CSS 样式被称为“Blur 滤镜”效果样式。

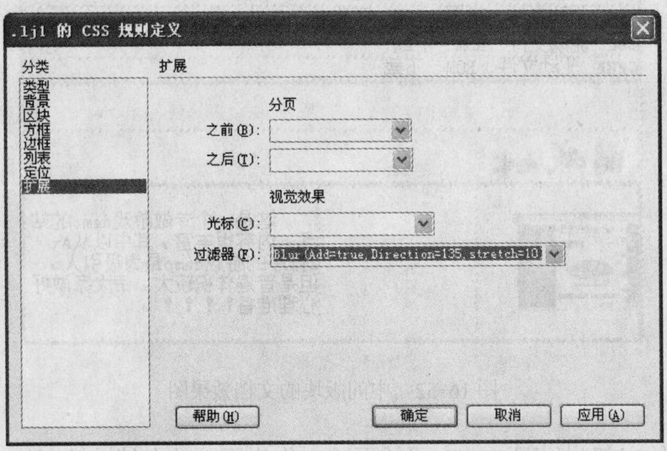

图 16-56 “.lj1 的 CSS 规则定义”对话框

12）采用同样的方法制作 CCS 样式—.lj2，“.lj2 的 CSS 规则定义”对话框如图 16-57 所示。这种 CSS 样式被称为“FlipV 滤镜”，它的效果是使网页元素产生垂直翻转的效果。

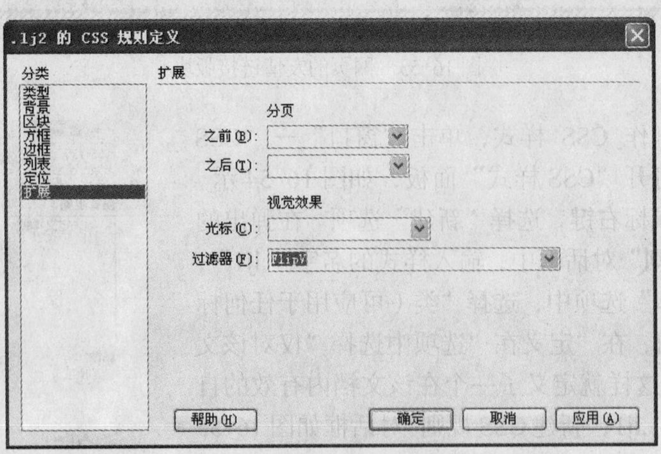

图 16-57 “.lj2 的 CSS 规则定义”对话框

13）制作 CCS 样式—.lj3，在“.lj3 的 CSS 规则定义”对话框的“过滤器”下拉列表中选择并输入 Alpha(Opacity=25,FinishOpacity=50,Style=1,StartX=0,StartY=0,FinishX=50,FinishY=50)，“.lj3 的 CSS 规则定义”对话框如图 16-58 所示，这种 CSS 样式被称为“Alpha 滤镜”。

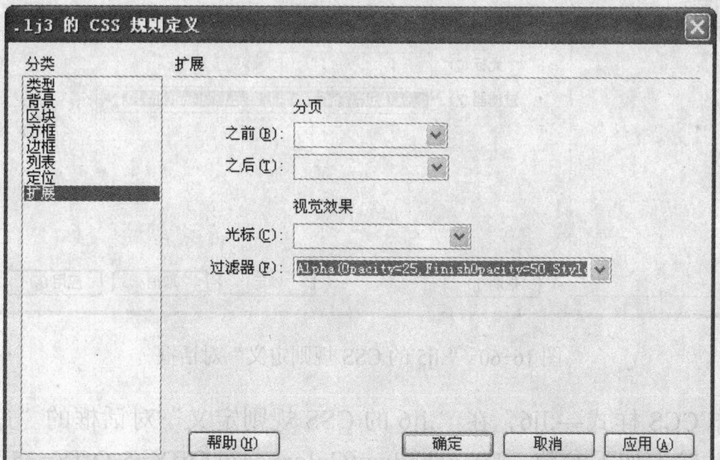

图 16-58 “.lj3 的 CSS 规则定义”对话框

14）制作 CCS 样式—.lj4，在“.lj4 的 CSS 规则定义”对话框的“过滤器”下拉列表中选择并输入如下参数：Glow(Color=0000ff,Strengtch=7)，“.lj4 的 CSS 规则定义”对话框如图 16-59 所示，这种 CSS 样式被称为“Glow 滤镜”。

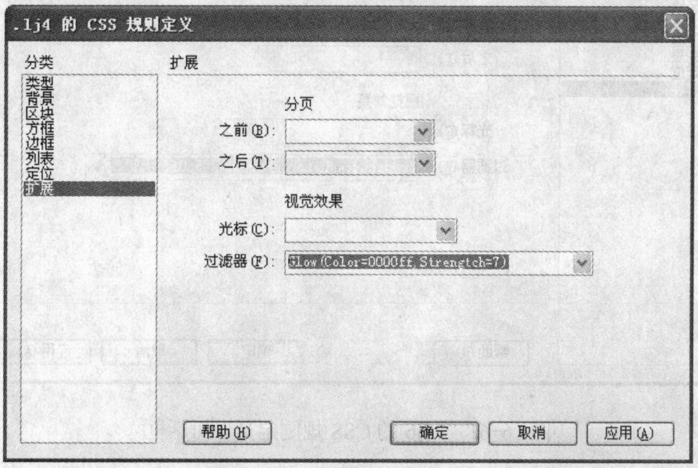

图 16-59 “.lj4 的 CSS 规则定义”对话框

15）制作 CCS 样式—.lj5，在“.lj5 的 CSS 规则定义”对话框的“过滤器”下拉列表中选择并输入如下参数：Wave(Add=true,Freq=4,Lightstrengtch=10,Phase=0,Strength=3)，“.lj5 的 CSS 规则定义”对话框如图 16-60 所示，这种 CSS 样式被称为 Wave 滤镜。

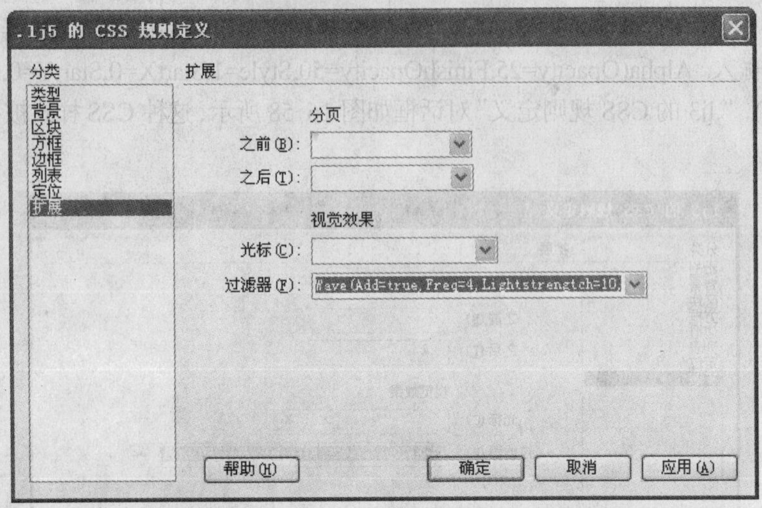

图 16-60 “.lj5 的 CSS 规则定义”对话框

16）制作 CCS 样式—.lj6，在“.lj6 的 CSS 规则定义”对话框的“过滤器”下拉列表中选择并输入如下参数：Dropshadow(Color=gray,OffX=5,OffY=-5,Positive=1)，“.lj6 的 CSS 规则定义”对话框如图 16-61 所示，这种 CSS 样式被称为“Dropshadow 滤镜”。

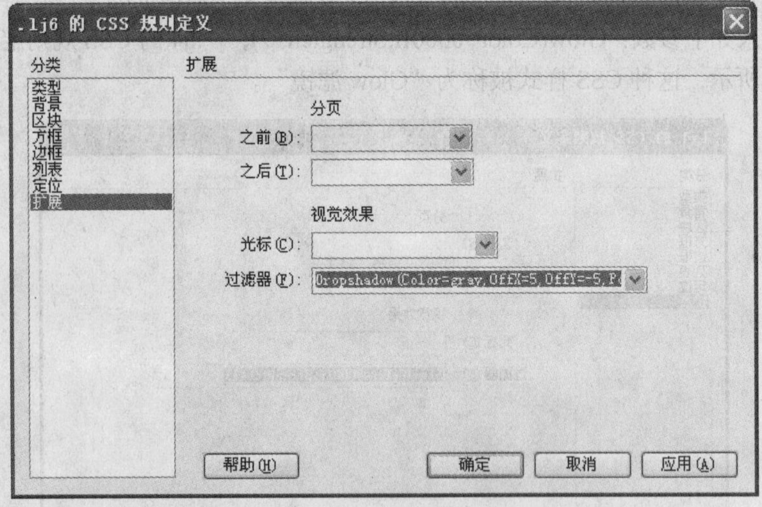

图 16-61 “.lj6 的 CSS 规则定义”对话框

17）下面为网页添加 CSS 样式。选中左侧版块中的第 1 个图片，然后在“CSS 样式”面板上单击 CSS 样式 lj1，如图 16-62 所示，这样就将 CSS 样式 lj1 添加到了图片上。采用同样的方法将 CSS 样式 lj2 和 lj3 添加到左侧版块中的第 2 个图片和第 3 个图片中。添加 CSS 样式之前和添加 CSS 样式之后的效果（浏览器中的效果）对比如图 16-63 所示。

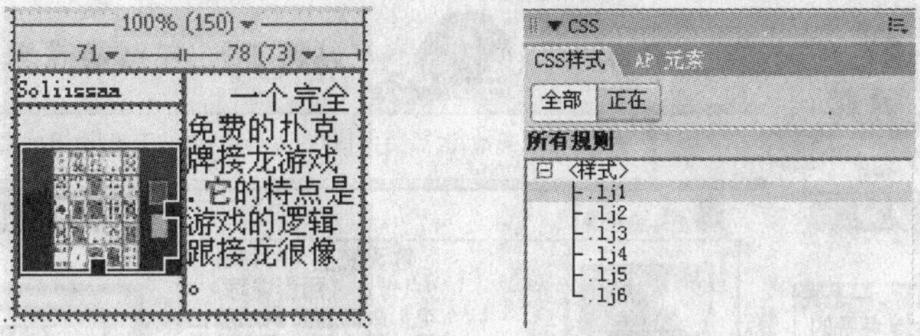

图 16-62　为图片添加 CSS 样式 lj1

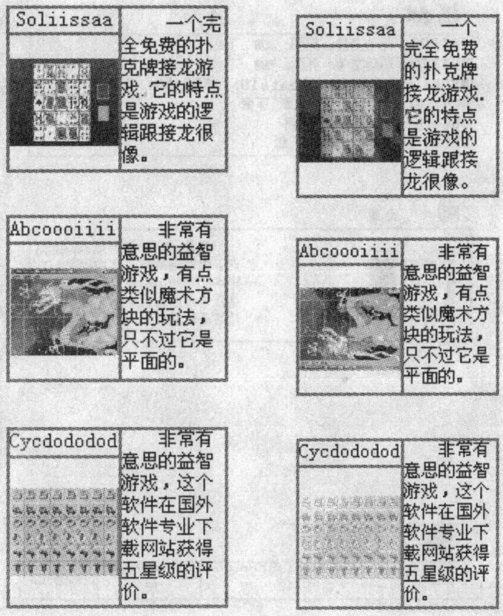

图 16-63　添加 CSS 样式前后的效果对比

18）将 CSS 样式 lj4、lj5 和 lj6，添加到右侧版块装载文字的 3 个单元格上。添加 CSS 样式之前和添加 CSS 样式之后的效果（浏览器中的效果）对比如图 16-64 所示。到此为止，网页就制作完成了，网页的效果如图 16-65 所示。

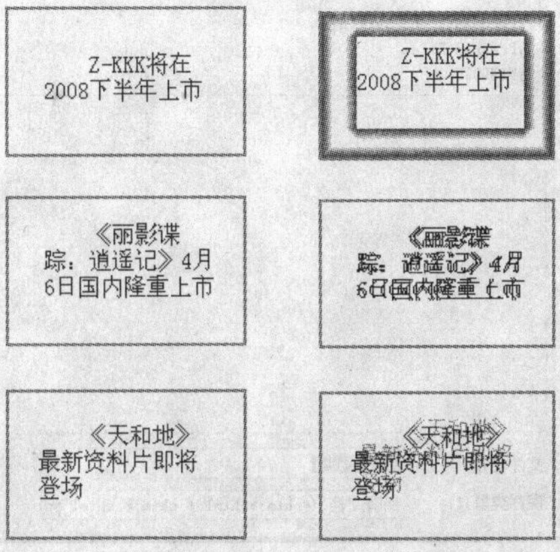

图 16-64　添加 CSS 样式前后的效果对比

图 16-65　网页的效果图

19）制作完成网页后保存和导出。单击“文件”→“保存”命令，弹出“另存为”对话框，如图16-66所示，保存文件。

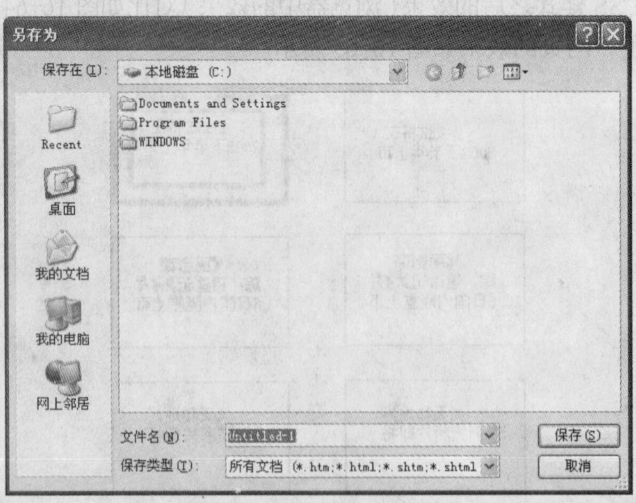

图 16-66　“另存为”对话框

第7节 练 一 练

1）运用 Dreamweaver、Fireworks 和 Flash 创建一个普通的网站，网站中的内容应尽可能多的综合使用其各种功能。

2）寻找 Dreamweaver、Fireworks 和 Flash 中的相同或相似功能，试着使用这些功能创建相同的内容。